面向新工科专业建设计算机系列教材

丛书主编　张尧学

微型计算机
原理与接口技术（慕课版）

孙力娟　李爱群　陈燕俐　周宁宁　邓玉龙◎编著

清华大学出版社
北　京

内 容 简 介

本书以最有代表性的32位Intel微处理器为背景,讲述微型计算机原理、汇编语言程序设计和接口技术。本书在阐述经典的微型计算机系统构成、汇编语言编程方法和接口技术的基础上,还对当前的主流技术进行介绍,包括实现互联网应用并发计算的汇编高级指令集、与现代多任务操作系统密切相关的保护模式工作原理以及程序设计,Win32汇编语言编程以及汇编语言和高级语言混合编程,新型总线和接口技术等。本书主要内容包括Pentium微处理器内部结构、80x86基本指令集和多媒体指令集、汇编语言程序设计、总线概念及微型计算机系统典型总线、存储系统、输入输出系统、中断系统、串行和并行通信、DMA传送、数/模和模/数转换、保护模式下的程序设计等。

本书可作为高等院校汇编语言程序设计、微型计算机原理和接口技术等课程的教材,也可供自学者及从事计算机应用的工程技术人员参考。

本书封面贴有清华大学出版社防伪标签,无标签者不得销售。
版权所有,侵权必究。举报: 010-62782989,beiqinquan@tup.tsinghua.edu.cn。

图书在版编目(CIP)数据

微型计算机原理与接口技术:慕课版/孙力娟等编著.—北京:清华大学出版社,2019.9(2023.12重印)
面向新工科专业建设计算机系列教材
ISBN 978-7-302-54193-6

Ⅰ. ①微… Ⅱ. ①孙… Ⅲ. ①微型计算机-理论-高等学校-教材 ②微型计算机-接口技术-高等学校-教材 Ⅳ. ①TP36

中国版本图书馆CIP数据核字(2019)第256346号

责任编辑:白立军　杨　帆
封面设计:杨玉兰
责任校对:时翠兰
责任印制:曹婉颖

出版发行:清华大学出版社
　　　网　　址:https://www.tup.com.cn,https://www.wqxuetang.com
　　　地　　址:北京清华大学学研大厦A座　　邮　编:100084
　　　社 总 机:010-83470000　　邮　购:010-62786544
　　　投稿与读者服务:010-62776969,c-service@tup.tsinghua.edu.cn
　　　质量反馈:010-62772015,zhiliang@tup.tsinghua.edu.cn
　　　课件下载:https://www.tup.com.cn,010-83470236
印 装 者:三河市铭诚印务有限公司
经　　销:全国新华书店
开　　本:185mm×260mm　　印　张:30.75　　字　数:689千字
版　　次:2019年9月第1版　　　　　　　　印　次:2023年12月第11次印刷
定　　价:69.80元

产品编号:085550-01

出版说明

一、系列教材背景

人类已经进入智能时代,云计算、大数据、物联网、人工智能、机器人、量子计算等是这个时代最重要的技术热点。为了适应和满足时代发展对人才培养的需要,2017年2月以来,教育部积极推进新工科建设,先后形成了"复旦共识""天大行动"和"北京指南",并发布了《教育部高等教育司关于开展新工科研究与实践的通知》《教育部办公厅关于推荐新工科研究与实践项目的通知》,全力探索形成领跑全球工程教育的中国模式、中国经验,助力高等教育强国建设。新工科有两个内涵:一是新的工科专业;二是传统工科专业的新需求。新工科建设将促进一批新专业的发展,这批新专业有的是依托于现有计算机类专业派生、扩展而成的,有的是多个专业有机整合而成的。由计算机类专业派生、扩展形成的新工科专业有计算机科学与技术、软件工程、网络工程、物联网工程、信息管理与信息系统、数据科学与大数据技术等。由计算机类学科交叉融合形成的新工科专业有网络空间安全、人工智能、机器人工程、数字媒体技术、智能科学与技术等。

在新工科建设的"九个一批"中,明确提出"建设一批体现产业和技术最新发展的新课程""建设一批产业急需的新兴工科专业"。新课程和新专业的持续建设,都需要以适应新工科教育的教材作为支撑。由于各个专业之间的课程相互交叉,但是又不能相互包含,所以在选题方向上,既考虑由计算机类专业派生、扩展形成的新工科专业的选题,又考虑由计算机类专业交叉融合形成的新工科专业的选题,特别是网络空间安全专业、智能科学与技术专业的选题。基于此,清华大学出版社计划出版"面向新工科专业建设计算机系列教材"。

二、教材定位

教材使用对象为"211工程"高校或同等水平及以上高校计算机类专业及相关专业学生。

三、教材编写原则

(1) 借鉴 Computer Science Curricula 2013(以下简称 CS2013)。CS2013 的核心知识领域包括算法与复杂度、体系结构与组织、计算科学、离散结构、图形学与可视化、人机交互、信息保障与安全、信息管理、智能系统、网络与通信、操作系统、基于平台的开发、并行与分布式计算、程序设计语言、软件开发基础、软件工程、系统基础、社会问题与专业实践等内容。

(2) 处理好理论与技能培养的关系,注重理论与实践相结合,加强对学生思维方式的训练和计算思维的培养。计算机专业学生能力的培养特别强调理论学习、计算思维培养和实践训练。本系列教材以"重视理论,加强计算思维培养,突出案例和实践应用"为主要目标。

(3) 为便于教学,在纸质教材的基础上,融合多种形式的教学辅助材料。每本教材可以有主教材、教师用书、习题解答、实验指导等。特别是在数字资源建设方面,可以结合当前出版融合的趋势,做好立体化教材建设,可考虑加上微课、微视频、二维码、MOOC 等扩展资源。

四、教材特点

1. 满足新工科专业建设的需要

系列教材涵盖计算机科学与技术、软件工程、物联网工程、数据科学与大数据技术、网络空间安全、人工智能等专业的课程。

2. 案例体现传统工科专业的新需求

编写时,以案例驱动,任务引导,特别是有一些新应用场景的案例。

3. 循序渐进,内容全面

讲解基础知识和实用案例时,由简单到复杂,循序渐进,系统讲解。

4. 资源丰富,立体化建设

除了教学课件外,还可以提供教学大纲、教学计划、微视频等扩展资源,以方便教学。

五、优先出版

1. 精品课程配套教材

主要包括国家级或省级的精品课程和精品资源共享课的配套教材。

2. 传统优秀改版教材

对于已经出版过的优秀教材,经过市场认可,由于新技术的发展,给图书配上新的教学形式、教学资源,计划改版的教材。

3. 前沿技术与热点教材

反映计算机前沿和当前热点的相关教材,例如云计算、大数据、人工智能、物联网、网络空间安全等方面的教材。

六、联系方式

联系人：白立军

联系电话：010-83470179

联系和投稿邮箱：bailj@tup.tsinghua.edu.cn

"面向新工科专业建设计算机系列教材"编委会

2019 年 6 月

系列教材编委会

主　任：
　　张尧学　　清华大学计算机科学与技术系教授　中国工程院院士/教育部高等学校软件工程专业教学指导委员会主任委员

副主任：
　　陈　刚　　浙江大学计算机科学与技术学院　　　　　　　院长/教授
　　卢先和　　清华大学出版社　　　　　　　　　　　　　　常务副总编辑、副社长/编审

委　员：
　　毕　胜　　大连海事大学信息科学技术学院　　　　　　　院长/教授
　　蔡伯根　　北京交通大学计算机与信息技术学院　　　　　院长/教授
　　陈　兵　　南京航空航天大学计算机科学与技术学院　　　院长/教授
　　成秀珍　　山东大学计算机科学与技术学院　　　　　　　院长/教授
　　丁志军　　同济大学计算机科学与技术系　　　　　　　　系主任/教授
　　董军宇　　中国海洋大学信息科学与工程学院　　　　　　副院长/教授
　　冯　丹　　华中科技大学计算机学院　　　　　　　　　　院长/教授
　　冯立功　　战略支援部队信息工程大学网络空间安全学院　院长/教授
　　高　英　　华南理工大学计算机科学与工程学院　　　　　副院长/教授
　　桂小林　　西安交通大学计算机科学与技术学院　　　　　教授
　　郭卫斌　　华东理工大学计算机科学与工程系　　　　　　系主任/教授
　　郭文忠　　福州大学数学与计算机科学学院　　　　　　　院长/教授
　　郭毅可　　上海大学计算机工程与科学学院　　　　　　　院长/教授
　　过敏意　　上海交通大学计算机科学与工程系　　　　　　教授
　　胡瑞敏　　西安电子科技大学网络与信息安全学院　　　　院长/教授
　　黄河燕　　北京理工大学计算机学院　　　　　　　　　　院长/教授
　　雷蕴奇　　厦门大学计算机科学系　　　　　　　　　　　教授
　　李凡长　　苏州大学计算机科学与技术学院　　　　　　　院长/教授
　　李克秋　　天津大学计算机科学与技术学院　　　　　　　院长/教授
　　李肯立　　湖南大学信息科学与工程学院　　　　　　　　院长/教授
　　李向阳　　中国科学技术大学计算机科学与技术学院　　　执行院长/教授
　　梁荣华　　浙江工业大学计算机科学与技术学院　　　　　执行院长/教授
　　刘延飞　　火箭军工程大学基础部　　　　　　　　　　　副主任/教授
　　陆建峰　　南京理工大学计算机科学与工程学院　　　　　副院长/教授
　　罗军舟　　东南大学计算机科学与工程学院　　　　　　　教授
　　吕建成　　四川大学计算机学院（软件学院）　　　　　　院长/教授
　　吕卫锋　　北京航空航天大学计算机学院　　　　　　　　院长/教授
　　马志新　　兰州大学信息科学与工程学院　　　　　　　　副院长/教授
　　毛晓光　　国防科技大学计算机学院　　　　　　　　　　副院长/教授

明 仲	深圳大学计算机与软件学院	院长/教授
彭进业	西北大学信息科学与技术学院	院长/教授
钱德沛	中山大学数据科学与计算机学院	院长/教授
申恒涛	电子科技大学计算机科学与工程学院	院长/教授
苏 森	北京邮电大学计算机学院	执行院长/教授
汪 萌	合肥工业大学计算机与信息学院	院长/教授
王长波	华东师范大学计算机科学与软件工程学院	常务副院长/教授
王劲松	天津理工大学计算机科学与工程学院	院长/教授
王良民	江苏大学计算机科学与通信工程学院	院长/教授
王 泉	西安电子科技大学	副校长/教授
王晓阳	复旦大学计算机科学技术学院	院长/教授
王 义	东北大学计算机科学与工程学院	院长/教授
魏晓辉	吉林大学计算机科学与技术学院	院长/教授
文继荣	中国人民大学信息学院	院长/教授
翁 健	暨南大学	副校长/教授
吴 卿	杭州电子科技大学	副校长/教授
武永卫	清华大学计算机科学与技术系	副主任/教授
肖国强	西南大学计算机与信息科学学院	院长/教授
熊盛武	武汉理工大学计算机科学与技术学院	院长/教授
徐 伟	陆军工程大学指挥控制工程学院	院长/副教授
杨 鉴	云南大学信息学院	院长/教授
杨 燕	西南交通大学信息科学与技术学院	副院长/教授
杨 震	北京工业大学信息学部	副主任/教授
姚 力	北京师范大学人工智能学院	执行院长/教授
叶保留	河海大学计算机与信息学院	院长/教授
印桂生	哈尔滨工程大学计算机科学与技术学院	院长/教授
袁晓洁	南开大学计算机学院	院长/教授
张春元	国防科技大学教务处	处长/教授
张 强	大连理工大学计算机科学与技术学院	院长/教授
张清华	重庆邮电大学计算机科学与技术学院	执行院长/教授
张艳宁	西北工业大学	校长助理/教授
赵建平	长春理工大学计算机科学技术学院	院长/教授
郑新奇	中国地质大学(北京)信息工程学院	院长/教授
仲 红	安徽大学计算机科学与技术学院	院长/教授
周 勇	中国矿业大学计算机科学与技术学院	院长/教授
周志华	南京大学计算机科学与技术系	系主任/教授
邹北骥	中南大学计算机学院	教授

秘书长：

| 白立军 | 清华大学出版社 | 副编审 |

计算机科学与技术专业核心教材体系建设——建议使用时间

课程系列	基础系列	电类系列	程序系列	系统系列	应用系列	选修系列
一年级上	大学计算机基础					
一年级下	离散数学（上）信息安全导论	电子技术基础	计算机程序设计	计算机原理		
二年级上	离散数学（下）	数字逻辑设计 数字逻辑设计实验	面向对象程序设计 程序设计实践	操作系统		
二年级下			数据结构	计算机系统综合实践		
三年级上			算法设计与分析	计算机网络		
三年级下			软件工程 编译原理	计算机体系结构	人工智能导论 数据库原理与技术 嵌入式系统	
四年级上			软件工程综合实践		计算机图形学	
四年级下						机器学习 物联网导论 大数据分析技术 数字图像技术

前言

"微型计算机原理与接口技术"是理工类学生学习和掌握微型计算机基本组成、工作原理、接口技术以及汇编语言程序设计的重要课程。通过本课程的学习,能够使学生具有微型计算机系统软硬件开发和应用的基本能力。

课程介绍

微型计算机从诞生之日起发展到今天,支撑的应用从最初的简单数值计算演化为现代的复杂媒体处理以及网络并发计算,微型计算机领域在其基本理论框架基础上发展出多种新技术。作为教材,本书一方面要讲述本学科领域的基本理论和基础知识;另一方面,要跟踪相关领域的发展动向和最新技术,及时调整和更新教材内容。从学习角度,基于32位微处理器的计算机系统是学习微型计算机系统原理和应用开发的基础。本书以最有代表性的 Intel 公司的32位微处理器作为背景,讲述微型计算机原理、汇编语言程序设计和接口技术。在阐述经典的微型计算机系统构成、汇编语言编程方法和计算机接口技术的基础上,对当前的主流技术进行介绍。在微型计算机系统原理和汇编语言的内容中,对实现互联网应用并发计算的汇编语言高级指令集,与现代多任务操作系统密切相关的保护模式下的计算机系统的工作原理以及程序设计,Win32汇编语言编程以及汇编语言和高级语言混合编程等进行讲述;在微型计算机接口的内容中,对新型总线技术以及新型接口技术等进行介绍。本书力求内容全面,将计算机硬件和软件知识紧密结合,基础原理和新兴技术有机融合,有一定深度并具有较强实用性。

全书共分13章。

第1章微型计算机基础,介绍计算机系统的基本组成,讲述计算机中信息的表示和编码方法。

第2章80x86微处理器,介绍32位微处理器的内部结构,讲述32位微处理器的工作模式。

第3章汇编语言指令集,讲述80x86的指令构成、寻址方式、汇编语言语法、汇编语言基本指令集和高级指令集。

第4章汇编语言程序设计,讲述DOS16汇编和Win32汇编语言程序的结构、编程格式和功能调用,通过程序实例讲述汇编语言程序的设计方法,对汇编语言和C语言的混合编程方法进行介绍。

第5章总线,介绍32位微处理器的外部引脚和总线时序、微型计算机系统中常用的总线标准和总线结构。

第6章存储系统,讲述微型计算机系统的存储器构成,实模式和保护模式下的存储器组织。

第7章输入输出系统,讲述微型计算机系统的输入输出接口基本原理、32位微型计算机系统接口技术,介绍DMA控制器。

第8章中断系统,讲述中断原理、实模式下中断、保护模式下中断及异常,介绍中断控制器8259A以及实模式下中断程序设计方法。

第9章微型计算机系统串行通信,讲述微型计算机系统串行通信的基本原理、串行接口芯片8250以及串行通信程序设计方法。

第10章并行I/O接口,讲述并行I/O接口芯片8255A及其编程应用方法,介绍打印机并行接口。

第11章可编程定时器/计数器,讲述8254芯片的构成、工作方式以及编程方法。

第12章数/模和模/数转换,讲述数/模以及模/数转换接口原理,介绍DAC0832和ADC0809芯片的构成和应用。

第13章保护模式及其编程,介绍微型计算机系统在保护模式下的工作原理以及汇编程序设计方法。

本书是慕课版教材,各章节主要内容配备了以二维码为载体的课件和微课视频,与教材配套的慕课课程已经在中国大学慕课平台上对外开课。

本书由孙力娟、李爱群、陈燕俐、周宁宁、邓玉龙编写,由陈燕俐完成全书的统稿工作。南京邮电大学计算机学院的章韵教授仔细审阅了全书,并提出许多宝贵建议。本书在编写过程中还得到许多老师的支持和帮助,使得本书更加完善,在此表示衷心的感谢。

由于编者水平有限,书中难免有错漏之处,恳请读者和同行批评指正。

编　者

2019年7月

目录

第1章 微型计算机基础 ... 1

1.1 微型计算机概述 ... 1
    1.1.1 微型计算机概况 ... 1
    1.1.2 微型计算机系统的基本组成 ... 7

1.2 计算机中信息的表示与编码 ... 11
    1.2.1 数制概念 ... 11
    1.2.2 数值数据的编码与运算 ... 13
    1.2.3 字符的编码 ... 17
    1.2.4 浮点数 ... 18

1.3 本章小结 ... 20

习题 ... 20

第2章 80x86微处理器 ... 22

2.1 Intel微处理器发展简况 ... 22
2.2 16位微处理器内部结构 ... 25
2.3 32位微处理器内部结构 ... 27
    2.3.1 Pentium微处理器的内部结构 ... 27
    2.3.2 32位微处理器结构特点 ... 29
    2.3.3 32位微处理器的编程结构 ... 29

2.4 32位微处理器的工作模式 ... 36
    2.4.1 32位微处理器的地址空间 ... 37
    2.4.2 实地址模式 ... 37
    2.4.3 保护虚拟地址模式 ... 39
    2.4.4 虚拟8086模式 ... 42

2.5 本章小结 ... 42

习题 ... 43

第 3 章　汇编语言指令集 … 44

3.1　概述 … 44
3.1.1　指令集体系结构、机器指令和符号指令 … 44
3.1.2　符号指令的书写格式 … 46

3.2　操作数 … 47
3.2.1　通用寄存器中的操作数 … 47
3.2.2　段寄存器和指令指针寄存器 … 48
3.2.3　标志寄存器 … 49

3.3　寻址方式 … 53
3.3.1　立即寻址 … 53
3.3.2　寄存器寻址 … 54
3.3.3　存储器操作数寻址 … 55
3.3.4　寻址方式小结 … 59

3.4　汇编语言语法 … 60
3.4.1　汇编语言语句类型和格式 … 60
3.4.2　名字项 … 61
3.4.3　操作数项 … 63
3.4.4　操作项 … 69

3.5　汇编语言基本指令集 … 74
3.5.1　传送类指令 … 74
3.5.2　算术运算指令 … 81
3.5.3　转移和调用指令 … 94
3.5.4　逻辑运算和移位指令 … 103
3.5.5　串操作指令 … 107
3.5.6　处理机控制指令 … 117

3.6　汇编语言高级指令集 … 118
3.6.1　MMX 指令 … 119
3.6.2　SSE 指令 … 127

3.7　汇编语言和高级语言中的数据与操作 … 128
3.7.1　计算机编程语言的数据与操作 … 128
3.7.2　汇编语言和 C 语言中的数据 … 129
3.7.3　汇编语言和 C 语言中的操作 … 132

3.8　本章小结 … 134
习题 … 135

第 4 章　汇编语言程序设计 … 137

4.1　汇编语言源程序结构 … 137

  4.1.1 DOS16 汇编完整段定义格式 ·· 137
  4.1.2 Win32 汇编简化段定义格式 ·· 142
4.2 汇编语言程序开发过程 ·· 146
  4.2.1 DOS16 汇编语言程序开发步骤 ·· 146
  4.2.2 使用 Visual Studio 开发 Win32 汇编语言程序 ························· 147
4.3 功能调用 ·· 151
  4.3.1 DOS 功能调用 ··· 151
  4.3.2 BIOS 功能调用 ··· 154
4.4 Win32 控制台输入输出编程 ·· 158
4.5 分支和循环程序设计 ·· 161
  4.5.1 分支程序设计 ··· 161
  4.5.2 循环程序设计 ··· 164
  4.5.3 分支循环高级语法 ··· 166
4.6 子程序设计 ·· 169
  4.6.1 用 CALL 指令来调用子程序 ··· 169
  4.6.2 用 INVOKE 指令调用子程序 ··· 172
4.7 宏指令设计 ·· 174
  4.7.1 宏指令与宏调用 ··· 174
  4.7.2 条件汇编 ·· 177
4.8 汇编语言程序设计举例 ··· 177
  4.8.1 代码转换程序设计 ··· 177
  4.8.2 算术运算程序设计 ··· 184
  4.8.3 字符串处理程序设计 ·· 185
4.9 汇编语言和 C/C++ 语言的混合编程 ··· 190
  4.9.1 混合编程的基本规则 ·· 190
  4.9.2 C/C++ 语言中内嵌汇编语言指令 ·· 191
  4.9.3 独立的汇编目标代码 ·· 192
4.10 本章小结 ·· 193
习题 ·· 194

第 5 章 总线 ··· 195

5.1 总线基本概念 ·· 195
  5.1.1 总线的类型与总线结构 ·· 195
  5.1.2 总线的性能 ·· 197
  5.1.3 总线信息的传送方式 ·· 197
5.2 32 位微处理器的外部引脚与总线时序 ·· 198
  5.2.1 Pentium 微处理器的引脚功能 ·· 198
  5.2.2 32 位微处理器的典型总线操作时序 ······································· 203

5.3 典型总线标准 ……………………………………………………………………… 205
    5.3.1 AT(ISA)总线 …………………………………………………………… 206
    5.3.2 PCI总线 ………………………………………………………………… 209
5.4 通用外部总线标准 …………………………………………………………………… 216
    5.4.1 并行I/O标准接口IDE(EIDE) ………………………………………… 216
    5.4.2 并行I/O标准接口SCSI ………………………………………………… 216
    5.4.3 通用串行总线USB ……………………………………………………… 218
5.5 32位微型计算机总线结构 ………………………………………………………… 224
5.6 本章小结 …………………………………………………………………………… 226
习题 ……………………………………………………………………………………… 226

第6章 存储系统 ……………………………………………………………………… 227

6.1 概述 ………………………………………………………………………………… 227
    6.1.1 存储系统的概念 ………………………………………………………… 227
    6.1.2 存储器的体系结构 ……………………………………………………… 228
    6.1.3 存储器的分类 …………………………………………………………… 230
    6.1.4 存储器的主要性能指标 ………………………………………………… 231
6.2 随机存储器与只读存储器 ………………………………………………………… 233
    6.2.1 RAM的分类与常用RAM芯片的工作原理 …………………………… 233
    6.2.2 ROM的分类与常用ROM芯片的工作原理 …………………………… 239
6.3 微型计算机系统中的存储器组织 ………………………………………………… 241
    6.3.1 存储器的扩展技术 ……………………………………………………… 241
    6.3.2 CPU与主存储器的连接 ………………………………………………… 247
    6.3.3 PC的存储器组织 ………………………………………………………… 249
6.4 本章小结 …………………………………………………………………………… 253
习题 ……………………………………………………………………………………… 253

第7章 输入输出系统 ………………………………………………………………… 255

7.1 概述 ………………………………………………………………………………… 255
    7.1.1 接口电路 ………………………………………………………………… 255
    7.1.2 输入输出端口 …………………………………………………………… 256
    7.1.3 输入输出指令 …………………………………………………………… 258
7.2 微型计算机系统与输入输出设备的信息交换 …………………………………… 259
    7.2.1 无条件传送方式 ………………………………………………………… 259
    7.2.2 查询方式 ………………………………………………………………… 260
    7.2.3 中断控制方式 …………………………………………………………… 261
    7.2.4 直接存储器存取方式 …………………………………………………… 262

7.3 DMA 控制器 ……………………………………………………………… 263
　　7.3.1　8237A DMA 控制器 …………………………………………… 264
　　7.3.2　8237A 内部寄存器 ……………………………………………… 268
　　7.3.3　8237A 的时序 …………………………………………………… 272
　　7.3.4　8237A 的应用 …………………………………………………… 274
7.4　IA-32 系列微型计算机接口技术 ……………………………………… 276
7.5　Intel 64 系列微型计算机接口技术 …………………………………… 278
7.6　本章小结 ………………………………………………………………… 279
习题 …………………………………………………………………………… 279

第 8 章　中断系统 …………………………………………………………… 281

8.1　中断的基本概念 ………………………………………………………… 281
　　8.1.1　中断概念的引入及描述 ………………………………………… 281
　　8.1.2　中断源及中断分类 ……………………………………………… 282
　　8.1.3　中断类型码、中断向量及中断向量表 ………………………… 283
8.2　多级中断管理 …………………………………………………………… 287
8.3　80x86 中断指令 ………………………………………………………… 287
8.4　中断控制器 8259A ……………………………………………………… 289
　　8.4.1　8259A 的功能 …………………………………………………… 289
　　8.4.2　8259A 的结构 …………………………………………………… 289
　　8.4.3　8259A 中断管理方式 …………………………………………… 293
　　8.4.4　8259A 初始化 …………………………………………………… 296
8.5　PC 系列机中的中断系统 ……………………………………………… 303
　　8.5.1　PC 系列机的中断管理方式 …………………………………… 303
　　8.5.2　非屏蔽中断 ……………………………………………………… 304
　　8.5.3　可屏蔽中断 ……………………………………………………… 304
8.6　微型计算机系统中用到的中断及应用举例 …………………………… 306
　　8.6.1　日时钟中断 ……………………………………………………… 306
　　8.6.2　键盘中断 ………………………………………………………… 314
　　8.6.3　实时时钟中断 …………………………………………………… 316
　　8.6.4　用户中断 ………………………………………………………… 318
8.7　硬件中断和软件中断的区别 …………………………………………… 323
8.8　高级可编程中断控制器 ………………………………………………… 324
　　8.8.1　APIC 系统的组成 ……………………………………………… 324
　　8.8.2　APIC 中断优先级处理 ………………………………………… 332
　　8.8.3　APIC 系统的中断处理 ………………………………………… 332
8.9　本章小结 ………………………………………………………………… 333
习题 …………………………………………………………………………… 333

第 9 章　微型计算机系统串行通信 335

9.1　串行通信基础 335
9.1.1　串行通信类型 335
9.1.2　串行数据传输方式 337
9.1.3　串行异步通信协议 338

9.2　可编程串行异步通信接口芯片 8250 341
9.2.1　8250 的内部结构 341
9.2.2　8250 的引脚功能 343
9.2.3　8250 内部寄存器 345
9.2.4　8250 的初始化编程 349

9.3　串行通信程序设计 350
9.3.1　串行通信的外部环境 351
9.3.2　BIOS 通信软件 352
9.3.3　串行通信程序设计举例 354

9.4　本章小结 360
习题 360

第 10 章　并行 I/O 接口 362

10.1　可编程并行 I/O 接口芯片 8255A 362
10.1.1　8255A 的内部结构及外部引脚 362
10.1.2　8255A 控制字 365
10.1.3　8255A 的工作方式 367
10.1.4　8255A 初始化编程 373

10.2　8255A 应用 373
10.2.1　8255A 在微型计算机系统中的应用 373
10.2.2　8255A 应用举例 374

10.3　打印机并行接口 380
10.3.1　打印机并行接口标准 380
10.3.2　打印机适配器 381
10.3.3　打印机接口编程 382

10.4　本章小结 388
习题 388

第 11 章　可编程定时器/计数器 389

11.1　8254 概述 389
11.1.1　8254 的内部结构 389

		11.1.2 8254 引脚功能 ································· 391

- 11.2 8254 的工作方式 ·· 392
- 11.3 8254 的控制字与编程方法 ···································· 397
  - 11.3.1 8254 的控制字/状态字 ································ 397
  - 11.3.2 8254 初始化编程 ·································· 399
  - 11.3.3 读取当前计数值 ···································· 399
- 11.4 8254 在微型计算机系统中的应用 ······························ 400
- 11.5 本章小结 ·· 406
- 习题 ·· 406

第 12 章 数/模和模/数转换 ·· 408

- 12.1 前向通道和后向通道 ·· 408
  - 12.1.1 前向通道中的模/数转换接口 ·························· 408
  - 12.1.2 后向通道中的数/模转换接口 ·························· 409
- 12.2 数/模转换接口 ·· 409
  - 12.2.1 数/模转换原理 ······································ 409
  - 12.2.2 DAC0832 简介 ····································· 411
- 12.3 模/数转换接口 ·· 413
  - 12.3.1 模/数转换原理 ······································ 413
  - 12.3.2 ADC0809 简介 ····································· 415
- 12.4 本章小结 ·· 417
- 习题 ·· 417

第 13 章 保护模式及编程 ·· 418

- 13.1 保护模式下的存储管理 ······································ 418
  - 13.1.1 分段管理 ·· 419
  - 13.1.2 分页管理 ·· 423
  - 13.1.3 虚拟存储器 ·· 425
  - 13.1.4 存储保护 ·· 426
  - 13.1.5 Windows 下的内存管理和内存寻址 ···················· 427
- 13.2 保护模式下的程序调用和转移 ································ 428
  - 13.2.1 系统段描述符、门描述符和任务状态段 ················ 429
  - 13.2.2 任务内的段间转移 ·································· 433
  - 13.2.3 任务间的转移 ······································ 435
- 13.3 保护模式下的中断和异常 ···································· 436
  - 13.3.1 中断和异常的分类 ·································· 436
  - 13.3.2 中断和异常的类型 ·································· 437

    13.3.3 中断和异常的处理过程 ·· 438
    13.3.4 中断和异常处理后的返回 ·· 439
    13.3.5 Windows 下的中断和异常 ·· 440
  13.4 保护模式下的输入输出保护 ·· 440
  13.5 操作系统类指令 ·· 442
    13.5.1 实模式和任何特权级下可执行的指令 ·· 442
    13.5.2 实模式和在特权级 0 下可执行的指令 ··· 443
    13.5.3 仅在保护模式下执行的指令 ·· 444
  13.6 保护模式下的程序设计 ·· 445
    13.6.1 实模式与保护模式切换 ·· 445
    13.6.2 保护模式下中断和异常程序设计 ·· 455
    13.6.3 输入输出保护及任务切换 ·· 463
  13.7 本章小结 ·· 469
  习题 ··· 469

参考文献 ··· 470

第1章 微型计算机基础

随着计算机技术的不断发展,微型计算机融入人们生活的各个领域。本章介绍微型计算机的基本概念、分类、组成及工作过程。计算机的中心任务是处理信息,电子计算机处理的信息必须以一定的形式在计算机内部表现出来,本章介绍数制和编码的基本概念,并对微型计算机中常见的信息编码进行阐述。

第1章 导语

第1章 课件

1.1 微型计算机概述

自1946年世界上第一台电子计算机在美国问世以来,计算机科学和技术获得高速发展。到今天为止,电子计算机的发展经历了由第一代电子管计算机、第二代晶体管计算机、第三代集成电路计算机到第四代大规模集成电路和超大规模集成电路计算机的四代发展过程。未来的计算机将是半导体技术、光学技术和电子仿生技术相结合的产物。由于超导器件、集成光学器件、电子仿生器件和纳米技术的迅速发展,将出现超导计算机、光学计算机、纳米计算机、神经计算机和人工智能计算机等。

微型计算机系统的基本组成

1.1.1 微型计算机概况

计算机按其性能、价格和体积可分为巨型机、大型机、中型机、小型机、微型机、工作站和服务器。微型机全称为微型计算机,诞生于20世纪70年代,一方面是由于当时军事、工业自动化技术的发展,需要体积小、功耗低、可靠性好的微型计算机;另一方面,由于大规模集成电路(LSI)和超大规模集成电路(VLSI)的迅速发展,可以在单片硅片上集成几千到几十万个晶体管,为微型计算机的产生打下坚实的物质基础,引发了新的技术革命。微型计算机一经问世,就以不可阻挡的势头迅猛发展,成为当今计算机发展的一个主流方向。当前,微型计算机的应用已日益普及,深入到社会生活的各个领域,改变了人们传统的工作、学习和生活方式。微型计算机的特点是集成度高、体积小、质量小、价格低廉,部件标准化、易于组装及维修,可靠性高、结构灵活、应用面广。微型计算机系统从全局到局部存在3个层次:微型计算机系统、微型计算机和微处理器。

1. 什么是微型计算机

在计算机技术中,一般把计算机的核心部件——运算器和控制器称为中央处理器,简称CPU(Central Processing Unit)。微处理器是利用大规模集成电路技术,把计算机中的运算器和控制器以及相关电路(内部寄存器组等)制作在一块芯片上,通常把该芯片称为 MPU(Micro-Processing Unit)或 MP(Microprocessor)。MPU 是微型计算机的核心。

微型计算机简称为 MC(Microcomputer),它是由微处理器(MPU)、存储器、输入输出接口电路,通过总线(Bus)结构联系起来的。

2. 微型计算机的分类

微型计算机的分类方法很多。按微处理器的位数,可分为 1 位、4 位、8 位、16 位、32 位和 64 位机等。按功能和结构可分为单片机和多片机。按组装方式可分为单板机(Single-board Computer)、多板机和个人计算机(PC)等。

1) 单板机

单板机是一种将微处理器、存储器、I/O 接口电路、简单外设(键盘、数码显示器)以及监控程序固件(ROM)等部件安装在一块印制电路板上构成的低档微型计算机,其功能一般比较简单。单板机具有结构紧凑、使用简单、成本低等特点,常应用于工业控制和教学实验等领域。

2) 多板机

为了满足较高层次的需求,往往需要扩展单板机的功能。为此,许多公司设计了功能各异的扩展板供用户选用,以扩展应用系统的能力。这种由多块印制电路板构成的微型计算机称为多板机。

3) 个人计算机

PC 是一种将一块主机母板(含有微处理器、内部存储器、I/O 接口等芯片)、若干 I/O 接口卡、外部存储器、电源等部件组装在一个机箱内,并配置显示器、键盘、打印机等基本外设所组成的计算机。PC 具有功能强、配置灵活、软件丰富等特点,广泛应用于办公、商业、科研等领域,是一种使用最普遍的通用微型计算机。

4) 嵌入式计算机

嵌入式计算机即嵌入式系统(Embedded System),是一种以应用为中心、以微处理器为基础,软硬件可裁减的,适应应用系统对功能、可靠性、成本、体积、功耗等综合性严格要求的专用计算机系统。它一般由嵌入式微处理器、外围硬件设备、嵌入式操作系统以及用户的应用程序组成。它是计算机市场中增长最快的领域,也是种类繁多、形态多种多样的计算机系统。

嵌入式系统几乎包括生活中的所有电器设备,如掌上 PDA、计算器、电视机顶盒、手机、数字电视、多媒体播放器、汽车、微波炉、数码相机、家庭自动化系统、电梯、空调、安全系统、自动售货机、蜂窝式电话、消费电子设备、工业自动化仪表与医疗仪器等。

嵌入式系统的核心部件是嵌入式处理器,分成 4 类,即嵌入式微控制器(Micro Controller Unit,MCU)、嵌入式微处理器(Micro-Processing Unit,MPU)、嵌入式数字信号处理器(Digital Signal Processor,DSP)和嵌入式片上系统(System on Chip,SoC)。

嵌入式微控制器又称为微控制器,是将 CPU、ROM、RAM(数量有限)和 I/O 接口电路以及内部系统总线等全部集中在一块大规模集成电路芯片上,这样一个集成块就构成一个具备基本功能的计算机,也称为单片机(Single-Chip Computer)。近年来推出的高档单片机除了增强基本微型计算机功能以外,还集成了一些特殊功能单元,如 A/D 转换器、D/A 转换器、DMA 控制器、通信控制器等。它具有超小型、高可靠性和价廉等优点,在智能仪器仪表、工业实时控制、智能终端和家用电器等众多领域有广泛的应用。通常,MCU 可分为通用系列和半通用系列两类,比较有代表性的通用系列包括 8051、P51XA、MCS-251、MCS-96/196/296、C166/167、68300 等。比较有代表性的半通用系列,如支持 USB 接口的 MCU 8XC930/931、C540、C541,支持 I2C 和 CAN 总线、LCD 等的众多专用 MCU 和兼容系列。

嵌入式微处理器是由通用计算机中的 CPU 演变而来的。MPU 采用增强型通用微处理器。由于嵌入式系统通常应用于比较恶劣的环境中,因而 MPU 在工作温度、电磁兼容性以及可靠性方面的要求较通用的标准微处理器高。但是,MPU 在功能方面与通用的标准微处理器基本上是一样的。根据实际嵌入式应用的要求,将 MPU 装配在专门设计的主板上,只保留和嵌入式应用有关的主板功能,这样可以大幅度减小系统的体积和功耗。与工业控制计算机相比,MPU 组成的系统具有体积小、质量小、成本低、可靠性高的优点。由 MPU 及其存储器、总线、外设等安装在一块电路主板上构成一个通常所说的单板机系统。嵌入式微处理器目前主要有 AM186/88、386EX、SC-400、Power PC、68000、MPIS、ARM 系列等。

嵌入式数字信号处理器是专门用于信号处理方面的处理器,其在系统结构和指令算法方面有着特殊的设计,具有很高的编译效率和指令执行速度。在数字信号处理应用中,各种数字信号处理算法很复杂,一般结构的处理器无法实时地完成这些运算。由于 DSP 对系统结构和指令进行了特殊设计,使其能够实时地进行数字信号处理。在数字滤波、FFT、谱分析等方面,DSP 算法正大量进入嵌入式领域,DSP 应用正从在通用单片机中以普通指令实现 DSP 功能,过渡到采用嵌入式 DSP。嵌入式 DSP 处理器有两类:一种是 DSP 经过单片化、EMC 改造、增加片上外设成为嵌入式 DSP。另一种是在通用单片机或 SoC 中增加 DSP 协处理器,例如 Intel 公司的 MCS-296 和 Infineon(Siemens)公司的 Tricore。另外,在有关智能方面的应用中,也需要嵌入式 DSP,例如各种带有智能逻辑的消费类产品,生物信息识别终端,带有加解密算法的键盘,ADSL 接入、实时语音压解系统、虚拟现实显示等。这类智能化算法一般都运算量较大,特别是向量运算、指针线性寻址等较多,而这些正是 DSP 的优势所在。嵌入式 DSP 比较有代表性的产品是 TI 的 TMS320 系列和 Motorola 的 DSP56000 系列。TMS320 系列处理器包括用于控制的 C2000 系列、移动通信的 C5000 系列,以及性能更高的 C6000 系列和 C8000 系列。DSP56000 系列目前已经发展成为 DSP56000、DSP56100、DSP56200 和 DSP56300 等几个不同系列的处理器。

嵌入式 SoC 是追求产品系统最大包容的集成器件,也称为芯片级系统。嵌入式 SoC 最大的特点是成功实现了软硬件无缝结合,直接在处理器片内嵌入操作系统的代码模块。而且嵌入式 SoC 具有极高的综合性,在一个硅片内部运用 VHDL 等硬件描述语言,实现一个复杂的系统。用户不需要再像传统的系统设计一样,绘制庞大复杂的电路板,一点点地连接焊制,只需要使用精确的语言,综合时序设计直接在器件库中调用各种通用处理器的标准,然后通过仿真之后就可以直接交付芯片厂商进行生产。随着 EDA 工具的推广和 VLSI 设计的普及化,以及半导体工艺的迅速发展,可以在一块硅片上实现一个更为复杂的系统,这就产生了 SOC 技术。各种通用处理器内核将作为嵌入式 SoC 设计公司的标准库,和其他许多嵌入式系统外设一样,成为 VLSI 设计中一种标准的器件,用标准的 VHDL、Verilog 等硬件语言描述,存储在器件库中。用户只需定义出其整个应用系统,仿真通过后就可以将设计图交给半导体工厂制作样品。这样除某些无法集成的器件以外,整个嵌入式系统大部分均可集成到一块或几块芯片中去,应用系统电路板将变得很简单,对于减小整个应用系统体积和功耗、提高可靠性非常有利。目前嵌入式 SoC 应用较多的是将处理器(包括 CPU、DSP)、存储器、各种接口控制模块及各种互联总线集成在一个芯片上,其典型代表就是手机芯片。

3. 微型计算机的发展

由于微型计算机具有体积小、质量小、价格低廉、可靠性高、结构灵活和应用面广的特点,它的发展速度大大超过了其他的机型。微型计算机的发展在很大程度上取决于微处理器的发展,所以,微处理器的发展史就是微型计算机的发展史。自 20 世纪 70 年代初第一个微处理器诞生以来,微处理器的性能和集成度大大提高,而价格却降低了一个数量级。

微处理器的性能指标主要体现在字长和主频两个方面。字长就是指 CPU 能同时处理的数据位数,也称为数据宽度。字长越长,计算机的处理能力就越强,速度也越快,但集成度要求也越高,工艺越复杂。主频即 CPU 的时钟频率,这和 CPU 的运算速度密切相关,主频越高,计算机的运算速度也越快。

第一个微处理器是 1971 年美国 Intel 公司生产的 4004。它本来是为高级袖珍计算器设计的,但生产出来后,取得了意外的成功。于是,Intel 公司对它进行了改进,正式生产了通用的 4 位微处理器 4040。Intel 4040 以它的体积小、价格低等特点引起了许多部门和机构的兴趣。1972 年,Intel 公司又生产了 8 位微处理器 8008。通常,人们将 Intel 4004、4040 和 8008 称为第一代微处理器。这些微处理器的字长为 4 位或 8 位,集成度大约为 2000 管/片,时钟频率为 1MHz,平均指令执行时间约为 $20\mu s$。

后来出现了许多生产微处理器的厂家,1973—1977 年,这些厂家生产了多种型号的微处理器，其中设计较成功、应用较广泛的是Intel公司的8080/8085、Zilog公司的Z80、Motorola公司的6800/6802和Rockwell公司的6502。人们通常把它们称为第二代微处理器。这些微处理器的时钟频率为2～4MHz，平均指令执行时间为1～2μs，集成度超过5000管/片，其中的8085、Z80和6802的集成度都高达10 000管/片。在这个时期，微处理器的设计和生产技术已经相当成熟，配套的各类器件也很齐全。随后，微处理器在提高集成度、功能和速度，以及增加外围电路的功能和种类方面得到很大的发展。

1977年左右，超大规模集成电路工艺已经成熟，一个硅片上可以容纳几万个晶体管。于是在1978—1979年，一些厂家推出了性能可与过去中档小型计算机相比的16位微处理器，其中有代表性的3种芯片就是Intel公司的8086/8088、Zilog公司的Z8000和Motorola公司的M68000。这些微处理器的时钟频率为4～8MHz，平均指令执行时间为0.5μs，集成度为20 000～60 000管/片。人们将这一代微处理器称为超大规模集成电路微处理器。

1980年以后，半导体厂家继续在提高电路的集成度、速度和功能方面取得了很大进展，相继推出Intel 80286、Motorola 68010这样一些集成度高达100 000管/片、时钟频率为10MHz、平均指令执行时间为0.2μs的16位高性能微处理器。

1983年以后，Intel 80386和Motorola 68020相继推出。这两者内部都是32位数据宽度，所以都属于32位微处理器。时钟频率达16～20MHz，平均指令执行时间为0.1μs，集成度高达150 000～500 000管/片。在1989—1995年，Intel公司又相继推出了80486和Pentium高性能32位微处理器，其中Pentium的集成度高达3 100 000管/片，时钟频率高达150MHz。2000年3月，AMD公司作为第一家厂商，发布并开始销售1GHz微处理器Athlon，比Intel公司的1GHz Pentium Ⅲ早了两天。1995年11月至2000年11月，Intel公司又陆续推出了Pentium Pro、Pentium MMX(Multimedia Extended)、Pentium Ⅱ、Pentium Ⅲ和Pentium 4微处理器，这些微处理器的集成度和主频不断提高，Pentium 4微处理器集成了4200万个晶体管，其时钟频率高达3GHz。32位处理器的典型产品是Intel公司的奔腾系列芯片及与之兼容的AMD的K6系列微处理器芯片。它们内部采用了超标量指令流水线结构，并具有相互独立的指令和数据高速缓存。MMX微处理器使微型计算机的发展在网络化、多媒体化和智能化等方面跨上了更高的台阶。

2001年，Intel公司发布了首个64位微处理器Itanium(安腾)，它为顶级和企业级的服务器及工作站设计，体现了一种全新的设计思想，完全是基于平行并发计算而设计的。2003年，AMD公司推出了K8系列的Athlon 64微处理器，首次支持64位计算，并内置内存控制器。

从2005年Intel公司推出的首个双核处理器Pentium D产品到基于Core微架构的酷睿微处理器至今，64位多核微处理器已经成为微型计算机的主流产品，深入到服务器版、桌面版和移动版三大领域。Athlon微处理器也见证了32位到64位的转变，并推动了单核到多核的进步，最新一代的Athlon X2 7xxx系列已经日益成熟，核心架构由K8升级到K10，拥有2MB三级缓存和HT 3.0总线等完整技术规格，在游戏性能与高效能计算上相比前代5000、6000系列有了大幅提高。2012年4月，Intel公司正式发布了Ivy

Bridge(IVB)处理器。22nm Ivy Bridge 将执行单元的数量翻一番,达到最多 24 个,加入了对 DX11 支持的集成显卡,并可支持最多 4 个 USB 3.0。CPU 的制作采用 3D 晶体管技术使耗电量更低。

微处理器的出现是一次伟大的工业革命。从 20 世纪 70 年代开始,在近半个世纪里,微处理器的发展日新月异。可以说,人类的其他文明都没有微处理器发展那么神速、影响那么深远。现代的微处理器技术已经达到相当高的水平,芯片内部可以集成 10 亿多个晶体管,最高的时钟频率达到 5GHz,能使用 65nm CMOS 技术。许多结构都通过采用多媒体指令扩充技术实现。随着应用需求和工艺技术的不断发展,单片集成电路的资源已达到现代微处理器无法用完的程度。未来微处理器的发展趋势会有以下 4 个方面。

1) 减小晶体管体积

所有的芯片都由很多晶体管组成,在芯片上晶体管数量越多、体积越小,就越能体现其使用性能。Intel 公司最新发布的 Sandy Bridge 处理器,其系统的内部构造由近 10 亿个晶体管组成。

2) 降低功耗

Intel 公司在 2013 年首度推出具有 3D 晶体管技术的 Atom 处理器,可以在计算机和手机终端上进行使用,但使用过程中比 ARM 更加耗电,所以在很多移动终端上得不到推广。但随着 CPU 技术的不断进步,相信这个问题会得到解决。

3) CPU 核心架构的发展

核心(Core)又称为内核,是 CPU 最重要的组成部分。CPU 所有的计算、接收/存储命令和处理数据都由核心部件执行。各种 CPU 核心都具有固定的逻辑结构,一级缓存、二级缓存、执行单元、指令级单元和总线接口等逻辑部件都有科学的布局,这就是核心架构。当今 CPU 整体性能表现的关键因素已经不仅仅是主频的高低、缓存技术的优劣,而是核心架构。优秀的核心架构能够弥补主频的不足,更能简化缓存设计而降低成本,它是优秀微处理器的设计基础。

纵观 Intel 公司的 80x86 微处理器发展可以看出,流水线技术、P5 架构、P6 架构、NetBurst 架构及后期的 Core 架构等技术,是支撑处理器不断前进的有力保障。

4) 提升移动终端的使用性能

目前在智能手机上已经推出 40nm 的 4 个处理器,运行速度非常快。微软公司在发布 Windows 8 的 ARM 架构处理器设计的同时,英伟达公司也发布了 8 核心的 ARM 处理器生产计划。所以未来处理器的发展,不仅能满足低功耗的要求,还能生产出 ARM 架构的超轻薄笔记本计算机,为用户带来轻便高速的科技体验。

在微型计算机的发展过程中,很多公司的微处理器的发展都采用了向下兼容的策略,每一种新的微处理器都对原有的系列产品保持兼容,从而使此前的软件都能够继续运行。Intel 公司的 80x86 微处理器就是一个很好的例子。如 16 位微处理器 8086 指令系统,一方面兼容了低档微处理器的全部指令,另一方面被 32 位微处理器兼容。32 位微处理器 80386/80486/Pentium 的指令系统正是在 8086 的基础上扩展和补充而成的。64 位微处理器也是如此。

1.1.2 微型计算机系统的基本组成

计算机系统由硬件和软件两大部分组成,硬件是构成计算机的设备实体,软件是指为了运行、管理和维修计算机而编制的各种程序。

1. 计算机系统的硬件组成

现代计算机的硬件结构仍然是在冯·诺依曼提出的计算机逻辑结构和存储程序概念的基础上建立起来的。"存储程序"就是指将指令、数据以二进制形式存入计算机系统的存储器中。"程序控制"就是指计算机启动后,自动取出并执行存于存储器中的指令,完成预定的操作。

基于这种思想,计算机的硬件系统基本上由运算器、控制器、存储器、输入输出接口和输入输出设备、电源系统等组成,如图 1.1 所示。

其中,运算器和控制器合称为 CPU,CPU 与存储系统、I/O 接口、电源系统等组成了计算机系统的"主机",输入输出设备被称为外设。

1) 存储器

存储器是具有记忆功能的部件,是能够接收、保存和取出信息(程序、数据和文件)的设

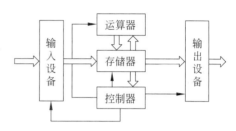

图 1.1 计算机系统的硬件组成

备。这里所讲的存储器是指计算机系统的内部存储器,也称为主存储器(Main Memory),简称内存或主存。冯·诺依曼"存储程序"思想的核心是将编好的程序和要加工处理的数据预先存入主存储器,然后启动计算机,计算机在不需人工干预的情况下,高速自动地从主存储器中取出指令执行,从而完成数值计算或非数值处理。显然,存储器是实现"存储程序"控制必不可少的硬件支持,是计算机中必须要有的重要组成部分,用来存放指令和数据。

2) 运算器

运算器是进行算术运算和逻辑运算的部件,也称为算术逻辑单元(Arithmetic Logic Unit,ALU),它也是指令的执行部件。

3) 控制器

控制器是计算机的指挥中心。它负责对指令进行译码,产生整个指令系统所需要的全部操作的控制信号,控制运算器、存储器和输入输出接口等部件完成指令规定的操作。

4) 输入设备

输入设备通过输入接口电路将程序和数据输入内存。最常见的输入设备有键盘和鼠标。

5) 输出设备

CPU 通过输出接口电路将程序运行的结果、程序和数据送到输出设备上。最常见的输出设备有显示器和打印机。

2. 计算机系统的软件组成

不配置软件的计算机称为"裸机",仅有裸机是不能做任何事情的,必须有软件的配合。软件又分为系统软件和应用软件两大类。

1) 系统软件

系统软件是指控制和协调计算机及外设、支持应用软件开发和运行且无需用户干预的各种程序的集合。一般来讲,系统软件包括操作系统和一系列基本的工具软件,是支持计算机系统正常运行并实现用户操作的那部分软件。有代表性的系统软件有以下3种。

(1) 面向计算机管理的软件,如操作系统等。操作系统负责管理计算机系统中各种独立的硬件设备,使应用软件能方便、高效地使用这些设备。微型计算机系统常见的操作系统有DOS、Windows、UNIX、OS/2等。

(2) 数据库管理系统。数据库管理系统是一种操纵和管理数据库的大型软件,用于建立、使用和维护数据库,使人们能方便、高效地使用数据。常见的数据库系统有FoxPro、Access、Oracle、Sybase、DB2和Informix等。

(3) 语言处理程序。计算机只能直接识别和执行机器语言,因此要计算机上运行高级语言程序就必须配备程序语言的翻译软件,翻译软件本身也是一组程序,通常把它们归入系统软件。目前常用的高级语言有VB、C++、Java、Python等,它们各有特点,都有各自的编译程序。汇编语言的汇编器和C语言的编译器等都属于语言处理程序。

2) 应用软件

应用软件是计算机用户在各自的业务领域中开发和使用的各种软件,是为解决某一实际问题而编制的程序。例如,公司企业的办公财务管理系统、工厂的仓库管理系统、学校的辅助教学软件、互联网平台上用到的各种软件(如即时通信软件、电子邮件客户端、网页浏览器和客户端下载工具等)和多媒体软件(如媒体播放器、图像编辑软件、视频编辑软件和各种游戏软件等)。

3. 微型计算机的硬件结构

微型计算机的系统结构和基本工作原理与其他几类计算机并没有本质上的区别,所不同的是微型计算机广泛采用了集成度相当高的器件和部件。微型计算机硬件的核心是MPU(一般称为CPU)。CPU集成了运算器、控制器、寄存器组等部件。微型计算机硬件结构示意图如图1.2所示。以微型计算机为主体,配上系统软件和外设之后就构成了微型计算机系统。

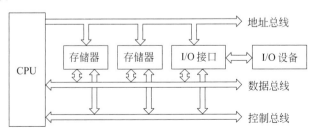

图 1.2　微型计算机硬件结构示意图

1) 总线

总线是连接 CPU 与存储器、I/O 接口的公共导线,是各部件信息传输的公共通道。微型计算机系统有 3 条总线(3 条是习惯说法,实际上每一条总线都有若干根),它们是地址总线(Address Bus)、数据总线(Data Bus)和控制总线(Control Bus)。

地址总线传输地址信息,用来寻址存储单元和 I/O 端口。地址总线的"宽度"决定了系统内存的最大容量。8088/8086 有 20 根地址线,只能寻址 1MB 内存;80286 有 24 根地址线,可寻址 16MB 内存;80486 有 32 根地址线,可寻址 4GB 内存。

数据总线传输数据信息,8088 CPU 内部各模块之间的数据线是 16 位,但 CPU 与存储器、I/O 接口之间传递信息使用 8 位数据线,所以称 8088 是准 16 位微处理器;80286 内/外数据线都是 16 位宽度,是 16 位微处理器;80486 有 32 根数据线,这意味着 CPU 和存储器、I/O 接口每一次可以传输 4B 的数据。

控制总线对于不同的 CPU 来讲,其条数不一样。控制线向系统各部件发出(或接收)各种控制信号。

从信息流向的角度讲,地址总线通常是单向总线,地址信息由 CPU 发出。数据总线是双向总线。控制总线也是双向总线,其中大部分控制线是单向控制线,它们是 CPU 发出的操作命令,或者是其他部件向 CPU 提出的请求信号,只有少数控制线是双向控制线。

2) 存储器

构成存储器的存储介质,目前主要采用半导体器件和磁性材料。一个双稳态半导体电路或磁性材料的存储元,均可以存储一位二进制代码,称为 1b。这个二进制代码位是存储器中最小的存储单位,称为一个存储位或存储元。若干个存储元可以组成一个存储单元,许多存储单元可以组成一个存储器。存储器又称为主存或内存。

(1) 存储单元的地址和内容。

在微型计算机中,存储器以字节为基本单元。每个单元包含 8 位二进制代码,也就是 1 字节,称为 1B。计算机中的存储器往往有成千上万个存储单元,为了使存入和取出不发生混淆,必须给每个存储单元编排一个唯一的标识符,这个标识符称为该存储单元的地址。在计算机中,地址用一串二进制数来表示,为方便起见,书写格式通常采用十六进制形式。通常,用 KB(2^{10}B)、MB(2^{20}B)或 GB(2^{30}B)作为存储器的容量单位。

存储单元中存放的信息称为存储单元的内容,存储器中部分存储单元存放信息的情况如图 1.3 所示。

可以看出,微型计算机通过给各个存储单元规定不同的地址来管理内存。这样,CPU 就能识别不同的内存单元,正确地对其进行操作。

(2) 存储器的操作。

CPU 对内存的操作有两种:读或写。CPU 将内存单元的内容取出读入 CPU 内部称为存储器读操作;CPU 将其内部信息传送到内存单元保存起来称为存储器写操作。显然,写操作的结果改变了被写内存单元的内容,是破坏性的;而读操作是非破坏性的,即读内存单元的内容在信息被

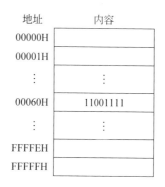

图 1.3 存储单元存放
信息的情况

读走之后仍保持原信息。

（3）存储器的分类。

按存储器的读写功能不同进行分类，微型计算机中的存储器主要有 ROM 和 RAM 两种。

ROM 是只读存储器。在微型计算机系统中，ROM 存放基本输入输出系统（Basic Input/Output System，BIOS），BIOS 是微型计算机系统最底层的系统管理程序。

RAM 为随机（读/写）存储器，即通常所讲的内存。随机存储器大多选用动态 RAM，目前的微型计算机中也部分采用静态 RAM 构成高速缓存（Cache）。

3）I/O 接口

顾名思义，I/O 接口是 CPU 与 I/O 设备之间进行信息交换的中转站。由于外设种类繁多，有机械式、电动式和电子式等，且一般来说，与 CPU 相比，工作速度较低。外设处理的信息有数字量、模拟量和开关量等，而微型计算机只能处理数字量。另外，外设和微型计算机工作的逻辑时序也可能不一致。鉴于上述原因，微型计算机与外设之间的连接及信息的交换不能直接进行，必须设计一个"接口电路"作为两者之间的桥梁。这种接口电路又称为 I/O 适配器（I/O Adapter）。

I/O 接口中有暂存数据的寄存器，为了便于 CPU 执行指令与之交换信息，系统也给这些寄存器编排地址，这些地址称为端口地址，接口电路中能与 CPU 交换信息的寄存器称为端口寄存器。

4. 微型计算机系统

微型计算机若配有相应的外设（如显示器、键盘、打印机等）和各种丰富的系统软件，就组成了微型计算机系统（Microcomputer System）。在工业控制、小型仪器仪表的检测中，可使用微型计算机、单板机或单片机。在数据处理中必须使用较完备的微型计算机系统。

IBM PC/XT/AT 机就是主机配以键盘作为输入设备，CRT 显示器作为输出设备，配备软磁盘、硬磁盘驱动器及其适配器扩展板扩展了外存，还配备了 DOS 而构成的一个微型计算机系统。任何一种可以工作的微型计算机都是配备了必不可少的软硬件资源的系统机。真正直接供人们使用的是微型计算机系统，人们经常把微型计算机系统称为微型计算机。微处理器、微型计算机和微型计算机系统这三者的概念和含义是不同的。

5. 微型计算机的基本工作过程

根据冯·诺依曼的设计，计算机应能自动执行程序，计算机的工作过程就是执行程序的过程，而执行程序又归结为逐条执行指令。指令是 CPU 执行某种操作的命令，任何一台计算机都由设计者事先设计了一套指令系统，指令系统决定该计算机能做什么，不能做什么。程序是指令的有序集合，而指令是以二进制代码的形式出现的。把执行一项信息处理任务的程序代码，以字节为单位，按顺序存放在存储器的一段连续的存储区域内，这就是程序存储的概念。简单地讲，微型计算机的工作过程是取指令（代码）→分析指令（译码）→执行指令的不断循环过程。

(1) 取指令。从存储器某个地址单元中取出要执行的指令代码送到 CPU 内部的指令寄存器暂存。

(2) 分析指令。或称为指令译码,把保存在指令寄存器中的指令代码送到指令译码器,译出该指令对应的微操作信号,控制各个部件的操作。

(3) 取操作数。如果需要,发出取数据命令,到存储器取出所需的操作数。

(4) 执行指令。根据指令译码,向各个部件发出相应控制信号,完成指令规定的各种操作。

(5) 保存结果。如果需要保存计算或信息处理结果,则把结果保存到指定的存储器单元或者其他目的地。

1.2 计算机中信息的表示与编码

计算机处理的信息,主要有数值数据和非数值数据两大类。数值数据是指日常生活中接触到的数字类数据,主要用来表示数量的多少,可以比较大小;非数值数据中最常用的数据是字符型数据,它可以用来表示文字信息,供人们直接阅读和理解;其他的非数值数据主要用来表示图画、声音和活动图像等。

计算机中信息的表示

计算机的硬件只能识别数码 0 和 1,计算机内只能存储数码 0 或 1,因此,一切数据(如逻辑量、无符号数、有符号数、字母、符号等)在计算机内表示时都必须进行二进制编码。二进制编码的过程就是在计算机内表示数据的过程,数据的二进制编码就是数据在机器内部的表示形式。计算机内不存在数据的原始形式(如逻辑量、无符号数、有符号数、字母、符号等),只存在二进制数码串,这些二进制数码串的含义完全由编码的过程决定。

1.2.1 数制概念

数制又称为进位计数制,即按进位制的方法进行计数。数制由基数 R 和各数位的权 W 两大要素组成:基数 R 决定了数制中各数位上允许出现的数码个数,基数为 R 的数制称为 R 进制数;权 W 决定了该数位上的数码所表示的单位数值的大小。因此,权 W 是与数位的位置有关的一个常数,不同的数位有不同的权值,权又称为位权。数制用来解决数的不同表示方法。根据需要,可以用各种进制来表示同一个数,如二进制、十进制数、八进制和十六进制等。由于使用电子器件表示两种状态比较容易实现,也便于存储和运算,所以,电子计算机中一般采用二进制数。读者需要了解各种进制的表示法及其相互关系和转换方法。

1. 各种数制

1) 十进制数

在程序设计中,广泛使用十进制数。十进制数的特点:每一位有 0~9 这 10 种数码,因此基数为10,高位权是低位权的10倍,加减运算的法则为"逢十进一,借一当十"。

2）二进制数

在电子计算机内部,所有信息都以二进制数形式出现。二进制数的特点：只有两个不同的数字符号,即0和1,因此基数为2,高位权是低位权的2倍,加减运算的法则为"逢二进一,借一当二"。

3）十六进制数

十六进制数是把4位二进制数作为一组,每一组用等值的十六进制数来表示。十六进制数的特点：每一位有0～9和A～F这16种数码,因此基数为16,高位权是低位权的16倍,加减运算的法则为"逢十六进一,借一当十六"。

2. 数制转换

1）二进制数、十六进制数→十进制数

二进制、十六进制以及任意进制的数转换为十进制数的方法较简单,根据按位权展开式把每个数位上的代码和该数位的权值相乘,再求累加和即可得到等值的十进制数。例如：

$$(1101.11)_2 = 1 \times 2^3 + 1 \times 2^2 + 1 \times 2^0 + 1 \times 2^{-1} + 1 \times 2^{-2} = (13.75)_{10}$$

$$(E59)_{16} = 14 \times 16^2 + 5 \times 16^1 + 9 \times 16^0 = (3673)_{10}$$

2）十进制数→二进制数

十进制数转换为二进制数时,根据该十进制数的类型来决定转换方法。

（1）十进制整数→二进制数。

方法："除2取余",即十进制整数被2除,取其余数,商再被2除,取其余数,直到商为0时结束运算。然后把每次得到的余数按倒序规律排列,即可得到等值的二进制数。例如：

$$N = (13)_{10} = (1101)_2$$

运算过程为

$$13 \div 2 = 6 \quad 余数 = 1 \cdots\cdots D_0$$
$$6 \div 2 = 3 \quad 余数 = 0 \cdots\cdots D_1$$
$$3 \div 2 = 1 \quad 余数 = 1 \cdots\cdots D_2$$
$$1 \div 2 = 0 \quad 余数 = 1 \cdots\cdots D_3$$

所以,$N = D_3 D_2 D_1 D_0 = (1101)_2$。

（2）十进制纯小数→二进制数。

方法："乘2取整",即把十进制纯小数乘以2,取其整数(不参加后继运算),乘积的小数部分再乘以2,取整,直到乘积的小数部分为0。然后把每次乘积的整数部分按正序规律排列,即可得到等值的二进制数。例如：

$$N = (0.8125)_{10} = (0.1101)_2$$

运算过程为

$$0.8125 \times 2 = 1.625 \quad\quad 乘积的整数部分 = 1 \cdots\cdots D_{-1}$$
$$0.625 \times 2 = 1.25 \quad\quad 乘积的整数部分 = 1 \cdots\cdots D_{-2}$$
$$0.25 \times 2 = 0.5 \quad\quad 乘积的整数部分 = 0 \cdots\cdots D_{-3}$$
$$0.5 \times 2 = 1.0 \quad\quad 乘积的整数部分 = 1 \cdots\cdots D_{-4}$$

所以，$N = (0.1101)_2$。

有些纯小数，不断地"乘 2 取整"也不能使其乘积的小数部分为 0，此时只能进行有限次运算，根据需要取其近似值。

(3) 十进制带小数→二进制数。

方法：整数部分"除 2 取余"，小数部分"乘 2 取整"，然后再进行组合。例如：

$$(13.8125)_{10} = (1101.1101)_2$$

3) 二进制数→十六进制数

以小数点为界，4 位二进制数为一组，不足 4 位用 0 补全，然后每组用等值的十六进制数表示。例如：

$$(1101110.11)_2 = (0110\ 1110.1100)_2 = (6E.C)_{16}$$

在汇编语言中十六进制数用后缀 H 表示。所以：

$$(1A2B)_{16}\ 应写成\ 1A2BH$$

4) 十六进制数→二进制数

把十六进制数的每一位用等值的二进制数来替换。例如：

$$(17E.58)_{16} = (0001\ 0111\ 1110.0101\ 1000)_2 = (101111110.01011)_2$$

1.2.2 数值数据的编码与运算

数值数据在计算机中的表示形式称为机器数。机器数的特点：表示的数值范围受到计算机字长的限制。在计算机中，参与运算的数值数据有无符号数(Unsigned Number)和有符号数(Signed Number)两种。对于无符号数，所有的二进制位数均用来表示数值本身，数据没有正负之分；对于有符号数，其二进制数位除了必须表明其数值大小，还必须保留正负号的位置或者隐含表明数值的正负。在计算机中如何表示一个有符号数呢？最常用的方法是把二进制数的最高一位定义为符号位，符号位为 0 表示正数，符号位为 1 表示负数，这样就把符号"数值化"了。有符号数的运算，其符号位上的 0 或 1 也被看作数值的一部分参加运算。

通常，把用＋、－表示的数称为真值数，把用符号位上的 0、1 表示正、负并保存于计算机中的数称为机器数。机器数可以用不同的方法来表示，常用的有原码、反码和补码表示法。

1. 机器数的原码、反码和补码

数 X 的原码记作 $[X]_原$，反码记作 $[X]_反$，补码记作 $[X]_补$。

例如，当机器字长 $n = 8$ 时：

$$\text{符号}\downarrow\qquad\qquad\qquad\qquad\text{符号位}\downarrow$$

设真值数 $X=+7=+0000111$ 　　　原码机器数写成 $[X]_\text{原}= 00000111$

$X=-7=-0000111$ 　　　　　　　　　　$[X]_\text{原}= 10000111$

$X=+0=+0000000$ 　　　　　　　　　　$[X]_\text{原}= 00000000$

$X=-0=-0000000$ 　　　　　　　　　　$[X]_\text{原}= 10000000$

设真值数 $X=+7=+0000111$ 　　　　　　$[X]_\text{反}= 00000111$

$X=-7=-0000111$ 　　　　　　　　　　$[X]_\text{反}= 11111000$

$X=+0=+0000000$ 　　　　　　　　　　$[X]_\text{反}= 00000000$

$X=-0=-0000000$ 　　　　　　　　　　$[X]_\text{反}= 11111111$

设真值数 $X=+7=+0000111$ 　　　　　　$[X]_\text{补}= 00000111$

$X=-7=-0000111$ 　　　　　　　　　　$[X]_\text{补}= 11111001$

$X=+0=+0000000$ 　　　　　　　　　　$[X]_\text{补}= 00000000$

由上述例子可以得出以下结论。

(1) 机器数比真值数多一个符号位。

(2) 正数的原码、反码、补码与真值数相同。

(3) 负数原码的数值部分与真值相同。

负数反码的数值部分为真值数按位取反。

负数补码的数值部分为真值数按位取反后末位加1。

(4) 没有负零的补码,或者说负零的补码和正零的补码相同。

(5) 由于补码表示的机器数更适合运算,为此计算机系统中负数一律用补码表示。

(6) 机器字长为 n 位的原码数,其真值范围是 $-(2^{n-1}-1)\sim+(2^{n-1}-1)$。

机器字长为 n 位的反码数,其真值范围是 $-(2^{n-1}-1)\sim+(2^{n-1}-1)$。

机器字长为 n 位的补码数,其真值范围是 $-2^{n-1}\sim+(2^{n-1}-1)$。

2. 整数补码的运算

为理解补码数是怎样进行加减运算的,首先引入几个概念。

1) 模

模是计量器的最大容量。一个4位寄存器能够存放 $0000\sim1111$ 共计16个数,因此它的模为 2^4。一个8位寄存器能够存放 $0\cdots0\sim1\cdots1$,共计256个数,因此它的模为 2^8,以此类推,32位寄存器的模为 2^{32}。

2) 有模运算

凡是用器件进行的运算都是有模运算。运算之后,最高位向更高位的进位值无论是0还是1,都被运算器"丢弃",而保存在"进位标志触发器"中。对于有符号数的运算,进位值不能统计在运算结果中。对于无符号数运算,其进位值则是运算结果的一部分,如进位值为1,表示运算结果已经超出了运算器所能表示的范围,仅用运算器的内容作为运算结果是不正确的。

3) 求补运算

以下是一个由真值求补码的例子,机器字长 $n=8$。

设 $X=+75$,则 $[X]_{补}=01001011$。设 $X=-75$,则 $[X]_{补}=10110101$。即

对 $[+X]_{补}$ 按位取反末位加1,就得到 $[-X]_{补}$。

对 $[-X]_{补}$ 按位取反末位加1,就得到 $[+X]_{补}$。

因此,求补运算就是指对一补码机器数进行"按位取反,末位加1"的操作。通过求补运算可以得到该数负真值的补码。

鉴于补码数具有这样的特征,用补码表示有符号数,则减法运算就可以用加法运算来替代,计算机中只需设置加法运算器就可以了。

4) 整数补码的运算

采用补码进行加法运算的规则为

$$[X+Y]_{补} = [X]_{补} + [Y]_{补}$$

其中,X、Y 为正负数皆可,符号位参加运算。

补码减法的规则为

$$[X-Y]_{补} = [X]_{补} + [-Y]_{补}$$

其中,X、Y 为正负数皆可,符号位参加运算。

当真值满足下列条件时,应用上述规则就可得到正确的运算结果:

$$-2^{n-1} \leqslant (X、Y、X\pm Y) < 2^{n-1}$$

其中,n 为字长,运算以 2^n 为模。

【例 1.1】 设 $X=66$,$Y=51$,以 2^8 为模,补码运算求 $X\pm Y$。

解:因为 $[X]_{补}=01000010$,$[Y]_{补}=00110011$,$[-Y]_{补}=11001101$

```
    [X]补    01000010              [X]补    01000010
+) [Y]补    00110011           +) [-Y]补   11001101
   ─────────────────             ──────────────────────
   [X+Y]补  01110101              [X-Y]补 1 00001111
                                              ↓
                                          被运算器丢弃
```

所以,$X+Y=+117$,$X-Y=+15$。

【例 1.2】 以 2^8 为模,补码运算求 $66+99$,$-66-99$。

解:因为 $[66]_{补}=01000010$,$[99]_{补}=01100011$,$[-66]_{补}=10111110$,$[-99]_{补}=10011101$

```
    [66]补    01000010             [-66]补    10111110
+) [99]补    01100011          +) [-99]补    10011101
   ──────────────────────         ──────────────────────
   [66+99]补 10100101             [-66-99]补 1 01011011
                                                ↓
                                           被运算器丢弃
```

得到:$66+99=-91$,$-66-99=+91$。

由上两例可以看出,不论被加数、加数是正数还是负数,只需直接用它们的补码(包

括符号位)进行相加运算,当结果不超出补码表示的范围时,运算结果是正确的补码;而当运算结果超出补码表示的范围时,运算结果则是不正确的。运算结果超出了机器数所能表示的范围称为溢出。对于有符号数的加减运算,当参加运算的两个数的符号位相同而与运算结果的符号位相异时,则表示发生了溢出。

3. 二-十进制数

二进制对计算机而言是最方便的,但是人们习惯于用十进制来表示数。为解决这一矛盾可采用二-十进制数。二-十进制数是计算机中十进制数的表示方法,就是用4位二进制数编码表示1位十进制数,简称为BCD(Binary Coded Decimal)码。

用4位二进制数编码表示一位十进制数,有多种表示方法,计算机中常用的是BCD码,它的表示规则,以及与十进制数的转换如表1.1所示。

表 1.1 BCD 码与十进制数的转换

二进制数	十进制数	BCD 码	二进制数	十进制数	BCD 码
0000	0	0000	1000	8	1000
0001	1	0001	1001	9	1001
0010	2	0010	1010	10	非法 BCD 码
0011	3	0011	1011	11	非法 BCD 码
0100	4	0100	1100	12	非法 BCD 码
0101	5	0101	1101	13	非法 BCD 码
0110	6	0110	1110	14	非法 BCD 码
0111	7	0111	1111	15	非法 BCD 码

例如,$(3456)_{10}=(0011\ 0100\ 0101\ 0110)_{BCD}$。

BCD 码是十六进制数的一个子集,1010~1111 是非法 BCD 码。

4. 无符号数

在处理某些问题时,若参与运算的数都是正数,如学生成绩、职工工资、字符编码和内存地址等。存放这些数时如保留符号位则没有实际意义。为了扩大寄存器所能表示的数的范围,可取消符号位。这样,一个数的最高位不再是符号位而是数值的一部分,这样的数被称为无符号数。因此:

8 位字长的无符号数,其数值范围是 0~255;

32 位字长的无符号数,其数值范围是 0~4 294 967 295。

机器字长为 n 位的无符号数,其数值范围是 $0\sim 2^n-1$。

计算机存储部件只知道它的内容是一串 0、1 代码。也就是说,只有程序员才能决定一个数的物理意义。

假设一个 32 位寄存器的内容是 $(11111111111111111111111111111111)_2$:

若它是无符号数,其真值等于 +4 294 967 295。

若它是补码数,其真值等于 −1。

若它是反码数,其真值等于 −0。

注意：无符号数的加法运算,结果的进位位为 1 时,表示有溢出,进位值是和的一部分,不能随意丢弃。

1.2.3 字符的编码

在微型计算机系统中,键盘输入、打印输出和 CRT 显示的字符最常用的是美国信息交换标准代码(American Standard Code for Information Interchange,ASCII)。标准 ASCII 码用 7 位二进制数作为字符的编码,但由于计算机通常用 8 位二进制数代表一字节,故标准 ASCII 码也写成 8 位二进制数,但最高位 D_7 恒为 0。$D_6 \sim D_0$ 代表字符的编码。表 1.2 为标准 ASCII 码字符表。

表 1.2 标准 ASCII 码字符表

L	H							
	000	001	010	011	100	101	110	111
0000	NUL	DLE	SP	0	@	P	`	p
0001	SOH	DC1	!	1	A	Q	a	q
0010	STX	DC2	"	2	B	R	b	r
0011	ETX	DC3	#	3	C	S	c	s
0100	EOT	DC4	$	4	D	T	d	t
0101	ENQ	NAK	%	5	E	U	e	u
0110	ACK	SYN	&	6	F	V	f	v
0111	BEL	ETB	'	7	G	W	g	w
1000	BS	CAN	(	8	H	X	h	x
1001	HT	EM	)	9	I	Y	i	y
1010	LF	SUB	*	:	J	Z	j	z
1011	VT	ESC	+	;	K	[	k	{
1100	FF	FS	,	<	L	\	l	|
1101	CR	GS	-	=	M	]	m	}
1110	SO	RS	.	>	N	↑	n	~
1111	SI	US	/	?	O	←	o	DEL

注：H 为高 3 位, L 为低 4 位。

NUL	空	DLE	数据键换码	SOH	标题开始
DC1	设备控制 1	STX	正文开始	DC2	设备控制 2
ETX	正文结束	DC3	设备控制 3	EOT	传输结束
DC4	设备控制 4	ENQ	询问	NAK	否定
ACK	认可	SYN	同步字符	BEL	报警(可听见声音)
ETB	信息组传送结束	BS	退一格	CAN	作废
HT	横向制表	EM	纸尽	LF	换行
SUB	减	VT	纵向制表	ESC	换码
FF	走纸控制	FS	文字分隔符	CR	回车
GS	组分隔符	SO	移位输出	RS	记录分隔符
SI	移位输入	US	单元分隔符	SP	空格
DEL	删除				

1.2.4 浮点数

人们常用的数据一般有 3 种：纯整数（如二进制数 1101）、纯小数（如二进制数 0.1101）和既含整数又含小数的数（如二进制数 1.1101）。在计算机中，表示这 3 种数有两种方法：定点表示法和浮点表示法。计算机中数的小数点位置固定的表示法称为定点表示法，用定点表示法表示的数称为定点数。计算机中数的小数点位置不固定的表示法称为浮点表示法，用浮点表示法表示的数称为浮点数。值得注意的是，小数点在计算机中是不表示出来的，而是隐含在用户规定的位置上。一般地，纯整数和纯小数用定点表示法比较方便；而既含整数又含小数的数用浮点表示法比较实用且便于运算。

1. 浮点数表示

一个带小数的二进制数可以写成许多种等价形式，例如：

$$\pm 101101.0101 = \pm 1.011010101 \times 2^{+5}$$
$$\pm 101101.0101 = \pm 0.1011010101 \times 2^{+6}$$
$$\pm 101101.0101 = \pm 0.01011010101 \times 2^{+7}$$
$$\pm 101101.0101 = \pm 1011010101 \times 2^{-4}$$

任何一个二进制数 N（含整数和小数两个部分）都可写成统一的格式：

$$N = \pm S \times 2^{\pm J}$$

其中 ± 和 S 为尾符、尾数，± 和 J 为阶符、阶码。

可以得出以下结论。

（1）用阶码和尾数两部分共同表示一个数，这种表示方法称为数的浮点表示法。

（2）阶码和阶符的物理意义：阶码表示小数点的实际位置。例如：

$$0.01011010101 \times 2^{+7}$$

表达式中阶符和阶码为 +7，表示把尾数的小数点向右移动 7 位就是小数点的实际位置，因此该数等于：

$$101101.0101$$

例如：

$$1011010101 \times 2^{-4}$$

表达式中阶符和阶码为 -4，表示把尾数的小数点向左移动 4 位就是小数点的实际位置，因此该数等于：

$$101101.0101$$

（3）规格化的浮点真值数。

二进制带小数，可以写成若干种等价的形式，其中只有一种被称为"规格化的浮点真值数"。

规格化的浮点真值数满足以下两个条件。

① 尾数为纯小数，且小数点后面是 1 不是 0。

② 阶码为整数(正整数或者负整数)。

因此，上述的二进制带小数只有 $\pm 0.1011010101 \times 2^{+6}$ 是规格化的浮点真值数。

2. 浮点机器数

计算机硬件如何存储一个浮点数？常用格式如下：

在一个字长(8位、16位或32位二进制数)中：

选用1位存放阶符，阶符为0表示阶码为正数，阶符为1表示阶码为负数；

选用若干位存放阶码，阶码为整数；

选用1位存放尾符(数符)，尾符为0表示尾数为正数，尾符为1表示尾数为负数；

选用若干位存放尾数，尾数为纯小数；

尾符和尾数之间是小数点的约定位置。

由于浮点数由阶码和尾数两部分组成，这两部分都是有符号的。它们用什么码制表示呢？归纳起来浮点机器数有两种。

(1) 阶码和尾数采用相同的码制。

(2) 阶码和尾数采用不同的码制。

【例 1.3】 设字长为16位，其中：阶符1位，阶码4位，尾符1位，尾数10位。要求把 $X = -101101.0101$ 写成规格化的浮点补码数，阶码和尾数均用补码表示。

解：首先把 X 写成规格化的浮点真值数，即 $X = -0.1011010101 \times 2^{+6}$，则规格化的浮点补码数如下：

0	0110	1	0100101011
阶符	阶码	尾符	尾数

【例 1.4】 设阶码用原码表示，尾数用补码表示，求下列浮点机器数的真值。

1	0010	1	0010011001
阶符	阶码	尾符	尾数

解：真值 $= -0.1101100111 \times 2^{-2}$。

3. 浮点数的数值范围

"数值范围"是指机器数所能表示的真值范围。在定字长条件下，浮点数所能表示的真值范围比定点数大，而且分配给阶码的位数越多，所能表示的数的范围越大，但是由于尾数的位数相应减少，所以数的精度减小。

【例 1.5】 设字长为16位，其中：阶符1位，阶码5位，尾符1位，尾数9位，当阶码和尾数均用补码表示时，数值范围是多大？当阶码和尾数都用原码表示时，数值范围是多大？

解：图1.4给出了两种情况下浮点数的数值范围。

当阶码占 M 位，尾数占 N 位，而且阶码和尾数采用不同码制表示的时候，其数值范围是多大？读者从上例能得到启发。

需要说明的是，本书涉及的微型计算机中指令运算的操作数是定点整数，即用汇编语言编程涉及的都是整数，对于浮点数，本书不再详述。

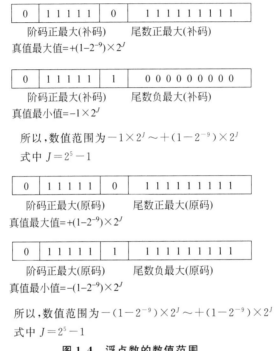

图 1.4 浮点数的数值范围

1.3 本章小结

第1章是本书的基础，首先介绍微型计算机的概念、分类和发展；然后介绍微型计算机的基本硬件结构和工作过程；接着又介绍计算机中常用的计数制和不同数制之间的转换、微型计算机中数值数据和字符的编码、真值数与机器数的概念、整数补码运算、进位和溢出的概念；最后简单介绍浮点数的概念。

重点要求掌握内容：计算机系统的基本组成，微型计算机的硬件结构，数制及相互转换，真值数与机器数之间的转换，整数补码运算并对结果是否正确进行判断，n 位字长的机器数能表示的有符号数和无符号数范围。

习 题

1. 微型计算机系统由哪几部分组成？微处理器、微型计算机和微型计算机系统的关系是什么？

2. 冯·诺依曼型思想的计算机硬件由哪五大部分组成？

3. 微型计算机的 CPU、存储器和 I/O 接口通过哪三大总线互连在一起？各自的功能是什么？

4. 数制和码制转换。

(1) $(11101.1011)_2 = ($　　　$)_{10}$。

(2) $(147)_{10} = ($　　　$)_2 = ($　　　$)_{16}$。

(3) $(3AC)_{16} = ($　　　$)_{10}$。

(4) $(10010110)_{BCD} = ($　　　$)_2$。

(5) 字长=8，$[-1]_{补} = ($　　　$)_{16}$。

$[X]_{补} = (A5)_{16}$，则 $X = ($　　　$)_{16}$。

(6) 设字长=8 位，$X = (8E)_{16}$，当 X 分别为原码、补码、反码和无符号数时，其真值 = (　　　$)_{16}$。

(7) 设字长=8 位，用补码形式完成下列十进制数运算。要求有运算过程并讨论结果是否有溢出？

① $(+75)+(-6)$　　　　② $(-35)+(-75)$

③ $(-85)-(-15)$　　　　④ $(+120)+(+18)$

5. 什么是定点数和浮点数？什么是无符号数和有符号数？

6. 写出下列字长的机器数能表示的无符号数和有符号数的真值范围。

(1) 8 位　　　　　(2) 16 位

7. 设字长=16 位，其中：阶符 1 位，阶码 M 位，尾符 1 位，尾数 N 位。按下列要求写出浮点数的真值范围。

(1) 阶码用补码表示，尾数用原码表示。

(2) 阶码用原码表示，尾数用补码表示。

(3) 阶码和尾数均用原码表示。

(4) 阶码和尾数均用补码表示。

第 2 章

80x86 微处理器

微处理器是微型计算机系统的核心部件，是采用大规模或超大规模集成电路技术做成的半导体芯片。计算机系统中的各部件都是在处理器的统一调度下协调工作的，所以又称它为中央处理器。本章重点介绍 Intel 公司的 80x86 系列微处理器的内部结构和工作模式。

第 2 章　导语

第 2 章　课件

2.1 Intel 微处理器发展简况

Intel 公司于 1981 年推出 8086 与 8088 微处理器，著名的 IBM XT 计算机就是基于 8088 微处理器。这两种 16 位的微处理器比以往的 8 位机功能更强大，地址线有 20 条，内存寻址范围为 1MB。它们的区别在于，8086 的外部数据也是 16 位，而 8088 的外部数据为 8 位。

Intel 微处理器发展与内部结构

1982 年，Intel 公司推出了 80286 芯片，该芯片含有 13.4 万个晶体管，80286 也是 16 位微处理器，其频率比 8086 更高，它有 24 条地址线，内存寻址范围是 16MB。

80386 属于 32 位微处理器，其内部和外部数据总线都是 32 位，地址总线也是 32 位，可寻址 4GB 内存。它除具有实模式和保护模式外，还增加了一种称为虚拟 86 的工作方式，可以通过同时模拟多个 8086 微处理器来提供多任务能力。它有以下两种：80386SX 是准 32 位微处理器，数据总线是 16 位，其内部 32 位寄存器必须分两个 16 位的总线来读取，它是 80286 计算机与 80386DX 计算机之间的过渡产品，80386DX 是真正的 32 位微处理器，它的数据总线和内部寄存器都是 32 位，它还可以配上 80387 数字协处理器，以提高计算速度。80386 微处理器的主频有 16MHz、20MHz、25MHz、33MHz 和 40MHz 5 种。除 Intel 公司外，还有 AMD、Cyrix、Ti 和 IBM 等公司也生产 80386 芯片。

80486简称为486,于1989年由Intel公司首先推出,集成了120万个晶体管。其时钟频率从25MHz逐步提高到33MHz、50MHz。它也属于32位微处理器。80486是将80386和数学协处理器80387以及一个8KB的高速缓存集成在一个芯片内,并且在80x86系列中首次采用了RISC技术,可以在一个时钟周期内执行一条指令。80486还采用了突发总线方式,大大提高了CPU与内存的数据交换速度。

Pentium(奔腾)是Intel公司于1993年推出的新一代微处理器,它集成了310万个晶体管。Pentium微处理器使用更高的时钟频率,最初为60MHz和66MHz,后提高到200MHz。使用64位数据总线和16KB的高速缓存。奔腾CPU的出现进一步加速了CPU的更新速度,CPU厂商竞争愈加激烈。Intel公司为了防止其他公司侵权,就为新的CPU取名Pentium,而没有继续称为80586。接着Intel公司推出使用MMX技术的Pentium MMX,它增加了57条多媒体指令,内部高速缓存增加到32KB,最高频率是233MHz。MMX是Multimedia Extension的缩写,意为多媒体扩展,是一种基于多媒体计算以及通信功能的技术,它能生成高质量的图像、视频和音频,加速对声音图像的处理。Pentium Pro中文称为高能奔腾,也称为P6。它在Pentium MMX之前面市,使用大量新技术,还包含256KB或512KB的高速缓存,主要应用在服务器上。

1997年,个人计算机微处理器的领先者是Intel公司的Pentium Ⅱ和Pentium Ⅲ。它们的芯片内部集成32KB的高速缓存和512KB的二级缓存,使用了MMX和AGP技术。为了占有市场,采用新的封装结构,并采用了SLOT 1插槽与主板结合。Pentium Ⅲ就是人们关注已久的Katmai,它采用了与Pentium Ⅱ相同的SLOT 1结构,具有100MHz的外频,其内部集成了64KB的一级缓存,512KB的二级缓存仍然安装在SLOT 1的卡盒内,工作频率是CPU的一半。不过仍提供了比Pentium Ⅱ更强劲的性能,这主要表现在其新增加了Katmal新指令集(KNI)。KNI提供了70条全新的指令,可以大大提高3D运算、动画片、影像、音效等功能,增强了视频处理和语音识别的功能。这套指令集主要是为浏览WWW网页设计的。

2000年6月,Intel公司推出了新型体系结构的32位微处理器芯片Pentium 4,其起始主频为1.2～1.5GHz,目前用于PC的Pentium 4的主频已超过3GHz。它增加了144条SSE2指令,采用了一系列的新技术来面向网络功能和图像功能,有超级流水线技术、跟踪性指令Cache技术和双沿指令快速执行机制等。

2000年11月,Intel公司又推出了第一代64位微处理器芯片Itanium(中文名为安腾),标志着Intel公司的微处理器芯片进入了64位时代。其内部集成了2.2亿个晶体管,集成度几乎是Pentium的10倍,主要面向高档服务器和工作站。它在Pentium的基础上又引入了多个新技术,如拥有三级Cache,有4个整数执行部件ALU和4个浮点执行部件FMAC及9个功能通道,还有数量众多的寄存器,采用显式并行指令计算(Explicitly Parallel Instruction Computing,EPIC)技术使处理器具有更好的指令级并行能力,采用新机制的分支预测技术等。2002年推出的安腾2处理器是安腾处理器家族的第二位成员,同样是一款企业用处理器。

2003年,Intel公司推出奔腾M处理器,奔腾M处理器、英特尔855芯片组家族和英特尔PRO/无线2003网卡是英特尔迅驰移动计算技术的三大组成部分。英特尔迅驰移动计算技术专门设计用于便携式计算,具有内建的无线局域网能力和突破性的创新移动性能。该处理器支持更耐久的电池使用时间,以及更轻、更薄的笔记本计算机造型。

2005年,首颗内含两个处理核心的Intel Pentium D处理器登场,正式揭开80x86处理器多核心时代。多核处理器是指在一块CPU基板上集成多个处理器核心,并通过并行总线将各处理器核心连接起来。推出多核处理器的主要原因是原有的单核处理器的频率难于提升,性能没有质的飞跃。

酷睿是英文单词Core的音译,译为"核心"。酷睿具有领先节能的新型微架构,其设计的出发点是提供卓越出众的性能和能效,提高每瓦性能,也就是能效比。早期的酷睿是基于笔记本计算机处理器的。酷睿架构的应用使得CPU不再是计算机内的能耗大户,Intel公司也因此摆脱了对AMD公司的能耗劣势。酷睿双核分1代和2代,1代只有笔记本计算机系列,而2代既有移动平台系列,又有桌面平台系列。

酷睿双核也就是酷睿1代,英文是Core Duo,主要是用于移动平台。酷睿2双核的英文是Core 2 Duo,是Intel公司推出的新一代基于Core微架构的产品体系统称,于2006年7月发布。它是一个跨平台的构架体系,包括服务器版、桌面版、移动版三大领域。其中,服务器版的开发代号为Woodcrest,桌面版的开发代号为Conroe,移动版的开发代号为Merom。全新的Core架构,彻底抛弃了Netburst架构;全部采用65nm和45nm制造工艺;所有产品均为双核心。Core 2 Duo/Extreme家族的E6700 2.6GHz型号比先前推出的Intel Pentium D 960(3.6GHz)处理器,在效能方面提升了40%,省电效率亦增加40%,Core 2 Duo处理器内含2.91亿个晶体管。Core 2 Duo从技术上来说,采用了共享L2 Cache的方式,提高了双核心的交流,执行多任务的功能比较强大;在Core 2 Duo上还实现了每周期执行4个命令的功能,并且支持SSE3指令集。

酷睿i分别有第一代、第二代、第三代共3个系列。2010年6月,Intel公司再次发布革命性的处理器——第二代Core i3/i5/i7。第二代Core i3/i5/i7隶属于第二代智能酷睿家族,全部基于全新的SNB(Sandy Bridge)微架构,相比第一代产品主要带来5点重要革新:采用全新32nm的Sandy Bridge微架构,更低功耗、更强性能;内置高性能GPU(核心显卡),视频编码、图形性能更强;睿频加速技术2.0,更智能、更高效能;引入全新环形架构,带来更高带宽与更低延迟;全新的AVX、AES指令集,加强浮点运算与加密解密运算。SNB新一代处理器微架构的最大意义莫过于重新定义了"整合平台"的概念,与处理器无缝融合的核心显卡终结了集成显卡的时代。

2012年4月,Intel公司在北京正式发布了核心代号为Ivy Bridge的第三代酷睿处理器。22nm Ivy Bridge将执行单元的数量翻一番,达到最多24个,这自然带来性能上的进一步跃进。Ivy Bridge加入对DX11支持的集成显卡。另外新加入的XHCI USB 3.0控制器则共享其中4条通道,从而提供最多4个USB 3.0。CPU的制作采用3D晶体管技术,这种技术会使CPU的耗电量减少一半。

2014年9月,Intel公司发布的i7-5960X处理器是第一款基于22nm工艺的8核心16线程桌面级处理器,拥有高达20MB的三级缓存,主频达到3.5GHz,热功耗140W,其浮点数计算能力是普通办公计算机的10倍以上。

2015年,Intel公司推出了涵盖高中低端产品线的17款处理器,基于14nm工艺的第五代Core处理器正式登场,除了拥有更强的性能和功耗优化外,还支持Intel Real Sense技术,带来更强的用户体感交互。

2017年,Intel公司又给主流桌面市场带来了6核12线程的第八代酷睿,公司在提升CPU核心数的道路上还在继续前行。但是,研发全新的处理器内核架构,取代2006年以来一直使用的Core架构,会成为Intel公司未来10年的CPU核心基础。

2.2　16位微处理器内部结构

Intel 8086 CPU与随后推出的8088 CPU的内部运算、数据寄存和操作都比较类似,按16位进行。8086 CPU是16位微处理器,它有16根数据线和20根地址线,所以可寻址的地址空间是2^{20}B(1MB)。8088 CPU的内部寄存器、内部运算部件以及内部操作都是按16位设计的,但对外的数据总线只有8位,在处理一个16位数据时,8088需要两步操作,因而称8088是准16位微处理器。

8086/8088除了对外数据位数及与此相关的部分逻辑稍有不同外,内部结构和基本性能相同,指令系统完全兼容。它们的内部被设计成独立的两个功能模块:总线接口单元(Bus Interface Unit,BIU)和执行单元(Execution Unit,EU),使取指令和执行指令可以并行操作,提高了总线的利用率。后来推出的80286,它的内部结构除了具备8086/8088最基本的功能外,还增加了虚拟存储、特权保护、任务管理等功能,所以支持多用户和多任务系统。

1. 内部结构

8086/8088 16位微处理器的内部结构如图2.1所示。总线接口单元由段寄存器(CS、DS、SS、ES)、指令指针寄存器(IP)、内部暂存器、指令队列、地址加法器及总线控制电路组成。它的主要作用是负责执行所有的外部总线操作,即当EU从指令队列中取走指令时,BIU即从内存中取出后续的指令代码放入队列中;当EU需要数据时,BIU根据EU输出的地址,从指定的内存单元或外设中取出数据供EU使用;当运算结束时,BIU将运算结果送给指定的内存单元或外设。

执行单元由通用寄存器、运算数暂存器、算术逻辑单元(ALU)、标志寄存器(FLAGS)及EU控制电路组成。它的主要作用是分析和执行指令,即EU控制电路从指令队列取出指令代码,经译码,发出相应的控制信号;数据在ALU中进行运算;运算过程及结果的某些特征保留在标志寄存器中。

指令队列主要使8086/8088的EU和BIU并行工作,取指令操作、分析指令操作重叠进行,从而形成了两级指令流水线结构,减少了CPU为取指令而必须等待的时间,提高了CPU的利用率,加快了整机运行速度,也降低了对存储器存取速度的要求。

在8086/8088的设计中,引入了两个重要的概念:指令流水线和存储器分段技术,这两个概念在以后升级的Intel系列微处理器中一直被沿用和发展。正是这两个概念的引入,使8086/8088与原来的8位微处理器相比,在运行速度、处理能力和对存储空间访问等性能方面有很大提高。

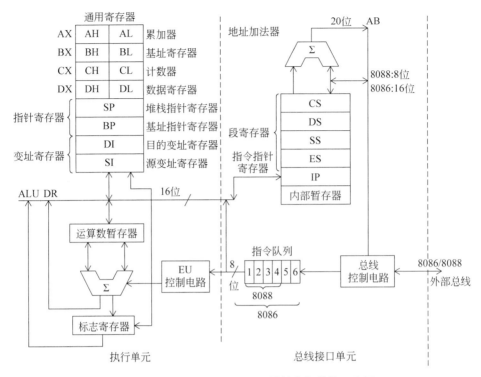

图 2.1　8086/8088 16 位微处理器的内部结构示意图

2. 寄存器结构

1) 通用寄存器

8086/8088 微处理器的执行单元中有 8 个 16 位的通用寄存器,这些寄存器都可以存放数据或地址,并能进行 16 位和 8 位的数据运算。

能进行 16 位运算的寄存器分别称为 AX、BX、CX、DX、SI、DI、BP、SP,其中 AX、BX、CX、DX 的低位字节或高位字节也可作为独立的 8 位寄存器使用,低位字节的寄存器分别称为 AL、BL、CL、DL,高位字节的寄存器分别称为 AH、BH、CH、DH。这 8 个 16 位的寄存器被分为 3 类:数据寄存器、变址寄存器和指针寄存器。

数据寄存器 AX、BX、CX 和 DX。AX 称为累加器(Accumulator),使用频度最高,用于算术、逻辑运算以及与外设传送信息等;BX 称为基址寄存器(Base Address Register)常用作存放存储器地址;CX 称为计数器(Counter),作为循环和串操作等指令中的隐含计数器;DX 称为数据寄存器(Data Register),常用来存放双字长数据的高 16 位,或存放外设端口地址。

变址寄存器 SI 和 DI,常用于存储器变址寻址方式时提供地址。SI 是源变址寄存器(Source Index);DI 是目的变址寄存器(Destination Index)。在串操作类指令中,SI、DI 还有较特殊的用法,用于存放串首或串尾数据单元的偏移地址。

指针寄存器 BP 和 SP,用于寻址内存区堆栈段的数据。SP 为堆栈指针寄存器(Stack Pointer),指示堆栈段栈顶的位置(偏移地址);BP 为基址指针寄存器(Base Pointer)。SP

和 BP 寄存器与 SS 段寄存器联合使用以确定堆栈段中的存储单元地址。

2）段寄存器

CPU 内部有 4 个段寄存器 CS、DS、ES 和 SS。CS 称为代码段寄存器,用于存放代码段的段基址;DS 称为数据段寄存器,ES 称为附加段寄存器,两者都用于存放数据段和附加数据段的段基址;SS 称为堆栈段寄存器,用于存放堆栈段的段基址,指示堆栈区域的位置。8086/8088 CPU 对寻址的 1MB 内存区域是分段管理的,定义的代码段用于存放指令代码,数据段和附加数据段用于存放数据,堆栈段是按照先进后出的访问原则组织起来的一段内存区域。这 4 个段寄存器为存储器分段管理技术提供了硬件支持。

3）指令指针寄存器

IP(Instruction Pointer)为指令指针寄存器,指示内存中指令的位置。随着指令的执行,IP 将自动修改以指示下一条指令所在的存储器位置。指令指针寄存器是一个专用寄存器,与 CS 段寄存器联合使用以确定下一条指令的存储单元地址。

4）标志寄存器

EU 中还有一个非常有用的标志寄存器,16 位 FLAGS 中的位可分为标志位和控制位两类,标志位指明程序运行时微处理器的实时状态;控制位由程序设计者设置,以控制 CPU 进行某种操作。这个标志寄存器在程序设计时非常有用。

FLAGS 中各位的定义在 3.2 节介绍。

需要强调的是,汇编语言程序员看到的 16 位微处理器,就是以上提到的这些寄存器。所以,熟悉这些寄存器的名称、作用和汇编助记符,会对汇编语言程序设计有很大帮助。

2.3 32 位微处理器内部结构

20 世纪 80 年代中期开始,微处理器进入 32 位时代。Intel 公司陆续推出的 80386、80486、Pentium、Pentium Pro 和 Pentium MMX 等一系列高性能 32 位微处理器,主要特点是将浮点运算部件集成在片内,并普遍采用时钟倍频技术、流水线和并行及推测执行技术、虚拟存储及片内存储体分段分页双重管理和保护等技术,为在微型计算机环境下实现多用户、多任务操作提供了有力的支持。

32 位微处理器内部结构

2.3.1 Pentium 微处理器的内部结构

Pentium 微处理器的内部寄存器长度都为 32 位,但外部数据总线不像 80386 和 80486 那样是 32 位,而是 64 位,总线传输速度高达 66MHz。同时它具有 32 位地址总线,可直接寻址 4GB 的物理内存空间。它有两条相对独立的指令并行流水线,即 U 流水线和 V 流水线,内含高性能浮点处理部件及多媒体处理部件,允许使用双精度浮点数实现由高速向量生成图形显示。Pentium 微处理器的内部结构如图 2.2 所示。

从图 2.2 可以看出,Pentium 微处理器内部的主要部件有 10 个,分别是总线接口单元、分段分页单元、U 流水线和 V 流水线、指令 Cache 和数据 Cache、指令预取部件、指令

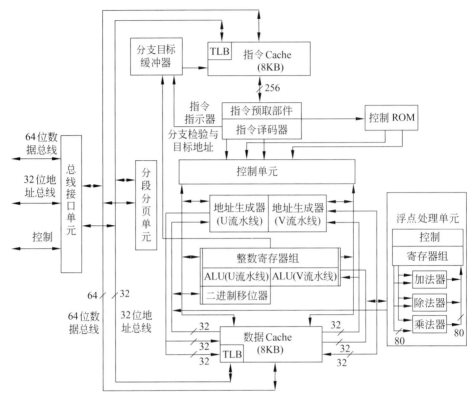

图 2.2　Pentium 微处理器的内部结构

译码器、浮点处理单元(FPU)、分支目标缓冲器(Branch Target Buffer,BTB)、控制 ROM 和整数寄存器组。

总线接口单元实现 CPU 与系统总线的连接,其中包括 64 位数据线、32 位地址线和众多控制信号线,以此实现相互之间的信息交换,并产生相应的总线周期信号。

分段分页单元完成将各种地址映射到内存物理地址的功能。

高速缓存即 Cache,是容量较小、速度很高的可读写 RAM,用来存放 CPU 最近要使用的数据和指令,Cache 可以加快 CPU 存取数据的速度,减轻总线负担。Cache 中的数据其实是主存中一小部分数据的复制品,所以,要时刻保持两者的相同,即保持数据一致性。在 Pentium 微处理器内部,指令 Cache 和数据 Cache 是分开的,目的是提高访问的命中率。

指令预取部件每次可以取两条指令,如果是简单指令,并且后一条指令不依赖前一条指令的执行结果,那么,指令预取部件便将两条指令分别送到 U 流水线和 V 流水线独立执行。

指令 Cache、指令预取部件将原始指令送到指令译码器,分支目标缓冲器则在遇到分支转移指令时用来预测转移是否发生。

浮点处理单元主要用于浮点运算,内含专用的加法器、乘法器和除法器,加法器和乘法器均能在 3 个时钟周期内完成相应的运算,除法器则在每个时钟周期产生 2 位二进制商。

控制 ROM 中含有 Pentium 微处理器的微代码,控制部件直接控制流水线操作。

2.3.2　32 位微处理器结构特点

80486 微处理器内部有 8 个基本模块,分别是总线接口单元、指令预取部件、指令译码器、执行单元、控制单元、存储管理单元、高速缓存和高性能浮点处理单元。由图 2.2 所知,Pentium 微处理器内部有 10 个基本模块,与 80486 相比具有如下特点。

(1) Pentium 由 U 和 V 两条流水线构成超标量流水线结构。每条流水线都有自己的 ALU、指令译码、地址生成、指令执行和回写 5 个步骤。其中,U 流水线可执行所有的整数和浮点指令,而 V 流水线中只能执行简单的整数指令和一条异常的 FXCH 指令。当一条指令完成预取步骤时,流水线就可以开始对另一条指令的操作,极大地提高了指令的执行速度。

(2) 重新设计的浮点处理单元。Pentium 的浮点处理单元在 80486 的基础上做了重新设计,其执行过程分为八级流水,使每个时钟周期能完成一个浮点操作。采用快速算法可使诸如 ADD、MUL 和 LOAD 等指令的运算速度至少提高 3 倍,在许多应用程序中利用指令调度和重叠(流水线)执行可使性能提高 5 倍。同时,对电路进行固化,用硬件来实现。

(3) 独立的指令 Cache 和数据 Cache。Pentium 片内有两个 8KB 的 Cache——双路 Cache 结构,一个是指令 Cache,另一个是数据 Cache。转换后备缓冲器(Translation Look-aside Buffer,TLB)的作用是将线性地址转换为物理地址。这两种 Cache 采用 32×8 线宽,是对 Pentium 的 64 位总线的有力支持。指令和数据分别使用不同的 Cache,使 Pentium 中数据和指令的存取减少了冲突,提高了性能。

Pentium 的数据 Cache 有两个接口,分别与 U 和 V 两条流水线相连,以便能在相同时刻向两个独立工作的流水线进行数据交换。当向已被占满的数据 Cache 中写数据时,将移走当前使用频率最低的数据,同时将其写回内存,这种技术称为 Cache 回写技术。由于 CPU 向 Cache 写数据和将 Cache 释放的数据写回内存是同时进行的,所以采用 Cache 回写技术将节省处理时间。

(4) 分支预测。Pentium 提供了一个称为分支目标缓冲器的小 Cache 来动态地预测程序的分支操作。当某条指令导致程序分支时,BTB 记忆下该条指令和分支目标的地址,并用这些信息预测该条指令再次产生分支时的路径,预先从该处预取,保证流水线的指令预取步骤不会空置。这一机构的设置,可以减少在循环操作时对循环条件的判断所占用的 CPU 时间。

(5) 采用 64 位外部数据总线。Pentium 芯片内部 ALU 和通用寄存器仍是 32 位,所以还是 32 位微处理器,但它同内存储器进行数据交换采用了 64 位的外部数据总线,两者之间的数据传输速率可达 528MB/s。

2.3.3　32 位微处理器的编程结构

对汇编语言程序员而言,掌握所用微处理器的寄存器结构是至关重要的,因为在这些寄存器中,有的是程序设计期间必须使用的,称为对程序员可见的寄存器;有的虽然在应用程序设计期间不能直接寻址,称为对程序员不可见的寄存器,但这些寄存器在系统运行程序期间可能间接使用到,用来控制和操作保护模式下的存储系统。

32 位微处理器的寄存器组主要包括如下 3 部分:基本结构寄存器(Base Architecture Registers)、系统级寄存器(System Level Registers)和浮点寄存器(Floating Point Registers)。

1. 基本结构寄存器

图 2.3 表示了 32 位微处理器的基本体系结构寄存器,这些寄存器在用汇编语言编写程序时都可以访问。Pentium 与 80386 相比,除了标志寄存器以外,其余寄存器的命名和使用方法都没有改变。

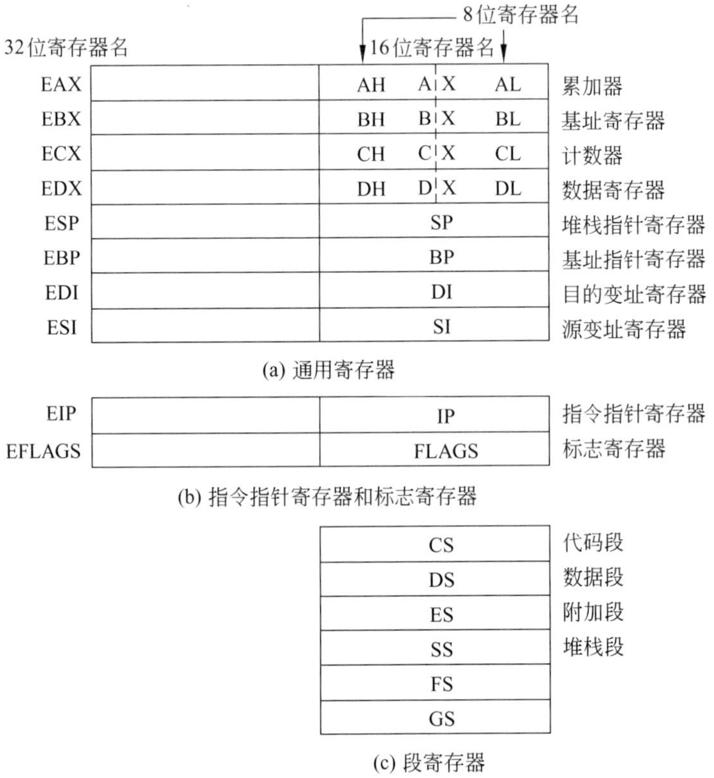

图 2.3 基本体系结构寄存器

1) 通用寄存器

8 个 32 位的通用寄存器如图 2.3(a)所示,这些寄存器都可以存放数据或地址,并能进行 32 位、16 位、8 位的运算。

能进行 32 位运算的寄存器分别称为 EAX、EBX、ECX、EDX、ESI、EDI、EBP 和 ESP。这 8 个寄存器的低 16 位可独立使用,它们分别以 AX、BX、CX、DX、SI、DI、BP、SP 为名被访问。其中 AX、BX、CX、DX 的低位字节或高位字节也可作为独立的 8 位寄存器使用,低位字节的寄存器分别称为 AL、BL、CL、DL,高位字节的寄存器分别称为 AH、BH、CH、DH。

2) 指令指针

指令指针寄存器如图 2.3(b)所示,它是 32 位的寄存器,称为 EIP。EIP 中存放相对于代码段寄存器(CS)的基址的偏移量。EIP 的低 16 位可作为独立使用的寄存器,称为 IP,它在实地址模式下,与 CS 组合后,形成 20 位的物理地址。

3) 标志寄存器

标志寄存器如图 2.3(b)所示,它是 32 位的寄存器,称为 EFLAGS。EFLAGS 中的位同样分为标志位和控制位两类:标志位指明程序运行时的微处理器的实时状态;控制位由程序设计者设置,以控制 CPU 进行某种操作。EFLAGS 的低位也可作为一个独立的标志寄存器 FLAGS 来使用。

4) 段寄存器

设计程序时,一般把指令代码和数据分开保存于不同的存储器空间。80x86 系列的 32 位微处理器内部有 6 个 16 位的段寄存器用于指示代码和数据所用的地址空间。它们是代码段寄存器 CS、堆栈段寄存器 SS,DS、ES、FS 和 GS 都称为数据段寄存器,如图 2.3(c)所示。除 CS 用于指示指令代码的地址空间外,其他段寄存器都用于指示数据的地址空间。当微处理器工作在实地址模式下,这些段寄存器提供的内容就是 16 位的段基址。

2. 系统级寄存器

系统级寄存器包含控制寄存器、系统地址寄存器和调试与测试寄存器 3 类。Pentium 与 80486 相比,其中的地址和调试寄存器的命名方法以及功能都相同,其他寄存器则是有区别的。这些寄存器控制着 80x86 微处理器的片内 Cache、运算部分的浮点部件以及存储管理部分。它们只在系统程序中才能使用。

1) 控制寄存器

Pentium 微处理器的控制寄存器结构如图 2.4 所示。CR0、CR1、CR2、CR3 和 CR4 是 32 位的控制寄存器,其中 CR1 是 Intel 公司为以后开发的微处理器而保留的控制寄存器。

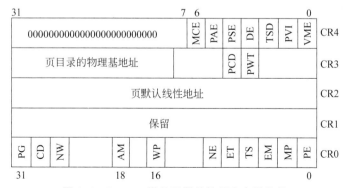

图 2.4 Pentium 微处理器的控制寄存器结构

(1) CR0 介绍。

Intel 公司对 CR0 中的 11 位进行了定义,剩余的 21 位是 Intel 公司自己保留的。

PE(第 0 位)是保护虚拟地址方式的允许位。当 PE=1 时,80x86 微处理器工作于保护虚拟地址方式;反之工作于实地址方式。

PG(第 31 位)是分页允许位。当 PG=1 时,允许分页部件工作;反之禁止分页部件工作。允许分页部件工作的前提是微处理器必须处于保护虚拟地址方式下,即 PE=1。

CD(第 30 位)是片内 Cache 的无效位。当 CD=1 时,片内 Cache 不命中时,则不把所需信息读入片内 Cache;当 CD=0 时,片内 Cache 不命中时,则把所需信息读入片内 Cache。

NW(第 29 位)是片内 Cache 非写直达位。当 NW=0 时,在数据写入片内 Cache 的同时也写入主存;当 NW=1 时,数据仅写入片内 Cache。

WP(第 16 位)是页写保护位。当 WP=1 时,禁止任何特权级的程序对只读页面进行写入操作。

AM(第 18 位)是对界检查控制位。

NE(第 5 位)是数值异常位;TS(第 3 位)是任务切换位;EM(第 2 位)是仿真协处理器位;MP(第 1 位)是监视协处理器位。这 4 位都与浮点部件的控制有关,本书不介绍浮点运算,这 4 位的具体定义请参阅有关资料。

(2) CR2 介绍。

CR2 保留了所检测到的上一个页面故障的 32 位线性地址。

(3) CR3 介绍。

CR3 的 20 位(第 12~31 位)保存着一级页表(页目录)的物理基地址。

CR3 还可对外部 Cache(二级 Cache)进行控制,这是由 PWT(第 3 位)和 PCD(第 4 位)进行的。

(4) CR4 介绍。

CR4 用到 MCE(第 6 位),其余均为 0。

VME(第 0 位)是虚拟 8086 模式中断允许位。在虚拟 8086 模式下,此位为 1,则允许中断,为 0 则禁止中断。

PVI(第 1 位)是保护模式虚拟中断允许位。在保护模式下,此位为 1,则允许中断,为 0 则禁止中断。

TSD(第 2 位)是读时间计数器指令的特权设置位。只有此位为 1,才能使读时间计数器指令 RDTSC 作为特权指令可在任何时候执行,否则仅允许在系统级执行。

DE(第 3 位)是断点有效允许位。该位为 1 则支持断点设置,为 0 则禁止断点设置。

PSE(第 4 位)是页面扩展允许位。该位为 1 则页面尺寸为 4MB,否则为 4KB。

PAE(第 5 位)是物理地址扩充允许位。该位为 1 则允许按 36 位物理地址运行分页机制,否则按 32 位运行分页机制。

MCE(第 6 位)是机器检查允许位。此位为 1 则使机器检查异常功能有效。

2) 系统地址寄存器

系统地址寄存器又称为保护方式寄存器。顾名思义,它们仅能在保护方式下使用。

系统地址寄存器有 4 个,如图 2.5 所示。它们分别称为全局描述符表寄存器(GDTR)、中断描述符表寄存器(IDTR)、局部描述符表寄存器(LDTR)和任务状态寄存器(TR)。80x86 微处理器就是采用这 4 个系统地址寄存器保存保护方式所支持的数据结构(表或段)的地址。

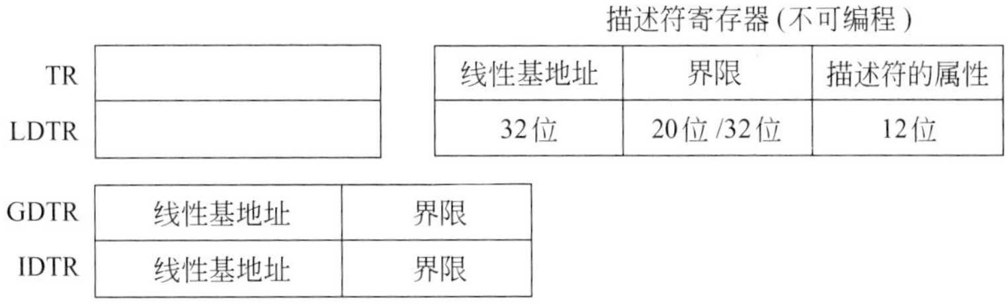

	描述符寄存器(不可编程)		
TR	线性基地址	界限	描述符的属性
LDTR	32位	20位/32位	12位
GDTR	线性基地址	界限	
IDTR	线性基地址	界限	

图 2.5 系统地址寄存器

(1) GDTR。

GDTR 是 48 位寄存器,其中高 32 位是全局描述符表(GDT)的线性基地址,低 16 位是全局描述符表的界限(尺寸)。

例如,若(GDTR)=080000001000H,则全局描述符表线性基地址为 08000000H,其最后一个地址为 08000FFFH。

(2) IDTR。

IDTR 也是 48 位寄存器,其中高 32 位是中断描述符表(IDT)的线性基地址,低 16 位是 IDT 的界限(尺寸)。

(3) LDTR。

LDTR 用于存放局部描述符表(LDT)的线性基地址、界限、描述符的属性和 16 位的选择符。除 16 位的选择符可由程序访问外,其他部分都是不可见的,它们都由硬件自动装入内容,因此在指令系统中所用到的 LDTR 只是指 16 位的选择符。

(4) TR。

TR 用于存放当前正在执行的任务的线性基地址、界限、描述符的属性和 16 位的选择符。与 LDTR 类似,只有 16 位的选择符可由程序访问,因此在指令系统中所用到的 TR 只是指 16 位的选择符。

3) 调试与测试寄存器

32 位微处理器有 8 个调试寄存器如图 2.6(a)所示。它们对程序的调试提供了硬件上的支持。DR0~DR3 用于设置数据存取断点和代码执行断点;DR7 是调试控制寄存器,用于选择调试功能和设置断点;DR6 是调试状态寄存器,它主要用于指明断点的当前状态。DR4 和 DR5 是 Intel 公司为 80486 之后所要开发的微处理器而保留的。

32 位微处理器还包含 5 个测试寄存器,它们用于测试自身的片内 Cache 和转换后备缓冲区(TLB),如图 2.6(b)所示。而 Pentium 微处理器则取消了测试寄存器,用一组模式专用寄存器来实现更多的功能。Pentium 模式专用寄存器的含义如表 2.1 所示。

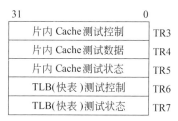

```
        31                    0
       ┌──────────────┐
       │ 断点 0 线性地址 │ DR0
       │ 断点 1 线性地址 │ DR1
       │ 断点 2 线性地址 │ DR2          31                    0
       │ 断点 3 线性地址 │ DR3        ┌──────────────────┐
       │     保留      │ DR4        │ 片内 Cache 测试控制 │ TR3
       │     保留      │ DR5        │ 片内 Cache 测试数据 │ TR4
       │  调试状态寄存器  │ DR6       │ 片内 Cache 测试状态 │ TR5
       │  调试控制寄存器  │ DR7       │ TLB(快表)测试控制  │ TR6
       └──────────────┘            │ TLB(快表)测试状态  │ TR7
                                   └──────────────────┘
            (a) 调试寄存器                   (b) 测试寄存器
```

图 2.6 调试与测试寄存器

表 2.1 Pentium 模式专用寄存器的含义

ECX	寄存器名	其中内容
00H	机器检查地址	引起异常周期的存储器单元的地址
01H	机器检查类型	引起异常周期的总线周期类型
02H	测试寄存器 1	测试奇偶校验错误
03H	保留	
04H	测试寄存器 2	测试指令 Cache 的结束位,含 4 位,每位对应两个双字中的 1 字节,为 1 则表示对应字节为指令结束字节
05H	测试寄存器 3	Cache 的数据测试,保存读写的双字数据
06H	测试寄存器 4	提供 Cache 的有效域、有效位和标签域
07H	测试寄存器 5	提供 Cache 的组选择域等参数
08H	测试寄存器 6	TLB 线性地址测试,含 12~31 位
09H	测试寄存器 7	TLB 物理地址测试,含 12~31 位
0AH	测试寄存器 8	TLB 物理地址测试,含 32~35 位
0BH	测试寄存器 9	BTB 标签测试,含标签地址和历史信息
0CH	测试寄存器 10	BTB 目标测试,含线性地址
0DH	测试寄存器 11	BTB 命令测试,含读写命令
0EH	测试寄存器 12	允许跟踪和分支预测
0FH	保留	
10H	时间标志计数器	性能监测
11H	控制和选择	性能监测
12H	计数器 0	性能监测
13H	计数器 1	性能监测
14H	保留	

这些寄存器中,寄存器 00H 和 01H 是 64 位的,读写的内容在 EDX～EAX 中,其余寄存器均为 32 位,读写的内容在 EAX 中。

3. 浮点寄存器

浮点寄存器组是 Pentium 以上的 32 位微处理器内部所有,因为它内部包含了浮点运算部件(FPU)。与之匹配的有 8 个数据寄存器、1 个标记字寄存器、1 个状态寄存器、1 个控制字寄存器、1 个指令指针寄存器和 1 个数据指针寄存器。

1) 数据寄存器

8 个数据寄存器 R0～R7,每个为 80 位,相当于 20 个 32 位寄存器。每个 80 位寄存器中,1 位为符号位,15 位作为阶码,64 位为尾数,以此对应浮点运算时扩展精度数据类型。

2) 标记字寄存器

这是一个 16 位的寄存器,用标记来指示数据寄存器的状态,如图 2.7 所示,每个数据寄存器对应标记字寄存器中的 2 位,数据寄存器 R0 对应标记字寄存器中的 1 位、0 位,依此类推,R7 对应标记字寄存器中的 15 位、14 位。通过标记字来表示对应数据寄存器是否为空,这种功能可使 FPU 更加简捷地对数据寄存器做检测。

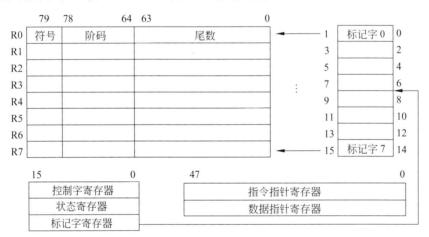

图 2.7 Pentium 的浮点寄存器组

3) 状态寄存器

16 位的状态寄存器用来指示 FPU 的当前状态,如图 2.8 所示。

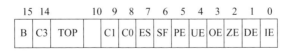

图 2.8 Pentium 的 FPU 状态寄存器

(1) IE 表示无效操作,这是非法操作引起的故障。
(2) DE 为 1 表示操作数不符合规范引起故障。
(3) ZE 为 1 表示除数为 0 引起故障。

(4) UE 和 OE 分别表示浮点运算出现上溢和下溢。

(5) PE 为 1 表示运算结果不符合精度规格。

(6) SF 是堆栈故障标志,当 IE=1 且 SF=1 时,若 C1=1,则表示堆栈上溢引起无效操作;若 C1=0,则表示堆栈下溢引起无效操作。

(7) ES 为错误标志,上面任何一个故障都会同时使 ES=1,且使 $\overline{FERR}$ 信号为低电平。

(8) C0~C3 被称为条件码,除了 C1 和 SF 一起表示堆栈状态外,这几个代码一方面可以用 SAHF 指令进行设置,另一方面,可用 FSTSW AX 指令读取,然后,以此为条件实现某种选择,条件码之名正是由此而来。

(9) TOP 是栈顶指针。

(10) B 位用来指示浮点运算器的当前状态,为 1 表示处于忙状态。

4) 控制字寄存器

如图 2.9 所示,控制字寄存器的低 6 位分别用来对 6 种异常进行屏蔽,这些屏蔽位和状态寄存器的标志位一一对应。例如,IM 对应 IE,DM 对应 DE……

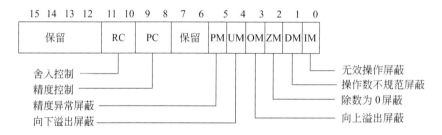

图 2.9 Pentium 的 FPU 控制字寄存器

PC 占 2 位,用作精度控制,可选 24 位单精度(00)、53 位双精度(10)和 64 位扩展双精度(11),01 保留。

RC 也占 2 位,用作舍入控制,可设置为靠近偶数舍入(00)、向下舍入(01)、向上舍入和截断舍入(11)。

这些舍入方式的含义如下所述。例如,浮点运算结果为 x,与 x 最靠近的两个数为 m 和 n,并且,$n<x<m$,靠近偶数舍入的含义是指将 x 舍入为 m 和 n 中末位为 0 的那个偶数,如两个均为偶数,则取差值偏小者;向下舍入的含义是指将 x 舍入为 n,这是指往 1 方向舍入;向上舍入的含义是将 x 舍入为 m,指往+∞方向舍入;截断舍入的含义是从 m 和 n 中选择绝对值小的那个数作为舍入值,这是指往 0 方向舍入。

5) 指令指针寄存器和数据指针寄存器

这两个寄存器用来提供发生故障的指令的地址及其数据操作对应的存储器的地址。

2.4 32位微处理器的工作模式

80x86 系列的 32 位微处理器(80386 及其后继处理器)支持 16 位和 32 位指令系统,32 位指令系统是在 16 位指令系统的基础上扩展而成的。32 位处理器有 3 种工作模式

（工作方式）：实地址模式（Real Address Mode）、保护虚拟地址模式（Protected Virtual Address Mode）和虚拟 8086 模式，简称为实模式、保护模式和虚拟 86 模式。

实模式是 80x86 工作的基础，微处理器加电开机或复位均被设置为实模式。虚拟 86 模式则以保护模式为基础，在保护模式和虚拟 86 模式之间可以进行相互切换，但不能从实模式直接进入虚拟 86 模式，同样也不能从虚拟 86 模式直接回到实模式。本节先介绍 32 位微处理器的地址空间，然后再对 3 种工作模式进行介绍。

32 位微处理器的工作模式

2.4.1 32 位微处理器的地址空间

1. 存储地址空间

32 位微处理器内部的存储管理部件为存储系统，特别是为虚拟存储器技术的实现提供了有力的支持。80x86 系列的 32 位微处理器有 3 个明确的存储地址空间，它们是物理空间、虚拟空间和线性空间。

物理空间是计算机中主存储器的实际空间，也称为主存空间，相应的地址称为物理地址或主存地址。例如，8086 的主存地址线为 20 根，其最大访问主存空间为 2^{20} 个存储单元，每个存储单元存储 1 字节，存储单元的编号为 $0,1,2,\cdots,2^{20}-1$；80486 的主存地址线为 32 根，其最大访问主存空间为 2^{32} B(4GB)，存储单元编号为 $0,1,2,\cdots,2^{32}-1$。物理地址与主存单元是一一对应的，即任一存储单元都具有唯一的一个物理地址。对主存的访问最终必须通过物理地址来实现。

虚拟空间又称为逻辑空间，是应用程序员编写程序的空间，此空间对应的存储器称为虚拟存储器，该存储空间对应的地址称为虚拟地址或逻辑地址。该空间可比主存实际能提供的空间大很多，即使主存空间不够大，也能运行程序员编写的程序。32 位微处理器的逻辑空间可达 2^{46} B(64TB)。

32 位微处理器通过分段部件把虚拟空间变换为 32 位的线性空间，如果分页部件未被选用，线性地址就是物理地址。

2. 输入输出（I/O）地址空间

32 位微处理器有两个独立的物理空间：一个是物理存储空间，这在前面已经介绍；另一个是物理 I/O 空间，如图 2.10 所示。

80x86 的物理 I/O 空间由 2^{16}(64K) 个地址组成。它与存储地址不重叠，这是因为 80x86 微处理器芯片的 M/$\overline{\text{IO}}$ 引脚把它们从逻辑上给区分开来了。

2.4.2 实地址模式

1. 实地址模式的特点

实地址模式全称为实地址存储管理模式，16 位微处理器只能在实模式下工作。开发

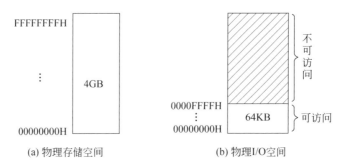

图 2.10　32 位微处理器的物理空间

新一代微处理器时,都要考虑与前款微处理器兼容的问题。在实模式下,32 位微处理器与它的前款处理器 16 位的 8086 兼容,所以为 8086、80286 编写的程序不需要做任何修改,就可以在 32 位微处理器的实模式下运行,且速度更快。除此之外,在实模式下,还能有效地使用 8086 所没有的寻址方式、32 位寄存器和大部分指令。在实模式下,32 位微处理器具有与 8086 同样的基本体系结构。归纳起来,有如下 4 个特点。

(1) 寻址机构、存储器管理和中断机构均与 8086 一致。

(2) 操作数默认长度为 16 位,但允许访问 32 位寄存器组。

(3) 微处理器的地址线仅低 20 根起作用,只能访问主存储器最底端的 1MB 存储空间;对存储器采用分段技术,每个段最大不超过 64KB。

(4) 主存储器中保留两个固定区域:一个为初始化区域;另一个为中断向量区域。初始化区域地址为 FFFF0H~FFFFFH,中断向量区域地址为 00000H~003FFH。

在实模式下,可以把 32 位微处理器的工作模式设置为保护模式。

2. 实模式下存储器的分段技术及物理地址的形成方法

实模式下,16 位段寄存器 CS、DS、ES、SS 为 CPU 采用存储器分段管理提供了主要的硬件支持。CPU 有 20 根地址线,所以能够访问的存储空间为 2^{20} B,即 1MB。1MB 的内存单元的 20 位物理地址按照 00000~FFFFFH 来进行编址。

由于 CPU 的内部寄存器都是 16 位的,显然用单个寄存器不能给出 1MB 的内存单元所对应的 20 位物理地址,为此引入了分段技术。通过分段管理,把 1MB 的物理存储空间分成若干逻辑段,段是存储器中地址连续的存储块,每个段最大为 64KB,大小由具体程序的目标块决定。在通常的程序设计中,一个程序可以有代码段、数据段、堆栈段和附加数据段等。CPU 规定:逻辑段在主存储器中的起始地址必须能被 16 整除,即逻辑段第一个单元的 20 位地址可以写成 XXXX0H 形式,去除低 4 位 0000B,前面的 16 位称为段基址。各段的段基址分别由代码段寄存器 CS、堆栈段寄存器 SS、数据段寄存器 DS 和附加段寄存器 ES 这几个段寄存器给出。每个段内的存储单元相对于段首单元就有了一个位移量,该位移量称为偏移地址,偏移地址是 16 位的。所以,采用存储器分段管理后,存储器地址就有了物理地址和逻辑地址之分。CPU 访问主存储器时,地址总线上送出的总是物理地址。编写程序时采用逻辑地址,逻辑地址由段基址和段内偏移地址两部分组成,两者都是 16 位。

存储器的分段方式不是唯一的,各段之间可以连续、分离、部分重叠和完全重叠。这主要取决于对各个段寄存器的预置内容。一个具体的存储单元的物理地址,可以属于一个逻辑段,也可以同属于几个逻辑段。

CPU 要访问存储器中的一个单元内容,首先要形成该存储单元的 20 位物理地址。物理地址形成方法:先要将该单元所在段的段寄存器的 16 位段基址值左移 4 位(相当于乘十进制数 16),得到一个 20 位的值(称为段首址),再加上该单元相对段首第一个单元的 16 位段内偏移量(即偏移地址,也称为有效地址),就形成了要访问存储单元的 20 位物理地址。这样形成的物理地址的特点是所有段总是起始于 16 字节(段首址能被 16 整除)的边界。图 2.11 所示的就是 20 位物理地址的计算方法。

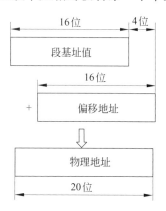

图 2.11 存储器单元 20 位物理地址的计算方法

例如,段寄存器 CS 内容为 1000H,偏移地址为 8888H,(在 IP 寄存器中)实地址模式下的物理地址为

$$1000H \times 16 + 8888H = 18888H$$

20 位物理地址的计算由 BIU 中的地址加法器来完成。CPU 利用 16 位的段寄存器和 16 位的指针寄存器、变址寄存器等用来形成要访问的指令和数据所在存储单元的 20 位物理地址。

2.4.3 保护虚拟地址模式

保护虚拟地址模式又称为保护模式,80x86 系列微型计算机从 80286 微型计算机开始引入保护模式,引入保护模式解决了实模式存在的 3 个问题:一是针对实模式仅能访问最底端 1MB 物理主存地址空间的问题,使之能访问 16MB(80286 处理器)或 4GB(80386 及后继处理器)甚至更多物理主存空间。二是使系统支持多任务处理功能。多任务处理功能即多个应用程序能同时在同一台计算机上运行,且各程序间相互隔离,以使任一应用程序中的故障或缺陷不会破坏系统,也不会影响其他应用程序的运行。三是使系统支持虚拟存储器。简单地说,虚拟存储器支持程序员编写的程序空间,该空间可比主存所能提供的空间大得多,这样即使主存提供的空间不够大,也能运行程序员编写的程序。80386 以上处理器的存储管理及存储保护机制支持了保护模式。

本节仅就保护概念与特点、存储空间进行初步介绍,存储管理的具体实现在第 6 章存储系统详细介绍。

1. 保护概念与保护模式特点

计算机软件由操作系统和应用程序组成,操作系统和应用程序之间既有联系又互相独立。在程序运行过程中,应防止应用程序破坏系统程序、某一应用程序破坏了其他应用程序、错误地把数据当作程序运行等情形的出现。为了实现系统程序与应用程序之间、各个应用程序之间以及程序与数据之间互相独立所采取的措施称为"保护"。这种保护机制是由硬件和软件共同配合完成的。32 位微处理器工作在保护模式下时,充分发挥了32位微处理器所具有的存储管理功能以及硬件支撑的保护机制,这就为多用户操作系统的设计者提供了有力的支持,与此同时,在保护模式下,Pentium微处理器也允许运行已有的8086、80286、80386和80486的软件。

32位微处理器有多种保护模式,其中最突出的是采用了环保护模式。环保护模式是在用户程序与用户程序之间以及用户程序与操作系统之间实行隔离。32位微处理器的环保护功能是通过设立特权级实现的,特权级分为4级(0~3级),数值最低的特权级最高。在图2.12中,0级被分配给操作系统的核心部分,如果操作系统被破坏了,整个计算机系统都会瘫痪,因此它所得到的保护级最高。

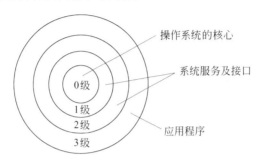

图2.12　32位微处理器的4级特权保护模式

32位微处理器的特权规则有两条:特权级P存储在某个段上的数据,只能由不低于P级的特权级进行访问;具有特权级P的程序或过程只能由在不高于P级上执行的任务调用。

综上所述,保护模式具有如下特点。

(1) 存储器用虚拟地址空间、线性地址空间和物理地址空间3种方式来进行描述,虚拟地址就是逻辑地址。在保护模式下,寻址机构不同于8086,需要通过一种称为描述符表的数据结构来实现对内存单元的访问,该描述符由存放在段寄存器中的选择符来确定。

(2) 程序员可以使用的存储空间称为逻辑地址空间,在保护模式下,借助于分段分页部件的功能将磁盘等存储设备有效映射到内存,使逻辑地址空间大幅度地超过实际的物理地址空间,这样,使主存储器存储容量似乎很大。

(3) 既能进行16位运算,也能进行32位运算。

(4) 使用4级保护功能,可实现多个应用程序和系统程序相互之间的隔离和保护,为多任务操作系统提供优化支持。

2. 保护模式下的存储空间

在保护模式下,存储器空间可以用虚拟地址空间、线性地址空间和物理地址空间3种方式来进行描述,32位微处理器为每一个任务提供2^{32}B(4GB)的物理空间,并允许程序在2^{46}B(64TB)的逻辑空间中运行。

保护模式下的虚拟存储器供程序员编程使用,采用段式管理,即虚拟存储器被划分成若干段。一个程序由各种段组成,用称为描述符的数据结构来描述,描述符包括段基址、段界限和段属性信息,由 8 字节组成。一个描述符就表示了一个虚拟存储器中的一个段。由于段用 8 字节组成的描述符来描述,导致 16 位的段寄存器不能用来表示逻辑段的描述符。因此,改用一个选择符来确定一个段的描述符,选择符指向虚拟地址空间的段,所以虚拟地址空间的虚拟地址由选择符和段内偏移地址两部分构成,是二维地址。

80x86 的物理地址空间是所有物理地址的集合,物理地址是一维地址,其位数由地址总线的宽度决定。80286 地址总线为 24 位,物理地址位数就是 24 位;80386、80486 和 Pentium 地址总线的宽度为 32 位,物理地址位数就是 32 位。根据实际需求,目前 80x86 系列微型计算机实际主存配置的容量一般都小于物理地址位数所能表示的容量,因此不是所有 32 位的物理地址都是可以使用的,必须根据实际配置的主存地址空间来决定。因为只有在物理地址空间中的程序和数据才能被访问,所以访存时需要将二维的虚拟地址转换成一维的物理地址。

因保护模式支持多任务处理功能,所以每一个任务都有一个虚拟地址空间。为了避免多个并行任务的虚拟地址空间直接映射到同一个物理地址空间,用线性地址空间隔离虚拟地址空间和物理地址空间。线性地址空间指的是微处理器全部地址有效时能够访问的最大物理地址空间,线性地址是对线性地址空间的编址,因其位数和地址编排形式与物理地址相同,所以也是一维地址。

3. 保护模式下的分段和分页存储管理机制

在保护模式下,虚拟存储空间中的一个程序由各种段组成,段是存储器中地址连续的存储块,其大小由具体程序的目标块大小决定。除按程序内在的逻辑关系将程序划分成主程序段、若干子程序段、堆栈段、初始数据段、结果数据段和工作区数据段以外,为了支持多任务、实现虚拟存储和程序共享等功能,还需设置不同用途的系统段,用称为描述符的数据结构来描述一个段,描述符包括段基址、段界限和段属性信息,由 8 字节组成。一个描述符就表示了一个虚拟存储器中的一个段,按所描述的对象不同,描述符又分为存储段描述符、系统段描述符和控制门描述符 3 类。分段管理机制的功能是管理程序的数据段、代码段、多个任务的共享段和保护模式所需的系统段,并实现把二维的虚拟地址转换为一维的线性地址。

为方便实现虚拟存储器还可进行分页,分页管理机制把线性地址空间和物理地址空间分别划分成大小相同的块,称为页。页的大小不会因逻辑分段的大小而改变。80x86 系列微型计算机页的大小固定为 4KB,分页管理机制下地址空间的分配是以页为单位的,因此程序线性地址空间的最后一页可能装不满,从而形成不可利用的"页内碎片"。

地址总线宽度为 32 位的 80x86 系列微型计算机,虚拟地址到物理地址的变换如图 2.13 所示。取指令时,选择符存放在 CS 中,存取数据时,依具体情况将选择符存放在 DS、ES、SS、GS 或 FS 中。在虚拟地址空间和物理地址空间之间,分段管理机制是必须使用的,分页管理机制是可选择的。如果不选择分页部件,线性地址空间就是物理地址空间,线性地址即为物理地址。

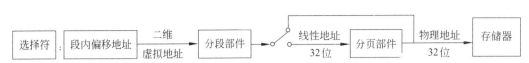

图 2.13　地址变换

2.4.4　虚拟 8086 模式

32 位微处理器允许在实模式和保护模式下执行 8086 的应用程序。后者为系统设计人员提供了 32 位微处理器保护模式的全部功能,因而具有更大的灵活性。保护模式的功能之一是能够在保护和多任务的环境中直接执行实模式的 8086 软件,这个特性称为虚拟 8086 模式,又简称虚拟 86 模式,这不是一种实际的处理器方式,而是一种准操作方式。虚拟 8086 模式具有保护方式下的任务属性。

有了虚拟 8086 模式,32 位微处理器允许同时执行 8086 操作系统和 8086 应用程序以及 32 位操作系统和 32 位应用程序,因此在一台多用户的 32 位微处理器的计算机里,多个用户都可以同时使用计算机。当操作系统或监控程序切换到虚拟 8086 模式时,处理器就模仿 Intel 8086 处理器来执行任务。8086 仿真状态下处理器的执行环境及扩展与实模式一样。这两种模式之间的主要区别在于,虚拟 8086 模式中,8086 程序以独立的保护模式运行。这样,8086 程序能够在吸取保护模式优势的操作系统下以 8086 的任务形式运行,并可以使用保护方式机制,如使用保护方式存储管理机制、保护方式中断和异常处理机制以及保护方式多任务机制来为 8086 任务提供管理与保护。多任务机制允许多个虚拟 8086 模式任务与其他非虚拟 8086 模式任务一起在处理器上运行。

任何汇编或编译的在 Intel 8086 处理器上运行的新程序或旧程序,都可以在虚拟 8086 模式任务上运行。使用处理器的多任务机制,8086 程序可以作为虚拟 8086 模式任务与普通保护模式任务一道运行。在保护模式下,可以通过软件切换到虚拟 8086 模式,虚拟 8086 模式具有如下特点。

(1) 可以执行 8086 的应用程序。

(2) 段寄存器的用法和实模式一样,即段寄存器内容左移 4 位加上偏移地址即为线性地址。

(3) 存储器寻址空间为 1MB。

在虚拟 8086 模式下,还可以与实模式相同的形式使用段寄存器,以形成线性基地址。通过使用分页功能,就可把虚拟 8086 模式下的 1MB 地址空间映像到 32 位微处理器的 4GB 的物理空间中的任何位置。

2.5　本章小结

本章首先介绍 Intel 公司的 80x86 系列微处理器的发展,然后介绍 16 位和 32 位处理器的内部结构、编程结构和结构特点,最后介绍了 32 位微处理器的 3 种工作模式:实地址模式、保护虚拟地址模式和虚拟 8086 模式的概念及各自特点,还介绍了两个地址空间:存储地址空间和输入输出地址空间。

重点要求掌握的内容:微处理器的内部基本结构寄存器,32 位微处理器的 3 种工作模式和 3 个存储空间,实地址模式和保护虚拟地址模式的特点及实地址模式下 20 位物理地址的形成。

习 题

1. Intel 公司微处理器的发展经历了哪几代?
2. 微处理器内部最基本的模块是什么?Pentium 微处理器内部有哪十大部件?其基本结构特点是什么?
3. 在 32 位微处理器内部的通用寄存器中,哪些可进行 32 位、16 位和 8 位的运算?
4. 在 32 位微处理器中,哪些寄存器在应用程序中不可使用?
5. 32 位微处理器的工作模式有几种?各自的特点是什么?
6. 32 位微处理器有哪 3 种存储地址空间?32 位微处理器能访问的 I/O 空间是如何确定的?
7. 32 位微处理器工作在实地址模式下,存储空间是多少?20 位物理地址是如何形成的?
8. 实地址模式下,存储器分段技术的实现由处理器的什么硬件条件提供支持?
9. CS 的内容是 8000H,IP 的内容是 9832H,求在实地址模式下的物理地址。
10. 系统复位后,EDX、CS 和 EIP 的内容是多少?这些值表示什么含义?

第 3 章 汇编语言指令集

指令是 CPU 操作的基本单位,指令集是所有指令构成的集合。计算机程序由指令构成,软件技术的发展增加了计算机程序的复杂性,从而推动了指令集的发展。现代计算机系统的指令集通常由完成基本操作的基本指令集和支撑新兴软硬件技术的高级指令集构成。本章讲述基于 80x86 系统结构的汇编语言指令集,在讲述与指令相关的概念和知识的基础上,重点讲解汇编语言基本指令集,并对汇编语言高级指令集进行介绍。

第 3 章 导语

第 3 章 课件

3.1 概 述

3.1.1 指令集体系结构、机器指令和符号指令

在计算机技术中,指令是指在某种计算机结构中定义的单个 CPU 操作,每条指令执行一个特定的操作,如将两个数相加。在这种计算机结构中,CPU 支持的所有指令构成的集合称为指令集。

将指令编码成为二进制格式的序列,称为机器指令。通常 CPU 只能识别和执行机器指令。由于在不同的计算机结构中,CPU 设计不相同,从而使得相同的指令被编码成为的机器指令不相同。人们将指令集和指令集编码(即指令集对应的机器指令集)称为 CPU 的指令集体系结构(Instruction Set Architecture,ISA)。各个 CPU 厂商设计的 ISA 可能各不相同,如 Intel 公司设计的 IA32 系统结构,俗称 80x86。本章将重点讲述 80x86 指令集,包括汇编语言基本指令集和高级指令集。

指令集概述

最常见的指令集体系结构包括精简指令集计算机(Reduced Instruction Set Computing,RISC)和复杂指令集计算机(Complex Instruction Set Computing,CISC)。

RISC 体系中常见的 CPU 是 IBM 公司的 PowerPC、Oracle 公司的 SPARC、ARM 公司的 ARM 等,对应的主要操作系统是 UNIX 以及 iOS、Android 等移动操作系统。CISC 体系中常见的 CPU 是 80x86 架构,如 Intel 公司的 Pentium 等,AMD 公司的 Athlon 等以及 Cyrix 的部分处理器,对应的主要操作系统是 Microsoft Windows 以及 Linux。除特别说明以外,本书中的汇编语言程序的结构和运行均基于 80x86 结构下 Microsoft Windows 操作系统。

早期计算机的程序设计大多直接使用机器指令。程序员设计好程序后,将构成程序的机器指令对应的二进制序列通过打孔卡片或打孔纸带的方式输入计算机中,程序在计算机中运行完毕后得到处理结果。这一过程中的程序的书写和输入过程很烦琐,容易出错。在 20 世纪 70 年代微型计算机发展的早期阶段,虽然指令的输入方法改进为通过拨码开关输入,但无法降低直接采用机器指令编写程序带来的难度,直到后来符号指令的诞生才解决了这一问题。

符号指令定义了一套特定的助记符和书写格式,把指令表示成为字符串形式的序列。与机器指令相比,符号指令更容易记忆、书写和阅读,输入也不容易出错。目前在编写汇编语言程序时一般都采用符号指令。在指令集体系结构中,每条指令都有对应的机器指令和符号指令,如表 3.1 所示。

表 3.1 IA32(80x86)中的指令、机器指令和符号指令

指 令	机器指令,括号内为等值的十六进制序列	符 号 指 令
1234H→AX	1011100000110100000010010(B83412)	MOV AX,1234H
AX+BX→AX	0000001111000011(03C3)	ADD AX,BX

表 3.1 中分别列举了两条指令和它们对应的机器指令以及符号指令。第一条指令表示把数值 1234H 传送到 AX 寄存器中,符号指令"MOV AX,1234H"采用英文符号 MOV 作为助记符,传送的数据 1234H 和传送的目的地 AX 书写在助记符的后面,与机器指令对应的 1011100000110100000010010 二进制序列比较,符号指令更容易编写和输入。同样,用符号指令"ADD AX,BX"将 AX 寄存器和 BX 寄存器中的数相加,结果放入 AX 寄存器中。

【例 3.1】 用机器指令和符号指令分别编写功能相同的程序,在文本屏幕上输出十进制数 1 和 2 相加的结果 3。

机器指令程序(二进制格式):

1011001000000001
10000000110000100000010
1000000011000010001100000
1011010000000010
1100110100100001
1011010001001100
1100110100100001

符号指令程序:

```
CODE SEGMENT
    ASSUME CS:CODE
START:MOV DL,1
      ADD DL,2
      ADD DL,30H
      MOV AH,02H
      INT 21H
      MOV AH,4CH
      INT 21H
CODE ENDS
END START
```

从例3.1中可以看到,与直接使用机器指令相比,使用符号指令不容易出错并且便于阅读。除非有特别需求,通常人们都使用符号指令来编写汇编语言源程序。在源代码程序编译为机器代码程序的过程中,通过汇编工具程序将符号指令转换为对应的机器指令。

3.1.2 符号指令的书写格式

在80x86指令集中,符号指令的书写格式定义如下:

标号:	操作码助记符	空格	操作数助记符(多个操作数之间用","隔开)	;注释

格式说明如下。

(1)符号指令的核心部分是操作码和操作数。操作码表示指令的功能,操作数表示指令的操作对象,分别采用操作码助记符和操作数助记符表示。例如,指令"ADD AX,BX"的操作码助记符为ADD,表示这是一条加法指令,AX和BX中存放的数为加法运算的操作数。操作码和操作数之间必须用空格符或Tab符隔开。有的指令的操作数是隐含操作数,不显式地在指令中表示,此时指令书写时只包含操作码助记符这个部分,例如对C标志置1的指令STC。在Microsoft Windows操作系统中编写汇编程序时,对指令的操作码助记符以及操作数助记符的大小写并未加以严格限制,可以选择大写或小写字母书写。

(2)有一个操作数的指令称为单操作数指令,有两个及两个以上操作数的指令称为多操作数指令,多个操作数助记符之间需要用","隔开。有两个操作数时,位于","左边的操作数称为目标操作数,位于","右边的操作数称为源操作数。例如,在指令"ADD AX,BX"中,AX中存放的数为目标操作数,BX中存放的数为源操作数。另外,多字节操作数在存储器中的存放顺序依据小端法(Little Endian)规则,即低位字节存放在低地址单元,高位字节存放在高地址单元。

(3)标号表示该条指令的符号地址。当该条指令被作为分支或循环等指令的转移目标或作为程序开始执行的首条语句时,需要设置标号,其他情况下则可以忽略。标号和操作码助记符之间需要用":"隔开。标号的命名规则:开头的符号需要是字母或下画线,其余符号可以是字母、数字和下画线等,全部符号构成标号名,其长度应不超过31个字符。特别注意:指令的操作码助记符、伪指令助记符、CPU中的寄存器名称等系统保留字不能作为标号的名称。

(4) 注释是在程序设计中对指令等信息的附加说明,可以忽略不写。使用";"引起一行注释。注释仅用于在源程序中为程序员提供附加信息,在程序编译成为机器代码时将会被编译器忽略,不会出现在目标机器代码中,也不会被CPU执行。

(5) 一条符号指令对应的机器指令一般由若干字节构成,在存储器中连续存放。指令在存储器中占用的字节数称为指令长度,长度为一字节的指令称为单字节指令,长度为一字节以上的指令称为多字节指令。其中,第一字节所在存储器单元的地址称为指令地址。例如,符号指令"ADD AX,BX"对应的机器指令为0000001111000011,在存储器中占用2B,其指令长度为2B,假设首字节单元在存储器中的物理地址为12345H,则该条指令的物理地址为12345H。

符号指令举例:

```
NEXT:   MOV CH,00H          ;将立即数00H送入CH寄存器
ADD     AX,BX               ;AX寄存器中的数与BX寄存器中的数相加后和送入AX寄存器中
INC     BYTE PTR [BX]       ;把BX间接寻址的内存单元中的数加1
```

3.2 操 作 数

指令由操作码和操作数两部分构成。操作码表示指令的功能,操作数表示指令的操作对象,包括输入数据(状态)和输出数据(状态)。在计算机硬件中,这些数据(状态)被存放在3个区域:CPU的寄存器、计算机的存储器以及计算机接口电路中的端口。掌握操作数在计算机硬件系统中的存放位置和存放方法是学习汇编语言指令的基础。本书第2章对32位微处理器的寄存器组织进行了概要介绍,本节讲述基本

操作数

体系结构寄存器(包括通用寄存器、段寄存器、指令指针寄存器和标志寄存器,参见2.3.3节)和操作数的关系。其他用于存放操作数的硬件,即计算机的存储器和计算机接口电路中的端口,将在第6章和第7章中分别讲述。

3.2.1 通用寄存器中的操作数

32位微处理器一共有8个32位的通用寄存器。指令的操作数存放在这些寄存器中时称为寄存器操作数。寄存器操作数的字长由寄存器的名称决定。以EAX为例,如图3.1所示,EAX是一个长度为32位的寄存器,可以存储32位字长的操作数。当使用AX作为寄存器名称时,只能使用32位寄存器的低16位部分,此时AX是一个16位寄存器,可以存储16位字长的操作数。而使用AH作为寄存器名称时,只能使用AX的高8位部分,此时AH是一个8位寄存器。同样,使用AL作为寄存器名称时,只能使用AX的低8位部分,此时AL也是一个8位寄存器。AH和AL都可以存储8位字长的操作

数。通常从 D_0 开始由右向左依次编号标识寄存器中的二进制位,最右边的位称为最低位,最左边的位称为最高位。例如,EAX 的最低位为 D_0,最高位为 D_{31}。AH 的最低位为 D_8,最高位为 D_{15}。同时把 AH 称为 AX 的高位字节单元,AL 称为 AX 的低位字节单元,AX 称为 EAX 的低位字单元。

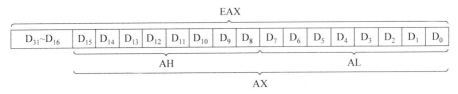

图 3.1　EAX 寄存器不同字长的逻辑结构

EBX、ECX、EDX 的寄存器名称和操作数字长的对应方法与 EAX 相同。但 ESP、EBP、EDI、ESI 这 4 个寄存器的逻辑结构只有 32 位和 16 位字长的两种类型,16 位的逻辑结构名称分别为 SP、BP、DI 和 SI,因此存放的操作数只有 32 位和 16 位两种字长。

此外,当操作数位于存储器中时,通用寄存器中的一些特定寄存器被用于存放寻找操作数所需的基地址或偏移地址,如 BX、SI、DI 等,将在 3.3 节寻址方式中讲述。

3.2.2　段寄存器和指令指针寄存器

32 位微处理器中一共有 6 个 16 位的段寄存器和 1 个 32 位的指令指针寄存器。代码段寄存器 CS 以及指令指针寄存器 IP 分别存放 CPU 将要取出的指令的段基址和偏移地址。

实模式下对存储器采用的管理方式是段式管理。程序中的代码一般被放在代码段中,当前 CPU 将要读取的指令,其存储单元的逻辑地址中的段基址存放在代码段寄存器 CS 中,其偏移地址则存放在指令指针寄存器 IP 中。

【例 3.2】　实模式下,CPU 将要读取的指令在存储器中的逻辑地址为 1000H∶2345H,分析 CPU 读取指令的过程。

如图 3.2 所示,指令"ADD AX,BX"是 CPU 将要取出的指令,其逻辑地址是 1000H∶2345H。此时 CPU 中的代码段寄存器 CS 中段基址为 1000H,指令指针寄存器 IP 中偏移地址为 2345H,通过地址合成器计算出指令的物理地址为 12345H,CPU 将该地址通过地址总线发送给存储器并同时发出读控制信号,存储器则通过数据总线将指令发送给 CPU 进行指令译码。一条指令读取完成后,IP 中的偏移地址将自动增加,例中 IP 值将变为 2347H,对应下一条将要取出的指令"SUB CX,DX"。从上述过程中可以看到,代码段寄存器 CS 以及指令指针寄存器 IP 决定了 CPU 将要取出的指令。修改 CS 和 IP 的值则可以改变 CPU 取出的指令,在程序设计中可以实现程序控制转移,例如分支和循环。汇编语言指令集中的转移以及调用指令可以修改 CS 和 IP 的值,实现程序的控制转移。

当操作数存放在存储器中时,数据段 DS、堆栈段 SS 以及附加段(ES、FS 和 GS)用于存放 CPU 取出该操作数所需的段基址。访问存储器操作数的过程与从代码段中取出指令相似,但偏移地址的获取更复杂,根据不同的寻址方式有不同的偏移地址计算方法。

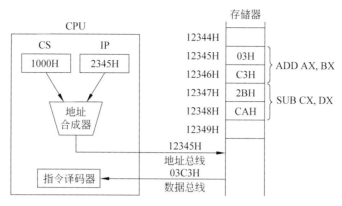

图 3.2　CPU 从存储器中读取指令的过程示意图

具体方法将在 3.3 节寻址方式中讲述。

在保护模式下，每个应用程序的整个 4GB 线性地址空间都作为一个段。代码段和数据段/堆栈段的空间是统一的，都是 00000000H～FFFFFFFFH。在这个 4GB 的地址空间中，一部分用来存放程序，一部分作为数据区，一部分作为堆栈，另外还有一部分被系统使用。这些部分的地址区域是不重合的。

同时，在保护模式下，操作系统不仅已经预先为要运行的用户应用程序的代码段、数据段和堆栈段设置好描述符，规定这些段的段基址都为 0，段界限都为 FFFFFFFFH。而且程序开始执行时，CS、DS、ES、SS 中存放的选择子已经指向正确的描述符，程序员不需要给这些段寄存器赋值。在整个程序运行期间，程序员也不应该修改这些段寄存器的值。因为，操作系统为了保证系统的安全性，是不允许用户对描述符表和页表等进行写操作的。所以，使用高版本汇编编写保护模式应用程序时，不需要创建段描述符，也不需要创建段描述符表，与实模式的汇编相比，对内存数据的访问更加方便。

3.2.3　标志寄存器

指令的操作对象除了数据外还包括状态。在大多数情况下，使用标志寄存器中的标志位来存储状态。标志位分为两种类型：状态标志和控制标志。状态标志用于作为某些指令操作的前提状态以及指令操作完成后的结果状态。控制标志可以设定 CPU 的某些功能，例如中断；或者设定指令的操作功能，例如串操作指令。控制标志值可以用相应指令进行设定。

80x86 的标志寄存器(EFLAGS)是一个 32 位的寄存器，实际只使用到 15 个二进制位，一共有 14 个标志。16 位 CPU 中的标志寄存器只有 16 位，也称为程序状态字寄存器(PSW)，有效的标志位共有 9 个(包括 O、D、I、T、S、Z、A、P、C)。为了保持兼容，80x86 的标志寄存器 EFLAGS 除了新增的 5 个标志外，其他标志的位置和名称不变，如图 3.3 所示。

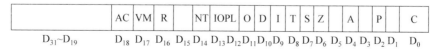

图 3.3　80x86 标志寄存器 EFLAGS

标志寄存器中的各个标志位都有确定的功能,各个标志位的功能如下。

1. C 标志(进位/借位标志)

加法/减法指令执行后,如果最高位产生进位/借位,则 C 标志置 1,否则 C 标志置 0。例如,字节加法运算,D_7 位产生进位,则 C 标志被设置为 1。除此以外,无符号数乘法指令、求补指令、移位指令和一部分逻辑运算指令在执行后对 C 标志也会产生影响。根据需要,也可以使用处理机控制指令 CLC 和 STC,将 C 标志直接设定为 0 和 1。

2. A 标志(辅助进位/借位标志)

A 标志也称为半进位/借位标志。在进行加法/减法运算时,如果 D_3 位向 D_4 位有进位/借位,则 A 标志置 1,否则 A 标志置 0。特别注意:当加法/减法运算为字以及双字运算时,A 标志的设置仅与最低一字节中的 D_3 位向 D_4 位的进位/借位有关。

3. S 标志(符号标志)

S 标志记录运算结果的最高位的位值。例如,字运算后 D_{15} 位为 1,则 S 标志被设置为 1,否则 S 标志被设置为 0。当参加运算的数为有符号数时,S 标志就是运算结果的符号位。

4. Z 标志(全零标志)

Z 标志表示运算结果是否为全零。当运算结果为全零时,Z 标志被设置为 1,否则 Z 标志被设置为 0。

5. P 标志(奇偶标志)

P 标志的设置依据运算结果的最低一字节中 1 的个数进行,当 1 的个数为偶数时,P 标志被设置为 1,否则 P 标志被设置为 0。特别注意:当运算结果是字以及双字时,P 标志仅与结果中的最低一字节有关。例如,字运算结果为 1101000010101010,P 标志被设置为 1。P 标志经常被用于在数据读写或通信传输中进行差错检测。

6. O 标志(溢出标志)

CPU 根据判溢电路对 O 标志进行设置,O 标志置 1 表示运算溢出,否则运算不溢出。

1) 溢出和判断溢出的方法

运算结果超出目标寄存器或存储单元所能表示的数值的范围称为运算溢出。CPU 根据判溢电路产生的输出对 O 标志置 1 或置 0,称为 CPU 判溢。实际的运算操作数有无符号数和有符号数两种情形,是否溢出与操作数类型有关,需要在 CPU 判溢给出 O 标志以及运算给出 C 标志的基础上,结合操作数类型进行判溢,这种判溢方法称为程序员判溢。

2) CPU 判溢

CPU 判溢依据运算器中的判溢电路进行,如图 3.4 所示。

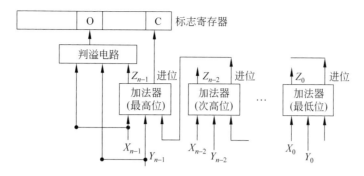

图 3.4　CPU 运算器中的判溢电路

CPU 的运算器可以完成两个字长为 n 的补码数的加法运算,设 $[X]_\text{补}$ 为被加数, $[Y]_\text{补}$ 为加数,运算后得到和为 $[Z]_\text{补}$。

$$[X]_\text{补} = X_{n-1}X_{n-2}\cdots X_1X_0, \quad [Y]_\text{补} = Y_{n-1}Y_{n-2}\cdots Y_1Y_0,$$
$$[Z]_\text{补} = [X]_\text{补} + [Y]_\text{补} = Z_{n-1}Z_{n-2}\cdots Z_1Z_0$$

加法运算产生的进位存放在 C 标志中。判溢电路的输出存放在 O 标志中,判溢电路的输入分别为被加数 X_{n-1}、加数 Y_{n-1} 以及和的最高位 Z_{n-1},输出的 O 标志为 CPU 判溢的结果,O 标志置 1 表示溢出,否则不溢出。其逻辑表达式为

$$O = X_{n-1} \cdot Y_{n-1} \cdot \overline{Z_{n-1}} + \overline{X_{n-1}} \cdot \overline{Y_{n-1}} \cdot Z_{n-1}$$

O 标志和 C 标志一起作为程序员判溢的基础。

3) 程序员判溢

依据操作数类型的不同,程序员判溢时,产生溢出有下面两种情形。

(1) 字长为 n 位的两个无符号数相加,结果大于 $2^n - 1$。

(2) 字长为 n 位的两个有符号数相加,结果大于 $2^{n-1} - 1$ 或小于 -2^{n-1}。

程序员判溢需要使用 O 标志和 C 标志并结合操作数类型进行。

(1) 参加运算的操作数是无符号数,则检测运算后的 C 标志,C 标志为 1 表示溢出,否则不溢出。

(2) 参加运算的操作数是有符号数,则检测运算后的 O 标志,O 标志为 1 表示溢出,否则不溢出。

【例 3.3】　将两个补码数 $[X]_\text{补}$ 和 $[Y]_\text{补}$ 相加,$[X]_\text{补} = (11001000)_2$,$[Y]_\text{补} = (11001000)_2$,计算加法运算的和 $[Z]_\text{补}$,并给出运算完成后 C、A、S、Z、P、O 6 个状态标志的值,假设 $[X]_\text{补}$ 和 $[Y]_\text{补}$ 均为无符号数,判断是否溢出;若 $[X]_\text{补}$ 和 $[Y]_\text{补}$ 均为有符号数,判断是否溢出。

列出计算竖式如下:

$$\begin{array}{r} [X]_\text{补} \quad 11001000 \\ +[Y]_\text{补} \quad +)\ 11001000 \\ \hline [Z]_\text{补} \quad 1\ 10010000 \end{array}$$

加法运算得到的和 $[Z]_\text{补} = (10010000)_2$

依据 6 个状态的设置方法,分别有 C=1, A=1, S=1, Z=0, P=1, O=1·1·0+

0·0·1=0,O=0,表示 CPU 判溢的结果是没有溢出。

下面进行程序员判溢,如果[X]$_补$和[Y]$_补$均为无符号数,C=1,运算有溢出;如果[X]$_补$和[Y]$_补$均为有符号数,O=0,运算没有溢出。

7. D 标志(方向标志)

D 标志用于在串操作指令中控制字符串指针的调整方向,D=0 时,为增址型调整,即指针由低位地址向高位地址移动;D=1 时,为减址型调整,即指针由高位地址向低位地址移动。在执行串操作指令前,使用处理机控制指令 CLD 将 D 标志设置为 0,或使用 STD 将 D 标志设置为 1。

8. I 标志(中断允许标志)

I 标志用于控制 CPU 是否响应来自引脚 INTR 的可屏蔽中断请求。I 标志为 0 时,CPU 不响应可屏蔽中断请求;I 标志为 1 时,CPU 响应可屏蔽中断请求。使用处理机控制指令 CLI 和 STI 设置 I 标志,CLI 将 I 标志设置为 0,STI 将 I 标志设置为 1。

9. T 标志(陷阱标志)

T 标志用于控制 CPU 是否以单步方式执行指令。T 标志为 0,CPU 以连续方式执行指令;T 标志为 1,CPU 以单步方式执行指令,即每执行一条指令后产生一次单步中断,自动调用中断类型号为 1 的单步中断服务子程序。T 标志默认值为 0,需要启动单步操作时,可以通过逻辑运算指令将标志寄存器中的 T 标志位设置为 1。

10. IOPL 标志(I/O 特权级标志)

IOPL 标志有 00~11 四个值,分别对应 0~3 四个 I/O 特权级,其中 0 为最高级,3 为最低级。IOPL 标志用于在保护模式下的输入输出操作,只有在当前的特权级低于或等于 IOPL 设定的级别时,执行 I/O 指令才能保证不发生异常,否则将引发一个保护异常。

11. NT 标志(任务嵌套标志)

NT 标志用于设定任务执行是否可以嵌套,该标志仅在保护模式下可用。中断返回指令 IRET 执行根据 NT 标志的值分为两种情形:当 NT 标志为 0,表示当前任务内的返回,即使用在堆栈中保存的 EFLAGS、EIP 以及 CS 寄存器的值,执行正常的 IRET 中断返回;当 NT 标志为 1,表示是嵌套任务的返回,将通过任务切换实现中断返回。

12. R 标志(恢复标志)

R 标志表示是否接受调试故障,与调试寄存器配合使用。R 标志为 0 时表示接受调试故障;R 标志为 1 时表示拒绝调试故障。在一条指令正常执行完毕后,CPU 将 R 标志设置为 0。当 CPU 响应断点异常中断时,R 标志设置为 1,然后标志寄存器压栈,转入断点处理程序,此时即便遇到调试故障也不产生异常中断,断点处理程序结束后返回断点指令。

13. VM 标志（虚拟标志）

VM 标志表示 CPU 是否处于虚拟 8086 模式。当 CPU 处于保护模式时，VM 被设置为 1，则 CPU 转换为虚拟 8086 模式，否则 CPU 仍处于一般的保护模式。

14. AC 标志（对准检查标志）

AC 标志设定是否进行对准检查。当 AC 标志设置为 0 时，不进行对准检查；当 AC 标志设置为 1，且 CR0 寄存器的 AM 位也为 1 时，进行字、双字和四字的对准检查，要访问的内存操作数没有按照边界对准时，将引发异常中断，即访问字操作数应该从偶地址开始，访问双字操作数应该从 4 的整数倍地址开始，访问四字操作数应该从 8 的整数倍地址开始，否则就是没有对准，发生越界。

以上 14 个标志中，C、A、S、Z、P、O 是 6 个最常用的状态标志，它们记录当前指令执行完毕后输出的状态。这些状态多被用于转移指令，作为程序控制转移的前提条件。常用的控制标志有 D 标志（用于串操作指令）和 I 标志（用于控制对可屏蔽中断的响应）。

3.3 寻 址 方 式

指令操作数存放于计算机硬件中的 CPU 寄存器、存储器和计算机接口电路中的端口，此外有的操作数被直接包含在指令中（严格意义上，直接包含在指令中的操作数作为指令的一个组成部分，在读入 CPU 前也被存放在存储器中，但这种情况比较特别，所以在寻址方式中单独作为操作数的一种存放位置），因此操作数一共有 4 种存放位置。

寻址方式

(1) 操作数作为本条指令的一部分，直接包含在指令中，这种操作数称为立即数。

(2) 操作数存放在 CPU 的寄存器中，这种操作数称为寄存器操作数。

(3) 操作数存放在计算机的存储器中，这种操作数称为存储器操作数或内存操作数。

(4) 操作数存放在计算机接口电路的端口中，这种操作数称为 I/O 端口操作数。

寻址方式就是在指令中，使用特定的助记符或助记符表达式（地址表达式），告知 CPU 如何计算出操作数的地址，从而正确地存取操作数，以便进行后继的指令操作。通俗地讲，寻址方式就是 CPU 寻找到操作数的方式。

对应操作数的 4 种存放位置，如图 3.5 所示，4 种寻址方式分别为立即寻址、寄存器寻址、存储器操作数寻址和 I/O 端口操作数寻址。在 PC 系列机中，I/O 端口操作数被存放在独立的 I/O 空间中，对应寻址方式将在第 7 章中讲述，本章只讲述前 3 种操作数的寻址方式。

3.3.1 立即寻址

立即寻址：操作数包含在指令中，是指令的一个组成部分，CPU 读入该条指令后也

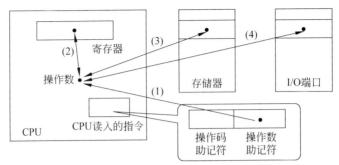

(1) 立即寻址；(2) 寄存器寻址；(3) 存储器操作数寻址；(4) I/O端口操作数寻址

图 3.5　操作数的 4 种存放位置和对应的寻址方式

就取得了操作数。采用立即寻址方式的操作数称为立即数。

下列指令都是将立即数传送到目标寄存器中，源操作数的寻址方式都是立即寻址。

```
MOV AL, 10101111B      ;指令执行后(AL)=AFH
MOV BX, 1234H          ;指令执行后(BX)=1234H
MOV CX, 0A234H         ;指令执行后(CX)=A234H
MOV AH, -2             ;指令执行后(AH)=FEH
MOV BL, 'A'            ;指令执行后(BL)=41H,这条指令等同于 MOV BL, 41H
MOV AX, 11*12          ;指令执行后(AX)=0084H,这条指令等同于 MOV AX, 132
```

说明：

(1) 实际编程中，立即寻址方式常用于给寄存器或内存操作数赋值，并且只能用于源操作数，不能用于目标操作数。

(2) 立即数的书写方法有 3 种。

① 立即数可以用不同进制的数值表示，以二进制形式给出时，在数值的后面加上 B 作为后缀；以十六进制形式给出时，在数值的后面加上 H 作为后缀，并且当开头为十六进制符号 A~F 时，需要在前面加上数字 0 作为前缀；以十进制形式给出时，在数值的后面加上 D 作为后缀(不加后缀也默认为十进制)；以八进制形式给出时，在数值的后面加上 Q 作为后缀。汇编程序在汇编时，不同进制的立即数一律汇编成为等值的二进制数，负数则用其补码表示。

② 立即数可以是用单引号括起来的字符，汇编后成为对应的 ASCII 码。

③ 立即数可以是用 +、-、*、/以及括号表示的算术表达式，汇编程序在生成机器指令时，将按照算术运算规则计算出的结果作为实际操作数。

3.3.2　寄存器寻址

寄存器寻址即将操作数存放在寄存器中，寄存器的名称在指令中的操作数中给出。在寄存器中存取操作数，可以获得较快的访问速度。

下列指令的源操作数或目标操作数的寻址方式为寄存器寻址。

```
MOV EAX, 12345678H    ;执行后(EAX)=12345678H,目标操作数为寄存器寻址
```

```
        ADD CH, CL              ;将 CH 和 CL 中的数相加的和放入 CH,源、目两个操作数均为寄存器寻址
        INC SI                  ;将 SI 中的数加 1,操作数为寄存器寻址
```

3.3.3 存储器操作数寻址

存储器操作数寻址也称为内存操作数寻址,操作数存放在存储器中。正确地使用这种寻址方式需要理解 CPU 在存储器中存取数据的过程。

物理地址是存储器单元在物理空间中的编号,逻辑地址是存储器单元在分段式管理中的逻辑编号。由于程序被装载入存储器中的位置由操作系统在程序载入的时候决定,在编写程序时无法确定指令中使用的存储单元在程序载入存储器后的物理地址,只能使用逻辑地址来描述指令中用到的存储单元。CPU 在分析指令时使用内部的段页式管理部件将指令中的逻辑地址转换为对应的物理地址,再通过总线系统访问实际的物理存储单元。

区别于一维编号的物理地址,逻辑地址采用二维编号方式,在汇编语言中书写格式为

段寄存器名称:偏移地址表达式

其中,段寄存器名称也称为段超越前缀,表示存放操作数的存储单元所在的逻辑段。常用的逻辑段:代码段存放当前正在运行的程序的机器指令,段寄存器为 CS;数据段存放当前程序中使用的数据,段寄存器为 DS;堆栈段存放需要具有先进后出特性的数据,段寄存器为 SS;附加段也用于存放当前程序中使用的数据,段寄存器为 ES。段寄存器中存放逻辑段的段基址,在实模式下,段基址是用逻辑段段首单元的物理地址除以 16 后得到的商值。段基址描述了逻辑段在存储空间中的位置,用 16 位二进制数表示,范围为 0000H~FFFFH;偏移地址表达式给出偏移地址,也称为偏移量,表示存放操作数的存储单元在所处逻辑段中的位置,即该存储单元相对逻辑段段首单元的地址偏移量,用 16 位二进制数表示,范围为 0000H~FFFFH。CPU 将逻辑地址中的段基址乘以 16 后加上偏移地址就得到了操作数的物理地址,从对应的物理存储单元中存取操作数。

根据不同的应用场景,逻辑地址中的偏移地址表达式有 5 种不同的格式,分别对应 5 种存储器操作数寻址方法:直接寻址、寄存器间接寻址、基址寻址、变址寻址和基址加变址寻址。

1. 直接寻址

直接寻址方式的操作数的逻辑地址有两种书写格式。

1) 段寄存器名称:[偏移地址]

偏移地址表达式直接给出存储单元的偏移地址值。这种格式允许操作数存放在不同的逻辑段,段寄存器名称不可以省略,否则将出现寻址错误。在编写程序时,存储单元的偏移地址可以通过计算存储单元相对逻辑段首的偏移量得到,但手工计算比较烦琐容易出错,一般情况下不建议使用这种书写格式。

例如:

ADD AL, DS:[45H]   ;取出数据段中偏移地址为0045H的存储单元中的数据与AL相加
MOV AX, ES:[1000H] ;取出附加段中偏移地址为1000H的存储单元中的数据送入AX

2) 段寄存器名称:变量名

汇编语言中可以使用伪指令为存储单元命名,即存储单元的变量名,也称为符号地址。汇编器将自动计算出该存储单元的偏移地址,这样在书写源程序时不再需要手工计算存储单元的偏移地址,简化了程序设计,直接寻址方式多采用这种书写格式。由于变量名中本身蕴涵了其所在逻辑段的名称,因此在书写逻辑地址时,段寄存器名称可以省略不写。例如:

MOV AX, DS:BUF   ;将数据段中名为BUF的存储单元中的数据送入AX

这条指令也可以省略段寄存器名称,写为

MOV AX, BUF

实际编程中,直接寻址适用于存取单个内存操作数。

2. 寄存器间接寻址

寄存器间接寻址方式也称为间接寻址或间址,其逻辑地址的书写格式为

段寄存器名称:[间址寄存器]

偏移地址表达式给出的间址寄存器用于存放操作数的偏移地址。注意:只有一些特别指定的通用寄存器能够作为间址寄存器使用,如表3.2所示。

表3.2 间址寄存器和约定访问的逻辑段

间址寄存器	约定访问的逻辑段	寻址位数/位
BP	堆栈段	16
BX、SI、DI	数据段	
EBP、ESP	堆栈段	32
EAX、EBX、ECX、EDX、ESI、EDI	数据段	

约定访问的逻辑段的含义:当间址访问的操作数位于的逻辑段就是间址寄存器约定访问的逻辑段时,逻辑地址中的段寄存器的名称可以省略不写,否则必须写出段寄存器名称。

例如:

MOV BX, BUF 单元的偏移地址
MOV AH, DS:[BX]   ;用BX间址取出数据段中BUF单元的操作数,将其送入AH

操作数符合逻辑段约定访问规则,也可改写为

MOV AH, [BX]

实际编程中,寄存器间接寻址适合用于存取按一定规律连续存放在存储器中的多个

数据,如数据表格或数组。在间址寄存器中预先存放初始的存储单元的偏移地址,在存取数据过程中按照一定规律对间址寄存器中的偏移地址进行增量或减量运算,从而实现对多个数据的访问。将在第4章分支循环程序设计中学习这种设计方法。

3. 基址寻址

基址寻址方式的逻辑地址书写格式为

段寄存器名称:[基址寄存器+位移量]

或

段寄存器名称:位移量[基址寄存器]

偏移地址表达式由基址寄存器和位移量的和构成。需要注意:只有一些特别指定的通用寄存器能够作为基址寄存器使用,如表3.3所示。

表3.3 基址寄存器和约定访问的逻辑段

基址寄存器	约定访问的逻辑段	寻址位数/位
BP	堆栈段	16
BX	数据段	
EBP、ESP	堆栈段	32
EAX、EBX、ECX、EDX、ESI、EDI	数据段	

与间接寻址一样,在使用基址寻址时,也需要遵守逻辑段的约定访问规则。
例如:

MOV BX,BUF 单元的偏移地址
MOV AH,DS:[BX+3]   ;基址寻址取出数据段 BUF+3 单元中的操作数送入 AH

这条指令也可改写为

MOV AH,[BX+3]

实际编程中,与间接寻址相似,基址寻址也适合用于存取按一定规律连续存放在存储器中的多个数据,但由于增加了位移量参数,可以指定在数据表中访问的起始点,使用更加灵活。

4. 变址寻址

变址寻址方式的逻辑地址书写格式有两种。
(1) 有比例因子的变址寻址,逻辑地址书写格式为

段寄存器名称:[比例因子*变址寄存器+位移量]

或

段寄存器名称:位移量[比例因子*变址寄存器]

偏移地址表达式由"比例因子*变址寄存器+位移量"构成。需要注意：只有一些特别指定的通用寄存器能够作为变址寄存器使用，如表3.4所示。

表3.4 有比例因子变址寄存器和约定访问的逻辑段

变址寄存器	约定访问的逻辑段	寻址位数/位
EBP	堆栈段	32
EAX、EBX、ECX、EDX、ESI、EDI	数据段	

注意：比例因子只能是1、2、4、8中的一个数。

例如：

MOV EBX, BUF单元的偏移地址
MOV AH, DS:[4*EBX+3]   ;变址寻址取出数据段4*EBX+3单元中的操作数送入AH

这条指令也可改写为

MOV AH, [4*EBX+3]

(2) 无比例因子的变址寻址，逻辑地址书写格式为

段寄存器名称:[变址寄存器+位移量]

或

段寄存器名称:位移量[变址寄存器]

在无比例因子的情形下，能够作为变址寄存器使用的通用寄存器如表3.5所示。

表3.5 无比例因子变址寄存器和约定访问的逻辑段

变址寄存器	约定访问的逻辑段	寻址位数/位
SI、DI	数据段	16

注意：无比例因子的变址寻址只能使用SI或DI作为变址寄存器。

例如：

MOV SI, BUF单元的偏移地址
MOV AH, SS:[SI+3]   ;变址寻址取出堆栈段BUF+3单元中的操作数送入AH

实际编程中，与基址寻址相似，变址寻址也适合用于存取按一定规律连续存放在存储器中的多个数据，特别是带比例因子的寻址方式，可以在存取数据时跨越比较大的地址范围。

5. 基址加变址寻址

基址加变址寻址方式也称为基加变寻址方式，是基址寻址和变址寻址两种寻址方式的结合，根据是否带有比例因子，基址加变址寻址方式的逻辑地址也有两种书写格式。

(1) 有比例因子的基址加变址寻址,逻辑地址书写格式为

段寄存器名称:[基址寄存器+比例因子*变址寄存器+位移量]

或

段寄存器名称:位移量[基址寄存器][比例因子*变址寄存器]

有比例因子基址加变址寻址方式中的基址寄存器和变址寄存器分别与基址寻址方式中的基址寄存器以及有比例因子的变址寻址方式中的变址寄存器相同,并且都是32位的寄存器;在访问约定的逻辑段时,段寄存器名称也可以省略。

(2) 无比例因子的基址加变址寻址,逻辑地址书写格式为

段寄存器名称:[基址寄存器+变址寄存器+位移量]

或

段寄存器名称:位移量[基址寄存器][变址寄存器]

无比例因子基址加变址寻址方式中的基址寄存器和变址寄存器分别与基址寻址方式中的基址寄存器以及无比例因子的变址寻址方式中的变址寄存器相同,并且都是16位的寄存器;在访问约定的逻辑段时,段寄存器名称也可以省略。

实际编程中,基址加变址寻址方式由于有基地址和变址地址两个参数,特别适合表示二维下标,对二维数组进行访问。使用了位移量的基址加变址寻址方式,常用于对结构体数据进行访问,此时用基地址定位结构体,用位移量定位结构体中的数据项,用变址地址定位数据项中的每个元素。

3.3.4 寻址方式小结

(1) 寻址方式是 CPU 在执行指令时正确地找到操作数的方式。特别注意:寻址方式是针对指令中的操作数,并非针对指令,当指令有多个操作数时,各个操作数可能对应不同的寻址方式。例如:

```
MOV AX,1234H    ;源操作数 1234H 是立即寻址方式,位于 AX 中的目标操作数是寄存器寻址
                ;方式
```

(2) 操作数在指令中时是立即寻址方式。立即寻址方式只能用于源操作数,常用于给目标寄存器或存储器单元赋值。

(3) 操作数在寄存器中时是寄存器寻址方式。对比存储器操作数寻址,寄存器寻址方式能够得到较快的数据存取速度。

(4) 操作数在存储器单元中时是存储器操作数寻址方式。存储器操作数寻址方式在使用时需要注意两个问题。

① 逻辑地址表达式在约定访问逻辑段时出现的可以省略不写段寄存器名称的现象也称为段超越前缀省略。当地址表达式使用的寄存器符合段超越前缀省略的条件时,段寄存器名称可以写出,也可以不写出,但不写出是默认的汇编源程序的书写风格,可以让

程序代码简洁。但同时需要注意：在不满足段超越前缀省略的条件时，省略不写段寄存器会使指令出错。

② 5 种不同的存储器操作数寻址方式有各自的特点和应用场景：直接寻址方式用于访问单个内存操作数；寄存器间接寻址、基址寻址和变址寻址用于访问具有连续排列规律的多个内存操作数；基址加变址寻址多用于访问二维数据或数据结构体。实际编程中应该根据程序中的数据结构的特点正确选择相应的寻址方式。

3.4 汇编语言语法

3.4.1 汇编语言语句类型和格式

语句是汇编语言进行汇编和执行的单位。汇编语言源程序包括的语句类型为指令性语句和指示性语句。指令性语句即为通常所说的符号指令。指示性语句包括伪指令以及宏指令。本章主要讲解符号指令和伪指令。宏指令作为比较特殊的指示性语句，将在第 4 章讲述。

汇编语言语法

符号指令是指令的一种符号串格式的表现形式，与指令的二进制格式，即机器指令直接对应。汇编源程序中的符号指令将由汇编工具转换为对应的机器指令供 CPU 读取并解析执行；伪指令是为汇编工具提供汇编和连接信息的指令。这些信息将帮助汇编工具完成将汇编源程序编译成为目标机器程序的任务，如表 3.6 所示。

表 3.6 符号指令和伪指令

语句类型	符号指令(机器指令)	伪 指 令
执行者	CPU	汇编工具
功能	完成某个特定的 CPU 操作，例如，把两个寄存器中的数相加	为汇编工具提供信息，例如，计算出某个逻辑段的段基址

汇编语言语句的通用格式定义如下：

名字项	操作项	空格	操作数项(多个操作数之间用","隔开)	;注释

（1）当汇编语言语句类型为指令性语句时，格式为

标号:	操作码助记符	空格	操作数助记符(多个操作数之间用","隔开)	;注释

格式说明：

① 指令性语句的格式就是符号指令的书写格式，参见 3.1.2 节。

② 通用格式的名字项在指令性语句中对应符号指令的标号(加上"：")，操作项对应符号指令的操作码助记符，操作数项对应符号指令的操作数助记符。

(2) 当汇编语言语句类型为指示性语句时,格式为

| 变量 | 伪指令助记符 | 空格 | 操作数项(多个操作数之间用","隔开) | ;注释 |

格式说明:
① 通用格式的名字项在指示性语句中对应变量,特别注意:变量名后没有":"。
② 通用格式的操作项在指示性语句中对应伪指令助记符,其操作数个数和类型取决于不同的伪指令。

3.4.2 名字项

汇编语言语句的名字项有两种类型:标号和变量,也称为符号地址。标号和变量采用相同的命名规则:在命名中可以使用字母 A~Z(a~z)、数字 0~9 以及专用符号?、.、@、_、$。

注意:名字必须以除数字以外的字母或符号开头,符号"."不能用于除开头以外的其他位置,名字长度不能超过 31 个字符,名字不能使用系统保留字,如指令助记符、寄存器名称等。

1. 标号

标号定义在代码段中,通常作为指令的转移目标。直接定义的标号后面必须加上":"。也可以使用伪指令 LABEL 以及 EQU 定义标号。使用 PROC 定义的标号也可作为子程序名称或中断服务子程序名称。标号具有 3 个属性。

(1) 段属性:表示标号所在的代码段的段基址,该段基址存放在代码段寄存器 CS 中。

(2) 偏移属性:表示在代码段中,标号所在位置相对于段首的偏移地址。

(3) 类型属性:指出标号是段内转移的目标地址还是段间转移的目标地址。前者类型属性用 NEAR 表示,此时转移指令和标号处于同一个代码段;后者类型属性用 FAR 表示,此时转移指令和标号处于不同的代码段。类型属性不写出时默认为 NEAR。

在 DOS 汇编中,标号的作用域是整个程序,在整个程序中是唯一的。但在 Win32 汇编使用的高版本汇编中,标号的作用域是当前的子程序。在同一个子程序中的标号不能同名,但在不同的子程序中可以有相同名称的标号。

2. 变量

在 DOS 汇编中,变量定义在数据段、堆栈段以及附加段中,表示逻辑段中的存储单元。与标号相同,变量也具有 3 个属性。

(1) 段属性:表示存储单元所在逻辑段的段基址,该段基址存放在对应的逻辑段寄存器中,如 DS、SS 或 ES。

(2) 偏移属性:表示存储单元相对于段首单元的偏移地址。

(3) 类型属性:变量的类型属性有字节型、字型、双字型等。类型属性由数据定义伪

指令在定义变量的时候确定。例如,使用 DB 定义的变量的类型属性为字节型,使用 DW 定义的变量的类型属性为字型,使用 DD 定义的变量的类型属性为双字型。

需要注意:在一个源程序中,同一个名称的标号或变量只能出现一次,不能重名,否则汇编时将出现错误。

与 DOS 汇编相比,高版本汇编中变量的类型很多,如表 3.7 所示。

表 3.7 变量的类型

名 称	表 示 方 式	缩 写	长度/B
字节	BYTE	DB	1
字	WORD	DW	2
双字(DOUBLEWORD)	DWORD	DD	4
三字(FARWORD)	FWORD	DF	6
四字(QUADWORD)	QWORD	DQ	8
十字节(TENBYTE)	TBYTE	DT	10
有符号字节(SIGNBYTE)	SBYTE		1
有符号字(SIGNWORD)	SWORD		2
有符号双字(SIGNDWORD)	SDWORD		4
单精度浮点数	REAL4		4
双精度浮点数	REAL8		8
十字节浮点数	REAL10		10

根据变量的作用域可分为全局变量和局部变量。

1) 全局变量

与 DOS 汇编相同,可用数据定义伪指令在.DATA 或.DATA? 段定义全局变量。全局变量的作用域是整个程序。

2) 局部变量

局部变量的作用域是当前的子程序。定义的格式:

LOCAL 变量1[重复数量1][:类型],变量2[重复数量2][:类型]……

LOCAL 伪指令必须紧跟在子程序定义伪指令 PROC 之后,其他指令之前。如果定义的变量是 DWORD 类型,可以省略类型。局部变量不能和全局变量同名。例如:

```
LOCAL VAR1:WORD        //定义了一个字局部变量
LOCAL VAR2             //定义了一个双字局部变量
LOCAL VAR3[10]:BYTE    //定义了有 10 字节长的局部变量
```

在程序中使用局部变量,例如:

N1 PROC

```
        LOCAL VAR1:DWORD,VAR2:WORD
        LOCAL VAR3:BYTE
        MOV EAX,VAR1
        MOV AX,VAR2
        MOV AL,VAR3
        RET
N1      ENDP
```

局部变量被存放在堆栈空间。CPU进入子程序时就会根据该子程序里面的局部变量所需的空间大小,在堆栈中留出相应大小的空间供局部变量使用。因此,局部变量无法初始化,只能在程序里用指令给它们赋值。

3.4.3 操作数项

汇编语言的语句中的操作数项包含两种类型的表达式:数值表达式和地址表达式。

1. 数值表达式

将标号、变量以及常量用数值运算符连接起来构成数值表达式,数值表达式汇编后的结果为数值。

1) 标号和变量

标号和变量除了作为名字项外,在汇编语句中也可以作为操作数项使用。

2) 常量

常量包含立即数、字符串常数和符号常数3种类型。

(1) 立即数。

立即数可以是不同的进制表示的数值,但需要加上相应的后缀。在汇编后,立即数均被转换为二进制数,负数则用其补码表示。

十进制立即数加上后缀D(也可省略),例如123D、123。

二进制立即数加上后缀B,例如10101010B。

十六进制立即数加上后缀H,并且以A~F开头时必须加上前缀0,例如45H、0F004H。

八进制立即数加上后缀Q,例如112Q。

(2) 字符串常数。

字符串常数是用单引号括起来的一个或多个字符,在汇编后,字符串常数中的字符被转换为对应的ASCII码。例如,字符串'ABC',在汇编后转换为414243H;字符串'12',在汇编后转换为3132H。

(3) 符号常数。

符号常数是使用符号定义伪指令EQU或=定义的常数。将程序中经常使用到的数值定义为符号常数可以让源程序简洁,符号常数在汇编后被替换为原有的常数数值。例如:

```
        NUM EQU 15              ;NUM定义为数值为15的符号常数
```

MOV AH, NUM   ;该指令在汇编后 NUM 将被替换为 15,等同于指令 MOV AH,15

3) 数值运算符

数值运算符包括算术运算符、逻辑运算符和关系运算符和数值回送运算符。需要注意：数值运算符表示的运算操作在汇编过程中完成,汇编后,使用数值运算符的表达式将被替换为已计算出的数值结果。

(1) 算术运算符。

算术运算符包括+(加)、-(减)、*(乘)、/(除)、MOD(模除),这些运算符与高级语言中的运算符含义相同,可以加上括号组成复杂表达式,运算优先级与普通算术运算相同。例如：

MOV AH,(12*3+4)/10   ;源操作数在汇编后结果为 4,该指令等同于 MOV AH,4

(2) 逻辑运算符。

逻辑运算符包括 AND(与)、OR(或)、XOR(异或)、NOT(非)、SHL(左移位)、SHR(右移位)。逻辑运算均为按位操作,在指令汇编后得到的结果为数值。

例如：

MOV AH,2 SHL 1   ;源操作数为 2 左移 1 位,运算后的结果为 4

(3) 关系运算符。

关系运算符包括 EQ(相等)、NE(不等)、GT(大于)、LT(小于)、GE(大于或等于)、LE(小于或等于)。关系运算在指令汇编后,如果为真,则结果为 0FFFFH;如果为假,则结果为 0。需要注意：关系运算只能对两个数字或位于同一个逻辑段的两个存储单元中的数进行操作。例如：

MOV AX,1000H GT 1234H   ;源操作数运算后结果为 0

(4) 数值回送运算符。

数值回送运算符加在操作对象的前面,可以求出对象的一些特征或参数,包括 SEG、OFFSET、ADDR、TYPE、LENGTH、SIZE 和 $ 7 种回送运算符。

① SEG 运算符。

SEG 运算符的格式为

SEG 逻辑段名称或标号或变量

汇编后 SEG 运算符的结果：对应逻辑段的段基址,或标号或变量所在逻辑段的段基址。

例如,数据段的名称为 DATA,SEG DATA 将取出数据段的段基址。一般用下面的指令给段寄存器赋值：

MOV AX,SEG DATA
MOV DS,AX

由于逻辑段段名本身就蕴涵了段基址信息,汇编程序可以直接提取。上面的指令也

可省略 SEG 运算符,写为

    MOV AX, DATA
    MOV DS, AX

又例如,变量 BUF 是堆栈段中的存储单元,假设堆栈段的段基址为 2000H,则指令

    MOV AX, SEG BUF

执行后(AX)=2000H。

② OFFSET 运算符。

OFFSET 运算符的格式为

    OFFSET 标号或变量

汇编后 OFFSET 运算符的结果:标号在代码段或者变量在逻辑段中相对于段首的偏移地址。例如,BUF 是定义在数据段中的字节型变量,定义为

    BUF DB 10H,20H,30H

则 OFFSET BUF 将取出 BUF 变量的偏移地址。

    MOV BX, OFFSET BUF
    MOV AH, [BX+1]

执行后(AH)=20H。

在高版本汇编中,使用 OFFSET 运算符可以获取全局变量的地址。例如:

    MOV BX,OFFSET 全局变量名

③ ADDR 运算符。

在高版本汇编中,使用 ADDR 运算符获取全局变量或局部变量的地址。

ADDR 运算符的格式为

    ADDR 局部变量名和全局变量名

例如:

    INVOKE MessageBox, NULL, ADDR MsgBoxText, ADDR MsgBoxCaption, MB_OK

当 ADDR 后跟全局变量名的时候,用法和 OFFSET 相同。需要注意:ADDR 运算符只能在 INVOKE 的参数中使用,不能用在类似于下列的指令中。例如:

    MOV EAX,ADDR 局部变量名   ;该指令错误

④ TYPE 运算符。

TYPE 运算符的格式为

    TYPE 标号或变量

汇编后 TYPE 运算符的结果是标号或变量的类型属性,对于标号,类型为 NEAR 返

回-1,类型为 FAR 返回-2;对于变量,类型为字节型返回 1,类型为字型返回 2,类型为双字型返回 4,类型为八字节型返回 8,类型为十字节型返回 10。例如:

BUF DW 1234H,BUF

是字型变量,则 TYPE BUF 在汇编后的结果为 2。

⑤ LENGTH 运算符。

LENGTH 运算符的格式为

LENGTH 变量

LENGTH 运算符专用于使用重复操作符 DUP 定义多个数值的变量,在汇编后返回 DUP 重复定义的个数,如果在变量定义中未使用 DUP 则返回 1。例如,

BUF DB 20 DUP(?)

则指令

MOV AH, LENGTH BUF

执行后(AH)=20。

⑥ SIZE 运算符。

SIZE 运算符的格式为

SIZE 变量

SIZE 运算符专用于使用重复操作符 DUP 定义多个数值的变量,汇编后 SIZE 运算符的结果是变量在逻辑段中占用的字节数,即"LENGTH 变量"和"TYPE 变量"的乘积。

例如,

BUF DW 20 DUP(?)

则指令

MOV AH, SIZE BUF

执行后(AH)=20 * 2=40。

⑦ $ 运算符。

$ 运算符返回当前汇编地址计数器的值。通常使用 $ 运算符计算变量在逻辑段中占用的字节总数。例如:

BUF DB 'HELLO, NUPT'
COUNT EQU $-BUF

则符号常数 COUNT 在汇编后的值为 10。

在代码段中,$ 返回的值和它所在位置的指令的偏移地址相等,例如,指令 JMP $ 将形成一个无限循环。

2. 地址表达式

地址表达式在汇编后的结果是变量或标号所在逻辑段的偏移地址值。可以使用属

性运算符对其参数进行修改或进行某种计算。

1) 方括号运算符和变量的地址表达式

使用方括号运算符书写对应于内存操作数寻址方式的变量地址表达式。例如：

MOV AH，[BX+1]　　　　　；源操作数使用基址寻址

另一种方括号运算符的使用方法是作为数组的下标。

例如，BUF 是定义在数据段的字节型变量，可以用 BUF[下标值]访问变量的各个单元。

BUF DB 10H,20H,30H,40H

指令"MOV AH,BUF[1]"将 BUF 变量的第 2 个字节单元中存储的数据送入 AH 寄存器,(AH)=20H，这条指令与" MOV AH，BUF+1"是等同的。

注意：下标从零开始，可以是常数整数值，也可以是某个寄存器中存储的整数值，BUF[下标值]这种地址表达式采用的寻址方式是直接寻址。

2) 属性运算符

(1) PTR 运算符。

汇编语言规定在读写存储器操作数时，指令中的源操作数和目标操作数的类型属性必须一致，在出现不一致的情况下，可以使用 PTR 运算符临时修改其中的存储器操作数，即变量的属性，使源、目两个操作数类型属性一致。另外，PTR 运算符也可用于修改标号的类型属性。

PTR 运算符的格式为

类型说明符　PTR　标号或变量的地址表达式

类型说明符是希望临时修改得到的目标类型属性，包括用于变量的类型属性 BYTE、WORD 和 DWORD，以及用于标号的类型属性 NEAR 和 FAR。变量的地址表达式原有的类型属性有 BYTE、WORD 和 DWORD 3 种类型，取决于变量在定义时所采用的数据定义伪指令。使用 PTR 运算符可以将其原有的类型属性修改为目标类型属性。特别注意：这样的强制修改是临时性的，仅在使用 PTR 运算符的指令中发挥作用，指令执行完毕后变量的类型属性仍然保持原有的属性不变。

在满足下面列出的 5 个条件(双操作数指令 3 个，单操作数指令 2 个)之一时，必须按照对应要求使用 PTR 运算符，否则不需要使用 PTR 运算符。

① 在双操作数指令中(例如，MOV、ADD、SUB 等指令)。

a. 源操作数为立即数，目标操作数为直接寻址的存储器操作数，当两者类型属性不一致时，后者必须用 PTR 临时修改其属性，使源操作数和目标操作数类型属性一致。

b. 源操作数为立即数，目标操作数为间接寻址、变址寻址、基址寻址或基址加变址寻址的存储器操作数，无论两者类型属性是否已经一致，后者都必须用 PTR 显式说明其类型属性，使得源、目两个操作数类型属性一致。

c. 源操作数、目标操作数中有一方为直接寻址的存储器操作数，但两者类型属性不一致，必须用 PTR 临时修改其中的存储器操作数的属性。

② 在单操作数指令中(例如，INC、DEC 等指令)。

a. 操作数为间接寻址、变址寻址、基址寻址或基址加变址寻址的存储器操作数，必须用 PTR 说明是字节操作、字操作，还是双字操作，具体依据使用该条指令的操作意图。

b. 操作数是直接寻址的存储器操作数，是否使用 PTR 要看操作数的类型属性要求是否与指令规定的操作数的类型属性一致（例如，PUSH 指令）或者依据使用该条指令的操作意图。

【例 3.4】 数据段定义变量如下，指出指令中存储器操作数使用的寻址方式书写是否正确。

NUM DB 10H，20H，30H
NUMX DB 0FFH，0FFH，0FFH，00H

① MOV NUM，1234H　;源操作数为立即数，类型属性为字，目标操作数是存储器操作数，类型属
　　　　　　　　　　;性为字节，源、目两个操作数类型属性不一致，目标操作数寻址方式书写
　　　　　　　　　　;不正确，应该修改为 MOV WORD PTR NUM，1234H

② MOV NUM，10H　　;源操作数为立即数，类型属性为字节，目标操作数是存储器操作数，类型
　　　　　　　　　　;属性为字节，源、目两个操作数类型属性一致，并且目标操作数寻址方式
　　　　　　　　　　;为直接寻址方式，不需要使用 PTR，目标操作数寻址方式书写正确

③ INC NUMX　　　　;单操作数指令的操作数为直接寻址，不需要使用 PTR，操作数寻址方式
　　　　　　　　　　;书写正确

（2）字节分离运算符 LOW 和 HIGH。

字节分离运算符的格式为

LOW 或 HIGH　常数或变量的地址表达式

HIGH 运算符截取操作数的高 8 位，LOW 运算符截取操作数的低 8 位。例如：

MOV AX，LOW 1234H　　　　;源操作数截取低 8 位后结果为 34H
MOV AX，HIGH 1234H　　　;源操作数截取高 8 位后结果为 12H

（3）SHORT 运算符。

SHORT 运算符的格式为

SHORT 标号或变量的地址表达式

SHORT 运算符专用于转移指令中，指定转移的范围为短转移，即目标地址在下一条指令地址的 −127 字节到 +127 字节。例如：

JMP SHORT NEXT
　　⋮
NEXT：MOV CX，0

（4）THIS 运算符。

THIS 运算符的格式为

THIS 属性或类型

THIS 运算符用于建立一个指定类型（包括 BYTE、WORD、DWORD、NEAR、FAR）的地址操作数，并且该操作数的逻辑地址与下一个存储单元完全相同，只是类型为指定

的类型。例如：

MY_TYPE EQU THIS WORD
BYTE_TYPE DB 12H,34H,56H,78H

MY_TYPE 的偏移地址与 BYTE_TYPE 相同,但类型为字型,因此,可以在指令中使用为

MOV MY_TYPE, 1122H

3.4.4 操作项

汇编语言语句的操作项包含操作码助记符和伪指令助记符。

(1) 操作码助记符。操作码助记符用于指令性语句。在汇编后,指令性语句将被转换为机器指令。在 3.5 节中将讲述由操作码助记符构成的指令集。

(2) 伪指令助记符。伪指令助记符用于指示性语句。在汇编中,指示性语句为汇编工具提供汇编链接信息,指示性语句不生成机器指令。

在本节中主要讲解数据定义伪指令、符号定义伪指令和结构定义伪指令。其他的伪指令,包括段定义 SEGMENT 和 ENDS、定位指令 ORG、程序结束伪指令 END 等将在第 4 章中讲述。

1. 数据定义伪指令

在汇编语言中,数据定义伪指令用于定义变量,即逻辑段中的存储单元,可以定义变量的逻辑段包括数据段、堆栈段以及附加段。变量的类型属性有字节型、字型、双字型以及八字节型、十字节型等。变量的类型属性由定义变量的数据定义伪指令确定。

1) 字节定义伪指令

字节定义伪指令 DB 的格式为

变量名　DB　一个或多个用","间隔的单字节数

例如：

NUM1　DB 12H，64，－1，3 * 3
　　　DB 01010101B, 'A', 'B'
　　　DB 0A6H, 'HELLO'
NUM2　DB 0C3H
NUM3　DB ?,?,?
NUM4　DB 3 DUP(?)

汇编后,上述字节定义伪指令在存储器单元存放的数值如图 3.6(a)所示。

注意：

(1) DB(Define Byte)表示字节定义。汇编后单字节数按照 3.4.3 节中常量在汇编后的存储方法转换为相应数值,并按照定义顺序依次存放在对应的存储器单元中。本书中默认存储器单元的地址编排顺序为从上往下,地址从低向高编排。

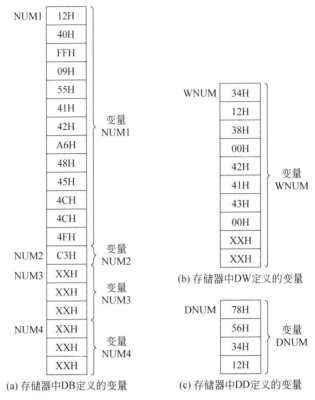

图 3.6 存储器中用数据定义伪指令定义的变量(DB、DW 和 DD)

(2) ? 表示随机数,在存储单元中对应存放一个随机数值 XXH。

(3) DUP(Duplicate)是重复操作符,DUP 的左边是重复的次数,右边是括号中是重复的内容。3 DUP(?)等同于 3 个"?"。

(4) 上例中用 DB 定义了 4 个变量 NUM1、NUM2、NUM3 和 NUM4,每个变量包含的字节单元数不同,例如 NUM1 包含 13 个字节单元,NUM2 包含 1 个字节单元。这些变量的类型属性均为字节型。变量名同时也是该变量第一个单元的偏移地址,例如,可以用直接寻址 NUM1+3 访问数值为 09H 的单元。特别注意:变量之间并不存在边界,例如,使用 NUM1 变量的变量名 NUM1+13 将访问到属于变量 NUM2 的存储单元,在访问变量单元时,需要加以注意,防止发生越界访问,对相邻变量造成影响。

2) 字定义伪指令

字定义伪指令 DW 的格式为

变量名　DW　一个或多个用","间隔的双字节数

例如:

WNUM DW 1234H,56,'AB','C',?

在汇编后,上述字定义伪指令在存储器单元存放的数值如图 3.6(b)所示。

注意:

(1) DW(Define Word)表示字定义。双字节数将按照定义时的顺序依次存放在对应的存储器单元中,存放时满足小端法(Little Endian)规则,即双字节数的低位字节存放在低地址单元,高位字节存放在高地址单元。

(2) DW 后的字符串常数只能是单引号括起的一个或两个字符。

(3) DW 定义的变量的类型属性均为字型。特别注意:可以用变量名直接寻址或间接寻址等方式访问变量的各个存储单元,但无论采用何种寻址方式,访问的变量单元的类型属性均为字。每次存取均为两个连续的字节单元。例如,用 WNUM+2 可以访问 WNUM 变量的内容为 38H 和 00H 两个存储单元,指令"MOV AX, WNUM+2"执行后 (AX)=0038H。

3) 双字定义伪指令

双字定义伪指令 DD 的格式为

变量名　DD　一个或多个用","间隔的四字节数

例如:

DNUM DD 12345678H

在汇编后,上述双字定义伪指令在存储器单元存放的数值如图 3.6(c)所示。

注意:

(1) DD(Define Double Word)表示双字定义。四字节数将按照定义时的顺序依次存放在对应的存储器单元中,在存放时仍然满足小端法规则,即四字节数中的较低位字节存放在低地址单元,较高位字节存放在高地址单元。

(2) DD 定义的变量的类型属性均为双字型。特别注意:可以用变量名直接寻址或用间接寻址等方式访问变量的各个存储单元,但无论采用何种寻址方式,访问的变量单元的类型属性均为双字。每次存取均为 4 个连续的字节单元。

4) 多字节定义伪指令

多字节定义伪指令 DF/DQ/DT 的格式为

变量名　DF　一个或多个用","间隔的六字节数
变量名　DQ　一个或多个用","间隔的八字节数
变量名　DT　一个或多个用","间隔的十字节数

注意:

(1) 多字节定义伪指令在汇编后,定义的多字节数将按定义的顺序依次存放在对应的存储器单元中,并且仍然满足小端法规则,即多字节数中的较低位字节存放在低地址单元,较高位字节存放在高地址单元。

(2) DF/DQ/DT 定义的变量类型属性为多字型,访问时按照定义连续存取相应的字节数。

2. 符号定义伪指令

符号定义伪指令用于定义常量和符号名,在汇编后,常量被替换为其对应的表达式

的常数值。常用的符号定义伪指令为等值伪指令 EQU 和等号伪指令＝。

1）等值伪指令 EQU

等值伪指令 EQU 的格式为

符号名　EQU　表达式

源程序中使用到表达式时,直接用符号名即可,汇编后符号名将替换为表达式的常数值。例如：

COUNT EQU 40H
MOV CX, COUNT　　　　　　　　　;在汇编后该条指令等同于"MOV CX, 40H"

2）等号伪指令＝

等号伪指令＝的格式为

符号名　＝　表达式

等号伪指令＝的功能与等值伪指令 EQU 相同,主要区别：EQU 定义的常量在后继指令中其表示的值不能修改,如需修改,只能在源程序中把原来的 EQU 定义语句更换成新的 EQU 定义语句;＝定义的常量在后继指令中其表示的值可以修改,即＝表示的常量可以重新定义,但＝定义的常量一旦重新定义,再使用将替换为新的表达式值。

例如：

COUNT＝40H
⋮
MOV CX, COUNT　　　　　　　　　;在汇编后该条指令等同于"MOV CX, 40H"
⋮
COUNT＝30H
⋮
MOV CX, COUNT　　　　　　　　　;在汇编后该条指令等同于"MOV CX, 30H"

3. 结构定义伪指令

在 MASM 高版本汇编语言中,可以使用关键字 STRUCT 定义一个所需要的结构类型。

1）结构的定义

结构的定义格式为

```
结构名　STRUCT
　　字段1　类型　?
　　字段2　类型　?
　　　⋮
结构名　　ENDS
```

结构中间的每一个字段可以是字节、字、双字、字符串或所有可能的数据类型。结构的定义也可以嵌套。

定义一个名为 STUDENT 的结构,该结构有 3 个字段。例如:

STUDENT STRUCT
    NUM   BYTE   ?
    SEX   BYTE   ?
    RECORD WORD   ?
STUDENT ENDS

2) 结构变量的定义

定义结构后,就可以在程序里定义对应的结构变量。结构变量的定义格式为

结构变量名   结构名   <>

或

结构变量名   结构名   <VAR1,VAR2,…>

第一个格式定义的结构变量是未初始化的。第二个格式在定义结构变量的同时指定结构中各字段的初始值,各字段的初始值用","隔开。

定义结构变量,例如:

STU1 STUDENT <>
STU2 STUDENT <10,0,100>

3) 结构变量的访问

在汇编中,结构变量的访问方法有 3 种。

① 以上面的定义为例,如果要使用 STU2 中的 RECORD 字段,最直接的方法为:

MOV   AX,STU2.RECORD

它表示把 RECORD 字段的值放入 AX 中。

② 在实际使用中,常有使用指针存取数据结构的情况,如果使用 ESI 寄存器做指针寻址,可以使用下列语句完成同样的功能:

MOV   ESI, OFFSET STU2
MOV   AX, [ESI + STUDENT.RECORD]

注意:第 2 条语句中是[ESI + STUDENT.RECORD]而不是[ESI + STU2.RECORD]。

③ 如果要对一个数据结构中的大量字段进行操作,MASM 还有一个比较简便的用法,可以用 ASSUME 伪指令把寄存器预先定义为结构指针,再进行操作。例如:

MOV   ESI, OFFSET STU2
ASSUME   ESI:PTR STUDENT
MOV   EAX, [ESI].RECORD
  ⋮
ASSUME   ESI:NOTHING

该用法使程序的可读性更好。需要注意:如果不再使用 ESI 寄存器做指针,要用"ASSUME ESI:NOTHING"取消定义。

3.5 汇编语言基本指令集

按照功能不同,80x86 基本指令划分成传送指令、算术运算指令、转移和调用指令、逻辑运算和移位指令、串操作指令以及处理机控制指令。在学习和使用指令时,应注意以下 3 个问题。

(1) 指令的书写格式、助记符以及指令的功能。
(2) 指令中允许的合法的操作数,以及这些操作数的寻址方式。
(3) 指令执行后对标志位,特别是对 6 个状态标志(A、C、O、P、S、Z)是否产生影响。

基本指令集

3.5.1 传送类指令

传送指令对数据进行传送操作,分为 3 类:通用传送指令、堆栈操作指令和输入输出指令。输入输出指令与 I/O 端口操作数相关,详见第 7 章。

1. 通用传送指令

通用传送指令用于将立即数传送到内存单元以及寄存器中,也用于在内存单元和寄存器之间,以及在两个寄存器之间传送数据。

1) 数据传送指令

格式:

MOV   目标操作数,源操作数

功能:把源操作数传送到目标操作数中,源操作数不变。

操作数:源操作数可以是立即数、寄存器操作数、内存操作数;目标操作数可以是与源操作数等长的寄存器(代码段寄存器 CS 除外)或内存单元。

对标志位的影响:不影响 6 个状态标志。

说明:

(1) 立即数不能作为传送的目标。代码段寄存器 CS 不能作为传送的目标。指令指针寄存器 IP 不能作为传送的目标并且也不能作为源操作数。

(2) 源、目操作数不能同时为内存操作数。源、目操作数不能同时为段寄存器。如要在两个内存单元或段寄存器之间传送数据,需要借助一个通用寄存器作为中转。

(3) 不允许将立即数直接传送到段寄存器,如需要对段寄存器赋初值,一般要借助一个 16 位通用寄存器作为中转。例如,用下面的两条指令对数据段寄存器初始化:

MOV AX, SEG DATA   ;SEG DATA 汇编后为 DATA 段的段基址
MOV DS, AX

(4) 源、目操作数要等长,即两者类型属性要一致,必要时需根据 PTR 运算符的使用规则临时修改其中的内存操作数的属性。例如:

```
MOV AH,BYTE PTR NUM        ;假设 NUM 是字型变量
```

(5) 源操作数是立即数时,若目标单元的字长大于立即数的字长,则立即数将按照目标单元的字长转换为等长数值,然后再进行传送。例如：

```
MOV AX,0FEH                ;指令执行后(AX)=00FEH
MOV AX,-2                  ;指令执行后(AX)=FFFEH
```

以上规则除适用于 MOV 指令外,也适用于其他的双操作数指令,例如算术运算指令等。

2) 符号扩展传送指令

格式：

MOVSX 目标操作数,源操作数

功能：将源操作数向高位进行扩展,用符号位进行填补,使其与目标操作数的字长相同后再传送到目标操作数,源操作数不变。

操作数：源操作数可以是 8 位或 16 位的寄存器操作数,8 位或 16 位的内存操作数,要求字长小于或等于目标操作数字长；目标操作数可以是 16 位或 32 位寄存器。

对标志位的影响：不影响 6 个状态标志。

举例：

```
MOV DL,-2                  ;(DL)=FEH
MOVSX AX,DL                ;(AX)=FFFEH
```

3) 零扩展传送指令

格式：

MOVZX 目标操作数,源操作数

功能：将源操作数向高位进行扩展,用零进行填补,使其与目标操作数的字长相同后再传送到目标操作数,源操作数不变。

操作数：源操作数可以是 8 位或 16 位的寄存器操作数,8 位或 16 位的内存操作数,要求字长小于或等于目标操作数字长；目标操作数可以是 16 位或 32 位寄存器。

对标志位的影响：不影响 6 个状态标志。

举例：

```
MOV DL,FEH                 ;(DL)=FEH
MOVZX AX,DL                ;(AX)=00FEH
```

4) 偏移地址传送指令

格式：

LEA 目标操作数,源操作数

功能：将源操作数的偏移地址传送到目标操作数。

操作数：源操作数只能是内存操作数；目标操作数是 16 位或 32 位的寄存器。在实

模式下使用,目标操作数是 16 位寄存器,装入偏移地址的低 16 位。

对标志位的影响:不影响 6 个状态标志。

举例:

LEA BX,BUF　　　　　　　　;将 BUF 单元的偏移地址送入 BX 寄存器中

这条指令等价于:

MOV BX,OFFSET BUF
LEA ESI,[BX+4]　　　　　　;将[BX+4]基址方式访问的内存单元的偏移地址送入 ESI 寄存器

5) 指针传送指令

格式:

LDS　目标操作数,源操作数
LES　目标操作数,源操作数
LFS　目标操作数,源操作数
LGS　目标操作数,源操作数
LSS　目标操作数,源操作数

功能:将源操作数的 4 个或 6 个连续的字节单元的内容(也称为指针)传送到指令助记符指定的隐含的段寄存器中和目标操作数寄存器中。指令助记符的后 2 位表示隐含的段寄存器的名称,例如 LDS 隐含的段寄存器为数据段寄存器 DS。当目标操作数是 16 位寄存器时,源操作数必须是 32 位的内存操作数。指令执行后,源操作数的高 16 位送入隐含的段寄存器,低 16 位送入目标操作数寄存器。当目标操作数是 32 位寄存器时,源操作数必须是 48 位的内存操作数。指令执行后,源操作数的高 16 位送入隐含的段寄存器,低 32 位送入目标操作数寄存器。

操作数:源操作数只能是内存操作数;目标操作数是 16 位或 32 位的通用寄存器。

对标志位的影响:不影响 6 个状态标志。

6) 标志寄存器传送指令

格式:

LAHF/SAHF

功能:LAHF 指令将标志寄存器的低 8 位中的有效标志(其中包含 S、Z、A、P、C 这 5 个常用状态标志)送入 AH 寄存器中的对应位置,例如,C 标志在标志寄存器中的 D_0 位,对应送入 AH 寄存器中 D_0 位的位置,S 标志在标志寄存器中的 D_7 位,对应送入 AH 寄存器中 D_7 位的位置;SAHF 指令则刚好相反,将 AH 寄存器中对应位置的值送入标志寄存器的低 8 位中对应标志(其中包含 S、Z、A、P、C 这 5 个常用状态标志)。例如,AH 寄存器中 D_0 位送入位于标志寄存器中 D_0 位的 C 标志,AH 寄存器中 D_7 位送入位于标志寄存器中 D_7 位的 S 标志。

操作数:指令隐含使用操作数 AH 寄存器和标志寄存器。

对标志位的影响:LAHF 不影响 6 个状态标志;SAHF 影响 S、Z、A、P、C 这 5 个状态标志,但不影响 O 标志、D 标志、I 标志和 TF 标志,也不影响标志寄存器的高 16 位。

7) 交换指令

格式：

XCHG 目标操作数,源操作数

功能：完成源操作数和目标操作数之间的数据交换。

操作数：源操作数和目标操作数可以是寄存器操作数或内存操作数,要求字长相等（同为 8 位、16 位或 32 位）。但不能同时为内存操作数,也不能是段寄存器以及立即数。

对标志位的影响：不影响 6 个状态标志。

举例：

XCHG AX,[BX]   ;将 AX 中的数据和[BX]间址访问的内存字单元中的数据交换

8) 字节交换指令

格式：

BSWAP 操作数（必须为 32 位通用寄存器）

功能：将字长为 32 位的操作数的第 3 字节（即 D_{31} 位～D_{24} 位）和第 0 字节（即 D_7 位～D_0 位）交换；第 2 字节（即 D_{23} 位～D_{16} 位）和第 1 字节（即 D_{15} 位～D_8 位）交换。

操作数：操作数必须是 32 位通用寄存器。

对标志位的影响：不影响 6 个状态标志。

9) 查表指令

格式：

XLAT 操作数（字节表的表头变量名）

功能：在数据段中定义一个由若干个单字节数构成的字节型变量称为字节表,其第 1 个字节单元的变量名被称为表头变量名。在查表指令执行前需要做好准备。

① 将字节表的表头偏移地址送入 BX 或 EBX 寄存器。

② 将要查找的表项相对于表头的偏移量送入 AL 寄存器。指令执行后,字节表中地址 DS:[BX+AL]或 DS:[EBX+AL]对应的表项单元中的内容被取出并送入 AL 寄存器。

操作数：XLAT 指令中显式写出的操作数是字节表的表头变量名。隐含操作数是存放表头偏移地址的 BX 或 EBX 寄存器,存放待查表项偏移地址和查找到的表项单元内容的 AL 寄存器。

对标志位的影响：不影响 6 个状态标志。

举例：编写程序查找字形 6 对应的字形编码。

在数据段中定义八段共阴数码管的字形编码表：

TAB DB 3FH,06H,5BH,4FH,66H,6DH,7DH,07H,7FH,6FH,77H,7CH,39H,5EH,79H,71H

在代码段中查表的指令为

MOV   BX, OFFSET TAB

```
MOV    AL,6
XLAT   TAB
```

执行后(AL)=7DH。

2. 堆栈操作指令

在80x86系统中,堆栈是内存中的一段连续的区域,其中的数据存放需要满足"先进后出"的规则,这种区域通常被定义为堆栈段。堆栈段的段基址存放在堆栈段寄存器SS中,堆栈指针寄存器SP(或ESP)始终指向堆栈的栈顶单元。在80x86系统中规定堆栈的生长方向是由高地址向低地址生长,即堆栈的栈底单元是高地址单元,栈顶单元是低地址单元。当数据进入堆栈时,堆栈指针SP向低地址方向调整;数据从堆栈中取出时,堆栈指针SP向高地址方向调整。进出堆栈中的数据的长度需要满足规定:必须是字(16位)或双字(32位)。

注意:双字操作数仅支持80386及之后的CPU。堆栈操作指令主要用于保护寄存器内容,在中断服务子程序中保护现场以及在子程序调用中传递参数等。

1) 通用进栈指令

格式:

PUSH 源操作数

功能:将源操作数压入堆栈。操作过程是先将堆栈指针向低地址方向进行调整,然后将操作数送入堆栈指针指向的栈顶单元中。如图3.7所示,当操作数是字(16位)时,堆栈指针的调整方法为(SP)-2→(SP),放入堆栈中的字占用堆栈的2个字节单元;当操作数是双字(32位)时,堆栈指针的调整方法为(ESP)-4→(ESP),放入堆栈中的字占用堆栈的4个字节单元。

初始状态:堆栈段(SS)=1000H,堆栈指针初值(SP)=1FFFH,(AX)=1234H。

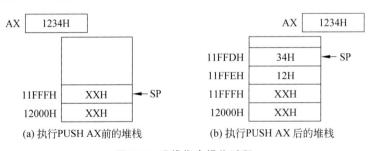

图3.7 进栈指令操作过程

操作数:源操作数可以是字长为16位或32位的立即数、寄存器操作数或内存操作数。当源操作数是内存操作数时,根据PTR运算符的使用规则决定是否需要加上PTR运算符。

对标志位的影响:不影响6个状态标志。

举例:

```
PUSH    AX                  ;将 AX 中的内容压入堆栈
PUSH    WNUM                ;将字型内存变量 WNUM 压入堆栈
PUSH    WORD PTR [BX]       ;将[BX]间址访问的字型内存变量压入堆栈
```

2) 通用出栈指令

格式:

POP 目标操作数

功能：从堆栈中弹出一个字或双字，将其送入目标操作数中。操作过程是先将堆栈中取出的字或双字送入目标操作数中，然后将堆栈指针向高地址方向进行调整。如图 3.8 所示，当目标操作数为 16 位时，从堆栈中取出一个字，即 2 字节，送入目标操作数，堆栈指针的调整方法为(SP)+2→(SP)；当目标操作数为 32 位时，从堆栈中取出一个双字，即 4 字节，送入目标操作数，堆栈指针的调整方法为(ESP)+4→(ESP)。

初始状态：堆栈段(SS)=1000H，堆栈指针初值(SP)=1FFDH，(AX)=5678H。

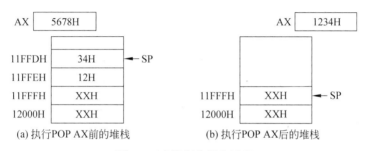

图 3.8 出栈指令操作过程

操作数：目标操作数可以是字长为 16 位或 32 位的寄存器或内存单元，除 CS 外的段寄存器。当目标操作数是内存操作数时，根据 PTR 运算符的使用规则决定是否需要加上 PTR 运算符。

对标志位的影响：不影响 6 个状态标志。

举例：

```
POP    AX                   ;从堆栈中弹出一个字送入 AX 中
POP    DWORD PTR NUM        ;从堆栈中弹出一个双字，送入内存变量 NUM 中
```

3) 16 位标志寄存器进/出栈指令

格式:

PUSHF/POPF

功能：PUSHF 执行时先调整堆栈指针，方法为(SP)-2→(SP)，然后将 16 位标志寄存器的内容压入堆栈中；POPF 执行时先从堆栈中弹出一个字装入 16 位标志寄存器中，然后调整堆栈指针，方法为(SP)+2→(SP)。在程序设计中 PUSHF 和 POPF 多用于保护现场和恢复现场。

操作数：PUSHF 和 POPF 的操作数没有显式写出，即 16 位的标志寄存器。

对标志位的影响：PUSHF 不影响标志位，POPF 对标志位产生影响。

4）32 位标志寄存器进/出栈指令

格式：

PUSHFD/POPFD

功能：PUSHFD 执行时先调整堆栈指针，方法为(SP)－4→(SP)，然后将 32 位标志寄存器的内容压入堆栈中；POPFD 执行时先从堆栈中弹出一个双字装入 32 位标志寄存器中，然后调整堆栈指针，方法为(SP)+4→(SP)。

操作数：PUSHFD 和 POPFD 的操作数没有显式写出，即 32 位的标志寄存器。

对标志位的影响：PUSHFD 不影响标志位，POPFD 影响标志位。

5）16 位通用寄存器进/出栈指令

格式：

PUSHA/POPA

功能：PUSHA 执行时先保存当前堆栈指针中的地址值，然后调整堆栈指针，方法为(SP)－16→(SP)，依次将 AX、CX、DX、BX、SP（之前保存的值）、BP、SI、DI 的内容压入堆栈中，PUSHA 执行完后，SP 指向当前栈顶；POPA 执行时将从堆栈中弹出 3 个字，依次送入 DI、SI、BP 中，堆栈指针的调整方法为(SP)+6→(SP)，然后堆栈指针再次调整以跳过堆栈中保存的 SP 值，方法为(SP)+2→(SP)，之后再继续从堆栈中弹出 4 个字，依次送入 BX、DX、CX、AX 中，堆栈指针的调整方法为(SP)+8→(SP)，因此 POPA 执行完后，SP 指针仍然指向当前栈顶，该栈顶位置与 PUSHA 指令执行前相同，其余 7 个寄存器的值恢复为 PUSHA 指令执行前的值。在程序设计中 PUSHA 和 POPA 用于保护现场和恢复现场。

操作数：PUSHA 和 POPA 的操作数是没有显式写出的 8 个 16 位通用寄存器，即 AX、CX、DX、BX、SP、BP、SI、DI。

对标志位的影响：不影响 6 个状态标志。

说明：为了能够正确地恢复保存的寄存器中的值，PUSHA 和 POPA 指令需要成对使用，并且在执行 POPA 时，需要保证当前栈顶的位置与 PUSHA 执行完后的栈顶位置相同。

举例：某个中断服务子程序 ISR0。

```
ISR0   PROC
       PUSHA              ;保护现场
       ⋮
       POPA               ;恢复现场
       IRET
ISR0   ENDP
```

6）32 位通用寄存器进/出栈指令

格式：

PUSHAD/POPAD

功能：PUSHAD 执行时先保存当前堆栈指针 ESP 中的地址值，然后调整堆栈指针，方法为(ESP)－32→(ESP)，依次将 EAX、ECX、EDX、EBX、ESP(之前保存的值)、EBP、ESI、EDI 的内容压入堆栈中，PUSHAD 执行完后，ESP 指向当前栈顶；POPAD 执行时将从堆栈中弹出 3 个双字，依次送入 EDI、ESI、EBP 中，堆栈指针 ESP 的调整方法为(ESP)＋12→(ESP)，然后堆栈指针再次调整以跳过堆栈中保存的 ESP 值，方法为(ESP)＋4→(ESP)，之后再继续从堆栈中弹出 4 个双字，依次送入 EBX、EDX、ECX、EAX 中，堆栈指针的调整方法为(ESP)＋16→(SP)，POPAD 执行完后，ESP 仍然指向当前的栈顶，该栈顶位置与 PUSHAD 指令执行前相同，其余 7 个寄存器的值恢复为 PUSHAD 指令执行前的值。与 PUSHA 和 POPA 相同，PUSHAD 和 POPAD 也需要成对使用。

操作数：PUSHAD 和 POPAD 的操作数是没有显式写出的 8 个 16 位通用寄存器，即 EAX、ECX、EDX、EBX、ESP、EBP、ESI、EDI。

对标志位的影响：不影响 6 个状态标志。

3.5.2 算术运算指令

算术运算指令用于对有符号数和无符号数进行加、减、乘、除这 4 种基本的四则运算。当运算对象是 BCD 码表示的十进制数时，提供对应的算术运算 BCD 码调整指令以获取正确的计算结果。算术运算指令中除少数指令外，对标志位(6 个状态标志)均会产生影响。当指令是双操作数指令时，操作数也需要满足与双操作数的数据传送指令相同的使用规则。

1. 基本四则运算

1) 二进制数加法指令

格式：

ADD 目标操作数,源操作数

功能：将源操作数和目标操作数相加，结果送入目标操作数。

操作数：

(1) 源操作数可以是立即数、寄存器操作数和内存操作数；目标操作数可以是寄存器操作数和内存操作数。

(2) 源、目操作数不能同时为内存操作数。源、目操作数不能同时为段寄存器。

(3) 源、目操作数要等长，即两者类型属性要一致，必要时需根据 PTR 运算符的使用规则临时修改其中的内存操作数的属性。

(4) 源操作数是立即数时，若目标单元的字长大于立即数的字长，则立即数将按照目标单元的字长转换为等长数值，然后再进行运算。

对标志位的影响：影响 6 个状态标志。

举例：

ADD AX,[BX]   ;将[BX]间址的内存单元中的数和 AX 中的数相加
ADD BYTE PTR [BX],0FAH   ;将 FAH 和[BX]间址的内存单元中的数相加

2) 二进制数带进位加法指令

格式：

ADC 目标操作数,源操作数

功能：将源操作数、目标操作数以及当前的 C 标志的值（即执行 ADC 指令前的 C 标志的值）相加,结果送入目标操作数。

操作数：隐含使用了标志位 C,源、目操作数的使用规则与 ADD 指令相同。

对标志位的影响：影响 6 个状态标志。

说明：ADC 指令主要用于多字节加法运算。在多字节加法运算中计算高位字节的和时,使用 ADC 指令以便计入低位字节相加时产生的进位值。

举例：

ADC AX, BX   ;(BX)+(AX)+(C)→(AX)

3) 二进制数减法指令

格式：

SUB 目标操作数,源操作数

功能：目标操作数减去源操作数,结果送入目标操作数。

操作数：源、目操作数的使用规则与 ADD 指令相同。

对标志位的影响：影响 6 个状态标志。

举例：

SUB AX, 0F00FH   ;将 AX 中的数与立即数 F00FH 的差放入 AX 中

4) 二进制数带借位减法指令

格式：

SBB 目标操作数,源操作数

功能：目标操作数减去源操作数,同时再减去当前的 C 标志的值（即执行 SBB 指令前的 C 标志的值）,结果送入目标操作数。

操作数：隐含使用了标志位 C,源、目操作数的使用规则与 ADD 指令相同。

对标志位的影响：影响 6 个状态标志。

说明：与 ADC 指令相似,SBB 指令多用于多字节减法运算中。在多字节减法运算中计算高位字节的差时,使用 SBB 指令以便计入低位字节相减时产生的借位值。

举例：

SBB AH, 55H   ;(AH)−55H−(C)→(AH)

【例 3.5】 用算术运算指令实现两个字长为 32 位的二进制数 01234567H 和 89ABCDEFH 的加法运算。

32 位的多字节加法可以采用 3 种方式进行：以字节、字或双字为单位相加。假设两个 32 位二进制数 FIRST 和 SECOND 以及存放和的变量 SUM 都定义在数据段中：

```
FIRST    DD    01234567H
SECOND   DD    89ABCDEFH
SUM      DD    ?
```

方式1：以8位字节为单位进行加法，完成32位加法一共需要进行4次8位字节加法计算。最低位字节加法运算使用ADD指令。次低位、次高位以及最高位3字节加法均使用ADC指令以计入来自前一字节加法运算产生的进位。

```
MOV   AL, BYTE PTR FIRST
ADD   AL, BYTE PTR SECOND
MOV   BYTE PTR SUM, AL           ;完成最低位字节相加
  ⋮
MOV   AL, BYTE PTR FIRST+3
ADC   AL, BYTE PTR SECOND+3
MOV   BYTE PTR SUM+3, AL         ;完成最高位字节相加
```

方式2：以16位字为单位进行加法，完成32位加法一共需要进行两次16位字加法计算，高位字加法需要使用ADC指令以计入来自低位字加法运算产生的进位。

```
MOV   AX, WORD PTR FIRST
ADD   AX, WORD PTR SECOND
MOV   WORD PTR SUM, AX           ;完成低位字相加
MOV   AX, WORD PTR FIRST+2
ADC   AX, WORD PTR SECOND+2
MOV   WORD PTR SUM+2, AX         ;完成高位字相加
```

方式3：以32位双字为单位进行加法，完成32位加法只需要进行一次加法计算。

```
MOV   EAX, FIRST
ADD   EAX, SECOND
MOV   SUM, EAX
```

说明：方式1共需要12条指令。方式2共需要6条指令。方式3共需要3条指令，需要的指令最少，但当CPU不支持32位指令时无法使用，例如8086/8088，此时只能使用方式1或方式2来完成多字节加法运算。

5）二进制数加1指令

格式：

INC　目标操作数

功能：将目标操作数加1后的结果送入目标操作数。

操作数：目标操作数可以是寄存器操作数或内存操作数，当目标操作数是内存操作数时，根据PTR运算符的使用规则决定是否需要加上PTR运算符。

对标志位的影响：影响6个状态标志中的A、O、P、S、Z 5个标志；不影响C标志。

说明：INC指令主要用于在程序中访问连续存放的内存操作数时，以增址方式调整间接寻址等寻址方式的地址值。

举例：

数据段中

BUF DB 11H,22H,33H,44H

代码段中

```
LEA BX, BUF
MOV AH,[BX]              ;(AH)=11H
INC BX
MOV AH,[BX]              ;(AH)=22H
```

6）二进制数减1指令

格式：

DEC 目标操作数

功能：将目标操作数减1后的结果送入目标操作数。

操作数：目标操作数可以是寄存器操作数或内存操作数，当目标操作数是内存操作数时，根据PTR运算符的使用规则决定是否需要加上PTR运算符。

对标志位的影响：影响6个状态标志中的A、O、P、S、Z 5个标志；不影响C标志。

说明：DEC指令主要用于在程序中访问连续存放的内存操作数时，以减址方式调整间接寻址等寻址方式的地址值。

7）二进制数求补指令

格式：

NEG 目标操作数

功能：将目标操作数求补后（即用零减去目标操作数）的结果送入目标操作数。

操作数：目标操作数可以是寄存器操作数或内存操作数，当目标操作数是内存操作数时，根据PTR运算符的使用规则决定是否需要加上PTR运算符。

对标志位的影响：影响6个状态标志。当操作数为非零数时，C标志均置1，当操作数为零时，C标志置零；当目标操作数是80H（−128）、8000H（−32 768）以及80000000H（−2 147 483 648）时，求补运算后操作数不变，O标志置1。

说明：NEG指令主要用于对操作数求补，当目标操作数为正数时，求补后得到对应的负数（补码表示）；当目标操作数为负数时，求补后得到对应的正数。后一种情形常用于在程序中计算某个数X的绝对值Y，如果$X \geqslant 0$，则$Y=X$，否则应先对X求补（NEG X），之后$Y=X$。

举例：

```
NEG NUM              ;设指令执行前(NUM)=1,指令执行后(NUM)=FFH
NEG NUM              ;设指令执行前(NUM)=−1,指令执行后(NUM)=1
```

8）加法交换指令

格式：

XADD 目标操作数,源操作数

功能：先交换目标操作数和源操作数,然后将两个操作数相加,结果送入目标操作数。

操作数：

(1) 源操作数必须是寄存器操作数；目标操作数可以是寄存器操作数和内存操作数。

(2) 源、目操作数要等长,即两者类型属性要一致,当目标操作数为直接寻址的存储器操作数且源、目操作数类型属性不一致时,必须用 PTR 运算符临时修改目标操作数的属性。

对标志位的影响：影响 6 个状态标志。

说明：XADD 指令相当于一条 XCHG 指令和一条 ADD 指令的组合,指令执行后,源操作数能保存原来目标操作数的值,在程序设计中常用于对信号量的操作。

9) 无符号二进制数乘法指令

格式：

MUL 乘数

功能：将同为无符号数并且字长相等的被乘数与乘数相乘,乘积送入指定寄存器。

操作数：MUL 指令中,乘数和被乘数必须是无符号数并且字长相等,除了乘数需要显式写出外,被乘数以及乘积均为隐含操作数。

(1) 字节乘法。乘数为 8 位寄存器操作数或内存操作数,被乘数默认放 AL 中,得到的 16 位乘积送入 AX 中。

(2) 字乘法。乘数为 16 位寄存器操作数或内存操作数,被乘数默认放 AX 中,得到的 32 位乘积的低 16 位送入 AX 中,高 16 位送入 DX 中。

(3) 双字乘法。乘数为 32 位寄存器操作数或内存操作数,被乘数默认放 EAX 中,得到的 64 位乘积的低 32 位送入 EAX 中,高 32 位送入 EDX 中。

对标志位的影响：如果乘积的高半部分(字节乘法的 AH、字乘法的 DX 和双字乘法的 EDX)为零,则状态标志中的 C 标志和 O 标志都置 0,否则置 1。

10) 有符号二进制数乘法指令

单操作数格式：

IMUL 乘数

功能：将同为有符号数并且字长相等的被乘数与乘数相乘,乘积送入指定寄存器。

操作数：乘数和被乘数均为字长相等的有符号数(补码表示),其余同 MUL 指令。

对标志位的影响：如果乘积的高半部分(字节乘法的 AH,字乘法的 DX 和双字乘法的 EDX)为低半部分(字节乘法的 AL、字乘法的 AX 和双字乘法的 EAX)的符号扩展,则状态标志中的 C 标志和 O 标志都置 0,否则置 1。

举例：

MOV AL,−2
MOV BL,3

IMUL　BL　　　;将-2和3相乘,乘法完成后(AH)=FFH,(AL)=FAH,(C)=(O)=0

双操作数格式：

IMUL　目标操作数,源操作数

功能：将源操作数和目标操作数相乘,乘积送入目标操作数。

操作数：目标操作数必须是16位或32位寄存器操作数或内存操作数,源操作数是与目标操作数字长相等的寄存器操作数或内存操作数,也可以是与目标操作数等长的8位、16位或32位立即数(当目标操作数长度大于源操作数的立即数时,源操作数可以自动进行符号扩展以实现和目标操作数等长,8位→16位或16位→32位)。

对标志位的影响：乘积溢出时,乘积的高位被丢弃,C标志和O标志都置1,否则置0。

说明：在80186和80286中,源、目操作数只能为16位,且源操作数必须是立即数。

举例：

MOV　AX,-2
IMUL　AX,3　　　;将-2和3相乘,乘法完成后(AX)=FFFAH,(C)=(O)=0

三操作数格式：

IMUL　目标操作数,源操作数1,源操作数2

功能：将源操作数1和源操作数2相乘,乘积送入目标操作数。

操作数：目标操作数必须是16位或32位寄存器操作数或内存操作数,源操作数1是与目标操作数字长相等的寄存器操作数或内存操作数,源操作数2是与源操作数1以及目标操作数等长的8位、16位或32位立即数(当目标操作数长度大于源操作数2的立即数时,源操作数2可以自动进行符号扩展以实现和目标操作数等长,8位→16位或16位→32位)。

对标志位的影响：乘积溢出时,乘积的高位被丢弃,C标志和O标志都置1,否则置0。

说明：在80186和80286中,源操作数1和目标操作数只能为16位。

举例：

MOV　AX,-2
IMUL　BX,AX,3　　　;将-2和3相乘,乘法完成后(BX)=FFFAH,(C)=(O)=0

11) 无符号二进制数除法指令

格式：

DIV 除数

功能：将同为无符号数并且字长为除数的双倍长度的被除数与除数相除,运算得到的商和余数送入指定寄存器。

操作数：被除数和除数必须是无符号数,被除数的字长为除数字长的双倍,除了除数需要显式写出外,被除数、商和余数均为隐含操作数。

(1) 字节除法：除数为 8 位寄存器操作数或内存操作数，16 位被除数默认放在 AX 中，得到的 8 位商送入 AL 中，8 位余数送入 AH 中。

(2) 字除法：除数为 16 位寄存器操作数或内存操作数，32 位被除数的高 16 位默认放在 DX 中，低 16 位默认放在 AX 中，得到的 16 位商送入 AX 中，16 位余数送入 DX 中。

(3) 双字除法：除数为 32 位寄存器操作数或内存操作数，64 位被除数的高 32 位默认放在 EDX 中，低 32 位默认放在 EAX 中，得到的 32 位商送入 EAX 中，32 位余数送入 EDX 中。

对标志位的影响：没有定义。

说明：当除数为零，或者运算后的商超过定义字长（即字节除法时商超过 8 位，字除法时商超过 16 位，双字除法时商超过 32 位），则除法运算产生溢出，将引发 0 型中断。

举例：

MOV　　AX, 1234
MOV　　BH, 10
DIV　　BH　　　　　　;将 1234 和 10 相除，除法完成后(AL)=7BH,(AH)=04H

12) 有符号二进制数除法指令

格式：

IDIV　除数

功能：将同为有符号数并且字长为除数的双倍长度的被除数与除数相除，运算得到的商和余数送入指定寄存器。

操作数：被除数和除数必须是有符号数（补码表示），运算得到的商和余数也是有符号数。其余同 DIV 指令。

对标志位的影响：没有定义。

说明：当除数为零，或者运算后的商超过定义字长的有符号数表示范围（例如，字节除法时商大于 127），则除法运算产生溢出，将引发 0 型中断。

13) 符号扩展指令

格式 1：

CBW

功能：将字节转换为字。将 AL 寄存器中的符号位扩展到 AH 寄存器中，即当 AL 中的数最高位为 0 时,(AH)=00H；当 AL 中的数最高位为 1 时,(AH)=FFH。

操作数：隐含使用操作数 AL 和 AH。

对标志位的影响：不影响 6 个状态标志。

格式 2：

CWD

功能：将字转换为双字。将 AX 寄存器中的符号位扩展到 DX 寄存器中，即当 AX 中的数最高位为 0 时,(DX)=0000H；当 AX 中的数最高位为 1 时,(DX)=FFFFH。

操作数：隐含使用操作数 AX 和 DX。

对标志位的影响：不影响 6 个状态标志。

格式 3：

CWDE

功能：扩展的字转换为双字。将 AX 寄存器中的符号位扩展到 EAX 寄存器的高 16 位中，即当 AX 中的数最高位为 0 时，EAX 的高 16 位为 0000H；当 AX 中的数最高位为 1 时，EAX 的高 16 位为 FFFFH。

操作数：隐含使用操作数 AX 和 EAX。

对标志位的影响：不影响 6 个状态标志。

格式 4：

CDQ

功能：双字转换为四字。将 EAX 寄存器中的符号位扩展到 EDX 寄存器中，即当 EAX 中的数最高位为 0 时，(EDX)＝00000000H；当 EAX 中的数最高位为 1 时，(EDX)＝FFFFFFFFH。

操作数：隐含使用操作数 EAX 和 EDX。

对标志位的影响：不影响 6 个状态标志。

总说明：4 条符号扩展指令通常配合有符号数二进制除法指令 IDIV 使用，在进行除法操作前，使用符号扩展指令将被除数扩展为除数的双倍字长，以满足有符号数除法指令对操作数的要求。但对无符号数除法，不能使用符号扩展指令进行被除数扩展，只能通过逻辑运算等指令，设法将被除数的高位置 0，例如，无符号数字节除法，被除数小于 256 时，使用"XOR AH,AH"将高 8 位 AH 置 0，得到放入 AX 中的扩展后的 16 位被除数。

14）比较指令

格式：

CMP   目标操作数，源操作数

功能：将目标操作数减去源操作数，目标操作数不变，依据减法运算的情况设定 A、C、O、P、S、Z 6 个状态标志。

操作数：源操作数可以是立即数、寄存器操作数和内存操作数；目标操作数可以是寄存器操作数和内存操作数。源、目操作数的使用规则与二进制数加法指令 ADD 相同。

对标志位的影响：影响 6 个状态标志。

说明：CMP 指令用于比较源、目两个操作数的大小，并将结果记录在状态标志位中，紧跟 CMP 指令后使用转移指令，可以依据相应的状态标志或源、目操作数的大小进行程序转移。

举例：

CMP   BYTE PTR [BX],45H   ;假设 BX 间址的内存单元中的数为无符号数
JC   NEXT   ;如果 BX 间址的内存单元中的数小于 45H，则程序转移到标
                            ;号 NEXT 处

2. BCD 码调整指令

基本四则运算指令的运算对象均为二进制数,依据二进制数计算的规则进行运算,得到的结果也是二进制数。当运算对象是 BCD 码表示的十进制数时,基本四则运算指令无法得出正确的以 BCD 码表示的十进制数结果,需要使用 BCD 码调整指令对二进制运算的结果加以调整以获取正确的计算结果。

在进行 BCD 码数运算时,二进制运算指令必须和对应的 BCD 码调整指令一起使用。二进制运算指令的运算对象以及 BCD 码调整指令执行后得到的结果均采用 BCD 码表示,包括组合 BCD 码(也称为压缩 BCD 码)和未组合 BCD 码(也称为非压缩 BCD 码)。组合 BCD 码中一字节包含两位 BCD 码数,例如,组合 BCD 码:10010011 表示十进制数 93。未组合 BCD 码中一字节只包含一位 BCD 码数,其高 4 位恒定为 0,例如,未组合 BCD 码:00001001 表示十进制数 9,如果要用未组合 BCD 码表示十进制数 93,需要两字节,即 00001001 和 00000011。

以加法为例,表 3.8 列出了十进制加法和二进制加法的计算过程以及对二进制运算结果调整以获取正确十进制结果的方法,其中,二进制加法的被加数和加数采用组合 BCD 码表示。

表 3.8 十进制加法调整方法

十进制加法	二进制加法(ADD)	对二进制加法结果的调整方法
43 +55 98	0100 0011 +) 0101 0101 1001 1000	(1) 二进制加法完成后,C 标志=0,A 标志=0,结果的高 4 位≤9,低 4 位≤9。 (2) 运算结果是正确的 BCD 码十进制结果。 (3) 不需要对运算结果进行修正
39 +49 88	0011 1001 +) 0100 1001 1000 0010 +) 0000 0110 ;修正 1000 1000	(1) 二进制加法完成后,C 标志=0,A 标志=1,结果的高 4 位≤9,低 4 位≤9。 (2) 运算结果不是正确的 BCD 码十进制结果。 (3) 需要对运算结果进行修正,修正方法是将运算结果加上 06H
63 +54 117	0110 0011 +) 0101 0100 1011 0111 +) 0110 0000 ;修正 (1) 0001 0111	(1) 二进制加法完成后,C 标志=0,A 标志=0,结果的高 4 位>9,低 4 位≤9。 (2) 运算结果不是正确的 BCD 码十进制结果。 (3) 需要对运算结果进行修正,修正方法是将运算结果加上 60H
87 +86 173	1000 0111 +) 1000 0110 (1) 0000 1101 +) 0110 0110 ;修正 (1) 0111 0011	(1) 二进制加法完成后,C 标志=1,A 标志=0,结果的高 4 位≤9,低 4 位>9。 (2) 运算结果不是正确的 BCD 码十进制结果。 (3) 需要对运算结果进行修正,修正方法是将运算结果加上 66H

从表 3.8 中可以看出，使用二进制加法运算指令对用 BCD 码表示的十进制数进行运算，运算结果不一定是正确的 BCD 码结果，需要进行相应的修正，修正依据二进制加法运算完成后 C 标志和 A 标志的值以及运算结果中的高 4 位（低 4 位）是否大于 9，相应地将运算结果加上 06H、60H 或 66H 进行修正得到正确的 BCD 码结果。上述的修正计算过程可以使用 BCD 码调整指令来进行。程序员只需将 BCD 码调整指令配合二进制算术运算指令一起使用即可完成对运算结果的修正，得到正确的 BCD 码表示的十进制结果。

1) 组合 BCD 码十进制数的算术运算调整指令

（1）组合十进制数加法调整指令。

格式：

DAA

功能：对存放在 AL 中的由两个组合 BCD 码数相加的和进行修正，得到正确的组合 BCD 码结果。修正的方法如下。

① 如果 AL 低 4 位大于 9 或者 A 标志＝1，则(AL)＋06H→(AL)，并将 A 标志置 1。
② 如果 AL 高 4 位大于 9 或者 C 标志＝1，则(AL)＋60H→(AL)，并将 C 标志置 1。
③ 如果以上条件均不满足，则不需要对 AL 寄存器中的和进行修正。

操作数：DAA 指令的操作数为存放在 AL 中的组合 BCD 码和。

对标志位的影响：DAA 指令执行后，对 A、C、O、P、S、Z 6 个状态标志中除了 O 标志外的其余 5 个标志产生影响。

说明：由于 DAA 指令的调整依据是 AL 中的 BCD 码和以及由加法运算产生的 A、C 两个标志，为正确地进行调整操作，要求二进制加法运算必须以 AL 作为目标寄存器，并且 DAA 指令必须紧跟在这条二进制加法运算的后面，中间不能间隔其他指令。

举例：将组合 BCD 码数 35H 和 46H 相加并对结果调整得到组合 BCD 码数和。

```
ADD  AL, BL        ;(AL)=35H,(BL)=46H,指令执行后(AL)=7BH,(A)=(C)=0
DAA                ;指令执行后(AL)=81H
```

【例 3.6】 用算术运算指令实现十进制计算 1234＋5678。

数据段：

```
N1    DW    1234H
N2    DW    5678H
SUM   DW    ?
```

代码段：

```
MOV   AL, BYTE PTR N1
ADD   AL, BYTE PTR N2
DAA
MOV   BYTE PTR SUM, AL
MOV   AL, BYTE PTR N1+1
ADC   AL, BYTE PTR N2+1
```

DAA
MOV　BYTE　PTR　SUM+1，AL

（2）组合十进制数减法调整指令。

格式：

DAS

功能：对存放在 AL 中由两个组合 BCD 码数相减得到的差进行修正，得到正确的组合 BCD 码结果。修正的方法如下。

① 如果 AL 低 4 位大于 9 或者 A 标志=1，则(AL)-06H→(AL)，并将 A 标志置 1。
② 如果 AL 高 4 位大于 9 或者 C 标志=1，则(AL)-60H→(AL)，并将 C 标志置 1。
③ 如果以上条件均不满足，则不需要对 AL 寄存器中的差进行修正。

DAS 指令执行后的效果：

① 如果 AL 中的差为非负数（被减数大于或等于减数），则调整后 AL 中为差的组合 BCD 码数，并将 C 标志置 0。
② 如果 AL 中的差为负数（被减数小于减数），则调整后 AL 寄存器为差的组合 BCD 码数对应于模 100 的补数，并将 C 标志置 1。

操作数：DAS 指令的操作数为存放在 AL 中的组合 BCD 码差。

对标志位的影响：DAS 指令执行后，对 A、C、O、P、S、Z 6 个状态标志中除了 O 标志外的其余 5 个标志产生影响。

说明：与 DAA 指令相同，要求二进制减法运算必须以 AL 寄存器作为目标寄存器，并且 DAS 指令必须紧跟在这条二进制减法运算的后面，中间不能间隔其他指令。

举例 1：

SUB AL，BL　　　　　　　；(AL)=84H,(BL)=56H,指令执行后(AL)=2EH,(A)=1,(C)=0
DAS　　　　　　　　　　　；指令执行后(AL)=28H,(A)=1,(C)=0

举例 2：

SUB AL，BL　　　　　　　；(AL)=56H,(BL)=78H,指令执行后(AL)=DEH,(A)=1,(C)=1
DAS　　　　　　　　　　　；指令执行后(AL)=78H,(A)=1,(C)=1,78H 是-22H 相对于模
　　　　　　　　　　　　　；100H 的补数

2）未组合 BCD 码十进制数的算术运算调整指令

（1）未组合十进制数加法调整指令。

格式：

AAA

功能：对存放在 AL 中由两个未组合 BCD 码数相加得到的和进行修正，得到正确的未组合 BCD 码结果。其中，AH 中为结果的十位 BCD 码，AL 中为结果的个位 BCD 码。修正的方法如下。

① 如果 AL 低 4 位大于 9 或者 A 标志=1，则(AL)+06H→(AL)，并将 AL 高 4 位

清 0;(AH)+01H→(AH),A 标志和 C 标志置 1。

② 如果 AL 寄存器的低 4 位不大于 9,则将 AL 寄存器的高 4 位清 0,并将 C 标志置为与 A 标志相同的值。

操作数：AAA 指令的操作数在 AL 和 AH 中,对 AL 中的未组合 BCD 码和进行调整。

对标志位的影响：AAA 指令执行后,只对 A、C 两个状态标志产生影响。

说明：与 DAA 指令相同,要求二进制加法运算必须以 AL 作为目标寄存器,并且 AAA 指令必须紧跟在这条二进制加法运算的后面,中间不能间隔其他指令。加法运算中未组合 BCD 码的被加数的个位放入 AL 寄存器中,十位放入 AH 寄存器中,当被加数只有个位时,需要先将 AH 清 0。

举例：用未组合 BCD 码方式完成 8+9=17 的运算。

```
MOV AH,0         ;(AH)=00H
ADD AL,BL        ;(AL)=08H,(BL)=09H,指令执行后(AL)=11H,(A)=1
AAA              ;指令执行后(AH)=01H,(AL)=07H
```

(2) 未组合十进制数减法调整指令。

格式：

AAS

功能：对存放在 AL 中的由两个未组合 BCD 码数相减得到的差进行修正,得到正确的未组合 BCD 码结果。其中,AH 中为结果的十位 BCD 码,AL 中为结果的个位 BCD 码。修正的方法如下。

① 如果 AL 低 4 位不大于 9,并且 A 标志=0,则 AL 高 4 位清 0,并将 C 标志置 0。

② 如果 AL 低 4 位大于 9 或者 A 标志=1,则(AL)−06H→(AL),(AH)−01H→(AH),AL 高 4 位清 0,并将 A 标志和 C 标志置 1。

AAS 指令执行后的效果：

① 如果 AL 中的差为非负数(被减数大于或等于减数),则调整后 AH 中的数值不变,AL 为差的未组合 BCD 码数,并将 C 标志置 0。

② 如果 AL 中的差为负数(被减数小于减数),则调整后 AH 中数值减 1,AL 为差的未组合 BCD 码数对应于模 10 的补数,并且将 C 标志置 1。

操作数：AAS 指令的操作数在 AL 和 AH 中,对 AL 中的未组合 BCD 码差进行调整。

对标志位的影响：AAS 指令执行后,只对 A、C 两个状态标志产生影响。

说明：与 DAS 指令相同,要求二进制减法运算必须以 AL 寄存器作为目标寄存器,并且 AAS 指令必须紧跟在这条二进制减法运算的后面,中间不能间隔其他指令。

举例 1：用未组合 BCD 码方式完成 9−8=1 的运算。

```
MOV AL,09H
SUB AL,08H       ;指令执行后(AL)=01H,(A)=0
AAS              ;指令执行后(AL)=01H,(C)=0
```

举例 2：用未组合 BCD 码方式完成 8－9＝－1 的运算。

MOV AH,00H
MOV AL,08H
SUB AL,09H   ;指令执行后(AL)=FFH,(A)=1
AAS   ;指令执行后(AH)=FFH,(AL)=09H,(A)=(C)=1

(3) 未组合十进制数乘法调整指令。

格式：

AAM

功能：对存放在 AX 中的由两个未组合 BCD 码数相乘得到的积进行修正，得到正确的未组合 BCD 码结果。其中，AH 中为结果的十位 BCD 码，AL 中为结果的个位 BCD 码。修正的方法为将 AL 寄存器中的值除以 10，商放入 AH 寄存器，余数放入 AL 寄存器。

操作数：AAM 指令的操作数为 AX 寄存器中的未组合 BCD 码数乘积。

对标志位的影响：只对 P、S、Z 3 个状态标志产生影响。

说明：AAM 指令必须紧跟在二进制乘法运算的后面，中间不能间隔其他指令。

举例：用未组合 BCD 码方式完成 5×7＝35 的运算。

MOV AL,05H
MOV CL,07H
MUL CL
AAM   ;指令执行后(AH)=03H,(AL)=05H

(4) 未组合十进制数除法调整指令。

格式：

AAD

功能：将存放在 AX 中的两个未组合 BCD 码数(AH 中为十位，AL 中为个位)转换为等值的二进制数存放在 AL 中，并将 AH 清零，即(AH)×10＋(AL)→(AL)，0→(AH)。

操作数：AAD 指令的操作数为 AX 中的两个未组合 BCD 码数。

对标志位的影响：只对 P、S、Z 3 个状态标志产生影响。

说明：AAD 指令的使用方法区别于其他的调整指令，必须放在二进制除法运算指令的前面，并且两者之间不能有其他指令。

举例：用未组合 BCD 码方式完成 86÷3 的运算。

MOV BL,03H
MOV AX,0806H
AAD   ;AAD 执行后(AX)=0056H
DIV BL   ;DIV 执行后(AL)=1CH,(AH)=02H

注意：DIV 得到的运算结果是二进制形式，商是 1CH，余数是 02H，如果需要将商再转换为未组合 BCD 码形式,可以继续执行一条 AAM 指令,在 AX 中得到 0208H,即转换后的商的十位和个位的未组合 BCD 码。

3.5.3 转移和调用指令

转移和调用指令在程序设计中用于程序流程控制,按照转移的功能不同,可以分为 4 类:无条件转移指令、条件转移指令、子程序调用与返回指令以及软件中断与中断返回指令。

转移和调用指令按照转移范围的不同,可以分为段内转移和段间转移;按照指令操作数中转移地址给出方式的不同,可以分为直接转移和间接转移。

段内转移和段间转移:当转移调用指令和转移到的目标指令位于同一个代码段时,称为段内转移,转移调用指令在执行时仅修改 IP(EIP)的值,CS 的值保持不变;当转移调用指令和转移到的目标指令位于不同的代码段时,称为段间转移,转移调用指令在执行时需要同时修改 CS 的值和 IP(EIP)的值。在转移和调用指令中,条件转移指令只能实现段内转移,无条件转移指令、子程序调用和返回指令可以实现段内转移和段间转移,软件中断指令和中断返回指令只能实现段间转移。

直接转移和间接转移:转移和调用指令的操作数是转移到的目标指令地址,当这个目标地址用目标指令的标号,即符号地址方式给出时称为直接转移;当这个目标地址事先被存放在通用寄存器或内存单元中并将其作为转移和调用指令的操作数时称为间接转移。和内存操作数寻址方式中的间接寻址作用相似,间接转移可以方便地修改转移和调用指令转向的目标地址,例如从转移地址表中获取一个地址作为转移和调用的目标地址。在转移和调用指令中,无条件转移指令和子程序调用指令可以使用间接转移方式的操作数。

1. 无条件转移指令

无条件转移指令在执行时,无须任何前提条件,将控制转移到目标指令处。对 6 个状态标志均不产生影响。

1) 无条件段内直接转移

格式:

JMP 标号/JMP SHORT 标号

操作数:JMP 指令的操作数是将要转移到的目标指令的标号,目标指令只要和 JMP 指令同处于一个代码段内,都可以实现转移,转移的范围在一个逻辑段内。在标号的前面加上 SHORT 运算符,则转移变成短转移,此时转移的范围为相对 JMP 指令地址 −126~+129B,如果目标指令的地址超过这一范围,汇编程序将给出错误提示信息。

举例:

JMP NEXT

⋮

NEXT：ADD AX，BX

2）无条件段内间接转移

格式：

JMP 寄存器操作数/JMP 内存操作数

操作数：JMP 指令的操作数有寄存器操作数和内存操作数两种类型，在执行 JMP 指令前，需要事先将转移的目标指令的偏移地址放入等长的寄存器或内存单元中，执行 JMP 指令时，该偏移地址将被写入 IP 或 EIP 寄存器，而 CS 寄存器内容不变，从而实现在同一个代码段内的控制转移。

举例：

16 位寻址方式下，在数据段定义转移地址表。

ADDR_TAB DW P1

在代码段利用转移地址表，采用间址方式的内存操作数进行间接转移。

MOV BX，OFFSET ADDR_TAB
JMP ［BX］   ;P1→(IP)，间接转移到 P1 标号的目标指令处
 ⋮
P1：⋯

3）无条件段间直接转移

格式：

JMP FAR PTR 标号/JMP 标号

操作数：JMP 指令的操作数是将要转移到的目标指令的标号。在段间转移时，目标指令和 JMP 指令位于不同的代码段，目标指令的标号前加上 FAR PTR 表示段间转移。当目标指令的标号具有 FAR 属性，并且目标指令已经预先被汇编时，则可以不写出 FAR PTR。例如，在模块化程序设计中，不同的模块通常位于不同的代码段，从一个模块转移到另一个模块时需要进行段间转移，此时需要在本模块中用 EXTERN 伪指令说明目标指令的标号是外部变量，在目标指令所处的模块中用 PUBLIC 伪指令说明目标指令的标号是公共变量。

4）无条件段间间接转移

格式：

JMP 内存操作数

操作数：JMP 指令的操作数是内存操作数，在执行 JMP 指令前，需要事先将转移的目标指令的段基址和偏移地址放入内存单元的高位单元和低位单元中。在执行 JMP 指令时，放入操作数中的段基址和偏移地址将被分别写入 CS 寄存器和 IP(EIP)寄存器，从而实现跨段的控制转移。

举例：

```
JMP   ADDR              ;假设(ADDR)=12345678H,执行时 1234H→(CS),5678H→(IP)
```

2. 条件转移指令

条件转移指令实现控制转移到目标指令时,如果前提条件满足,则控制转移到目标指令处,CPU 读取执行的下一条指令是目标指令;如果前提条件不满足,则不发生转移,程序顺序运行,CPU 读取执行的下一条指令是条件转移指令后面的指令。

条件转移指令均为段内转移。80386 以前,段内转移为短转移,与无条件短转移 JMP SHORT 相同,转移的范围为相对条件转移指令地址−126～+129B;80386 以后,条件转移指令的转移范围在实模式下扩大到同一个代码段(循环控制转移指令除外)。条件转移指令执行时对 6 个状态标志均不产生影响。

条件转移指令的格式统一:

条件转移指令助记符　目标地址标号

其中,条件转移指令助记符指定了其执行需要满足的条件。

(1) 根据状态标志位 C、Z、S、P、O 的当前状态进行转移,如表 3.9 所示。

举例:

判断 AH 寄存器中的数值,当(AH)=0 时转移到 NEXT 标号的目标指令。

```
CMP AH,0
JZ NEXT
```

表 3.9　根据状态标志位的当前状态进行转移的条件转移指令

操作码助记符	转移的条件	等价助记符
JC	(C)=1 转移	JB/JNAE
JNC	(C)=0 转移	JNB/JAE
JZ	(Z)=1 转移	JE
JNZ	(Z)=0 转移	JNE
JS	(S)=1 转移	
JNS	(S)=0 转移	
JP	(P)=1 转移	JPE
JNP	(P)=0 转移	JPO
JO	(O)=1 转移	
JNO	(O)=0 转移	

(2) 根据两个无符号数的大小进行转移。

根据两个无符号数的大小进行转移的条件转移指令需要紧跟在一条比较指令的后面,依据比较的结果进行转移,如表 3.10 所示。

表 3.10 无符号数条件转移指令

操作码助记符	转移的条件（根据比较指令"CMP X,Y"的结果）	等价助记符
JA	X>Y 转移	JNBE
JNA	X≤Y 转移	JBE
JC	X<Y 转移	JB/JNAE
JNC	X≥Y 转移	JNB/JAE

举例：

两个无符号数 X 和 Y 分别存放在 CH 和 CL 中，当满足条件 X > Y 时转移到 NEXT 标号的目标指令。

CMP CH,CL
JA NEXT

(3) 根据两个有符号数的大小进行转移。

根据两个有符号数的大小进行转移的条件转移指令需要紧跟在一条比较指令的后面，依据比较的结果进行转移，如表 3.11 所示。

表 3.11 有符号数条件转移指令

操作码助记符	转移的条件（根据比较指令"CMP X,Y"的结果）	等价助记符
JG	X>Y 转移	JNLE
JGE	X≥Y 转移	JNL
JL	X<Y 转移	JNGE
JLE	X≤Y 转移	JNG

举例：

两个有符号数 X 和 Y 分别存放在 CH 和 CL 中，当满足条件 X > Y 时转移到 NEXT 标号的目标指令。

CMP CH,CL
JG NEXT

(4) 循环控制转移。

在汇编程序中构成循环可以直接采用无条件转移指令和条件转移指令，例如：

MOV CX, 5   ;设定循环次数为 5 次
AGAIN：…
  ⋮
DEC CX
JNZ AGAIN

为了更方便地设计循环程序，指令集中也提供了专门用于构成循环的控制转移指令，可以用 CX 和 ECX 构成循环计数器（其中，80386 以后支持 ECX 构成循环计时器），需要注意：循环控制转移指令的转移范围只能是短转移，即转移的范围为相对条件转移指令地址−126～+129B，如表 3.12 所示。

表 3.12 循环控制转移指令

操作码助记符	转移的条件	等价助记符
LOOP	(CX)−1→(CX),如果(CX)≠0 转移; 或(ECX)−1→(ECX),如果(ECX)≠0 转移	
LOOPZ	(CX)−1→(CX),如果(CX)≠0 并且(Z)=1 转移; 或(ECX)−1→(ECX),如果(ECX)≠0 并且(Z)=1 转移	LOOPE
LOOPNZ	(CX)−1→(CX),如果(CX)≠0 并且(Z)=0 转移; 或(ECX)−1→(ECX),如果(ECX)≠0 并且(Z)=0 转移	LOOPNE
JCXZ	(CX)=0 转移	
JECXZ	(ECX)=0 转移	

举例:

利用循环控制转移指令构成有限循环。

```
MOV CX, 5            ;设定循环次数为5
AGAIN: …
       ⋮
LOOP AGAIN
```

备注:条件转移指令的等价助记符功能与对应的条件转移指令相同,编写程序时可依据个人习惯选用,部分等价助记符的中英文描述对照参见表 3.13。

表 3.13 条件转移指令的等价助记符的中英文描述对照表(部分)

操作码助记符	英 文 描 述	中 文 描 述
JB	Jump on Below	低于转移
JNAE	Jump on Not Above or Equal	不高于或不等于转移
JNB	Jump on Not Below	不低于转移
JAE	Jump on Above or Equal	高于或等于转移
JE	Jump on Equal	等于转移
JNE	Jump on Not Equal	不等于转移
JPE	Jump on Parity Even	偶转移
JPO	Jump on Parity Odd	奇转移
JA	Jump Above	高于转移
JNBE	Jump on Not Below or Equal	不低于或不等于转移
JNA	Jump on Not Above	不高于转移
JBE	Jump on Below or Equal	低于或等于转移
JNLE	Jump on Not Less or Equal	不小于或不等于转移
JNL	Jump on Not Less	不小于转移
JNGE	Jump on Not Greater or Equal	不大于或不等于转移
JNG	Jump on Not Greater	不大于转移

3. 子程序调用与返回指令

子程序是一种常用的程序设计方法。当实现某种操作任务的程序片段在一个程序中被多次用到时，将其设计成为子程序可以减小源代码以及其生成的机器代码的长度，同时使源代码变得简洁。调用子程序的程序称为主程序。在主程序中使用子程序调用语句对子程序进行调用，调用的过程就是程序控制从主程序转移到子程序的过程，子程序的任务执行完毕后，需要执行返回指令使得控制从子程序返回到主程序，即回到断点的位置，断点就是主程序中调用指令的下一条指令。主程序和子程序的调用及返回过程如图3.9所示。

图 3.9　主程序和子程序的调用及返回过程

在汇编语言中子程序也称为过程，使用过程定义语句进行定义，过程的名称即为子程序的名称，例如，图3.9中的子程序名称为XYZ，其标识了子程序的入口地址。在子程序定义中，用属性来标明子程序与主程序是否处于同一个代码段，如果子程序和主程序位于同一个代码段，则子程序的属性定义为NEAR（近）属性，对该子程序的调用称为段内调用；如果子程序和主程序分别位于不同的代码段，则子程序的属性定义为FAR（远）属性，对该子程序的调用称为段间调用。过程定义语句的具体使用方法将在第4章中讲述。

1）子程序调用指令

主程序中使用调用指令对子程序进行调用。根据主程序和子程序所处代码段的不同分为段内调用和段间调用，根据调用指令获取目标地址（子程序地址）的形式不同分为直接调用和间接调用。调用指令执行时对6个状态标志均不产生影响。

（1）段内直接调用指令。

格式：

CALL　过程名（子程序名）

功能：子程序和主程序同处于一个代码段。首先，调整堆栈指针（SP）－2→（SP）；然后，将CALL指令的下一条指令的地址，即断点的偏移地址压入堆栈中保存；最后，将子程序的入口的偏移地址→（IP），同时（CS）保持不变，程序控制由主程序转到子程序。

操作数：过程名（子程序名）在汇编后即为子程序入口地址，即子程序中第一条指令在代码段中的偏移地址。

举例：

CALL　XYZ　　　　　　　　　　;XYZ为同一个代码段内的子程序名称

（2）段内间接调用指令。

格式：

CALL　寄存器操作数/CALL　内存操作数

功能：子程序和主程序同处于一个代码段。调用前应事先将子程序入口的偏移地址放入寄存器或内存单元中，主程序中执行 CALL 指令的过程与段内直接调用指令相同。间接调用可以更方便地修改转移调用指令转向的目标地址，例如从子程序入口地址表中获取一个地址作为调用转向的目标地址。

操作数：在寄存器或内存单元中事先放入的子程序入口的偏移地址。

举例：

CALL　SR_ADD　　　　　　　　　;(SR_ADD)=ABC，调用同一个代码段中的 ABC 子程序

（3）段间直接调用指令。

格式：

CALL　过程名(子程序名)

功能：子程序和主程序分别位于不同的代码段。首先，调整堆栈指针(SP)－4→(SP)；然后，将 CALL 指令的下一条指令的地址，即断点的段基址和偏移地址依次压入堆栈中保存；最后，将子程序的入口的段基址→(CS)，偏移地址→(IP)，程序控制由主程序转到子程序。

操作数：过程名(子程序名)在汇编后即为子程序入口地址，即子程序中第一条指令在代码段中的段基址和偏移地址。

举例：

CALL　F_XYZ　　　　　　　　　;F_XYZ 为另一个代码段内的子程序名称

（4）段间间接调用指令。

格式：

CALL　内存操作数

功能：子程序和主程序分别位于不同的代码段。调用前应事先将子程序入口的段基址和偏移地址放入内存单元中，主程序中执行 CALL 指令的过程与段间直接调用指令相同。

操作数：在内存单元中事先放入的子程序入口的段基址和偏移地址，其中段基址放在内存单元的高位，偏移地址放在内存单元的低位。

在汇编程序设计中，有如下两种情况需要使用段间调用。

① 在一个源程序中设置两个代码段时，从一个代码段中的主程序调用另一个代码段中的子程序，此时子程序需要标注为 FAR 属性。主程序中采用段间调用指令调用子程序，特别注意：如果采用的是段间直接调用，调用指令的过程名需要用 FAR PTR 说明其调用的子程序位于另一个代码段中。

例如，在下面程序中，代码段 A 中的主程序对代码段 B 中的子程序 ABC 进行段间调用。

数据段中定义：

ABC_ADDR DD ABC

代码段 A 中的主程序：

```
         ⋮
CALL FAR PTR ABC              ;以段间直接调用方式调用子程序 ABC
CALL ABC_ADDR                 ;以段间间接调用方式调用子程序 ABC
```

代码段 B 中定义子程序 ABC：

```
ABC PROC FAR
         ⋮
RET
ABC ENDP
```

② 在模块化程序设计中(模块为可以独立进行汇编的若干逻辑段集合)，从一个模块调用另一个模块中的子程序。此时子程序需要标注为 FAR 属性，同时在被调用模块中，需要使用 PUBLIC 伪指令说明被调用的子程序名为"公共变量"；在调用模块中，采用段间调用指令调用子程序，并且需要用 EXTERN 伪指令说明其调用的子程序为"外部变量"，具有 FAR 属性。

2) 子程序返回指令

从子程序中返回主程序需要执行返回指令。返回指令是子程序中最后一条指令，对应于段内调用和段间调用，返回指令分为段内返回和段间返回，此外，返回指令有无参数和有参数两种形式。返回指令执行时对 6 个状态标志均不产生影响。

(1) 段内无参数返回指令。

格式：

RET

功能：子程序和主程序同处于一个代码段。从堆栈的栈顶弹出 2 字节→(IP)，(SP)+2→(SP)，同时(CS)内容保持不变。

注意：如果调用该子程序的调用指令执行后的堆栈的栈顶和在执行 RET 指令前堆栈的栈顶元素保持不变，即仍旧为断点的偏移地址，则 RET 指令执行后，该断点偏移地址被装入(IP)，程序控制返回到主程序断点所在的指令继续执行。

操作数：指令操作数为保存在堆栈栈顶的 2 字节数据，如要正常返回主程序，必须确保其为断点偏移地址。

举例：

```
XYZ PROC
PUSH AX
     ⋮
POP AX
RET                ;在执行 RET 前栈顶元素为断点地址，则执行 RET 后可正常返回到主程序
XYZ ENDP
```

(2) 段间无参数返回指令。

格式：

RET

功能:子程序和主程序分处于不同的代码段。从堆栈的栈顶先弹出2字节→(IP),然后再弹出2字节→(CS),(SP)+4→(SP)。当这4字节分别是断点的偏移地址和段基址时,RET指令执行后,程序控制返回到主程序断点所在的指令继续执行。

操作数:指令操作数为保存在堆栈栈顶的4字节数据,如要正常返回主程序,必须确保其为断点偏移地址和段基址。

(3) 段内有参数返回指令。

格式:

RET　N(N 为偶数)

功能:子程序和主程序同处于一个代码段。从堆栈的栈顶弹出2字节→(IP),(SP)+2→(SP),同时(CS)内容保持不变,之后堆栈指针再次进行计算(SP)+N→(SP),即从当前栈顶向堆栈高地址方向再调整N字节。

操作数:指令操作数为保存在堆栈栈顶的2字节数据和堆栈指针调整参数N。

说明:段内有参数返回指令除了正常返回主程序断点外,还会将堆栈指针向堆栈高位调整N字节,其目的是清除掉堆栈中保存的这N字节数据,这些数据是主程序用于向子程序传递的参数,当子程序正常返回后,这些参数不再有使用价值,自然需要将它们清除掉。

(4) 段间有参数返回指令。

格式:

RET　N(N 为偶数)

功能:子程序和主程序分别位于不同的代码段。从堆栈的栈顶先弹出2字节→(IP),然后再弹出2字节→(CS),(SP)+4→(SP),之后堆栈指针再次进行计算(SP)+N→(SP),即从当前栈顶向堆栈高地址方向再调整N字节。

操作数:指令操作数为保存在堆栈栈顶的4字节数据和堆栈指针调整参数N。

4. 软件中断与中断返回指令

1) 软件中断指令

格式:

INT　n(n 为8位无符号整数)

功能:软件中断指令也称为中断调用指令。n称为中断类型码,也称为中断号,INT n指令的作用是调用n型中断服务子程序,在实模式下完成的操作如下。

(1) (SP)−2→(SP),将标志寄存器的内容(2字节)压入堆栈。

(2) 将标志寄存器中的T标志(陷阱标志)设置为0,禁止CPU进行单步操作;将I标志(中断允许标志)设置为0,禁止CPU响应外部的可屏蔽中断请求。

(3) (SP)−4→(SP),将断点地址,即INT n指令的下一条指令的地址,包含段基址(2字节)和偏移地址(2字节)依次压入堆栈。

(4) 根据n的数值计算其对应的n型中断服务子程序入口地址(中断向量)在中断向

量表中的位置,取出中断向量,将其分别装入(IP)和(CS),从而控制转移到中断服务子程序。

在汇编程序设计中,软件中断指令通常用于调用在操作系统(如 DOS)或 BIOS(基本输入输出系统)中事先设计编写好的中断服务子程序,以完成特定的与系统输入输出设备密切相关的功能,例如,读取来自键盘输入的字符。这种使用软件中断指令来调用系统服务的方法也称为 DOS/BIOS 功能调用,将在第 4 章中讲述。

2) 中断返回指令

格式:

IRET

功能:IRET 指令是中断服务子程序中执行的最后一条指令。从堆栈中依次弹出 3 个字(6 字节),分别装入(IP)、(CS)、标志寄存器,(SP)+6→(SP)。当 IRET 指令执行前的栈顶元素就是在软件中断指令保存的断点地址时,控制从中断服务子程序返回到断点指令,继续执行主程序。有关软件中断以及中断返回指令涉及的中断相关内容,将在第 8 章讲述。

3.5.4 逻辑运算和移位指令

逻辑运算和移位指令用于进行二进制按位逻辑运算,分为逻辑运算指令、移位指令、测试与位测试指令和位扫描指令,包含单操作数以及双操作数指令,其中,双操作数的逻辑运算指令,其操作数也需要满足与双操作数指令的数据传送指令以及算术运算指令相同的使用规则。除了取反运算指令 NOT 以外,逻辑运算和移位指令对状态标志位均有影响。

1. 逻辑运算指令

1) 取反运算指令

格式:

NOT　目标操作数

功能:将目标操作数按位取反,结果送回目标操作数中。

操作数:可以是通用寄存器操作数或内存操作数,操作数是内存操作数时,根据 PTR 运算符的使用规则决定是否需要加上 PTR 运算符。

对标志位的影响:不影响 6 个状态标志。

举例:

NOT　AX　　　　　　　　　　　;(AX)=FF00H,指令执行后(AX)=00FFH

2) 与运算指令

格式:

AND　目标操作数,源操作数

功能:将源、目两个操作数进行按位逻辑"与"运算,结果送入目标操作数中。

操作数：源、目操作数可以是通用寄存器操作数或内存操作数。

对标志位的影响：指令执行后将 C 标志和 O 标志置 0，按运算结果设置 P、S、Z 标志，对 A 标志未定义。

说明：在汇编程序设计中，AND 指令常用于对某个操作数中指定的某些位进行屏蔽操作，即将这些指定位清 0，而保持剩余位不变。

举例：

AND AH，0F0H   ;(AH)=89H，指令执行后(AH)=80H，AH 的低 4 位被屏蔽

3）或运算指令

格式：

OR   目标操作数，源操作数

功能：将源、目两个操作数进行按位逻辑"或"运算，结果送入目标操作数中。

操作数：源、目操作数可以是通用寄存器操作数或内存操作数。

对标志位的影响：指令执行后将 C 标志和 O 标志置 0，按运算结果设置 P、S、Z 标志，对 A 标志未定义。

说明：在汇编程序设计中，OR 指令常用于对某个操作数中指定的某些位进行置位操作，即将这些指定位置 1，而保持剩余位不变。

举例：

OR   AH，07H   ;(AH)=30H，指令执行后(AH)=37H，AH 的低 3 位被置位

4）异或运算指令

格式：

XOR   目标操作数，源操作数

功能：将源、目两个操作数进行按位逻辑"异或"运算，结果送入目标操作数中。

操作数：源、目操作数可以是通用寄存器操作数或内存操作数。

对标志位的影响：指令执行后将 C 标志和 O 标志置 0，按运算结果设置 P、S、Z 标志，对 A 标志未定义。

说明：在汇编程序设计中，XOR 指令常用于对某个操作数中指定的某些位进行取反操作，即将这些指定位取反，而保持剩余位不变。

举例：

XOR   AH，0F0H   ;(AH)=55H，指令执行后(AH)=A5H，AH 高 4 位被按位取反

2. 移位指令

1）开环移位指令（也称为一般移位指令）

算术左移指令   SAL   操作数，移位次数
算术右移指令   SAR   操作数，移位次数

| 逻辑左移指令 | SHL 操作数,移位次数 |
| 逻辑右移指令 | SHR 操作数,移位次数 |

2）闭环移位指令（也称为循环移位指令）

含进位的循环左移指令	RCL 操作数,移位次数
含进位的循环右移指令	RCR 操作数,移位次数
不含进位的循环左移指令	ROL 操作数,移位次数
不含进位的循环右移指令	ROR 操作数,移位次数

功能：图 3.10 描述了各条指令的功能，其中，箭头表示移位方向，CF 位为标志寄存器中的进位位。

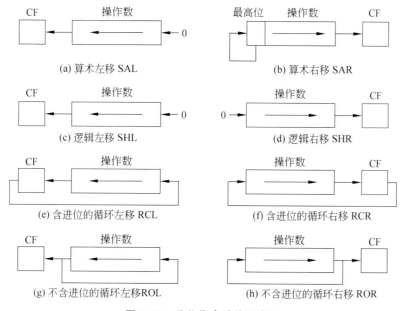

图 3.10 移位指令功能示意图

操作数：移位指令的操作数可以是寄存器操作数或内存操作数，移位次数可以是立即数或预先放入 CL 寄存器中的数值。如果操作数是内存操作数时需要遵守单操作数指令的 PTR 运算符的使用规则。

对标志位的影响：移位指令执行后，C 位为最后移入的位值；O 标志仅在移位次数为 1 次时受到影响，当移位后最高位的位值发生变化时（由 0 变 1 或由 1 变 0），O 标志置 1，否则置 0；A 标志未定义；开环移位指令依据移位结果对状态标志中的 P、S、Z 进行设定，而闭环移位指令对 P、S、Z 不产生影响。

说明：在汇编程序设计中经常使用移位指令来依次检测一个变量中的每一个位的值。

举例：

```
SHR    AH,1                ;(AH)=80H,指令执行后(AH)=40H
SAR    BH,1                ;(BH)=80H,指令执行后(BH)=C0H
```

ROL　　AH,8　　　　　　　　　　　;(AH)=55H,指令执行后(AH)=55H

3. 测试与位测试指令

测试指令用于检测寄存器或内存变量中数据的某一个位或某几个位的位值,并通过相应的状态标志位表示检测结果。通常在测试指令后紧跟条件转移指令,依据相应状态标志位的位值进行程序控制转移。

1) 测试指令

格式:

TEST　目标操作数,源操作数

功能:将目标操作数和源操作数进行按位逻辑"与"运算,运算结果不送入目标操作数中,目标操作数不变,并对相应状态标志位进行设定。

操作数:源、目操作数可以是通用寄存器操作数或内存操作数。

对标志位的影响:C、O 标志置 0,按运算结果设置 P、S、Z 标志,对 A 标志未定义。

说明:通常依据目标操作数中要检测的位来设计源操作数,也称为测试字。设计方法为测试字与目标操作数等长,需要检测的位设定为 1,其余位设定为 0。

举例:检测 AX 寄存器的 D_0 位,当该位为 1 时转移到 NEXT 标号的目标指令。

TEST AX,0001H　　　　　　　　　;检测 D_0 位,测试字设计为 0001H
JNZ NEXT

检测内存字节变量 VAL 的 D_7、D_6 两位,D_7、D_6 均为 0 时转移到 NEXT 标号的目标指令。

TEST VAL,0C0H　　　　　　　　　;检测 D_7、D_6 位,测试字设计为 C0H
JZ NEXT

2) 位测试指令

格式:

位测试指令	BT	目标操作数,源操作数
位测试置 0 指令	BTR	目标操作数,源操作数
位测试置 1 指令	BTS	目标操作数,源操作数
位测试取反指令	BTC	目标操作数,源操作数

功能:4 条指令都具有的功能——将目标操作数中由源操作数指定的位(即测试位)的位值送入 C 标志。指令执行后,源操作数不变。

注意:如果源操作数大于或等于目标操作数的字长,则将源操作数除以目标操作数字长后得到的余数作为测试位。4 条指令的功能区分,BT 指令执行后,目标操作数不变;BTR 指令执行后,目标操作数中对应测试位的位值置 0;BTS 指令执行后,目标操作数中对应测试位的位值置 1;BTC 指令执行后,目标操作数中对应测试位的位值取反。

操作数:目标操作数是 16 位或 32 位的寄存器操作数或内存操作数;源操作数是立即数或与目标操作数字长相等的寄存器操作数。

对标志位的影响:依据测试结果对 C 位置 0 或 1,其他标志 A、O、P、S、Z 没有定义。

举例：检测 AX 寄存器的 D_0 位，当该位为 1 时转移到 NEXT 标号的目标指令。

BT AX, 0　　　　　　　　　　　　;检测 D_0 位，如果 D_0 位为 1，则(C)=1
JC NEXT

4. 位扫描指令

位扫描指令用于从低位向高位(从右向左)或从高位向低位(从左向右)扫描源操作数中的第 1 个 1，并将其位序号记录在目标操作数中。从低位向高位扫描称为向前位扫描，从高位向低位扫描称为向后位扫描。

1) 向前位扫描指令

格式：

BSF　目标操作数,源操作数

功能：从低位向高位(从右向左)扫描源操作数，将遇到的第 1 个 1 的位序号记录在目标操作数中。

操作数：源操作数可以是 16 位或 32 位的寄存器操作数或内存操作数，目标操作数只能是 16 位或 32 位的寄存器操作数，源、目操作数的字长必须相等。

对标志位的影响：如果源操作数为 0，则 Z 标志置 1，否则 Z 标志置 0。

2) 向后位扫描指令

格式：

BSR　目标操作数,源操作数

功能：从高位向低位(从左向右)扫描源操作数，将遇到的第 1 个 1 的位序号记录在目标操作数中。

操作数：源操作数可以是 16 位或 32 位的寄存器操作数或内存操作数，目标操作数只能是 16 位或 32 位的寄存器操作数，源、目操作数的字长必须相等。

对标志位的影响：如果源操作数为 0，则 Z 标志置 1，否则 Z 标志置 0。

举例：

BSF BX, AX　　　　　　　　　　;(AX)=F57EH，执行结果(BX)=1
BSR CX, AX　　　　　　　　　　;(AX)=F57EH，执行结果(CX)=15

3.5.5　串操作指令

串是由若干相同类型的元素构成的序列。在汇编语言中，常用的元素类型有 3 种：字节、字和双字。在程序编写中通常用字节定义伪指令来定义串。例如：

STR　DB　01H, 23H, 45H, 67H, 89H, 0ABH, 0CDH, 0EFH

如果处理的元素类型设定为字节，STR 串有 8 字节型的元素，称为字节串。
如果处理的元素类型设定为字，STR 串有 4 个字型的元素，称为字串。

如果处理的元素类型设定为双字,STR 串有 2 个双字型的元素,称为双字串。

程序设计中对串的操作包括串复制(从源串复制出与其完全相同的目标串或只截取其部分内容的目标串)、串搜索(从串中检索给定的关键字或者子串是否存在)、串插入/删除/替换(在串中插入新的元素/删除元素/替换元素)等。这些操作的实现可以使用前面讲解的传送指令、比较指令、转移指令等组合起来完成,但不够简便。汇编语言指令中专门设计了针对串这种数据类型进行操作的串操作指令,包括串传送指令、串装入指令、串存储指令、串比较指令、串搜索指令和 I/O 串操作指令,本书只介绍前 5 种最常用的串操作指令。

串操作指令的总说明如下。

(1) 串操作指令的操作对象为源串和目标串。源串定义在数据段,目标串定义在 ES 附加段。

(2) 实模式下采用 16 位寻址方式,使用 SI 间址访问数据段中的源串,使用 DI 间址访问 ES 附加段中的目标串,使用 CX 作为串计数器;在 32 位寻址方式下,使用 ESI 间址访问数据段中的源串,使用 EDI 间址访问 ES 附加段中的目标串,使用 ECX 作为串计数器。下面介绍串操作指令时均默认为采用 16 位寻址方式。

1. 串传送指令

1) 基本型

格式:

字节传送 MOVSB/字传送 MOVSW/双字传送 MOVSD

功能:将源串中的一个元素传送到目标串的对应存储单元,然后依据方向标志 D 相应修改串指针 SI 和 DI。

MOVSB:将 DS:[SI]的一个字节型元素→ES:[DI]的一个字节单元。如果 D=0,则(SI)+1→(SI),(DI)+1→(DI);如果 D=1,则(SI)-1→(SI),(DI)-1→(DI)。

MOVSW:将 DS:[SI]的一个字型元素→ES:[DI]的一个字单元。如果 D=0,则(SI)+2→(SI),(DI)+2→(DI);如果 D=1,则(SI)-2→(SI),(DI)-2→(DI)。

MOVSD:将 DS:[SI]的一个双字型元素→ES:[DI]的一个双字单元。如果 D=0,则(SI)+4→(SI),(DI)+4→(DI);如果 D=1,则(SI)-4→(SI),(DI)-4→(DI)。

对标志位的影响:不影响 6 个状态标志。

说明:

① 方向标志 D 标志为 0,表示传送方向为增址型传送,即从串的低地址端向串的高地址端依次进行传送操作。在传送开始前,使用指令 CLD 将 D 标志设置为 0,并将源串首地址→ DS:SI,目标串首地址→ ES:DI。

② 方向标志 D 标志为 1,表示传送方向为减址型传送,即从串的高地址端向串的低地址端依次进行传送操作。在传送开始前,使用指令 STD 将 D 标志设置为 1,并将源串末地址→ DS:SI,目标串末地址→ ES:DI。

2) 有重复前缀

格式:

重复字节传送 REP MOVSB/重复字传送 REP MOVSW/重复双字传送 REP MOVSD

功能：将(CX)−1→(CX)，然后将源串中的一个元素传送到目标串的对应存储单元，依据方向标志 D 相应修改串指针 SI 和 DI，之后进行下一个元素的传送，直到(CX)=0 为止结束传送。指令执行的过程如图 3.11(a)所示。

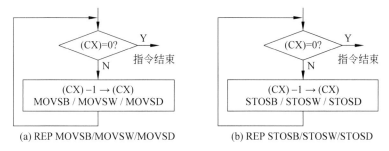

(a) REP MOVSB/MOVSW/MOVSD　　(b) REP STOSB/STOSW/STOSD

图 3.11　REP MOVSB/MOVSW/MOVSD 和 REP STOSB/STOSW/STOSD 指令执行的过程

对标志位的影响：不影响 6 个状态标志。

说明：REP 为重复前缀。在传送开始前设置 D 标志以及源串/目标串的串指针 SI/DI，并且将待传送的元素总个数送入 CX。

2. 串装入指令

格式：

字节装入 LODSB/字装入 LODSW/双字装入 LODSD

功能：将源串中的一个元素装入长度相等的指定寄存器中，然后依据方向标志 D 相应修改源串指针 SI。

LODSB：将 DS:[SI]的一个字节型元素→(AL)。如果 D=0，则(SI)+1→(SI)；如果 D=1，则(SI)−1→(SI)。

LODSW：将 DS:[SI]的一个字型元素→(AX)。如果 D=0，则(SI)+2→(SI)；如果 D=1，则(SI)−2→(SI)。

LODSD：将 DS:[SI]的一个双字型元素→(EAX)。如果 D=0，则(SI)+4→(SI)；如果 D=1，则(SI)−4→(SI)。

对标志位的影响：不影响 6 个状态标志。

说明：装入开始前设置 D 标志并将源串首/末地址送入 DS：SI。此外，串装入指令没有带重复前缀的格式。

3. 串存储指令

1) 基本型

格式：

字节存储 STOSB/字存储 STOSW/双字存储 STOSD

功能：将指定寄存器中的元素存储在目标串的对应存储单元，然后依据方向标志 D 相应修改目标串指针 DI。

STOSB：将 AL 寄存器中的一个字节型元素→ ES:[DI]的一个字节单元。如果 D=0，则(DI)+1→(DI)；如果 D=1，则(DI)−1→(DI)。

STOSW：将 AX 寄存器中的一个字型元素→ ES:[DI]的一个字单元。如果 D=0，则(DI)+2→(DI)；如果 D=1，则(DI)−2→(DI)。

STOSD：将 EAX 寄存器中的一个双字型元素→ ES:[DI]的一个双字单元。如果 D=0，则(DI)+4→(DI)；如果 D=1，则(DI)−4→(DI)。

对标志位的影响：不影响 6 个状态标志。

说明：存储开始前设置 D 标志并将目标串首/末地址送入 ES:DI。

2）有重复前缀 REP

格式：

重复字节存储 REP STOSB/重复字存储 REP STOSW/重复双字存储 REP STOSD

功能：将(CX)−1→(CX)，然后把指定寄存器中的一个元素存储到目标串的对应存储单元，依据方向标志 D 相应修改目标串指针 DI，之后进行下一个元素的存储，直到(CX)=0 为止结束存储。指令执行的过程如图 3.11(b)所示。

对标志位的影响：不影响 6 个状态标志。

说明：REP 为重复前缀。在存储开始前设置 D 标志和目标串的串指针 DI，并且将待存储的元素总个数送入 CX 寄存器。

【例 3.7】 数据块传送。

将数据段 BLOCK 单元开始的 100 个字节型数据依次传送到 ES 附加段 BUF 单元开始的字节单元中。

数据段中：

BLOCK　DB XX，XX，…，XX，XX　;100 个字节型数据

ES 附加段中：

BUF　DB　100 DUP(?)

① 方法 1，不使用串操作指令，用 MOV 指令实现。

```
        MOV SI, OFFSET BLOCK
        MOV DI, OFFSET BUF
        MOV CX, 100
LAST:   MOV AL, [SI]
        MOV ES:[DI], AL
        INC SI
        INC DI
        LOOP LAST
```

② 方法 2，使用 MOVSB 指令实现。

```
        MOV SI, OFFSET BLOCK
        MOV DI, OFFSET BUF
        MOV CX, 100
        CLD
LAST：MOVSB
        LOOP LAST
```

③ 方法 3,使用 REP MOVSB 指令实现。

```
        MOV SI, OFFSET BLOCK
        MOV DI, OFFSET BUF
        MOV CX, 100
        CLD
        REP MOVSB
```

④ 方法 4,使用 LODSB 指令和 STOSB 指令实现。

```
        MOV SI, OFFSET BLOCK
        MOV DI, OFFSET BUF
        MOV CX, 100
        CLD
LAST：LODSB
        STOSB
        LOOP LAST
```

⑤ 方法 5,使用 REP MOVSD 指令实现。

```
        MOV SI, OFFSET BLOCK
        MOV DI, OFFSET BUF
        MOV CX, 25
        CLD
        REP MOVSD
```

总结:5 种数据块传送方法中,方法 1 没有采用串操作指令,CPU 读取执行的指令条数最多,花费的时间也最多;方法 4 采用了串装入和串存储指令,与方法 1 比较,CPU 无须读取执行串指针调整指令;方法 2 采用了串传送指令,CPU 读取执行的指令条数比方法 4 少;方法 3 采用了含重复前缀的串传送指令,使得 CPU 读取执行的指令条数比方法 2 有进一步减少;方法 5 同样采用了含重复前缀的串传送指令,但是把元素类型由字节型变成了双字型,虽然 CPU 读取执行的指令条数和方法 3 相同,但由于实际循环次数减少,花费的时间比方法 3 减少了很多,在 5 种方法中花费的时间最少,速度最快。

4. 串比较指令

1) 基本型

格式:

字节串比较 CMPSB/字串比较 CMPSW/双字串比较 CMPSD

功能：将源串中当前的一个元素和目标串中的对应元素进行比较，即源串当前元素减去目标串当前元素，和 CMP 指令相似，减法并不影响源、目串的元素，仅根据运算结果对 A、C、O、P、S、Z 6 个状态标志进行相应设定，通常选用 Z 标志的值来判定比较结果。如果源、目串中两个当前元素相等，则将 Z 标志置 1，否则置 0。然后依据方向标志 D 相应修改串指针 SI 和 DI。

CMPSB：将 DS:[SI]的一个字节型元素和 ES:[DI]的一个字节型元素进行比较。如果两个元素相等，则(Z)=1，否则(Z)=0。如果 D=0，则(SI)+1→(SI)，(DI)+1→(DI)；如果 D=1，则(SI)-1→(SI)，(DI)-1→(DI)。

CMPSW：将 DS:[SI]的一个字型元素和 ES:[DI]的一个字型元素进行比较。如果两个元素相等，则(Z)=1，否则(Z)=0。如果 D=0，则(SI)+2→(SI)，(DI)+2→(DI)；如果 D=1，则(SI)-2→(SI)，(DI)-2→(DI)。

CMPSD：将 DS:[SI]的一个双字型元素和 ES:[DI]的一个双字型元素进行比较。如果两个元素相等，则(Z)=1，否则(Z)=0。如果 D=0，则(SI)+4→(SI)，(DI)+4→(DI)；如果 D=1，则(SI)-4→(SI)，(DI)-4→(DI)。

CMPSB、CMPSW、CMPSD 指令执行的过程如图 3.12(a)所示。

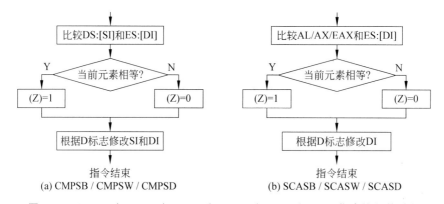

图 3.12　CMPSB/CMPSW/CMPSD 和 SCASB/SCASW/SCASD 指令执行的过程

对标志位的影响：影响 6 个状态标志，其中通常选用 Z 标志判定比较结果。

说明：在比较开始前设置 D 标志以及源串/目标串的串指针 SI/DI。

2）有重复前缀 REPE(或 REPZ)

格式：

相等重复字节串比较　　REPE　CMPSB(或 REPZ CMPSB)
相等重复字串比较　　　REPE　CMPSW(或 REPZ CMPSW)
相等重复双字串比较　　REPE　CMPSD(或 REPZ CMPSD)

功能：将(CX)-1→(CX)，然后将源串中当前的一个元素和目标串中的对应元素进行比较，不影响源、目串的元素，仅根据运算结果对状态标志进行相应设定，并依据方向标志 D 相应修改串指针 SI 和 DI。如果当前两个元素不相等，则指令结束；如果当前两个元素相等，则进行下一个元素的比较，直到出现两个元素不相等(Z)=0 或(CX)=0 时指令结束。指令执行的过程如图 3.13(a)所示。

对标志位的影响：影响 6 个状态标志。

注意：在执行(CX)－1→(CX)时不影响状态标志。

说明：REPE 和 REPZ 为相等重复前缀，两者等价。在比较开始前设置 D 标志以及源串/目标串的串指针 SI/DI。此外，还需要将待比较的元素总个数送入 CX。相等重复串比较指令的执行过程是建立在基本格式串比较指令基础上的，因此，当指令结束时，同样可以利用 Z 标志来判定比较结果。指令结束时(Z)＝1，则所有的对应元素完全相同，源、目两个串相等；(Z)＝0，则存在对应不相等的元素，源、目两个串不相等。

3) 有重复前缀 REPNE(或 REPNZ)

格式：

不相等重复字节串比较　　REPNE　CMPSB(或 REPNZ CMPSB)
不相等重复字串比较　　　REPNE　CMPSW(或 REPNZ CMPSW)
不相等重复双字串比较　　REPNE　CMPSD(或 REPNZ CMPSD)

功能：将(CX)－1→(CX)，然后将源串中当前的一个元素和目标串中的对应元素进行比较，不影响源、目串的元素，仅根据运算结果对状态标志进行相应设定，并依据方向标志 D 相应修改串指针 SI 和 DI。如果当前两个元素相等，则指令结束；如果当前两个元素不相等，则进行下一个元素的比较，直到出现两个元素相等(Z)＝1 或(CX)＝0 时指令结束。指令执行的过程如图 3.13(b)所示。

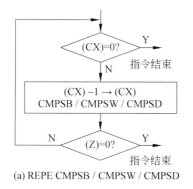
(a) REPE CMPSB / CMPSW / CMPSD

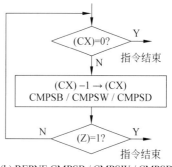
(b) REPNE CMPSB / CMPSW / CMPSD

图 3.13　REPE CMPSB/CMPSW/CMPSD 和 REPNE CMPSB/CMPSW/CMPSD 的执行过程

对标志位的影响：影响 6 个状态标志。

注意：在执行(CX)－1→(CX)时不影响状态标志。

说明：REPNE 和 REPNZ 为不等重复前缀，两者等价。在比较开始前设置 D 标志以及源串/目标串的串指针 SI/DI。此外，还需要将待比较的元素总个数送入 CX。与相等重复串比较指令相似，当不相等重复串比较指令结束时，同样可以利用 Z 标志来判定比较结果。指令结束时(Z)＝0，则源、目两个串所有的对应元素完全不相同；(Z)＝1，则源、目两个串至少存在一个对应相等元素。

【例 3.8】　串比较。设数据区有两个字节串 STR1 和 STR2，STR1 的长度为 5 个字节单元，STR2 的长度为 10 个字节单元，如果 STR2 的最后 5 个字节元素与 STR1 相同，则将 FLAG 单元置为 Y，否则置为 N。

分析：将 STR1 作为源串，STR2 作为目标串，设置串比较方向为减址方向，使用相等重复比较指令 REPE CMPSB，比较长度为 5 个字节单元。STR1 和 STR2 两个串的比较过程如图 3.14 所示。

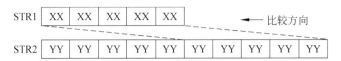

图 3.14　STR1 和 STR2 两个串的比较过程

将 STR1 放入数据段：

STR1　DB XX,…,XX　　　　　　　　　　　;共 5 个字节单元
FLAG　DB 'Y'　　　　　　　　　　　　　　;FLAG 单元初始置 Y

将 STR2 放入附加段：

STR2　DB YY,…,YY　　　　　　　　　　　;共 10 个字节单元

代码段：

```
    MOV SI, OFFSET STR1+4
    MOV DI, OFFSET STR2+9
    MOV CX, 5
    STD
    REPE CMPSB
    JZ EXIT
    MOV FLAG, 'N'
EXIT:…                                  ;比较完成,程序结束
```

5. 串搜索指令

1) 基本型

格式：

字节串搜索 SCASB/字串搜索 SCASW/双字串搜索 SCASD

功能：将事先存放在指定寄存器中的关键字和目标串中的对应元素进行比较，即用关键字减去目标串当前元素，减法不影响关键字和目标串的元素，根据运算结果对 A、C、O、P、S、Z 6 个状态标志进行设定，通常选用 Z 标志的值来判定比较结果。如果关键字与目标串中当前元素相等，则将 Z 标志置 1，否则置 0。然后依据方向标志 D 相应修改串指针 DI。

SCASB：将 AL 中的关键字和 ES:[DI]的字节型元素进行比较；如果相等，则(Z)=1，否则(Z)=0。如果 D=0，则(DI)+1→(DI)；如果 D=1，则(DI)−1→(DI)。

SCASW：将 AX 中的关键字和 ES:[DI]的字型元素进行比较；如果相等，则(Z)=1，否则(Z)=0。如果 D=0，则(DI)+2→(DI)；如果 D=1，则(DI)−2→(DI)。

SCASD：将 EAX 中的关键字和 ES:[DI]的双字型元素进行比较；如果相等，则(Z)=1，否则(Z)=0。如果 D=0，则(DI)+4→(DI)；如果 D=1，则(DI)−4→(DI)。

SCASB、SCASW、SCASD 指令执行的过程如图 3.12(b)所示。

对标志位的影响：影响 6 个状态标志，其中通常选用 Z 标志判定比较结果。

说明：需要在搜索开始前设置 D 标志以及目标串的串指针 DI。

2) 有重复前缀 REPE(或 REPZ)

格式：

相等重复字节串搜索　　REPE　SCASB(或 REPZ SCASB)
相等重复字串搜索　　　REPE　SCASW(或 REPZ SCASW)
相等重复双字串搜索　　REPE　SCASD(或 REPZ SCASD)

功能：将(CX)－1→(CX)，然后将关键字和目标串中的对应元素进行比较，根据比较结果对状态标志进行设定，并依据方向标志 D 相应修改串指针 DI。如果关键字与目标串当前元素不等，则指令结束；如果关键字与目标串当前元素相等，则和目标串下一个元素进行比较，直到出现不相等(Z)＝0 或(CX)＝0 时指令结束。指令执行的过程如图 3.15(a)所示。

对标志位的影响：影响 6 个状态标志。

注意：在执行(CX)－1→(CX)时不影响状态标志。

说明：在搜索开始前设置 D 标志以及目标串的串指针 DI，并且将目标串中待比较的元素总个数送入 CX 寄存器。相等重复串搜索指令的执行过程是建立在基本格式串搜索指令基础上的，因此，当指令结束时，同样可以利用 Z 标志来判定比较结果。指令结束时(Z)＝1，则关键字与目标串中所有的对应元素完全相同；(Z)＝0，则目标串中至少存在一个与关键字不相等的元素。

注意：这并不意味着目标串中不存在与关键字相等的元素。

3) 有重复前缀 REPNE(或 REPNZ)

格式：

不相等重复字节串搜索　REPNE　SCASB(或 REPNZ SCASB)
不相等重复字串搜索　　REPNE　SCASW(或 REPNZ SCASW)
不相等重复双字串搜索　REPNE　SCASD(或 REPNZ SCASD)

功能：将(CX)－1→(CX)，然后将关键字和目标串中的对应元素进行比较，根据比较结果对状态标志进行设定，并依据方向标志 D 相应修改串指针 DI。如果关键字与目标串当前元素相等，则指令结束；如果关键字与目标串当前元素不相等，则和目标串下一个元素进行比较，直到出现相等(Z)＝1 或(CX)＝0 时指令结束。指令执行的过程如图 3.15(b)所示。

对标志位的影响：影响 6 个状态标志。

注意：在执行(CX)－1→(CX)时不影响状态标志。

说明：在搜索开始前设置 D 标志以及目标串的串指针 DI。此外，将目标串中待比较的元素总个数送入 CX 寄存器。不相等重复串搜索指令结束时，同样可以利用 Z 标志来判定比较结果。指令结束时(Z)＝1，则表示在目标串至少有一个元素与关键字相同；(Z)＝0，则目标串中不存在和关键字相等的元素。

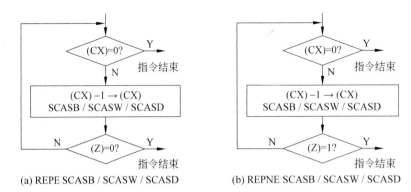

图 3.15 REPE SCASB/SCASW/SCASD 和 REPNE SCASB/SCASW/SCASD 的执行过程

【例 3.9】 串搜索与替换。数据区有一个字节串 STR,设关键字 K 存放在 AL 寄存器中,从低地址向高地址的方向搜索 STR 串中是否存在关键字 K,如果关键字存在,则将在 STR 串中找到的第一个关键字替换为 N。

分析：将 STR 作为目标串,设置串比较方向为增址方向,使用不相等重复搜索指令 REPNE SCASB,在找到第一个关键字 K 后将其替换为 N。STR 串的搜索和替换过程如图 3.16 所示。

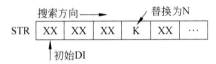

图 3.16 STR 串的搜索和替换过程(假设在串中存在一个元素和关键字相等)

将 STR 放入附加段：

STR   DB   XX,…,XX
LENTH EQU $-STR
K   DB   YY
N   DB   ZZ   ;替换关键字的变量 N

代码段：

    MOV DI, OFFSET STR
    MOV CX, LENGTH
    CLD
    MOV AL, K
    REPNE SCASB
    JNZ EXIT
    DEC DI
    MOV AL, N
    MOV ES:[DI], AL   ;将 STR 串中的关键字替换为 N
EXIT：…   ;程序结束

3.5.6 处理机控制指令

处理机控制指令包含对标志的控制指令和其他用途的控制指令。

1. 标志位控制指令

标志位控制指令可以对某些标志位直接进行置 0 或置 1 等操作。

(1) 进位标志置 0 指令。格式：CLC；功能：0→(C)。

(2) 进位标志置 1 指令。格式：STC；功能：1→(C)。

(3) 进位标志取反指令。格式：CMC；功能：/(C)→(C)。

(4) 方向标志置 0 指令。格式：CLD；功能：0→(D)。

(5) 方向标志置 1 指令。格式：STD；功能：1→(D)。

(6) 中断标志置 0 指令。格式：CLI；功能：0→(I)。

(7) 中断标志置 1 指令。格式：STI；功能：1→(I)。

2. 其他控制指令

1) 空操作指令

格式：

NOP

功能：执行时不进行任何操作，指令的长度是一字节。指令的执行可以得到一个空操作执行时间，常用于延时程序设计的时间单位；利用空操作指令在可执行代码中填充空白区，使得程序保持连续执行；或者用于调试阶段，在可执行代码中用若干空操作指令预先占据保留的空间，以备在调试中用相应的指令取代。

2) 停机操作指令

格式：

HLT

功能：执行时可以使 CPU 处于暂时停机状态，但不进行任何操作，也不影响标志。当出现如下情况之一时，CPU 离开暂停状态继续执行后继的指令。

① RESET 上有复位信号。

② CPU 响应外部中断。

3) 等待指令

格式：

WAIT

功能：执行时可以使 CPU 处于暂时停机状态，直到外部中断发生，但一旦外部中断结束仍然返回到暂时停机状态；在系统配备数值协处理器时，该指令也用于等待协处理器同步。

4)换码指令

格式:

ESC 内存操作数

功能:将指定的内存单元中的内容发送到数据总线上。在系统配备协处理器时,该指令可以在协处理器执行某些指令时从存储器中读取指令或数据。

5)封锁指令

格式:

LOCK

功能:可以作为前缀加在部分指令的前面,这些指令的目标操作数为内存操作数。在执行带有 LOCK 前缀的指令时,CPU 的 LOCK 引脚输出有效信号,使得总线维持锁存状态直到该指令执行完,通常在共享内存的多处理器的系统中,使用 LOCK 前缀来保证指令执行时独占内存。例如,指令"LOCK ADD [SI],AX"将在执行加法指令期间锁定间址访问的内存单元。

3.6 汇编语言高级指令集

从 Pentium 开始,IA32(即 80x86)结构中针对增强的处理器功能,增加了扩展的高级指令集,以供程序员充分利用处理器的功能开发高性能的程序。在 Pentium MMX 和 Pentium Ⅱ 处理器中,Intel 公司实现了多媒体扩展(Multimedia Extension,MMX),MMX 是 Intel 公司的单指令多数据(Single Instruction,Multiple Data,SIMD)模型的第 1 代指令集,引入了 8 个 MMX 寄存器(MM0~MM7)和 57 条新指令,可对 64 位紧缩整数进行算术运算。MMX 的主要目的是为了解决多媒体应用中常见的大量数据处理问题,使用扩展的寄存器长度和新的数据格式来加快实现实时多媒体所需的复杂数据处理。从 Pentium Ⅲ 处理器开始,针对多媒体互联网应用的出现,Intel 公司在 SIMD 基础上实现了流化 SIMD 扩展(Streaming SIMD Extension,SSE),引入了 8 个新的 128 位寄存器(XMM0~XMM7)和新的 128 位紧缩的单精度浮点数以及附加的 70 条新指令,针对浮点数据执行 SIMD 操作,增强了处理三维图形、动态视频以及视频会议的复杂浮点算术运算性能。Intel 公司在 Pentium 4 处理器中实现了流化 SIMD 扩展的第 2 实现(Streaming SIMD Extension Second Implementation,SSE2)。SSE2 在 SSE 基础上增加了 5 种新的 128 位紧缩数据类型并扩展了 SSE 核心架构,同时新增了 144 条指令,针对 64 位双精度浮点数及整型运算和减小 Cache 控制延迟。从 Pentium 4HT(超线程)处理器和 Xeon 处理器开始,Intel 公司实现了流化 SIMD 扩展的第 3 实现(Streaming SIMD Extension Third Implementation,SSE3)。SSE3 没有增加新的数据类型,为 SSE2 数据类型的高级处理提供了新的 13 条指令,对并行处理进行优化。之后在 Penryn 处理器和 Nehalem 处理器中,Intel 公司实现了流化 SIMD 扩展的第 4 实现(Streaming SIMD Extension Fourth Implementation,SSE4)。SSE4 包含 SSE 4.1 和 SSE 4.2 两个子集,一共 54 条指令,主要包含矢量化编译器和媒体加速器,以及高效加速字符串和文本处理。

SIMD 技术为程序员提供了使用单一指令执行并行数学运算的能力。作为 SIMD 实现,MMX 和 SSE 架构提供了可以保存紧缩数据的附加寄存器(单一寄存器装载多个数据值),MMX 和 SSE 指令则实现了一次对寄存器中所有的紧缩数据元素执行单一数学运算。

3.6.1 MMX 指令

MMX 技术的主要目的是对整型数据执行 SIMD 操作,即使用单一指令对紧缩数据执行并行操作。MMX 指令增加了 57 条指令和新的 64 位数据类型。

1. MMX 数据格式和寄存器

MMX 指令使用紧缩整数型数据,即由多个 8/16/32 位的整型数据组合成为一个 64 位数据,分为 4 种数据类型:紧缩字节、紧缩字、紧缩双字和紧缩四字。

(1)紧缩字节:由 8 字节构成一个 64 位数据。

(2)紧缩字:由 4 个字构成一个 64 位数据。

(3)紧缩双字:由 2 个双字构成一个 64 位数据。

(4)紧缩四字:一个 64 位数据。

一条 MMX 指令可以一次对紧缩数据执行并行操作,即同时处理原来需要多条指令才能处理的多个数据单元,从而大大提高了处理的效率。

MMX 技术借用 8 个 80 位的浮点数据寄存器(FPU)来执行所有的数学操作。通过引用浮点数据寄存器的方法实现了 8 个 MMX 寄存器:MM0~MM7,这 8 个 MMX 寄存器被映射到 8 个浮点数据寄存器 ST0~ST7 的低 64 位,如图 3.17 所示。需要注意:浮点数据寄存器可用于保存 MMX 数据,但也可以用来保存浮点数据,依靠使用模式加以区分。MMX 模式下作为 MMX 寄存器保存紧缩数据,浮点数据寄存器模式下作为浮点寄存器保存一般的扩展双精度浮点数。但在 MMX 模式下,浮点数据寄存器标志字会被破坏,因此实际编程时需要把使用 MMX 寄存器的指令和使用浮点寄存器的指令分开,执行 MMX 指令前可以使用 FSAVE 指令或 FXSAVE 指令将浮点数据寄存器数据保存到内存中,当 MMX 指令执行完毕后再使用 FRSTOR 或 FXRSTOR 指令恢复寄存器,并且使用 EMMS 指令清空浮点数据寄存器标志字,以确保使用浮点数据寄存器的指令可以正确运行。

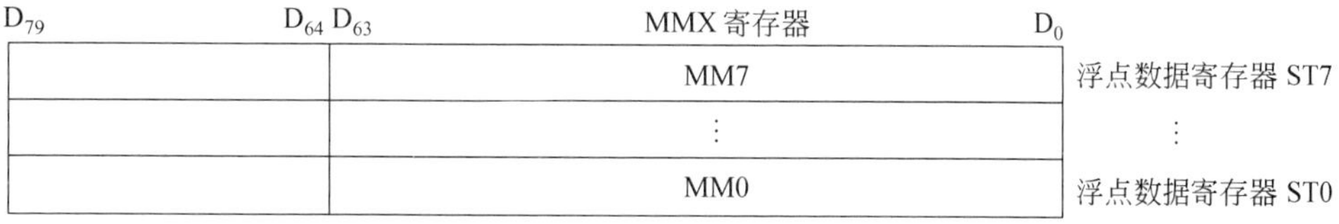

D_{79}	D_{64} D_{63}	MMX 寄存器	D_0	
		MM7		浮点数据寄存器 ST7
		⋮		⋮
		MM0		浮点数据寄存器 ST0

图 3.17 MMX 寄存器和浮点数据寄存器

2. MMX 指令格式

MMX 指令格式和普通的汇编指令格式相同:

标号:	操作码助记符	空格	操作数助记符(多个操作数之间用","隔开)	;注释

其中,大多数 MMX 指令的操作码助记符带有一个说明操作数数据类型的后缀(B、W、D、Q);如果有两个数据后缀,则第一个字母表示源操作数的数据类型,第二个字母表示目标操作数的数据类型。例如,加法操作助记符 PADD 有 3 种操作码,分别为 PADDB、PADDW、PADDD,表示操作数为紧缩字节、紧缩字及紧缩双字。

3. MMX 指令

按功能划分,MMX 指令可以分为 7 类:数据传送指令、算术运算指令、比较指令、类型转换指令、逻辑运算指令、移位指令和状态清除指令。

1) 数据传送指令

MMX 数据传送指令的功能与基本指令集中的传送指令相同,将源操作数的数据传送到目标操作数,并且源操作数不变。

(1) 32 位紧缩数据传送指令。

格式:

MOVD 目标操作数,源操作数

功能:将源操作数传送给目标操作数。当源操作数为 32 位寄存器操作数或内存操作数时,传送目标为 MMX 寄存器,则源操作数送入 MMX 寄存器低 32 位,MMX 寄存器高 32 位填入 0;当源操作数为 MMX 寄存器操作数时,传送目标为 32 位寄存器或内存单元,则将 MMX 寄存器低 32 位数值对应送入目标寄存器或内存单元中。

操作数:源操作数为 32 位寄存器操作数或内存操作数时,传送目标必须为 MMX 寄存器;源操作数为 MMX 寄存器操作数时,传送目标必须为 32 位寄存器或内存单元。

(2) 64 位紧缩数据传送指令。

格式:

MOVQ 目标操作数,源操作数

功能:将源操作数传送给目标操作数。当源操作数为 MMX 寄存器操作数或 64 位内存操作数时,传送目标为 MMX 寄存器,则源操作数送入 MMX 寄存器;当源操作数为 MMX 寄存器操作数时,传送目标为 MMX 寄存器或 64 位内存单元,则将源操作数送入 MMX 寄存器或内存单元中。

操作数:源操作数为 MMX 寄存器操作数或 64 位内存操作数时,传送目标必须为 MMX 寄存器;源操作数为 MMX 寄存器操作数时,传送目标必须为 MMX 寄存器或 64 位内存单元。

2) 算术运算指令

MMX 算术运算指令可同时对紧缩数据中每个紧缩值执行加法、减法、乘法算术运算。与基本指令集中的加法和减法指令不同之处:基本指令集的加法和减法如果出现溢出,则可以设置 EFLAGS 标志寄存器表示运算溢出,但 MMX 加法及减法指令对紧缩数据操作,同时计算多个结果值,出现溢出时无法进行相同的处理。为解决这个问题,

MMX加法及减法可以选择3种算术运算的溢出处理方法,即环绕运算、无符号饱和运算和有符号饱和运算。

环绕运算:进行算术运算,如果出现溢出,则会截断结果值,删除所有的进位值。

无符号饱和运算和有符号饱和运算:进行算术运算时,如果出现溢出,则把结果值设置为预先设定好的数值,该数值与紧缩数据类型以及溢出的符号(正溢出或负溢出)有关。如果出现正溢出,则将结果值设置为紧缩数据类型的最大值;如果出现负溢出,则将结果值设置为紧缩数据类型的最小值。

算术运算指令操作数总类型:源操作数为MMX寄存器操作数或64位内存操作数;目标操作数为MMX寄存器操作数。

(1) 环绕加法/减法指令。

加法格式:

PADDB/PADDW/PADDD 目标操作数,源操作数

减法格式:

PSUBB/PSUBW/PSUBD 目标操作数,源操作数

功能:将目标操作数环绕加/减源操作数,结果放入目标操作数中。

举例:如图3.18所示,"PADDW MM0,MM1"将可以一次并行完成源操作数Y和目标操作数X的4个字加法运算。

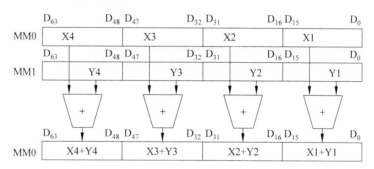

图3.18 "PADDW MM0,MM1"指令执行过程

(2) 无符号紧缩数据饱和加法/减法指令。

加法格式:

PADDUSB/PADDUSW 目标操作数,源操作数

减法格式:

PSUBUSB/PSUBUSW 目标操作数,源操作数

功能:将无符号目标操作数饱和加/减无符号源操作数,结果放入目标操作数中。

(3) 有符号紧缩数据饱和加法/减法指令。

加法格式:

PADDSB/PADDSW 目标操作数,源操作数

减法格式:

PSUBSB/PSUBSW   目标操作数,源操作数

功能:将有符号目标操作数饱和加/减无符号源操作数,结果放入目标操作数中。

(4) 乘法指令。

单条指令完成格式:

PMADDWD   目标操作数,源操作数

功能:将源操作数的4个有符号字和目标操作数中的4个有符号字相乘,结果为4个有符号双字。之后将相邻的双字相加,得到2个双字结果值,即低位的两个双字相加结果送入目标寄存器的低位双字,高位的两个双字相加结果送入目标寄存器的高位双字。

举例:如图 3.19 所示,"PMADDWD MM0,MM1"将可以一次并行完成源操作数 Y 和目标操作数 X 的4个字乘法运算,得到2个双字结果值。

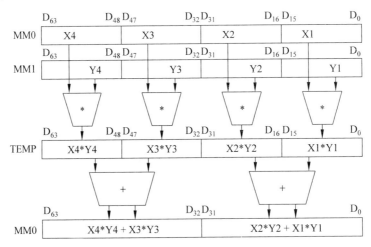

图 3.19 "PMADDWD MM0,MM1"指令执行过程

两条指令完成格式如下。

无符号数形式第一条:PMULLUW   目标操作数,源操作数
无符号数形式第二条:PMULHUW   目标操作数,源操作数
有符号数形式第一条:PMULLW   目标操作数,源操作数
有符号数形式第二条:PMULHW   目标操作数,源操作数

功能:使用第一条指令 PMULLUW 将源操作数的4个无符号字和目标操作数的4个无符号字分别相乘,得到4个无符号双字,将4个双字结果中各自的低16位放入目标寄存器中,高16位丢弃;接下来把目标寄存器中的结果保存到内存中其他位置,并恢复目标操作数为乘法进行前的数值,使用第二条指令 PMULHUW 将源操作数的4个无符号字和目标操作数的4个无符号字分别相乘,得到4个无符号双字,将4个双字结果中各自的高16位放入目标寄存器中,低16位丢弃。第一条指令 PMULLUW 和第二条指令 PMULHUW 执行完毕后可以分别得到乘法最终结果的低位和高位。有符号数形式

除了操作数为有符号数之外,功能与无符号数形式相同。

3) 比较指令

MMX 比较指令用于对紧缩数据进行比较操作,与基本指令集中比较指令不同之处:基本指令集的比较结果是设置 EFLAGS 标志寄存器的相应标志位,但 MMX 比较指令对紧缩数据操作,同时比较多个数值,指令执行后用目标操作数的值表示比较结果。

紧缩数据相等比较指令格式:

PCMPEQB/PCMPEQW/PCMPEQD   目标操作数,源操作数

紧缩数据大于比较指令格式:

PCMPGTB/PCMPGTW/PCMPGTD   目标操作数,源操作数

功能:目标操作数和源操作数比较后,比较结果存放在目标操作数中,满足比较条件(目标操作数与源操作数相等或目标操作数大于源操作数),则比较结果为全 1,否则为全 0。

操作数:源操作数为 MMX 寄存器操作数或 64 位内存操作数;目标操作数为 MMX 寄存器操作数。

举例:假设(MMX0)=0051000300450023H,(MMX1)=0031000500450013H。
则下面比较指令执行后的结果分别为

PCMPEQB MM0,MM1   ;(MM0)=FF00FF00FFFFFF00H
PCMPEQW MM0,MM1   ;(MM0)=00000000FFFF0000H
PCMPEQD MM0,MM1   ;(MM0)=0000000000000000H

4) 类型转换指令

MMX 类型转换指令用于实现各种紧缩数据之间的相互转换。

(1) 无符号数饱和紧缩指令。

格式:

PACKUSWB   目标操作数,源操作数

功能:将目标操作数中的 4 个有符号紧缩字和源操作数中的 4 个有符号紧缩字压缩成为 8 个无符号紧缩字节并存放到目标操作数中。其中,目标操作数中的 4 个有符号紧缩字压缩得到的 4 个无符号紧缩字节存放在目标操作数低 32 位,源操作数中的 4 个有符号紧缩字压缩得到的 4 个无符号紧缩字节存放在目标操作数高 32 位,如果有符号紧缩字的值超出了无符号紧缩字节的范围(大于 FFH 或小于 00H),则在目标操作数中存入相应的饱和无符号字节值 FFH 或 00H。

(2) 有符号数饱和紧缩指令。

格式 1:

PACKSSWB   目标操作数,源操作数

功能:将目标操作数中的 4 个有符号紧缩字和源操作数中的 4 个有符号紧缩字压缩成为 8 个有符号紧缩字节并存放到目标操作数中。其中,目标操作数中的 4 个有符号紧

缩字压缩得到的 4 个有符号紧缩字节存放在目标操作数低 32 位,源操作数中的 4 个有符号紧缩字压缩得到的 4 个有符号紧缩字节存放在目标操作数高 32 位,如果有符号紧缩字的值超出了有符号紧缩字节的范围(正数大于 7FH 或负数大于 80H),则在目标操作数中存入相应的饱和有符号字节值 7FH 或 80H。

格式 2：

PACKSSDW　目标操作数,源操作数

功能：将目标操作数中的 2 个有符号紧缩双字和源操作数中的 2 个有符号紧缩双字压缩成为 4 个有符号紧缩字并存放到目标操作数中。其中,目标操作数中的 2 个有符号紧缩双字压缩得到的 2 个有符号紧缩字存放在目标操作数低 32 位,源操作数中的 2 个有符号紧缩双字压缩得到的 2 个有符号紧缩字存放在目标操作数高 32 位,如果有符号紧缩字的值超出了有符号紧缩字的范围(正数大于 7FFFH 或负数大于 8000H),则在目标操作数中存入相应的饱和有符号字值 7FFFH 或 8000H。

(3) 高位紧缩数据解缩指令。

格式：

PUNPCKHBW/PUNPCKHWD/PUNPCKHDQ　目标操作数,源操作数

功能：将源操作数高 32 位的字节/字/双字和目标操作数高 32 位的字节/字/双字依次进行交替组合得到字/双字/四字,并存放到目标操作数中。

举例：假设(MM0)=01234567H,(MM1)=89ABCDEFH。

PUNPCKHWD　MM0,MM1　　　　　　　　;指令执行后(MM0)=018923ABH

(4) 低位紧缩数据解缩指令。

格式：

PUNPCKLBW/PUNPCKLWD/PUNPCKLDQ　目标操作数,源操作数

功能：将源操作数低 32 位的字节/字/双字和目标操作数低 32 位的字节/字/双字依次进行交替组合得到字/双字/四字,并存放到目标操作数中。

举例：假设(MM0)=01234567H,(MM1)=89ABCDEFH。

PUNPCKLWD MM0, MM1　　　　　　　　;指令执行后(MM0)=45CD67EFH

5) 逻辑运算指令

格式：

PAND/PANDN/POR/PXOR　目标操作数,源操作数

功能：PAND/POR/PXOR 将目标操作数和源操作数按位进行逻辑与、逻辑或以及逻辑异或运算,结果存放到目标操作数中。PANDN 先将目标操作数按位进行逻辑非运算,再将得到的结果和源操作数按位进行逻辑与运算,最后结果存放到目标操作数中。

操作数：源操作数为 MMX 寄存器操作数或 64 位内存操作数;目标操作数为 MMX 寄存器操作数。

6) 移位指令

移位指令操作数总类型：源操作数为 MMX 寄存器操作数或 64 位内存操作数或 8 位立即数；目标操作数为 MMX 寄存器操作数。

(1) 紧缩逻辑左移指令。

格式：

PSLLW/PSLLD/PSLLQ 目标操作数，源操作数

功能：以字、双字或四字为数据单位，按照源操作数数值将目标操作数向左移动指定的位数，空余的低位用 0 填充。如果移动位数大于 15（数据单位为字）、大于 31（数据单位为双字）或大于 63（数据单位为四字），则目标操作数置全 0。

举例：假设（MM0）=01234567H。

PSLLW MM0，4 ；指令执行后（MM0）=10305070H

(2) 紧缩逻辑右移指令。

格式：

PSRLW/PSRLD/PSRLQ 目标操作数，源操作数

功能：以字、双字或四字为数据单位，按照源操作数数值将目标操作数向右移动指定的位数，空余的高位用 0 填充。如果移动位数大于 15（数据单位为字）、大于 31（数据单位为双字）或大于 63（数据单位为四字），则目标操作数置全 0。

举例：假设（MM0）=01234567H。

PSRLW MM0，4 ；指令执行后（MM0）=00020406H

(3) 紧缩算术右移指令。

格式：

PSRAW/PSRAD 目标操作数，源操作数

功能：以字、双字为数据单位，按照源操作数数值将目标操作数向右移动指定的位数，空余的高位用符号位填充。如果移动位数大于 15（数据单位为字）、大于 31（数据单位为双字），则目标操作数全部置为符号位。

举例：假设（MM0）=56789ABCH。

PSRAW MM0，4 ；指令执行后（MM0）=0507F9FBH

7) 状态清除指令

格式：

EMMS

功能：清空浮点数据寄存器标志字（写入 FFFFH），使得后继浮点指令可以正常使用浮点寄存器。如果在使用浮点指令对浮点寄存器操作前没有进行此项操作，则浮点寄存器栈将会发生溢出错误。

4. MMX 程序设计

使用 MMX 指令进行汇编语言程序设计与使用普通指令基本相同,但需要注意以下 4 个不同之处。

(1) 汇编工具的选择。

汇编工具需要支持 MMX 指令,例如 Microsoft Windows 系统下 MASM 6.11 以上版本。

(2) 检查计算机系统的 CPU 是否支持 MMX 指令。

CPUID 指令提供了检查处理器是否支持各个实现版本的 SIMD 技术(包含 MMX 指令)。

当 EAX 寄存器设置为 1 时,执行 CPUID 指令将返回 CPU 的签名信息,该签名信息放在 ECX 和 EDX 寄存器中,在对应位指示了 SIMD 特性是否可以在 CPU 上使用,如表 3.14 所示。

表 3.14 CPUID 指令返回值寄存器中 SIMD 特性指示位

返回值寄存器	指示位(置 1 有效)	支持 SIMD 特性
EDX	D_{23}	MMX 指令
EDX	D_{25}	SSE 指令
EDX	D_{26}	SSE2 指令
ECX	D_0	SSE3 指令

举例:用下面的程序段可以检查 CPU 是否支持 MMX 指令。

```
        MOV EAX,1
        CPUID
        TEST EDX,00800000H
        JNZ MMX_OK                  ;D23=1 表示 CPU 支持 MMX 指令
        ;处理器不支持 MMX 指令,需要用基本指令完成后继任务
        ⋮
        JMP EXIT
MMX_OK:
        ;处理器支持 MMX 指令,可以用 MMX 指令完成后继任务
        ⋮
    EXIT:⋯
```

(3) MMX 指令和浮点指令的混合使用。

MMX 寄存器是借用浮点数据寄存器实现的映射寄存器,因此在程序中不能同时对同一个浮点寄存器既使用浮点数据又使用紧缩数据。而且由于浮点指令和 MMX 指令的切换需要一定时间,因此应该尽量避免在同一个代码段中混合使用 MMX 指令和浮点指令。

推荐的做法是将 MMX 指令和浮点指令程序段分别放在不同的代码段中。在退出 MMX 程序段前需要使用 EMMS 指令清空浮点数据寄存器标志字,否则下次使用浮点指

令会发生寄存器栈溢出;在退出浮点指令程序段前应清空浮点数据寄存器栈;在任务切换时,不要使用浮点数据寄存器或 MMX 寄存器传递参数。

(4) MMX 程序的优化。

MMX 指令支持 SIMD 技术,可以用并行处理提供处理程序的效率,在程序设计时应根据处理任务的特性,合理地将数据转换为紧缩数据,使用 MMX 指令实现并行计算,从而优化程序的性能。

【例 3.10】 用 MMX 指令实现 4 元素向量点积运算。

向量 $\boldsymbol{A}=(a_1,\cdots,a_i,\cdots,a_n)$ 和 $\boldsymbol{B}=(b_1,\cdots,b_i,\cdots,b_n)$ 的点积运算定义为

$$\boldsymbol{A} \cdot \boldsymbol{B} = a_1 \cdot b_1 + a_2 \cdot b_2 + \cdots + a_{n-1} \cdot b_{n-1} + a_n \cdot b_n = \sum_{i=1}^{n} a_i \cdot b_i$$

设 $n=4$,4 元素向量 $\boldsymbol{A}$ 和 $\boldsymbol{B}$ 的每个元素字长均为 16 位,则点积运算结果值为 32 位。则可以利用 MMX 的单条乘法指令 PMADDWD 完成点积运算,4 个元素的乘法以及加法可以并行进行,大大提高了运算速度。

程序段如下:

```
        .586
        .MMX
        数据段
A       DQ    0002000300040005H    ;定义向量 A 元素的紧缩数据
B       DQ    0006000700080009H    ;定义向量 B 元素的紧缩数据
RESULT  DD  ?                      ;存放点积结果
        代码段
MMX_OK: MOVQ MM0,A                 ;向量 A 的 4 个元素放入 MM0
        PMADDWD MM0,B              ;向量 A 和 B 前后 2 个元素点积的结果分别放入 MM0
        MOVQ MM1,MM0
        PSRLQ MM1,32
        PADDD MM0,MM1              ;向量 A 和 B 前后 2 个元素点积的结果相加
        MOVD RESULT,MM0            ;向量 A 和 B 4 个元素点积的结果计算完毕
        EMMS                       ;退出 MMX 程序段
```

3.6.2 SSE 指令

SSE 是继 MMX 之后对 SIMD 的流化扩展实现,支持 128 位紧缩数据格式,并引入了 8 个新的 128 位寄存器(XMM0~XMM7)以及新的处理指令。SSE 指令兼容 MMX 指令,通过 SIMD 和单时钟周期并行处理多个浮点数据来提高浮点运算速度,有效地增强了处理三维图形、动态视频以及视频会议的复杂浮点算术运算性能。SSE 指令集中包含 70 条指令,其中 50 条为提高三维图形计算效率的 SIMD 浮点运算指令,12 条为 MMX 整数运算增强指令,另外 8 条为高速缓存器优化指令。

1. SIMD 浮点运算指令和 MMX 整数运算增强指令

与 MMX 指令集相似,SIMD 浮点运算指令按功能划分为数据传送指令、算术运算指

令、逻辑运算指令、比较指令、类型转换指令、组合指令和状态管理指令。MMX 整数运算增强指令为 MMX 指令的扩展。与 MMX 指令不同，每条 SSE 指令都有使用后缀 PS 版本和使用后缀 SS 版本，前者用于紧缩单精度浮点数的运算，后者用于标量单精度浮点数的运算。

2. 高速缓存优化指令

SSE 中的高速缓存优化指令用于更好地控制高速缓存(Cache)。

3.7 汇编语言和高级语言中的数据与操作

3.7.1 计算机编程语言的数据与操作

计算机编程语言由两个要素构成：数据和操作。不同的编程语言提供了对两个构成要素的不同视角。低级语言视角的抽象程度低，语言中的数据和操作与最终得到的目标机器代码直接对应，最接近于机器代码指令中的操作数和操作码。例如，汇编语言中数据和操作用符号指令进行描述：数据，即符号指令中的操作数，直接对应机器指令中的操作数；操作，即符号指令中的指令助记符，则直接对应机器指令中的操作码。使用汇编语言编写程序直接面向计算机硬件，需要掌握较多的硬件细节知识。例如，程序中常用的数值变量，在汇编语言中需要考虑存储该变量需要多少个字节单元的存储空间？使用寄存器还是内存单元来存储？

高级语言视角的抽象程度高，语言中的数据和操作与最终得到的目标机器代码不一定有直接对应关系，例如 C 语言，数据和操作分别用数据类型和语句进行描述：数据作为语句中的操作对象，与最终的机器代码指令中的操作数不一定直接对应。如一个整型变量在最终的机器代码指令中可能是用一个寄存器操作数表示，也可能是用一个内存操作数表示，此外，目标计算机系统不同，操作数具体的字长也可能不同，取决于目标计算机系统中 C 语言编译器的指派方法。同样，一条描述 C 语言中某种操作的语句，在最终的机器代码中可能是由多条指令组合加以实现，这一实现过程也由编译器进行。高级语言的设计思想是将计算机系统带来的与硬件密切相关的问题交给编译器，而不是程序员来解决，程序员需要解决的问题是正确地选择适合的数据类型和操作语句。例如，C 语言中变量使用数据类型来进行存储，需要考虑的问题是如何选择数据类型：整型、长整型或其他。至于存储区域的选择，在没有特别性能要求的情况下可以直接交由编译器来决定。因此，使用高级语言编写程序需要掌握的硬件细节相对较少。有的高级语言，例如 Java 语言，甚至采用软件技术屏蔽了计算机硬件结构的差异，使得程序员可以在统一的虚拟计算机系统上编写和运行程序。

表 3.15 对汇编语言和高级语言(以 C 语言为例)在数据以及操作两个方面进行了比较。

表 3.15 汇编语言和高级语言的数据与操作比较

要素	汇编语言角度的实现	高级语言(C语言)角度的实现
数据	立即数、寄存器操作数、内存操作数、I/O端口操作数	基本数据类型(整型变量、字符型变量、浮点型变量等);构造数据类型(数组、构造、联合、枚举等);指针数据类型
操作	指令性语句:传送指令、算术运算指令、转移和调用指令、逻辑运算和移位指令、串操作指令以及处理机控制指令;指示性语句(伪指令和宏指令)	运算符(赋值运算符、算术运算符、逻辑运算符、关系运算符、位逻辑运算符等);表达式;语句(简单语句、选择语句、重复语句、转移语句等)

由于抽象程度低,汇编语言经常被用来作为高级语言源程序在编译生成目标机器代码程序过程中的中间语言。以C语言为例,编译器使用汇编语言作为由C语言源程序生成目标机器代码程序的中间语言,如图 3.20 所示。汇编语言源代码作为C语言编译程序的输出结果,又作为下一步汇编程序的输入数据。使用汇编语言编写程序,需要理解和掌握汇编语言中的数据和操作在计算机硬件系统中的实现方法。使用高级语言编写程序,虽然不用专注于计算机硬件系统的一些实现细节,但高级语言程序最终还是需要转换为可以在目标计算机系统上运行的机器程序,通过高级语言和汇编语言的实现对比,理解如何在计算机硬件部件中存放和获取操作数,指令操作如何在计算机硬件部件上实现,以及编译器在其中的作用,对高级语言程序的性能优化有重要意义。

图 3.20 汇编语言在 C 语言编译过程中的作用

3.7.2 汇编语言和 C 语言中的数据

计算机程序的处理对象是数据。变量和常量是程序设计中用于存放数据的两种形式。常量是数值在计算机程序运行过程中不发生变化的数据,变量则是数值在计算机程序运行过程中可能会发生变化的数据。

汇编语言中的常量包含立即数、字符串常数和符号常数 3 种类型。C 语言中的常量对应于其变量的类型,类型种类比汇编语言多,包括字符型、整型、浮点型、字符串型等。

举例:下面的汇编语言指令和 C 语言语句中都使用到了十六进制数 84H 作为源操作数。

汇编语言指令:

MOV AX,84H

C 语言语句:

int x=0x84;

在汇编语言语法中,变量通常特指内存变量,存放在逻辑段中的存储单元。实际编程中,也把存储在寄存器中的数据称为变量,即寄存器变量。汇编语言中可以自由选择使用内存变量或寄存器变量来存放可变数据。需要注意:汇编语言中的变量需要根据数据的大小来选择对应字长的存储单元,例如,字长为 8 位的数据可以存放在逻辑段中类型为字节型的变量中,或是存放在字长为 8 位的通用寄存器中,如 AH 等。一般情况下,寄存器变量的访问速度远高于内存变量,但由于 CPU 中的寄存器数量有限,通常只是将程序中需要暂存的中间数据放在寄存器变量中,其他大多数的数据放在逻辑段的内存单元中。

由于语言抽象程度高,C 语言中的变量的类型比汇编语言丰富,更直接接近程序处理需要的数据类型,如可以用字符型变量存储程序中的英文字母,用带符号长整型变量存放比较大的定点有符号整数等。需要注意以下两点。

① C 语言中变量最终也需要存放于计算机硬件,即寄存器或内存单元中,同样一个数据类型在不同的计算机系统中所需要的字长不一定相同。通常 C 语言的编译器是为计算机系统(包括计算机硬件和操作系统)定制的,不同的计算机系统上的 C 语言编译器,对同一个类型的变量指定的存储单元长度不同,例如,同样是带符号的整型 int,在 16 位的 8086 CPU 系统中长度为 2 字节,而在 32 位的 80486 CPU 系统中长度为 4 字节。

② C 语言中变量选择使用寄存器或是内存单元作为存储空间可以由程序员进行指定,也可以交由编译器进行指定。程序中的局部变量通常存放在堆栈段或寄存器中,在函数调用结束时被释放,而全局变量则被存放在内存的进程专属区域,在进程结束时被释放。无论存放在哪一个区域,具体使用的寄存器以及内存单元的位置一般由编译器进行协调和分配。这使得高级语言编程与汇编语言相比失去了一些灵活性,但降低了程序编写的难度。

【例 3.11】 分别使用汇编语言和 C 语言实现:C=A+B,其中 A、B、C 均为 16 位有符号整数,A、B、C 的初始值分别为 1、2、0。

汇编语言实现:假设 A、B、C 均使用内存变量,程序段如下:

```
DATA SEGMENT
    A   DW  1
    B   DW  2
    C   DW  0
DATA ENDS
CODE SEGMENT
    ASSUME CS:CODE, DS:DATA
START: MOV AX, DATA
       MOV  DS, AX
       MOV  BX, A
       MOV  CX, B
       ADD  BX, CX
       MOV  C, BX
       MOV  AH, 4CH
```

```
            INT    21H
CODE ENDS
            END START
```

C语言实现：假设使用16位编译器，A、B、C均使用带符号整型变量，并且使用默认存储类别。程序段如下：

```
main(){
    int A=1；
    int B=2；
    int C=0；
    C=A+B；
}
```

该C程序段在编译过程中，生成的中间汇编代码为（仅列出主要的部分代码）：

```
        ifndef      ??version
⋮
_main proc near
        push        bp
        mov         bp,sp
        sub         sp,2
        push        si
        push        di
;       ?debug      L 3
        mov         si,1
;       ?debug      L 4
        mov         di,2
;       ?debug      L 5
        mov         word ptr [bp-2],0
;       ?debug      L 6
        mov         ax,si
        add         ax,di
        mov         word ptr [bp-2],ax
@1：
;       ?debug      L 7
        pop         di
        pop         si
        mov         sp,bp
        pop         bp
        ret
_main endp
⋮
end
```

可以发现：A、B、C 3个变量的存储方式在汇编语言中可以由程序员自行指定，本例中采用数据段中的 3 个字型单元对应存储 3 个变量。而 C 语言在默认情况下，对 A、B、C 3 个变量采用不同的存储方法，A、B 分别用 SI 和 DI 寄存器存储，而 C 则采用堆栈进行存储。

3.7.3 汇编语言和 C 语言中的操作

汇编语言和高级语言对操作的实现的层次不同：汇编语言采用指令完成最小的程序操作步骤，而高级语言则采用语句完成最小的程序操作步骤。同样一个操作功能，在高级语言中只需要一条语句即可实现，而在汇编语言中可能需要若干条指令才能实现。在编写数据结构或算法比较复杂的程序时，使用高级语言可以降低程序的编写难度。但本质上，高级语言最终都会生成汇编代码或直接生成目标机器代码，高级语言的语句最后必须转换为机器指令，这一转换是否能够得到优化的性能取决于编译器的设计。因此，在环境受到限制，而对程序效率要求又很高的场合，使用汇编语言精心设计程序，可以最大限度地减小目标代码的体积并且获取最短的执行时间。例如，汇编语言常用于设计系统软件的核心代码，如操作系统的引导代码等。

下面以 C 语言为例，简单介绍在常用操作中，C 语言中的语句和汇编语言语句（指令）的对照关系。

1．赋值操作

赋值操作用于将一个变量或常量的数据复制给另一个变量。汇编语言中的赋值操作采用传送指令实现，最常用的是 MOV 指令。而 C 语言中的赋值操作则采用赋值运算符进行。

【例 3.12】 分别使用汇编语言和 C 语言实现：将十六进制常量 1234H 赋值给名称为 X 的变量。

汇编语言实现：

MOV X, 1234H   ;X 是 16 位的寄存器或内存单元

C 语言实现：

int X＝0x1234;

需要注意：汇编语言中的传送指令不允许在两个内存变量之间直接传送数据，而 C 语言由于变量实际使用的物理存储单元由编译器进行指派，将赋值语句转换为指令时不会出现两个内存变量之间直接传送数据的错误指令，所以编写 C 语言程序时，程序员可以忽略这一问题。例如：

int X＝3;int Y＝4;X＝Y   /* X 和 Y 为局部变量 */

由于存在赋值语句 X＝Y，C 语言编译器会避免将 X 和 Y 同时指派为堆栈单元。

2．分支和循环操作

分支和循环操作是构成程序控制流程转向的重要操作。汇编语言中的分支和循环

操作均使用转移指令构成,通过选择转移条件和设计转移方向来实现分支和循环。而C语言实现分支和循环则相对简便了很多,直接使用条件语句以及循环语句等即可实现分支和循环。

【例 3.13】 分别使用汇编语言和 C 语言实现:判断 X 和 Y 两个有符号变量的大小,当 X＞Y 则将变量 F 置 0,否则置 1。

汇编语言实现(假设 X 和 Y 均为寄存器变量):

```
        CMP   X, Y
        JG    NEXT
        MOV   F, 1
        JMP   NEXT1
NEXT: MOV F, 0
NEXT1: …
```

C 语言实现:

```
if(X > Y){
    F=0;
}else
{
    F=1;
}
```

从例 3.13 中的对比可以发现,使用 C 语言完成同样的分支功能比使用汇编语言简便。同时还可以发现,由于汇编语言实现分支操作使用了若干条指令,除非执行到条件转移指令、控制转移到目标地址指令,否则这些指令都将按照定义的先后顺序进行执行,不同的转移目标指令之间并不存在执行边界,即满足条件 X＞Y 后执行的目标指令"MOV F, 0"和不满足条件 X＞Y 执行的目标指令"MOV F, 1"之间并不存在执行边界,因此在程序中加入了一条无条件转移指令 JMP NEXT1 进行执行边界的划分,以免由于程序的顺序运行带来错误。如果去除上面汇编程序中的边界分隔指令 JMP NEXT1,程序变为

```
        CMP   X, Y
        JG    NEXT
        MOV   F, 1
NEXT: MOV   F, 0
```

无论条件 X＞Y 是否满足,程序最后执行的指令都将是"MOV F, 0",从而发生错误。

在该例中,分支条件无论是否满足,执行的后继指令都只有一条,也可以将程序改写为

```
        MOV   F, 0
        CMP   X, Y
        JG    NEXT
```

```
        MOV   F,1
NEXT:…
```

从而可以不使用边界分隔转移指令,但当后继指令多于一条以上时,为保证分支转向的正确操作,必须加上边界分隔转移指令将控制流分开。

对比汇编语言,C语言由于用"{"和"}"作为边界定义了复合语句,可以自然地将分支语句的两个控制流分开,避免了汇编语言中容易出现的错误。

循环操作在汇编语言中也使用条件转移指令或循环控制转移指令实现。但循环的构成以及循环次数的控制均需要使用安排在正确位置的相应指令完成。在C语言中,实现方式得以简化,直接根据需要使用while循环语句或for循环语句等即可完成。

【例3.14】 分别使用汇编语言和C语言实现:计算 $1+2+3+\cdots+10$,将结果放入变量S。

汇编语言实现:

```
        MOV   CX,10
        MOV   AH,1
        MOV   AL,0
AGA:ADD   AL,AH
        INC   AH
        DEC   CX
        JNZ   AGA
        MOV   S,AL
```

C语言实现:

```
int S=0;
int K=1;
int I=0;
for(I=0;I<10;I++){
S=S+K;
K++;
    }
```

3.8 本章小结

本章首先介绍了机器指令和符号指令的基本概念以及符号指令的书写格式;然后对存放指令操作数的通用寄存器、段寄存器、指令指针寄存器以及标志寄存器进行了介绍;随后讲述了寻址方式的概念,并针对3种操作数:立即数、寄存器操作数和存储器操作数,分别讲解其对应的7种寻址方式:立即寻址、寄存器寻址、直接寻址、寄存器间接寻址、基址寻址、变址寻址和基址加变址寻址。之后介绍汇编语言语法,从名字项、操作数项和操作项3个方面讲解汇编语言语句。介绍了名字项包含标号和变量,操作数项包含数值表达式和地址表达式。重点介绍操作项伪指令助记符。然后讲述汇编语言基本指令集,分为 6 类进行讲解:传送指令、算术运算指令、转移和调用指令、逻辑运算和移位指令、串操作指令以及处理机控制指令;之后讲述汇编语言高级指令集。在本章最后对汇编语言和高级语言中的数据与操作的对照关系进行了介绍。

重点要求掌握内容:计算机硬件中存放指令操作数的通用寄存器和段寄存器的使用方法,以及标志寄存器中的 6 种状态标志;立即数、寄存器操作数和存储器操作数 3 种操作数的存放方式以及对应的 7 种寻址方式;变量和常量的定义方法,数值表达式中的常用运算符,地址表达式中的常用运算符;从指令的书写格式、操作数以及对标志位的影响这 3 方面,掌握汇编语言基本指令集六大类指令中的常用指令;通过对本章的学习,能够掌握汇编语言基本指令,理解和书写汇编语言语句,为汇编语言程序设计的学习打好基础。

习 题

1. 写出下列用逻辑地址表示的存储单元的物理地址。
 (1) 1234H:5678H (2) 2F34H:2F6H
 (3) 576AH:1024H (4) 2FD0H:100H

2. 列表写出下列指令中目标操作数、源操作数的寻址方式,如果有非法的内存操作数请改正,并写出 CPU 所寻址的逻辑段。
 (1) MOV BX,50 (2) CMP [BX],100
 (3) ADD [SI],1000 (4) MOV BP,SP
 (5) MOV BX,[BP+4] (6) MOV AX,[BX+DI+5]

3. 以 2^{16} 为模,将 C678H 分别和下列各数相加,列表写出十六进制和数,以及 A、C、O、P、S、Z 6 种状态标志的值。
 (1) CF23H (2) 6398H (3) 94FBH (4) 65E2H

4. 分别用一条指令完成。
 (1) AH 高 4 位取反,低 4 位不变。
 (2) BH 高 4 位取反,低 4 位不变;BL 高 4 位不变,低 4 位取反。
 (3) CX 低 4 位清 0,其他位不变。

5. 已知数据段有:

 FIRST   DB   12H,34H
 SECOND   DB   56H,78H

 (1) 要求采用传送指令编写一段程序,实现 FIRST 和 SECOND 单元的内容互换,FIRST+1 单元和 SECOND+1 单元的内容互换。
 (2) 设(SS)=2000H,(SP)=3456H,用堆栈指令编写一段程序完成上述要求,并画出堆栈的数据变化示意图。

6. 下列程序执行后,AX 是多少?
 设数据段:

```
TABLE   DW   158,258,358,458
ENTRY   DW   3
```

对 DS 初始化的代码段：

```
MOV   BX,OFFSET TABLE
MOV   SI,ENTRY
MOV   AX,[BX+SI]
```

7. 运用除法指令完成：1.193 182MHz/433Hz，将商值送入数据段 XX 字单元。

8. 把 AH 低 4 位和 AL 低 4 位拼装成一字节（AH 低 4 位为拼装后的高 4 位）→AH。

9. 把 AL 中的 8 位二进制数，按倒序方式重新排列，即 AL 原来为 D_7，D_6，…，D_1，D_0，倒序后 AL 为 D_0，D_1，…，D_6，D_7。

10. 设数据段有：

```
BUF   DB   50 DUP(?)                      ;50 个有符号数
```

分别编写 4 个程序段。

(1) 将 BUF 中的正数送数据段 PLUS 开始的若干单元，负数送数据段 MINUS 开始的若干单元。

(2) 将 BUF 中的非零的数送数据段 NOT0 开始的若干单元。

(3) 分别求出 BUF 中各个数的绝对值。

(4) 设 BUF~BUF+3 四个单元中存放的是一个双字型有符号数（BUF 单元为最低位字节），求出其绝对值。

11. 下列程序段执行后，AL 值为多少？

```
MOV   AL,78H
STC
DEC   AL
DAS
```

12. 编写程序把内存中物理地址 12345H 开始的 1KB 转送到 23456H 开始的内存区。

13. 设内存中有一个由 100 个大写字母构成的字符串，编写程序段查找该字符串中是否存在"ABC"子串，如果存在则统计子串的个数。

14. MMX 指令集和 SSE 指令集有哪些特点？

15. MMX 指令集支持哪些数据类型？

16. 用 MMX 指令完成由 8 个字数据组成的数组的加法和乘法运算。

17. 汇编语言和高级语言的数据和操作在实现上有什么不同？各自有什么优缺点？

18. 汇编语言中的常量和变量与 C 语言中的常量和变量在实现上有什么不同点？

19. 举例说明如何用汇编语言中的指令实现 C 语言中的语句。

第4章 汇编语言程序设计

汇编语言是与微处理器和操作系统紧密联系的编程语言,在 32 位微型计算机系统中,CPU 可以工作在实模式和保护模式下。因此,本章将介绍 16 位实模式 DOS 汇编语言编程和 32 位保护模式 Windows 汇编语言编程,即如何利用第 3 章介绍的 80x86 指令编写完整汇编语言程序。程序设计必然涉及数据的定义、输入输出,因此本章首先介绍 DOS16 和 Win32 汇编语言源程序结构,系统功能调用和 Windows API 函数,为程序设计打下扎实的基础;然后介绍程序设计的基本方法;最后介绍汇编语言和 C/C++ 语言的混合编程。

第 4 章 导语

第 4 章 课件

4.1 汇编语言源程序结构

汇编语言要求一个完整的源程序在结构上必须做到以下 3 点。
(1) 用方式选择伪指令说明执行该程序的 CPU 类型。
(2) 用段定义伪指令定义每一个逻辑段。
(3) 用汇编结束伪指令说明源程序结束。
此外,程序在完成预定功能之后,应能安全返回操作系统。

汇编语言源程序结构

目前,汇编语言源程序框架有完整段定义格式和简化段定义格式两种,MASM 5.0 版本开始支持简化的段定义语句。为考虑兼容性,本书的 DOS16 汇编程序都采用完整段定义格式,而 Win32 汇编程序都采用目前更加常用的简化段定义格式。

4.1.1 DOS16 汇编完整段定义格式

下面通过一个常用的 DOS16 汇编语言源程序框架来介绍完整段定义的格式。

```
    .586                              ;处理器选择伪指令
    DATA SEGMENT   USE16              ;段定义伪指令定义数据段
        …                             ;定义变量和缓冲区
    DATA ENDS
    CODE SEGMENT   USE16              ;段定义伪指令定义代码段
        ASSUME CS:CODE,DS:DATA        ;段约定伪指令
    BEG: MOV   AX,DATA                ;DS 初始化
         MOV   DS,AX
         …                            ;程序代码部分
         MOV   AH,4CH                 ;返回 DOS
         INT   21H
    CODE  ENDS
    END   BEG                         ;汇编结束伪指令
```

1. 处理器选择伪指令

80x86 处理器中,不同处理器的指令系统并不完全相同,高档的处理器与低档的处理器相比,指令更加丰富。处理器选择伪指令通知汇编程序,当前的源程序指令是哪一种 CPU 指令,经过汇编链接之后生成的目标程序在哪一种 CPU 机型上运行。

方式选择伪指令以句点(.)开头,主要包括.8086、.286、.286P、.386、.386P、.486、.486P、.586、.586P、.686、.686P,其中 P 表示程序中可以用特权级指令,如"MOV CR0,EAX"。

通常处理器选择伪指令放在程序的最开始,作为源程序的第一条语句。处理器选择伪指令缺省与设置 .8086 是等价的。若使用 32 位 CPU 新增指令,以及寄存器和内存寻址方式,则至少要用 .386。

2. 段定义伪指令

段定义伪指令 SEGMENT 和 ENDS 用于定义一个逻辑段,是逻辑段的定界语句,表示一个段的开始和结束。源程序中每一个逻辑段都必须用段定义语句定界。段定义语句格式为

    段名   SEGMENT   定位参数   链接参数 '分类名' 段长度
            段体
    段名   ENDS

段名的命名规则和变量名以及标号名一样,段名不能代表段体的性质,但是为了阅读方便,习惯上总是根据段体的性质起一个适当的段名。通常,用 DATA 作为数据段的段名,用 STACK 作为堆栈段的段名,用 CODE 作为代码段的段名。

定位参数、链接参数、'分类名'是段定义语句的 3 个属性参数,可以缺省,为源程序的汇编、链接提供必要的信息,特别是模块化程序,各个模块如何定位,彼此之间如何链接,将较多地涉及定位参数和链接参数的选择。

1) 定位参数

定位参数用于定义逻辑段在存储器中如何存放。定位参数有 5 种描述方式可供

选择。

(1) BYTE 字节地址：表明该逻辑段可以从任意地址开始依次存放。

(2) WORD 字地址：表示该逻辑段可以从任何一个字的边界开始存放，即从偶地址开始依次存放。

(3) DWORD 双字地址：表示该逻辑段可以从任何一个双字的边界开始存放，即段起始地址为 4 的倍数。

(4) PARA（或者缺省）节地址：表示该逻辑段可以从 16 字节的边界开始存放，即段起始地址能被 16 整除。

(5) PAGE 页地址：表示该逻辑段可以从 256 字节的边界开始存放，即段起始地址能被 256 整除。

2) 链接参数

链接参数有 PRIVATE、PUBLIC、COMMON、STACK、MEMORY 和 AT 表达式 6 种方式可供选择，默认为 PRIVATE。其中 PUBLIC、MEMORY 和 COMMON 通常用于模块化程序设计，本书不做详细介绍。STACK 参数表明定义的该逻辑段是堆栈段，程序装入后，DOS 自动给 SS 寄存器赋值，使之等于堆栈段段基址，并自动给 SP 赋值，使之等于堆栈空间的字节数，使 SS:SP 自动指向栈顶。AT 表达式表明逻辑段在定位时，该段基址等于表达式给出的值。AT 参数不能使用在代码段。

3) '分类名'

分类名是一个由用户定义、用单引号括起来的字符串，用于表示逻辑段的类别。如果程序由多个模块组成，链接程序把不同模块中具有相同类名的同名段组合在一起，存放在邻近的存储区中。不同模块中，链接方式相同的同名段，如果有'分类名'，'分类名'必须相同。分类名可缺省。

4) 段长度

这一参数只在 80386 及后继 CPU 中使用，它有两种描述方式。

(1) USE16：表示该逻辑段采用 16 位寻址方式，因此该逻辑段长度最大允许为 64K，段基址和偏移地址都为 16 位。

(2) USE32：表示该逻辑段采用 32 位寻址方式，该逻辑段长度可以超过 64K，偏移地址为 32 位。

段长度这一参数可以缺省，但是缺省的段长度在不同版本的汇编器上有不同的解释。因此，本书在以后的程序设计例题中明确写出 USE16 或 USE32。

【小结】

(1) 由于 DOS 环境是实模式环境，对于 80386 以上的处理器，在实模式环境下运行的程序其逻辑段应当选用 USE16 段长度，不能缺省。

(2) 通常只在模块化程序中需要考虑定位参数、链接参数、分类名 3 个属性参数的多种选择。对于单一模块的程序，除非是需要定义堆栈段，堆栈段的链接属性选用 STACK（因为只有 STACK 属性才表示该段是堆栈段），分类名选用'STACK'。其他的逻辑段定义，这 3 个属性参数都可缺省。

3. 段约定伪指令

段约定伪指令 ASSUME 通知汇编程序逻辑段和段寄存器的对应关系,其格式为

ASSUME　　段寄存器:段名,…,段寄存器:段名

例如:

ASSUME CS:CODE,DS:DATA

说明:ASSUME 伪指令通知汇编程序,CODE 是代码段,对代码段寻址约定使用 CS 寄存器;DATA 是数据段,对数据段寻址约定使用 DS 寄存器。

ASSUME 伪指令要求放在代码段之中,执行寻址操作之前。通常把 ASSUME 语句作为代码段的第一条语句。ASSUME 语句,仅仅是约定了对某个逻辑段进行寻址操作时使用哪一个段寄存器,而段寄存器的初值还必须在程序中用指令设置。

4. 汇编结束伪指令

汇编结束伪指令 END 用于通知汇编程序,源程序到此结束,END 指令中的标号用于指定程序的启动指令。其格式为

END　　程序的启动指令标号

例如:

END　　BEGIN

汇编程序对 END 后的语句将不再进行任何处理,DOS 装载程序的可执行文件时,自动把标号 BEGIN 所在段的段基址赋给 CS,把 BEGIN 所在单元的偏移地址赋给 IP。从而 CPU 自动从 BEGIN 开始的那条指令依次执行程序。

5. 返回 DOS

程序在完成预定任务之后,必须返回 DOS。返回 DOS 最常用的方法是使用 DOS 系统 4CH 功能调用,即连续执行以下指令:

```
MOV    AH,4CH
INT    21H
```

注意:为了可使用 32 位 CPU 的新增指令以及 32 位寄存器,本书中的 DOS 实模式程序中处理器选择伪指令都使用了.586。由于.586 默认的段长度都是 32 位,因此在段定义时,段长度一定要选择 USE16。

下面给出一个不仅定义了数据段、代码段,还定义了附加段和堆栈段,同时还定义了子程序的完整汇编语言程序框架。

```
         .586
DATA   SEGMENT   USE16                  ;数据段,可定义多个数据段
         …                                ;定义变量和缓冲区
```

```
DATA        ENDS
EDATA       SEGMENT   USE16              ;附加段,可定义多个附加段
            …                             ;定义变量和缓冲区
EDATA       ENDS
STACK       SEGMENT STACK 'STACK'          ;堆栈段
            DB   XXX DUP(?)                ;定义堆栈的大小
STACK       ENDS
CODE        SEGMENT USE16                  ;代码段
            ASSUME  CS:CODE,DS:DATA,SS:STACK,ES:EDATA
BEG:        MOV    AX,DATA                 ;DS 初始化
            MOV    DS,AX
            MOV    AX,EDATA                ;ES 初始化
            MOV    ES,AX
            …                              ;程序部分
            MOV    AH,4CH                  ;返回 DOS
            INT    21H
P1          PROC                            ;定义子过程,供主程序使用
            ⋮
            RET
P1          ENDP
CODE        ENDS
            END    BEG
```

DOS16 汇编源程序有两种编程格式:一种编程格式生成扩展名为 EXE 的可执行文件,称为 EXE 文件的编程格式;另一种编程格式生成扩展名为 COM 的可执行文件,称为 COM 文件的编程格式。EXE 文件的编程格式允许源程序使用多个逻辑段,在实模式下,每个逻辑段的目标块不超过 64KB,适合编写大型程序。而 COM 文件的编程格式只允许源程序使用一个逻辑段,适合编写中小型程序。

下面通过一个例子给出一个完整的使用 EXE 文件的编程格式的 DOS16 汇编源程序。

【例 4.1】 加法程序实现 46H+52H,并将运算结果存放在数据段变量 SUM 中。

【程序清单】

```
            ;FILENAME:41_1.ASM
            .586
DATA        SEGMENT USE16
SUM         DB  ?                           ;数据区
DATA        ENDS
CODE        SEGMENT USE16
            ASSUME  CS:CODE,DS:DATA
BEG:        MOV    AX,DATA                  ;设置 DS 初值
            MOV    DS,AX
            MOV    AL,46H                   ;46H→AL
            ADD    AL,52H                   ;46H+52H→AL
            MOV    SUM,AL                   ;AL→SUM
```

```
            MOV      AH,4CH              ;返回DOS
            INT      21H
CODE        ENDS
            END      BEG                 ;汇编结束语句
```

【程序分析】

（1）本例源程序中定义了两个逻辑段，以 DATA 为段名的是数据段，以 CODE 为段名的是代码段。注意，如果程序中没有定义堆栈段，操作系统会自动分配。

（2）代码段开始用一条 ASSUME 语句设置段约定，接着给 DS 寄存器赋初值。给段寄存器赋值可使 SEG 运算符求出逻辑段的段基址赋给段寄存器，如程序中所示；也可直接把段名赋给段寄存器，例如：

```
MOV   AX, DATA
MOV   DS, AX
```

（3）代码段结束用 4CH 功能返回 DOS。源程序最后一行是汇编结束语句，它通知汇编程序源程序到此结束，程序的启动地址为 BEG。

DOS 把一个可执行程序（EXE 文件）调入内存之后，自动地把程序代码段的段基址赋给 CS，也就是说，对 CS 的赋值是由 DOS 系统自动完成的。

4.1.2 Win32 汇编简化段定义格式

MASM 5.0 版本开始支持简化的段定义语句。简化段定义不仅可简化汇编程序的编写，并可解决与高级语言程序接口的兼容性问题。

一个简化段定义格式的常用 Win32 汇编语言源程序结构如下：

```
.586
.MODEL FLAT, STDCALL                    ;存储模式为 Win32 平坦模式
OPTION CASEMAP:NONE                     ;大小写敏感
ExitProcess PROTO, dwExitCode:DWORD     ;函数原型说明
.DATA                                   ;定义数据段
    ⋮
.CODE                                   ;定义代码段
  BEG：
    <代码>
    ⋮
INVOKE ExitProcess, 0                   ;返回 Windows
END BEG                                 ;汇编结束
```

1. 存储模式选择伪指令

.MODEL 是用来指定存储模式的伪指令，它决定了一个程序的规模，也确定了子程序调用、指令转移和数据访问的默认属性。当使用简化段定义格式时，必须使用存储模式选择伪指令。其格式为

.MODEL   存储模式 [,语言类型][,其他选项]

1) 存储模式

MASM规定有7种不同的存储模式,其中DOS16汇编程序通常采用SMALL模式。而Win32汇编程序只能采用FLAT模式(平坦模式),即用于创建一个32位的程序,代码段、数据段和堆栈段都使用同一个段,内存寻址从0~4GB,没有64KB的段大小限制。

Win32汇编程序只有一种内存模型,即FLAT平坦模式。Windows操作系统为每个应用程序都建立一个4GB的地址空间,在这个4GB的地址空间中,一部分用来存放程序,一部分作为数据区,一部分作为堆栈,另外还有一部分被系统使用。

在实模式下,CPU对内存采用分段管理,段的大小是64KB,需要设置段寄存器存放段基址来指明要访问哪一个段。而Windows操作系统工作在保护模式下,段寄存器中存放的是选择子,由操作系统通过一定的转换得到段基址,再由段基址和偏移地址相加计算出线性地址。虽然在保护模式下存储管理和地址转换较复杂(具体过程请参考第13章内容),但对程序员来说,编程更为简单,对内存的访问更加方便。程序员不需要给段寄存器赋值。在整个程序运行期间,程序员也不应该修改这些段寄存器的值,程序员只要给出内存单元的偏移地址即可,注意在保护模式下,对存储单元的寻址采用32位寻址方式,偏移地址是32位的。

2) 语言类型

选项[语言类型]确定子程序的调用规范,告诉汇编程序参数的传递约定。参数的传递约定是指调用函数时参数的压栈顺序(从左到右或从右到左)和由谁(调用者或被调用者)恢复堆栈指针。支持的语言类型有C、SYSCALL、STDCALL等。

其中常用的STDCALL方式传递参数顺序是从右到左,即最右边的参数最先压栈,由被调用者(子程序)恢复堆栈指针。由于Windows API函数调用采用的是STDCALL格式,所以Win32汇编语言通常采用STDCALL格式。

在简化段定义格式中,采用80386及以上的处理器选择伪指令应注意它的位置。对于DOS16汇编程序,处理器选择伪指令在.MODEL语句之后;而对于Win32汇编程序,处理器选择伪指令在.MODEL语句之前。

2. 段定义伪指令

简化的段定义伪指令用.CODE,.DATA和.STACK分别表示代码段、数据段和堆栈段的开始,一段开始自动结束前一段。其中,数据段又可分为3种:.DATA、.DATA?、.CONST。在一个程序里,这3种段并非都必须有,程序员可以根据需要选择相应的数据段。

.DATA定义已初始化的变量。这些变量的值在程序的执行中可以被更改。

.DATA?定义未初始化的变量。如仅想预先分配一些内存但并不想指定初始值。使用未初始化的数据的优点是它不占据可执行文件的大小。仅在装载可执行文件时分配所需字节的内存空间。

.CONST定义常量。这些常量在程序运行过程中是不能更改的。如果在程序中出现对.CONST定义的常量进行写操作,会引起异常。

.CODE 定义代码段,所有的指令都必须写在代码段,因为只有代码段才有可执行属性。至于堆栈段.STACK 和实模式下相同,可以缺省,因为系统会自动为应用程序分配一个向低地址扩展的大小为 1024B 的段作为堆栈段。但通常 Win32 汇编程序中定义堆栈段大小为 4096B,如.STACK 4096,使其与 32 位 Windows 的内存页大小一样。

3. 调用 Windows API 函数返回操作系统

(1) Windows API 函数

Win32 汇编程序退出执行,返回操作系统不再使用 INT 21H DOS 调用,而是通过 INVOKE 伪指令调用 API 函数 ExitProcess。在 Windows 操作系统中,使用 Windows 提供的应用程序编程接口(Application Programming Interface,API)来代替系统调用 INT N 指令。Windows 的 API 函数能够被应用程序直接调用,并且它比 DOS 调用具有更丰富的功能。所以在 Win32 汇编程序中,INT N 指令失去了存在的意义,在源代码中是看不到 INT N 指令的。

API 是一个函数集合,函数的大部分包含在几个动态链接库(Dynamic Link Library,DLL)中。动态链接库是指 API 的代码本身并不包含在 Windows 可执行文件中,而是当要使用时才被加载。Win32 API 的核心由 3 个 DLL 提供:kernel32.dll 中的函数主要处理内存管理和进程调度;use32.dll 中的函数主要控制用户界面,包括创建窗口和传递消息;gdi32.dll 中的函数则负责图形方面的操作。本书只介绍教材中的 Win32 汇编程序使用到的 Win32 API 函数,如果想了解 API 更多信息,请访问 Microsoft MSDN 网站(地址为 www.msdn.microsoft.com)。

注意:由于 Windows API 函数是区分大小写,因此程序中要加上语句"OPTION CASEMAP: NONE"。这条语句说明程序中的变量和子程序名对大小写敏感,即区分大小写。

(2) API 函数的声明和 INCLUDE 语句

对于程序中所有要用到的 API 函数在程序的开始部分都必须预先声明。包括函数的名称、参数的类型等。声明函数的格式:

函数名　PROTO [调用规则]:[参数 1]:数据类型,[参数 2]:数据类型,……

其中,[调用规则]是可选项,如果不写则使用.MODEL 语句中指定的调用规则 STDCALL。后面的参数列表中的参数名称可以省略,参数类型对于 Win32 汇编程序来说,只存在 DWORD 类型。

如果要将程序中所有的函数都予以声明,显然十分烦琐。因此,为了简化操作,可将所有的声明预先放在一个文件中,用 INCLUDE 语句包含进来。例如,ExitProcess 在 kernel32.dll 中,所对应的 API 函数声明文件 kernel.inc,可以在源程序中用 INCLUDE 语句包含进来,就不需要在程序开始对 ExitProcess 进行原型说明了。

不同类的 API 函数存放在不同的 DLL 中,为了让链接程序快速地搜索到 API 函数在哪个 DLL,Win32 汇编程序还定义了一种库文件,称为导入库文件。一个 DLL 对应一个导入库。INCLUDELIB 语句就用于指定链接时所用的导入库,用于通知链接程序在哪个 DLL 中去找链接的 API 函数。例如，kernel32.dll 对应的导入库是 kernel32.lib，程序中可以加一条语句 INCLUDELIB KERNEL32.LIB。如果程序员采用本书下面介绍的用 Visual Studio 来编译链接汇编程序，开发工具会自动链接库函数，INCLUDELIB 可省略。

（3）API 函数的调用

在汇编语言中，应该用 CALL 指令来调用 API 函数。汇编语言中子程序的调用是不能通过形参和实参一一对应的方法来传递参数的。如果子程序传递的参数较多，则调用子程序就比较麻烦。而 Win32 API 函数与 DOS 系统功能调用相比，参数传递量往往很大，这样的调用显然十分容易出错。Microsoft 在 MASM 中提供了一个伪指令实现了这个功能，那就是 INVOKE 伪指令，它的格式：

INVOKE　函数名[,参数 1][,参数 2]……

语句中的参数是实参，可以是数值表达式、寄存器或变量的偏移地址。

注意：Win32 API 函数不会保存 EAX、EBX、ECX 和 EDX 寄存器的值。API 函数的返回值永远放在 EAX 中。如果要返回的内容 EAX 不能容纳，Win32 API 函数采用的方法是一般调用参数中提供的一个缓冲区地址，把数据直接返回到缓冲区中。

（4）返回操作系统 ExitProcess 函数

ExitProcess 是一个标准的 Windows 服务 API 函数，表示程序结束，返回操作系统，ExitProcess 的输入参数名称为 dwExitCode，可以将其看作为给 Windows 操作系统的返回值，值为 0，则表示程序执行成功。

例题 4.1 的完整 Win32 汇编语言源程序如下：

```
;FILENAME:41_2.ASM
.586
.MODEL FLAT,STDCALL
OPTION CASEMAP:NONE
ExitProcess PROTO,dwExitCode:DWORD
.DATA?
    SUM   DB   ?
.CODE
BEG: MOV AL,46H
     ADD AL,52H
     MOV SUM,AL
     INVOKE ExitProcess,0              ;返回 Windows
END BEG
```

【程序分析】

（1）本例源程序中定义了两个逻辑段，以 DATA 为段名的是数据段，以 CODE 为段名的是代码段。由于 SUM 未定义初始值，将它定义在 DATA? 段中，可缩小可执行文件的长度，当然也可以定义在 DATA 段中。本程序没有定义堆栈段，也可以在程序中定义堆栈段，如 .STACK 4096。

（2）ExitProcess 函数原型说明可以用 INCLUDE KERNEL.INC 语句包含进来，这时就不需要在程序开始对 ExitProcess 进行原型说明了。

（3）代码段结束用 INVOKE ExitProcess 返回操作系统。"INVOKE ExitProcess,0"语句在汇编的时候，将替换为下面的指令：

```
PUSH    dwExitCode
CALL    ExitProcess
```

（4）源程序最后一行是汇编结束语句，它通知汇编程序源程序到此结束，程序的启动地址为 BEG。

4.2 汇编语言程序开发过程

汇编语言程序开发过程

计算机硬件只能识别和运行用 0、1 代码书写的机器指令，但是用机器指令编程很不方便，汇编语言是面向机器的编程语言，它使用便于识别和帮助记忆的助记符来表示指令的操作码和操作数，相比于机器语言编写的程序要优越得多，但符号化的汇编语言仍必须汇编成相应的机器指令才能被机器所执行。目前汇编语言开发工具有很多，常用的是 Microsoft 公司的 MASM 和 Borland 公司的 TASM。对 Win32 汇编来说，MASM 的使用最方便，可用 invoke 调用子程序，支持@@标号、局部变量和有高级语法等优点。

4.2.1 DOS16 汇编语言程序开发步骤

用户开发 DOS16 汇编语言程序通常要经过编辑程序、汇编程序、链接程序等基本步骤，最后生成可执行程序，如图 4.1 所示。

图 4.1　DOS16 汇编可执行程序的生成过程

1. 源程序的编辑

编辑就是调用编辑程序生成一个扩展名为 asm 的汇编源文件。

2. 汇编

汇编是将汇编源程序汇编成为由机器指令组成的目标文件的过程，目标文件的扩展名为 obj。MASM 提供的汇编软件是 ml.exe，TASM 提供的汇编软件为 tasm.exe。

ml 的命令行格式：

ml [/选项] 汇编源文件列表

tasm 的命令行格式：

tasm［/选项］汇编源文件列表

如果源程序没有错误，将自动生成一个目标文件，否则将给出相应的错误信息。这时应根据错误信息，重新编辑、修改源程序后，再进行汇编。ml 选项和 tasm 选项请参考相应的网站或资料。

3．链接

链接程序是将一个或多个目标文件和库文件合成一个可执行文件。MASM 提供的链接软件是 link.exe，TASM 提供的链接软件为 tlink.exe。

link 的命令行格式：

link［/选项］［文件列表］

tlink 的命令行格式：

tlink［/选项］［文件列表］

命令行参数中的文件列表用来列出所有需要链接到可执行文件中的模块。link 选项和 tlink 选项同样请参考相应的网站或资料。

下面以例 4.1 的 DOS16 汇编程序 41_1 为例，对它进行汇编链接，最后运行，设该源程序文件名为 41_1.asm。

MASM 开发步骤如下。

(1) 汇编源程序 41_1.asm   ml /c 41_1.asm
(2) 链接目标程序 41_1.obj   link 41_1.obj
(3) 运行可执行程序 41_1.exe   41_1.exe

注意：

(1) 汇编实模式 DOS 程序选项必须有/c，否则 ml 将自动调用链接程序 link.exe 进行链接。

(2) 如果要加调试信息，则汇编选项加上/zi，链接选项加上/debug。

TASM 开发步骤如下。

(1) 汇编源程序 41_1.asm   tasm 41_1.asm
(2) 链接目标程序 41_1.obj   tink 41_1.obj
(3) 运行可执行程序 41_1.exe   41_1.exe

注意：如果要加调试信息，则汇编选项加上/zi，链接选项加上/v/3。

4.2.2　使用 Visual Studio 开发 Win32 汇编语言程序

和 DOS16 汇编源程序相同，Win32 汇编源程序也必须经过汇编和链接后才能生成可执行文件。但除了源程序外，资源（包括菜单、图标、对话框、各种控件）文件也是 Win32 应用程序的重要组成部分。因此 Win32 汇编软件的开发可分为源程序开发和资源开发两部分。其中，源程序的开发过程和 DOS16 源程序相同，asm 源程序经汇编程序汇编成 obj 目标程序；资源文件的源文件是以 rc 为扩展名的脚本文件，由资源编译程序编译成以 res 为扩展名的二进制资源文件；最后由链接程序将它们链接成可执行文件。图 4.2 给出了 Win32 汇编可执行文件的生成过程。其中资源开发部分不是每一个 Win32 应用程序都必需的。

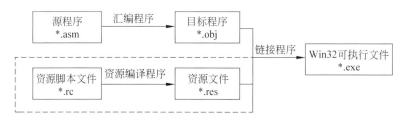

图 4.2　Win32 汇编可执行文件的生成

Win32 汇编语言程序开发步骤可以和 DOS16 汇编语言程序相同，执行相应的汇编、链接命令行生成可执行程序，其与具有完善集成开发环境的高级语言相比，并不是非常方便。但是使用 Visual Studio 就可以和高级语言一样方便的编辑、汇编、链接和运行调试 Win32 汇编语言程序。下面以例 4.1 的 Win32 汇编语言程序 41_2 为例，给出 Visual Studio 2019 环境下具体开发步骤。

(1) 在新建一个空白工程(Empty Project)时，选择 Visual C++ 中的"Win32 控制台应用程序"，如图 4.3 所示。新工程建立之后，选择菜单项 Project(工程)→Add New Item(添加新项)，添加一个新的源程序到工程中，这个文件的扩展名需要为 asm。

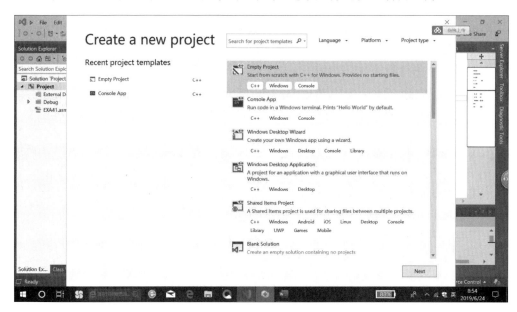

图 4.3　新建一个 Win32 控制台项目

(2) 要正确汇编程序，还需要修改工程的设置。选中 Project，右击，在弹出的菜单中选择 Build Dependencies(生成依赖项)→Build Customizations(生成自定义)，然后在对话框中选择 masm 复选按钮，如图 4.4 所示。

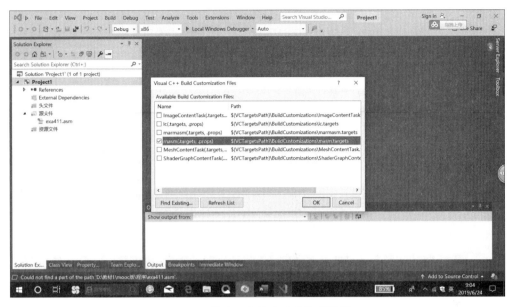

图 4.4　修改工程的生成依赖项设置

(3) 在工程中选择 exa411.asm 文件,右击,在弹出的菜单中选择其属性,在 exa411.asm Property Pages 对话框中选择 Item Type(项类型)为 Microsoft Macro Assembler,如图 4.5 所示。

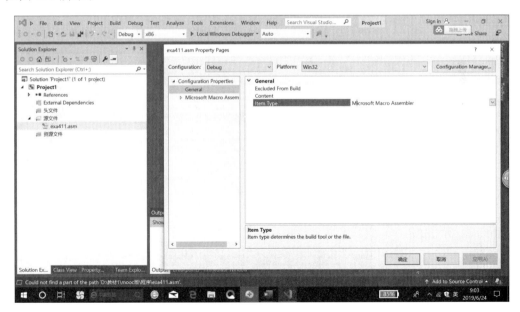

图 4.5　修改 exa411.asm 文件的属性类型设置

(4) 选择菜单项 Build(生成)→Build Solution(生成解决方案),这样就可以实现汇编源程序的正常汇编链接了。汇编链接的结果都会显示在 Visual Studio 工作区底部的错误消息区,如图 4.6 所示。

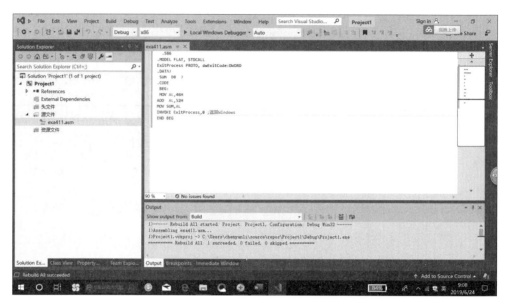

图 4.6　汇编链接生成可执行文件

（5）选择菜单项 Debug（调试）→Start（运行），就可以运行程序了。如果要调试汇编程序，想打开反汇编窗口、寄存器窗口和内存单元窗口，需要选择菜单项 Tool（工具）→Options（选项）→Debugging（调试），只有在启用了地址级调试后，此时反汇编等窗口才可用，此时可以跟踪调试程序，并观察寄存器、内存单元的值，如图 4.7 所示。另外，经过测试，要在源程序窗口对代码进行跟踪调试，必须将代码包含在 MAIN PROC 和 MAIN ENDP 这个子程序中，否则只能在反汇编窗口进行跟踪调试。

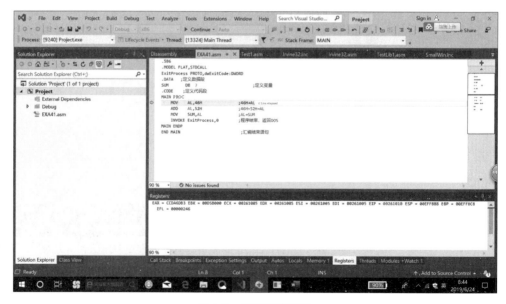

图 4.7　跟踪调试程序

4.3 功 能 调 用

应用程序需要从键盘等输入设备读取输入,并将输出写到显示器等输出设备中。程序员完成输入输出通常不直接访问硬件,而是采用调用系统提供的子程序或函数。系统提供的输入输出子程序或函数来源主要有以下两种。

功能调用

(1) 基本输入/输出系统(Basic Input/Output System,BIOS):BIOS 是固化在只读存储器(ROM)中的,它包含了一组能够直接对硬件进行操作的子程序集合,由计算机制造商提供。

(2) 操作系统:不同操作系统提供不同的子程序和函数供程序员调用。DOS 提供 DOS 调用,对于 Windows 操作系统,程序员从 API 函数库中调用相应的函数。

4.3.1 DOS 功能调用

DOS 和 BIOS 为人们提供了预先设计好的一系列子程序用于完成标准输入输出设备(如 CRT 显示器、键盘、打印机等)、文件和作业管理等功能,这些子程序用户统一使用 INT n 软中断指令来调用,称为功能调用。DOS 有 4 个核心程序,其中 IBMBIO.COM 为基本 I/O 设备处理程序,它完成数据输入和数据输出的基本操作,而 IBMDOS.COM 是磁盘文件管理程序,这两个模块均有若干子功能可以被用户程序调用。用户程序调用这些子功能,称为 DOS 功能调用。

用户程序可通过 INT 21H 软中断指令调用 DOS 系统功能,再为每个功能调用规定一个功能号作为进入各子程序的入口,调用模式如下。

(1) 用指令"MOV AH,功能号"设置系统功能调用号。
(2) 用指定的寄存器设置入口参数。
(3) 用指令 INT 21H 执行功能调用。
(4) 根据出口参数分析功能调用的出口情况。

下面介绍 DOS 常用的输入输出功能调用。

【功能号 01H】 等待从键盘输入一个字符,同时将该输入字符显示在屏幕上,响应 Ctrl+C。

入口参数: 无。

出口参数: AL=按键的 ASCII 码。若 AL=0,表明按键是功能键、光标键,需再次调用本功能,才能返回按键的扩展码。

【功能号 02H】 显示一个字符,响应 Ctrl+C。

入口参数: DL=待显字符的 ASCII 码。

出口参数: 无。

本功能在屏幕的当前位置显示该字符,光标右移一格,如果是在一行末尾显示字符,则光标返回下一行的开始格。

注意：该项功能会破坏 AL 寄存器的内容。

【功能号 07H】 等待从键盘输入一个字符，但该输入字符不显示在屏幕上，不响应 Ctrl+C。

入口参数：无。

出口参数：AL＝按键的 ASCII 码，若 AL＝0，需再次调用该项功能才能在 AL 中得到按键的扩展码。

【功能号 08H】 等待从键盘输入一个字符，但该输入字符不显示在屏幕上，响应 Ctrl+C。

入口参数：无。

出口参数：AL＝按键的 ASCII 码，若 AL＝0，需再次调用该项功能才能在 AL 中得到按键的扩展码。

【功能号 09H】 显示字符串，响应 Ctrl+C。

入口参数：DS：DX＝字符串首地址，字符串必须以'$'(即 ASCII 码 24H)为结束标志。

出口参数：无。

该项功能从屏幕当前位置开始，显示字符串，遇到结束标志'$'时停止，'$'字符并不显示。

注意：9号功能也破坏 AL 寄存器的内容。

【功能号 0AH】 等待从键盘输入字符串，并保存在输入数据缓冲区，同时在屏幕上显示字符串。

入口参数：DS：DX＝输入数据缓冲区首地址。

该功能调用要求输入的字符串以 Enter 键作为结束标志，即按 Enter 键后，本次功能调用结束，光标返回当前行开始格。回车符(0DH)保存在缓冲区当中。在接收字符的过程中，输入字符显示在屏幕上，响应 Ctrl+C，按 Backspace 键可删除屏幕以及缓冲区的当前字符。缓冲区不接收超长字符，否则发出声响以示警告。

数据缓冲区的格式如图 4.8 所示，具体要求如下。

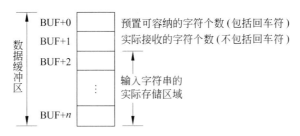

图 4.8　0AH 功能要求的数据缓冲区的格式

① 缓冲区首单元应预置可容纳的字符个数(包括回车符在内)。用户按 Enter 键之后，由 0AH 功能把实际接收的字符个数(不包括回车符)写入 BUF＋1 单元。

② 输入字符串从 BUF＋2 单元开始依次存放。因此，缓冲区的容量要大于(或等于)输入串的长度(包括回车符)＋2。

下面的程序段给出 0AH 功能调用的示例,它允许用户输入 15 个字符(包括回车符)。

假设数据段:

```
BUF     DB      15
        DB      ?
        DB      15 DUP(?)
```

代码段:

```
        ...     ...
        MOV     AH,0AH
        MOV     DX,OFFSET BUF
        INT     21H
        ...     ...
```

【功能号 0BH】 查询有无键盘输入,响应 Ctrl+C。

入口参数:无。

出口参数:AL=0   ;无输入

AL=FFH   ;有输入

【功能号 4CH】 结束正在运行的程序,并返回 DOS。

入口参数:AL=返回码(或者不设置)。

出口参数:无。

该功能还关闭运行程序打开的全部文件,并将程序占用的内存空间交还 DOS 另行分配。

【例 4.2】 询问用户姓名并等待用户输入,用户输入姓名后按 Enter 键,程序再把输入的姓名复制显示在屏幕上。

【设计思路】 本例使用了 9、0AH 两个功能调用,本例的难点在于如何复制显示输入的字符串,因为该字符串并不是在程序数据段定义的。

【程序清单】

```
                ;FILENAME:42_1.ASM
                .586
DATA    SEGMENT USE16
MESG    DB      'What is your name ? $'
BUF     DB      30
        DB      ?
        DB      30 DUP(?)
DATA    ENDS
CODE    SEGMENT USE16
        ASSUME  CS:CODE,DS:DATA
BEG:    MOV     AX,DATA
        MOV     DS,AX
```

```
     AGAIN:  MOV      AH,9                       ;显示询问姓名字符串
             MOV      DX,OFFSET MESG
             INT      21H
             MOV      AH,0AH                     ;用户输入字符串
             MOV      DX,OFFSET BUF
             INT      21H
             MOV      AH,2                       ;光标移到下一行
             MOV      DL,0AH
             INT      21H
             MOV      BL,BUF+1                   ;实际输入的字符个数→BX
             MOV      BH,0
             MOV      SI,OFFSET BUF+2
             MOV      BYTE PTR [BX+SI],'$'       ;用'$'作为串结束符
             MOV      AH,9                       ;复制用户输入的字符串
             MOV      DX,OFFSET BUF+2
             INT      21H
             MOV      AH,4CH                     ;返回DOS
             INT      21H
     CODE    ENDS
             END      BEG
```

4.3.2 BIOS 功能调用

BIOS 提供了系统加电自检、引导装入、主要输入输出设备的驱动程序,以及对系统接口电路的初始化编程等,为计算机提供最底层、最直接的硬件控制。和 DOS 功能相比,BIOS 功能更加接近系统硬件,是最底层的系统软件,运行速度快、功能强,并且不受操作系统的限制,而 DOS 的许多功能是调用 BIOS 实现的。

BIOS 调用模式和 DOS 类似,使用 INT n 指令,但中断类型码不同,调用模式如下。

(1) 用指令"MOV AH,功能号"设置系统功能调用号。
(2) 用指定的寄存器设置入口参数。
(3) 用指令 INT n 执行功能调用。
(4) 根据出口参数分析功能调用的出口情况。

本节仅介绍常用的 BIOS 键盘输入功能调用(中断号 n=16H)以及 BIOS 屏幕功能调用(中断号 n=10H)。

1. BIOS 键盘输入功能调用

【功能号 00H】 读取输入的一个字符,无回显,响应 Ctrl+C,无输入则等待。

入口参数:无。

出口参数:AL=输入字符的 ASCII 码。若 AL=0,则 AH=输入键的扩展码。

【功能号 01H】 查询键盘缓冲区。

入口参数:无。

出口参数：

① Z 标志＝0，表示有输入，键代码仍留在键盘缓冲区中，此时 AL＝输入字符的 ASCII 码，AH＝输入字符的扩展码。

② Z 标志＝1，表示无输入。

【功能号 02H】 读取当前转换键状态。

入口参数：无。

出口参数：AL＝键盘状态字。

  AL7 位置 1 表示 Insert 键有效（被奇数次按下）。

  AL6 位置 1 表示 Caps Lock 键有效（相应的指示灯亮）。

  AL5 位置 1 表示 Num Lock 键有效（相应的指示灯亮）。

  AL4 位置 1 表示 Scroll Lock 键有效（相应的指示灯亮）。

  AL3 位置 1 表示按 Alt 键。

  AL2 位置 1 表示按 Ctrl 键。

  AL1 位置 1 表示按左 Shift 键。

  AL0 位置 1 表示按右 Shift 键。

2. 文本方式 BIOS 屏幕功能调用

阴极射线管（Cathode Ray Tube，CRT）显示器是微型计算机系统的输出设备。显示适配器是显示器和系统总线之间的接口电路。显示器和显示适配器共同组成微型计算机的输出显示系统。彩色显示器可以工作在文本方式，也可以工作在图形方式。工作在文本方式，屏幕可以显示 40 列×25 行字符，或者 80 列×25 行字符。启动 DOS 以后，适配器自动工作在 80 列×25 行的文本方式。

系统 RAM 部分空间被指定作为显示存储区。当适配器工作在 80 列×25 行的文本方式时，屏幕被划分为 80 列×25 行，共有 2000 个"方格"，每一方格显示一个字符。屏幕上每一方格对应着显示存储区（又称为视频映像区）中的两个单元。显示存储区偶地址单元，存放待显字符的 ASCII 码，紧接着的后继单元，即奇地址单元存放待显字符的"属性字节"。彩色/图形适配器中，文本显示存储区容量为 32KB，分成 8 页，页号依次为 0～7，每一页存放一屏字符信息，第 0 页存储区的地址为 B800:0000～0FFFH，第 1 页存储区的地址为 B900:0000～0FFFH，…，第 7 页存储区的地址为 BF00:0000～0FFFH，每一页都空闲 96 个单元。启动 DOS 后，系统默认第 0 页是"当前页"。字符在屏幕上的行、列号和它的 ASCII 码在显示存储区中的位置（即偏移地址），有如下关系式：

本页显示存储单元的偏移地址 ＝ 行号×160＋列号×2

属性字节描述了字符显示的特性，彩色属性字节格式以及具体的编码如图 4.9 和表 4.1 所示。不同的彩色显示器属性字节可以使字符呈现不同的颜色。

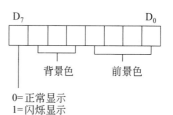

图 4.9 文本方式彩色属性字节格式

表 4.1 彩色编码表

$D_7\ D_6\ D_5\ D_4$（背景） $D_3\ D_2\ D_1\ D_0$（前景）	颜　色	$D_7\ D_6\ D_5\ D_4$（背景） $D_3\ D_2\ D_1\ D_0$（前景）	颜　色
0　0　0　0	黑	1　0　0　0	灰
0　0　0　1	蓝	1　0　0　1	浅蓝
0　0　1　0	绿	1　0　1　0	浅绿
0　0　1　1	青	1　0　1　1	浅青
0　1　0　0	红	1　1　0　0	浅红
0　1　0　1	品红	1　1　0　1	浅品红
0　1　1　0	棕	1　1　1　0	黄
0　1　1　1	灰白	1　1　1　1	白

　　系统加电后，BIOS 首先对显示适配器进行初始化编程，接着 CRT 控制器就从 0 页的显示存储区单元依次取出字符的 ASCII 码，再转换成字符的点阵码送到 CRT，驱动 CRT 显示。CRT 控制器以 50 屏每秒的速率，周期性地、不间断地进行上述操作，达到字符稳定显示的效果。因此，如果采用对显示存储区（即视频映像区）直接进行读写操作的方法显示字符，只要把待显字符的 ASCII 码和它的属性字节写入显示存储区的相关单元即可。显然，该方法速度是最快的。

　　在通常情况下，用户程序并不直接读写显示存储区。BIOS 和 DOS 均提供了一组屏幕显示的子功能。BIOS 屏幕功能调用可通过 INT 10H 软中断指令调用它们。下面介绍常用的 BIOS 屏幕功能调用

　　【功能号 00H】　设置屏幕显示方式。

　　入口参数：AL＝0　40 列×25 行　黑白文本方式。

　　　　　　　AL＝1　40 列×25 行　彩色文本方式。

　　　　　　　AL＝2　80 列×25 行　黑白文本方式。

　　　　　　　AL＝3　80 列×25 行　彩色文本方式。

　　出口参数：无。

　　【功能号 02H】　预置光标位置。

　　入口参数：BH＝显示页号，DH＝行号，DL＝列号。

　　出口参数：无。

　　【功能号 03H】　读取光标的当前位置。

　　入口参数：BH＝显示页号。

　　出口参数：CH、CL＝光标顶部扫描线、低部扫描线的行号。

　　　　　　　DH、DL＝光标在屏幕上的行、列号。

　　【功能号 05H】　设置当前显示页。

　　入口参数：AL＝显示存储器页号 0～7。

　　出口参数：在屏幕上显示出指定显示页的字符（只对文本方式有效）。

【功能号 08H】 读取光标所在位置的字符及其属性。
入口参数：BH＝显示页号。
出口参数：AH＝光标所在位置的字符属性。
　　　　　AL＝光标所在位置的字符的 ASCII 码，如果没有对应于字符的 ASCII 码则 AL 置 0。

【功能号 0EH】 显示一个字符。
入口参数：AL＝待显字符的 ASCII 码。
出口参数：无。

【功能号 13H】 显示字符串。
入口参数：AL＝0～3，BH＝显示页号，BL＝属性字节（当 AL＝0、1 时有效），CX＝串长度，DH、DL＝字符串显示的起始行、列号，ES：BP＝待显字符串首地址。
出口参数：无。
说明：
① 该功能从屏幕的指定位置开始显示一串彩色字符。
② 待显字符串需要放在附加段，首地址偏移量需写入 BP 寄存器。
③ AL＝0：表示待显字符串中仅包含字符的 ASCII 码，串中各字符的属性由 BL 中的属性字节决定，串显示结束后，光标返回到调用前的位置。

AL＝1：表示待显字符串中仅包含字符的 ASCII 码，串中各字符的属性由 BL 中的属性字节决定，串显示结束后，光标停留在字符串的末尾。

AL＝2：表示待显字符串中包含各个字符的 ASCII 码和属性字节，格式为

ASCII 码，属性，…，ASCII 码，属性

串显示结束后，光标返回到调用前的位置。

AL＝3：表示待显字符串中包含各个字符的 ASCII 码和属性字节，格式同 AL＝2 的格式。串显示结束后，光标停留在字符串的末尾。

当 AL 选择 2 或 3 时，CX 中的串长度不包括各字符的属性字节。

【例 4.3】 在屏幕左上角显示黑底灰白字符串'HELLO'，并在屏幕中央显示红底白字字符串'WELCOME'。

【设计思路】 显示字符串'HELLO'可用 DOS 9 号功能，要求待显字符串放在数据段，串尾用 $ 作为结束符。而显示彩色字符串'WELCOME'必须用 BIOS 13H 号功能调用，它要求待显字符串在附加段。这意味着源程序至少要有数据、附加、代码 3 个逻辑段，本例采用数据段与附加段"重叠"的方法，这样源程序仅设置两个逻辑段即可。

【程序清单】

```
        ;FILENAME:43_1.ASM
        .586
DATA    SEGMENT  USE16
MESG1   DB       'HELLO$'
MESG2   DB       'WELCOME '
```

```
            LL      EQU         $-MESG2
            DATA    ENDS
            CODE    SEGMENT     USE16
                    ASSUME      CS:CODE,DS:DATA,ES:DATA
            BEG:    MOV         AX, DATA              ;DS←DATA
                    MOV         DS, AX
                    MOV         ES, AX                ;ES←DATA
                    MOV         AX, 0003H             ;80列×25行彩色文本方式
                    INT         10H
                    MOV         AH, 9                 ;显示黑白字符串'HELLO'
                    MOV         DX, OFFSET MESG1
                    INT         21H
                    MOV         AX, 1301H             ;显示彩色字符串'WELCOME'
                    MOV         BH, 0
                    MOV         BL, 01001111B
                    MOV         CX, LL
                    MOV         DH, 12
                    MOV         DL, (80-LL)/2
                    MOV         BP, OFFSET MESG2
                    INT         10H
                    MOV         AH, 4CH
                    INT         21H
            CODE    ENDS
                    END         BEG
```

4.4 Win32控制台输入输出编程

在Windows操作系统中,不再通过DOS调用和BIOS调用的INT n指令,而是通过调用Windows的API函数进行输入输出,它比DOS调用具有更丰富的输入输出功能。

Win32应用程序创建的输入输出窗口有两种:控制台文本窗口和图形化窗口。由于汇编程序编写图形化应用程序代码较烦琐,并且控制台文本窗口的外观和操作类似于DOS16程序运行的MS-DOS窗口,因此本书不介绍图形化窗口的输入输出编程,只介绍控制台窗口的输入和输出编程。

控制台对应有一个输入缓冲区以及一个或多个屏幕缓冲区。输入缓冲区(Input Buffer)包含一组输入记录,每个记录都是一个输入事件的数据,输入事件包括键盘输入、单击输入以及用户调整控制台文本窗口大小。屏幕缓冲区(Screen Buffer)是字符与颜色数据的二维数组,它会影响控制台文本窗口文本的外观。

控制台函数有高层和低层两种:高层从控制台的输入缓冲区中读取字符串,并将输出字符写到控制台的屏幕缓冲区。例如,ReadConsole就是一个对输入数据进行过滤和处理,只返回字符串的高层输入函数。低层的控制台函数可以查询键盘和鼠标事件,以及用户和控制台文本窗口的交互信息,如窗口大小、位置以及文本颜色的设置,窗口拖

曳,窗口大小调整等。

下面介绍最常用的控制台输入输出 API 函数,由于函数参数类型对于 Win32 汇编来说,只存在 DWORD 类型,故省略参数类型说明。

【GetStdHandle】 返回一个控制台的输入、输出、错误句柄,几乎所有的 Win32 控制台函数都要求向其传递一个句柄作为第一个实参。句柄(Handle)是一个无符号 32 位整数,用于唯一标识一个对象。

  入口参数:nStdHandle   ;标准句柄,其值为下面几种类型中的一种
    STD_INPUT_HANDLE EQU -10 ;标准输入句柄
    STD_OUTPUT_HANDLE EQU -11 ;标准输出句柄
    STD_ERROR_HANDLEEQU -12 ;标准错误句柄

出口参数:函数用 EAX 返回控制台句柄。

【ReadConsole】 从控制台缓冲区中读取输入字符,同时并将这些数据从控制台缓冲区删除。

  入口参数:hConsole   ;输入句柄
     lpBuffer   ;输入缓冲区地址
     nNumberOfCharsToRead ;读取字符数
     lpNumberOfCharsRead   ;存放实际读取字符数变量的地址
     lpReserved:DWORD   ;未使用,设置为 0

说明:nNumberOfCharsToRead 存放的是预定读取的最大字符数,和 DOS 的 0A 号功能相同,要求输入的字符串以 Enter 键作为结束标志,光标留在下一行的开始。当用户按 Enter 键,输入结束后,lpNumberOfCharsRead 里存放的是实际输入的字符个数,但这个字符个数包括回车符(0DH)和换行符(0AH)。缓冲区中存放输入的每个字符的 ASCII 码,包括 0DH 和 0AH。

出口参数:如果函数成功,则返回值为非零值;如果函数失败,则返回值为零。

【WriteConsole】 在控制台窗口的当前光标所在位置写一个字符串,并将光标留在字符串的末尾。

  入口参数:hConsoleOutput   ;输出句柄
     lpBuffer   ;输出缓冲区地址
     nNumberOfCharsToWrite ;要写入的字符数
     lpNumberOfCharsWritten ;存放实际写入字符数变量的地址
     lpReserved:DWORD   ;未使用,设置为 0

出口参数:如果函数成功,则返回值为非零值;如果函数失败,则返回值为零。

下面给出例 4.2 的 Win32 汇编程序源代码。

【程序清单】

```
;FILENAME:42_2.ASM
.586
.MODEL FLAT,STDCALL
OPTION CASEMAP:NONE
```

```
        INCLUDE KERNEL32.INC
        INCLUDE WINDOWS.INC
        .DATA
MESG        DB      'WHAT IS YOUR NAME ? '        ;要显示字符串
LEN1        EQU     $-MESG
BUF         DB      30 DUP(?)                     ;输入缓冲区
LEN2        EQU     $-BUF
INHANDLE    DWORD ?                               ;输入句柄
OUTHANDLE   DWORD ?                               ;输出句柄
WRITELEN    DWORD ?                               ;写入字节数
READLEN     DWORD ?                               ;输入字节数
        .CODE
BEG：    INVOKE GetStdHandle,STD_INPUT_HANDLE      ;获取输入句柄
        MOV INHANDLE,eax
        INVOKE GetStdHandle, STD_OUTPUT_HANDLE     ;获取输出句柄
        MOV OUTHANDLE,eax
        MOV ECX,LEN1
        INVOKE WriteConsole,OUTHANDLE, OFFSET MESG,   ;显示字符串'MESG'
                  ECX,OFFSET WRITELEN, 0
        MOV ECX,LEN2
        INVOKE ReadConsole,INHANDLE,OFFSET BUF,       ;用户输入字符串
                  ECX,OFFSET READLEN,0
        INVOKE WriteConsole, OUTHANDLE, OFFSET BUF,   ;输出输入的字符串
                  READLEN,OFFSET WRITELEN, 0
        INVOKE ExitProcess,0
        END BEG
```

【程序分析】

（1）GetStdHandle 等控制台 API 函数原型说明包含在 KERNEL32.INC 文件中，但 STD_INPUT_HANDLE 和 STD_OUTPUT_HANDLE 的值包含在 WINDOWS.INC 中，因此在程序开始包含这两个头文件。

（2）WriteConsole 函数的入口参数 lpNumberOfCharsWritten 存放实际写入字符数变量的地址，因此在数据段必须定义一个变量用来存放实际写入字符数。如果程序员不关心它的实际值，则可以设置为 0。

如果 Win32 汇编程序需要像 BIOS 调用一样显示彩色文本，有两种编程方法：一种方法是通过调用 SetConsoleTextAttribute 来改变当前文本颜色，这种方法会影响控制台所有后续文本输出字符；另一种方法是调用 WriteConsoleOutputAttribute 来设置指定单元格的属性。

【SetConsoleTextAttribute】　设置控制台窗口字体颜色和背景色。

入口参数：hConsoleOutput   ;输出句柄
         wAttributes   ;输出文本的属性,包括前景色和背景色,定义请参考
                           ;BIOS 调用

出口参数：如果函数成功，则返回值为非零值；如果函数失败，则返回值为零。

【SetConsoleCursorPosition】　设置控制台光标位置。

入口参数：hConsoleOutput   ;输出句柄
          dwCursorPosition ;高字写入的字符串显示的起始行号,低字写入的
                            ;字符串显示的起始列号
出口参数：如果函数成功,则返回值为非零值;如果该函数失败,则返回值为零。
下面给出例 4.3 的 Win32 汇编程序源代码。

【程序清单】

```
;FILENAME:43_2.ASM
.586
.MODEL FLAT,STDCALL
OPTION CASEMAP:NONE
INCLUDE KERNEL32.INC
INCLUDE WINDOWS.INC
.DATA
MESG1    DB  'HELLO'
LEN1     EQU $-MESG1
MESG2    DB  'WELCOME'
LEN2 EQU $-MESG2
OUTHANDLE DD ?
.CODE
BEG: INVOKE GetStdHandle, STD_OUTPUT_HANDLE    ;获得输出句柄
     MOV OUTHANDLE,EAX
     MOV ECX,LEN1
     INVOKE WriteConsole,OUTHANDLE,OFFSET MESG1,ECX,0,0   ;显示黑白字符串
     MOV DX,12                               ;设置起始行号
     SAL EDX,16                              ;保存在 EDX 的高 16 位
     MOV DX,(80-LEN2)/2                      ;设置起始列号,保存在 EDX 的低 16 位
     INVOKE SetConsoleCursorPosition,OUTHANDLE,EDX    ;设置光标位置
     MOV  EAX, 01001111B                     ;设置属性字节
     INVOKE SetConsoleTextAttribute, OUTHANDLE, EAX   ;设置文本和背景颜色
     MOV ECX,LEN2
     INVOKE WriteConsole,OUTHANDLE,OFFSET MESG2,ECX,0,0  ;显示彩色字符串
     INVOKE ExitProcess,0
END BEG
```

4.5 分支和循环程序设计

4.5.1 分支程序设计

分支程序有 3 种结构,即简单分支、复合分支和多分支。简单分支和复合分支程序通常是在执行了算术比较指令 CMP,或者逻辑比较指令 TEST 之后,根据 Z、S、O、P、C 各种标志的状态,选择合适的条件转移指令,进行有条件转移。多分支结构相当于一个多路开关,首先建立一个地址表,将各分支的入口地址按顺序放在表中,使用无条件转移指

令转向不同的分支进行处理。

【例 4.4】 简单分支程序设计。

比较变量 A1 和 A2 两个有符号数的大小,将其中较大的数存放在 AL 寄存器中。

【程序清单】

```
                ;FILENAME:44.ASM
                .586
DATA    SEGMENT USE16
A1      DB      -12
A2      DB      -80
DATA    ENDS
CODE    SEGMENT USE16
        ASSUME  DS:DATA,CS:CODE
BEG:    MOV     AX,DATA
        MOV     DS,AX
        MOV     AL,A1           ;A1→AL
        CMP     AL,A2           ;比较
        JGE     NEXT            ;若 A1≥A2,转到 NEXT 指令
        MOV     AL,A2           ;若 A1<A2,则 A2→AL
NEXT:   MOV     AH,4CH
        INT     21H             ;返回 DOS
CODE    ENDS
        END     BEG
```

分支循环程序设计

【例 4.5】 复合分支程序设计。

某科室 9 人,统计月收入在 2000～4000 的人数,并用十进制数显示统计结果。

【设计思路】 本例统计月收入大于或等于 2000,并且小于或等于 4000 的人数,是复合分支程序设计。月收入可看成无符号数,由于可能大于 255,必须用 DW 伪指令定义。

【程序清单】

```
                ;FILENAME:45.ASM
                .586
DATA    SEGMENT USE16
NUM     DW      1000,23232,2300,4895,2999,1299,8769,4545,9990
DATA    ENDS
CODE    SEGMENT USE16
        ASSUME  CS:CODE,DS:DATA
BEG:    MOV     AX,DATA
        MOV     DS,AX
        MOV     BX,OFFSET NUM
        MOV     CX,9
        MOV     DL,0            ;DL 存放统计人数
LAST:   CMP     WORD PTR [BX],2000
```

```
            JC      NEXT                          ;小于 2000 时转到 NEXT 指令
            CMP     WORD PTR [BX],4000
            JA      NEXT                          ;大于 4000 时转到 NEXT 指令
            INC     DL                            ;DL+1→DL
    NEXT:   INC     BX                            ;由于 NUM 是字单元,BX←BX+2
            INC     BX
            LOOP    LAST
            ADD     DL,30H                        ;DL=0~9 ASCII 码
            MOV     AH,2                          ;显示统计结果
            INT     21H
            MOV     AH,4CH
            INT     21H
    CODE    ENDS
            END     BEG
```

【例 4.6】 多分支程序设计。

从键盘输入 0~4,根据输入的数字分别转入不同的分支程序执行。

【设计思路】 本例是一个多分支程序,如果仍采用前面的条件转移指令,程序结构会比较复杂烦琐。因此,本例采用地址表的方法,将各转移程序的入口地址按顺序放在地址表中,程序根据指定的参数,找到表中的入口地址,以实现多分支。

【程序清单】

```
            ;FILENAME:46.ASM
            .586
    DATA    SEGMENT   USE16
    ADDR_TABLE  DW  A0
                DW  A1
                DW  A2
                DW  A3
                DW  A4
    DATA    ENDS
    CODE    SEGMENT   USE16
            ASSUME    CS:CODE,DS:DATA
    BEG:    MOV     AX,DATA
            MOV     DS,AX
            MOV     AH,01H                        ;输入字符
            INT     21H
            SUB     AL,30H                        ;AL-30H→AL
            MOV     AH,0
            MOV     SI,AX                         ;SI=0~4
            SAL     SI,1                          ;SI*2→SI
            MOV     BX,OFFSET ADDR_TABLE
            JMP     WORD PTR [BX+SI]              ;跳转到相应的程序段
            ...
```

```
A0:        …
A1:        …
A2:        …
A3:        …
A4:        …
           …
           MOV      AH,4CH
           INT      21H
CODE       ENDS
           END      BEG
```

4.5.2 循环程序设计

在顺序结构和分支结构中,程序中的每条指令至多执行一次,而循环结构中,有些相同或类似的操作需要重复执行多次。循环程序的结构分为单循环、双循环和多重循环。从结构上讲,循环程序通常由循环初始化部分、循环体部分和循环控制部分组成。

(1) 循环初始化部分:是进入循环操作之前的准备工作,如循环计数器的设置,缓冲区偏移地址的设置。通常使用寄存器或者内存单元作为循环计数器。

(2) 循环体部分:重复执行的程序代码,是循环程序的核心部分,完成具体的、重复执行的工作以及为进入下次循环而进行的调整工作,如对循环次数的修改,缓冲区偏移地址的修改。

(3) 循环控制部分:判断循环条件是否成立,如果未满足,则继续循环,否则退出循环。循环控制可以在进入循环之前进行,即"先判断、后循环"的循环程序结构,如图 4.10 所示。如果循环之后进行循环条件判断,则是"先循环,后判断"的循环程序结构,如图 4.11 所示。

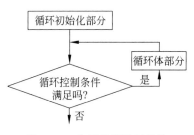

图 4.10 先判断后循环结构

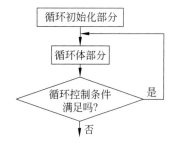

图 4.11 先循环后判断结构

【例 4.7】 "先循环,后判断"的循环程序设计。

计算 1+2+3+…+100,并将计算结果存入字变量 SUM 中。

【设计思路】 程序要求计算 SUM=1+2+3+…+100,即完成 100 次简单加法运算,循环次数为 100,对固定次数的循环,适用于 LOOP 指令来实现,循环次数存放在 CX 中,每次循环 CX 自动减 1。

【程序清单】

```
            ;FILENAME:47.ASM
            .586
DATA        SEGMENT     USE16
SUM         DW          ?
DATA        ENDS
CODE        SEGMENT     USE16
            ASSUME      CS:CODE,DS:DATA
BEG:        MOV         AX,DATA
            MOV         DS,AX
            MOV         CX,100
            MOV         AX,0                ;AX 用来存放累加和
AGA:        ADD         AX,CX               ;CX+AX→AX
            LOOP        AGA
            MOV         SUM,AX              ;累加和 AX→SUM
            MOV         AH,4CH
            INT         21H                 ;返回 DOS
CODE        ENDS
            END         BEG
```

【例 4.8】 "先判断，后循环"的循环程序设计。

将字符串'STRING'中的所有大写字母转换为小写字母，设该字符串以 0 结尾。

【设计思路】 这是一个循环次数不定的循环程序结构，采用"先判断、后循环"的方式，程序首先判断 BX 间址的单元内容是否是结束标志 0，若是结束循环。否则采用复合分支的方法判断是否为大写字母，若是则转换为小写，否则不予处理。大小写字母的 ASCII 码不同之处是大写字母 ASCII 码 $D_5=0$，而小写字母 ASCII 码 $D_5=1$。

【程序清单】

```
            ;FILENAME:48_1.ASM
            .586
DATA        SEGMENT     USE16
STRING      DB          'I AM A STUDENT',0
DATA        ENDS
CODE        SEGMENT     USE16
            ASSUME      CS:CODE,DS:DATA
BEG:        MOV         AX,DATA
            MOV         DS,AX
            MOV         BX,OFFSET STRING    ;串首址→BX
LAST:       MOV         AL,[BX]
            CMP         AL,0                ;判断是否为结束符
            JZ          EXIT                ;是,转到 EXIT 指令退出循环
            CMP         AL,'A'              ;判断是否为大写字母 A～Z
            JC          NEXT
            CMP         AL,'Z'
```

```
            JA        NEXT
            OR        AL,20H              ;是,转换为小写字母(使 D$_5$=1)
            MOV       [BX],AL
   NEXT：   INC       BX
            JMP       LAST                ;继续循环
   EXIT：   MOV       AH,4CH
            INT       21H                 ;返回 DOS
   CODE     ENDS
            END       BEG
```

4.5.3 分支循环高级语法

以前高级语言和汇编的最大差别就是条件测试、分支和循环等高级语法。高级语言中,程序员可以方便地用类似于 IF、CASE、LOOP 和 WHILE 等语句来构成程序的结构流程,不仅条理清楚,而且维护性好。而汇编程序只能用 CMP、TEST 和众多的条件转移指令来完成,使得汇编源程序可读性差,编程复杂。

现在高版本 MASM 中新引入了一系列的伪指令,涉及条件测试、分支语句和循环语句。利用它们,汇编语言有了和高级语言一样的结构,配合局部变量和调用参数,为使用 Win32 汇编程序编写大规模的 Windows 应用程序奠定了基础。

1. 条件测试表达式

在所有的分支和循环语句中,首先都要进行条件测试,即一个表达式的结果是"真"还是"假",这决定程序的走向。表达式中往往有用来做比较和计算的操作符。

条件测试的基本表达式：

寄存器或变量　操作符 操作数

两个以上的表达式可以用逻辑运算符连接：

(表达式 1)逻辑运算符(表达式 2)逻辑运算符(表达式 3)……

另外,又增加了 CPU 标志寄存器一些标志位的状态,它们本身相当于一个表达式。允许的操作符、逻辑运算符和标志位状态如表 4.2 所示。

表 4.2 操作符、逻辑运算符和标志位状态

操作符	操 作	逻辑运算符	操 作	标志位状态	操 作
==	等于	!	逻辑取反	CARRY?	CF=1 为真
!=	不等于	&&	逻辑与	OVERFLOW?	OF=1 为真
>	大于	||	逻辑或	PARITY?	PF=1 为真
>=	大于或等于			SIGN?	SF=1 为真
<	小于			ZERO?	ZF=1 为真
<=	小于或等于				
&	位测试				

注意:

(1) 条件测试语句有几个限制,首先表达式的左边只能是变量或寄存器,不能为常数;其次表达式的两边不能同时为变量,但可以同时是寄存器。

(2) 与 CMP 和 TEST 指令相同,条件测试伪指令并不会改变被测试的变量或寄存器的值。

(3) 若两个数用关系运算符>、>=、<、<=进行大小比较时,汇编程序默认它们为无符号数比较。如果程序员认为这两个数是有符号数,进行的是有符号数比较,可在左边的操作数前加上 SDWORD PTR、SWORD PTR、SBYTE PTR 运算符。例如:

```
X==10                    ;X 等于 10 为真
EAX!=0                   ;EAX 不等于 0 为真
SBYTE PTR AL>=8          ;AL 大于或等于 8 时为真,AL 为有符号数
(X>=100)&&ECX            ;X 大于或等于 100 且 ECX 为非零时为真
(Y&80H)||!EAX            ;Y 和 80H 进行"与"操作后非零或 EAX 取反后非零时为真
(EAX==EBX)&&ZERO?        ;EAX 等于 EBX 且 Z 标志=1 为真
```

2. 分支语句

分支语句用来根据条件表达式测试的真假执行不同的代码,分支语句的格式:

```
.IF    条件表达式 1
       表达式 1 为"真"时执行的指令
[.ELSEIF 条件表达式 2]
       表达式 2 为"真"时执行的指令
[.ELSEIF 条件表达式 3]
       表达式 3 为"真"时执行的指令
  ⋮
[.ELSE]
       所有表达式为"否"时执行的指令
.ENDIF
```

注意: 关键字 IF/ELSEIF/ELSE/ENDIF 的前面有个小数点,如果不加小数点,就变成宏汇编中的条件汇编了。

3. 循环语句

循环语句是重复执行的一组指令,循环伪指令可以根据条件表达式的真假来控制循环是否继续,也可以在循环体中直接退出。与高级语言相同,循环结构的语法也有两种。

1) 循环结构语法一

```
.WHILE 条件测试表达式
    指令
    [.BREAK [.IF 退出条件]]
    [.CONTINUE]
.ENDW
```

.WHILE/.ENDW 循环首先判断条件测试表达式,如果结果是"真",则执行循环体内的指令,结束后再回到.WHILE 处判断表达式,如此往复,一直到表达式结果为"假"为止。.WHILE/.ENDW 指令有可能一遍也不会执行到循环体内的指令,因为如果第一次判断表达式时就遇到结果为"假"的情况,那么就直接退出循环。

2）循环结构语法二

  .REPEAT
    指令
    [.BREAK [.IF 退出条件]]
    [.CONTINUE]
  .UNTIL 条件测试表达式（或.UNTILCXZ [条件测试表达式]）

.REPEAT/.UNTIL 循环首先执行一遍循环体内的指令,然后再判断条件测试表达式,如果结果为"真",则退出循环;如果结果为"假",则返回.REPEAT 处继续循环,可以看出,.REPEAT/.UNTIL 指令不管表达式的值如何,至少会执行一遍循环体内的指令。

也可以把条件表达式直接设置为固定值,这样就可以构建一个无限循环,对于.WHILE/.END 直接使用 TRUE,对.REPEAT/.UNTIL 直接使用 FALSE 来当表达式就是如此,这种情况下,可以使用.BREAK 伪指令强制退出循环,如果.BREAK 伪指令后面跟一个.IF 测试伪指令,那么当退出条件为"真"时才执行.BREAK 伪指令。

在循环体中也可以用.CONTINUE 伪指令忽略以后的指令,遇到.CONTINUE 伪指令时,不管下面还有没有其他循环体中的指令,都会直接回到循环头部开始执行。

下面给出例 4.8 的 Win32 汇编程序源代码。

```
;FILENAME:48_2.ASM
.586
.MODEL FLAT,STDCALL
OPTION CASEMAP:NONE
INCLUDE KERNEL32.INC
.DATA
STRING   DB 'I AM  A  STUDENT',0
.CODE
BEG: MOV   EBX,OFFSET STRING          ;串首址→BX
      .WHILE BYTE PTR[EBX]            ;[EBX]=0 循环结束
         MOV AL,[EBX]
         .IF(AL>='A' && AL<='Z')
            OR      AL,20H            ;是,转换为小写字母(使 D5=1)
            MOV     [EBX],AL
         .ENDIF
         INC EBX                      ;偏移地址+1
      .ENDW
      INVOKE ExitProcess,0
END BEG
```

上述例子利用了条件分支和循环高级语法来实现,与本书例 48_1 源程序相比,该程序可读性好,容易理解。

4.6 子程序设计

汇编语言的子程序相当于高级语言的过程和函数,也是为了简化问题以及增强程序的可阅读行和可维护性,将功能相对独立的程序段单独设计为一个子程序,供主程序调用。

子程序设计

子程序通常使用 PROC/ENDP 作为定界语句,用 CALL 指令调用,子程序用 RET 指令返回。从子程序所处的位置来分,有段内子程序和段间子程序。当子程序和调用它的主程序同在一个代码段时,子程序的属性应该定义为 NEAR,否则应该定义为 FAR。相应的子程序定义、调用和返回指令格式参考第 3 章相应介绍。子程序允许有多个入口,多个出口。子程序返回时通常是返回到调用程序断点,执行调用它的那条 CALL 指令的后继指令。如果需要,也可以不返回断点而返回到指定的位置。

在进行子程序设计时,必须注意寄存器的保护和恢复。子程序设计中一般要使用寄存器,除了要返回结果的寄存器外,子程序的执行应不改变其他寄存器的内容。由于处理器中可用的寄存器数量有限,要使用某些寄存器,但又希望不改变其原来的内容,解决这个矛盾常见的方法是在子程序开始部分先将要修改内容的寄存器顺序进栈,即保护现场,在过程最后返回调用程序之前,再将这些寄存器内容逆序弹出,即恢复现场。

4.6.1 用 CALL 指令来调用子程序

子程序又分为无参数子程序和有参数子程序两种,使用有参数的子程序更加灵活。向子程序传送参数通常有 3 种方法:用寄存器传递参数、用内存单元传递参数、用堆栈传递参数。

1. 用寄存器传递参数

用寄存器传递参数是将参数存于约定的寄存器中,子程序可以直接使用寄存器中的入口参数;同样出口参数也可以通过寄存器返回给主程序。该方法简单易行,经常采用,但如果传递参数较多,由于寄存器数量有限,就不太适合了。

【例 4.9】 设 ARRAY 是 5 个字元素的数组,用子程序计算数组元素的累加和(不计进位),并将结果存入变量 RESULT 中。

【设计思路】 本例主程序和子程序采用寄存器传递参数。由于数组元素较多,直接用寄存器传送每一个元素不适合。考虑到元素在内存中是连续存放的,因此采用寄存器 BX 传送数组起始地址,并用寄存器 CX 传递元素个数,即循环次数。COMPUTE 子程序负责计算元素的累加和,计算结果即输出参数送 AX 寄存器,并返回给主程序。

【程序清单】

```
                ;FILENAME:49.ASM
                .586
DATA    SEGMENT USE16
ARRAY   DW      1111H,2222H,3333H,4444H,5555H
RESULT  DW      ?
DATA    ENDS
CODE    SEGMENT USE16
        ASSUME  CS:CODE,DS:DATA
BEG:    MOV     AX,DATA
        MOV     DS,AX
        MOV     CX,5                    ;数组元素个数→CX
        MOV     BX,OFFSET ARRAY         ;数组偏移地址→BX
        CALL    COMPUTE                 ;调用子程序
XYZ:    MOV     RESULT,AX               ;处理出口参数
EXIT:   MOV     AH,4CH
        INT     21H
;--------------------------------------
COMPUTE PROC
        MOV     AX,0
AGA:    ADD     AX,[BX]                 ;求和
        ADD     BX,2
        LOOP    AGA
        RET                             ;返回断点 XYZ
COMPUTE ENDP
CODE    ENDS
        END     BEG
```

2. 用内存单元传递参数

主程序和子程序可以用访问相同的内存单元来传递参数,这种方法对于传递参数较多的情况是比较合适的,但该方法传递参数通用性较差。

【例 4.10】 采用内存单元传递参数的方法编程实现例 4.9。

【设计思路】 本例主程序和 DISP 子程序采用变量 ARRAY 传递入口参数,采用 RESULT 单元返回出口参数。

【程序清单】

```
                ;FILENAME:410.ASM
                .586
DATA    SEGMENT USE16
ARRAY   DW      1111H,2222H,3333H,4444H,5555H
RESULT  DW      ?
```

```
         DATA           ENDS
         CODE           SEGMENT    USE16
                        ASSUME     CS:CODE,DS:DATA
         BEG:           MOV        AX,DATA
                        MOV        DS,AX
                        CALL       COMPUTE              ;调用子程序
         XYZ:           MOV        AH,4CH
                        INT        21H
         ;----------------------------------------------
         COMPUTE        PROC
                        PUSH       AX                   ;保护现场
                        PUSH       BX
                        PUSH       CX
                        MOV        AX,0
                        MOV        BX,OFFSET ARRAY      ;数组偏移地址→BX
                        MOV        CX,5                 ;数组元素个数→CX
         AGA:           ADD        AX,[BX]              ;求和
                        ADD        BX,2
                        LOOP       AGA
                        MOV        RESULT,AX            ;和→RESULT
                        POP        CX                   ;恢复现场
                        POP        BX
                        POP        AX
                        RET                             ;返回断点 XYZ
         COMPUTE        ENDP
         CODE           ENDS
                        END        BEG
```

3. 用堆栈传递参数

主程序和子程序可以采用堆栈来传递参数,主程序将入口参数压入堆栈,子程序从堆栈中取出参数。

【例4.11】 采用堆栈传递参数的方法编程实现例4.9。

【设计思路】 本例主程序和 DISP 子程序采用堆栈传递入口参数,调用 COMPUTE 子程序之前使用了两条 PUSH 指令,依次把数组元素的个数,数组的起始地址压入堆栈,然后执行 CALL COMPUTE 指令。进入 COMPUTE 子程序之后,栈顶存放的是断口地址 XYZ。子程序中首先执行传送指令,把堆栈指针的当前值 SP 送 BP 寄存器,然后用 BP 寄存器访问堆栈中的入口参数完成累加操作。为了保持堆栈的平衡,主程序在 CALL 指令之后用一条"ADD SP,4"指令,以防止入口参数仍然保留在堆栈中,从而恢复堆栈的初始状态。平衡堆栈也可利用子程序的返回指令 RET 4 来实现。

【程序清单】

```
        ;FILENAME:411.ASM
```

```
            .586
DATA        SEGMENT    USE16
ARRAY       DW         1111H,2222H,3333H,4444H,5555H
RESULT      DW         ?
DATA        ENDS
CODE        SEGMENT    USE16
            ASSUME     CS:CODE,DS:DATA
BEG:        MOV        AX,DATA
            MOV        DS,AX
            MOV        CX,5
            PUSH       CX
            MOV        BX,OFFSET ARRAY
            PUSH       BX
            CALL       COMPUTE              ;调用子程序
            ADD        SP,4
            MOV        RESULT,AX
XYZ:        MOV        AH,4CH
            INT        21H

;--------------------------------------------------
COMPUTE     PROC
            PUSH       BP                   ;保护现场
            MOV        BP,SP
            PUSH       BX
            PUSH       CX
            MOV        AX,0
            MOV        BX,[BP+4]            ;SS:[BP+4](数组偏移地址)→BX
            MOV        CX,[BP+6]            ;SS:[BP+6](数组元素个数)→CX
AGA:        ADD        AX,[BX]              ;求和
            ADD        BX,2
            LOOP       AGA
            POP        CX                   ;恢复现场
            POP        BX
            POP        BP
            RET                             ;返回断点 XYZ
COMPUTE     ENDP
CODE        ENDS
            END        BEG
```

4.6.2 用 INVOKE 指令调用子程序

如果是用 CALL 指令来调用子程序,必须自己来完成参数的传递;如果是用 INVOKE 指令来调用子程序,可以通过形参和实参一一对应的方法来传递参数,非常方便。此时,子程序都采用堆栈来传递参数,这样可以用 INVOKE 伪指令来进行调用和语法检查。

1. 子程序的定义

格式：

子程序名 PROC［属性］［USES 寄存器列表］［,参数:类型］
　　　　　…
　　　RET
子程序名　ENDP

(1) 汇编子程序的属性包括以下 3 个。

① 距离。即前面 3.5.3 节中学习过的 FAR(远)和 NEAR(近)，默认为 NEAR。

② 语言类型。表示参数的使用方式和堆栈平衡的方式，可以是 STDCALL、C、SYSCALL、BASIC、FORTRAN 和 PASCAL，如果忽略，则使用程序头部.MODEL 定义的值。Win32 约定的类型是 STDCALL，参数传递顺序是从右到左，由子程序恢复堆栈指针。所以在程序中调用子程序或系统 API 函数后，不必自己来平衡堆栈。

③ 可视区域。可以是 PRIVATE、PUBLIC 和 EXPORT。PRIVATE 表示子程序只对本模块可见；PUBLIC 表示子程序对所有的模块可见；EXPORT 表示子程序是导出的函数，当编写 DLL 文件时，要将某个函数导出的时候可以这样使用。默认的设置是 PUBLIC。

(2) USES 寄存器列表。表示 CPU 在进入子程序后自动执行 PUSH 这些寄存器的指令，在 RET 子程序返回前自动执行 POP 指令，用于保护现场。程序员也可以自己在子程序开头和结尾用 PUSHAD 和 POPAD 指令一次保存和恢复所有寄存器。

(3) 参数和类型。参数指参数的名称，在定义参数名的时候不能跟全局变量和子程序中的局部变量重名。对于类型，由于 Win32 中的参数类型只有 32 位(DWORD)一种类型，所以可以省略。

2. 子程序的声明和调用

完成了子程序定义之后，可以用 CALL 指令或更方便的 INVOKE 伪指令来调用子程序。要注意的是，如果子程序的定义位于调用指令之后，则必须在程序头部同 PROTO 伪指令预先给出子程序声明；如果子程序的定义位于调用指令之前，就不用进行子程序的声明。

下面给出例 4.9 的高级汇编源代码。

```
;FILENAME:49_2.ASM
.586
.MODEL FLAT,STDCALL
OPTION CASEMAP:NONE
INCLUDE KERNEL32.INC
COMPUTE PROTO, PARA1:DWORD, PARA2:DWORD    ;计算子程序声明
.DATA
ARRAY DW 1111H,2222H,3333H,4444H,5555H
```

```
        .DATA?
        SUM DW ?                                    ;保存计算结果
        .CODE
BEG:    INVOKE COMPUTE,OFFSET ARRAY,5               ;调用计算子程序
        MOV SUM,AX                                  ;保存计算结果
        INVOKE ExitProcess,0                        ;结束执行程序
COMPUTE    PROC    USES EBX ECX,PARA1,PARA2
        MOV EBX,PARA1                               ;第1个参数传递的是 ARRAY 单元的偏移地址
        MOV ECX,PARA2                               ;第2个参数传递的是循环次数5
        MOV EAX,0                                   ;求和寄存器清0
AGA:    ADD AX,[EBX]                                ;计算累加和
        ADD EBX,2                                   ;偏移地址+2
        LOOP AGA                                    ;ECX=0 循环结束
        RET
COMPUTE ENDP
END BEG
```

4.7 宏指令设计

宏指令是汇编语言的一个特点,与子程序类似可以简化程序设计,增强可读性;但在传递参数等方面比子程序更加方便。宏指令是程序员设计的若干指令序列,用以完成某一项操作。经过定义的宏,通过写出宏名,即可调用。宏指令的定义语句可以不放在任何逻辑段中,通常都放在程序的首部。

宏指令设计

4.7.1 宏指令与宏调用

1. 宏指令的定义与调用

宏指令的定义语句格式:

宏名　　MACRO　　<形参表>
　　　　宏体
　　　　ENDM

MACRO/ENDM 是宏体的定界语句,宏名是符合语法的标识符,可选的形参表给出宏指令定义中用到的形式参数(哑元),每个形式参数之间用","分隔。形式参数是没有值的符号,用它们代表宏体中出现的操作码助记符、操作数(立即数、寄存器操作数、内存操作数),宏指令定义后就可以使用它,即宏调用。其格式为

宏名　<实参表>

宏指令调用时,实参和形参必须一一对应。实参可以是立即数、寄存器操作数以及

没有 PTR 运算符的内存操作数，汇编时，汇编程序按照一一对应的关系，把实参赋给形参，再用相应的宏体替换宏指令。

【例 4.12】 用宏汇编实现显示彩色字符串（对比例 4.3）。
【程序清单】

```
            ;FILENAME:412.ASM
            .586
DISP1   MACRO    VAR
        MOV      AH,9
        MOV      DX,OFFSET VAR        ;串首字符偏移地址→DX
        INT      21H
        ENDM
DISP2   MACRO    Y,X,VAR,LENGTH,COLOR
        MOV      AH,13H
        MOV      AL,1
        MOV      BH,0                 ;选择 0 页显示屏
        MOV      BL,COLOR             ;属性字(颜色值)→BL
        MOV      CX,LENGTH            ;串长度 →CX
        MOV      DH,Y                 ;行号 →DH
        MOV      DL,X                 ;列号 →DL
        MOV      BP,OFFSET VAR        ;串首字符偏移地址→BP
        INT      10H
        ENDM
DATA    SEGMENT  USE16
MESG1   DB       'HELLO $'
MESG2   DB       'WELCOME '
LL      EQU      $-MESG2
DATA    ENDS
CODE    SEGMENT  USE16
        ASSUME   CS:CODE,DS:DATA,ES:DATA
BEG:    MOV      AX, DATA
        MOV      DS, AX               ;DS←DATA
        MOV      ES, AX               ;ES←DATA
        MOV      AX, 0003H
        INT      10H                  ;设置 80 列×25 行彩色文本方式
        DISP1    MESG1                ;显示黑白字符串
        DISP2    12,(80-LL)/2,MESG2,LL,01001111B     ;显示彩色字符串
        MOV      AH, 4CH
        INT      21H
CODE    ENDS
        END      BEG
```

2. LOCAL 伪指令

宏指令可以多次调用，每次调用实际上是用宏体代替宏名。但如果宏指令中使用了

标号,则当两次以上调用这样的宏指令,汇编时会出现标号重复定义的语法错误。为此汇编语言提供了一条 LOCAL 伪指令解决这一问题。LOCAL 伪指令的格式:

LOCAL　　　标号列表

标号列表是宏体中出现的标号的集合,用","分隔。LOCAL 伪指令要放在宏定义之中,是 MACRO 定界语句以下的第一条语句。用 LOCAL 伪指令说明的标号为局部标号,局部标号可以和源程序中的其他标号、变量重名。但如果宏指令只被调用一次,而且宏体中的标号与源程序中的变量名、标号名都没有重复,则宏体中可以不使用 LOCAL 伪指令。

【例 4.13】 LOCAL 伪指令的应用。

【程序清单】

```
              ;FILENAME:413.ASM
              .586
ABS   MACRO    VAR                    ;求绝对值
      LOCAL    NEXT
      CMP      VAR,0
      JGE      NEXT
      NEG      VAR
NEXT:
      ENDM
DATA  SEGMENT  USE16
NUM   DB       -1
DATA  ENDS
CODE  SEGMENT  USE16
      ASSUME   CS:CODE,DS:DATA,ES:DATA
BEG:  MOV      AX,DATA
      MOV      DS,AX                  ;DS←DATA
      MOV      BX,-1030
      ABS      BX                     ;求 BX 的绝对值
      ABS      NUM                    ;求 NUM 的绝对值
      MOV      AH,4CH
      INT      21H
CODE  ENDS
      END      BEG
```

3. 宏指令与子程序的区别

宏指令和子程序都可以简化程序设计,两者之间的区别如下。

(1) 宏指令调用是在汇编过程中由汇编程序完成的,是汇编程序在汇编时将宏体代替宏名,有多少次宏调用,在目标程序中就需要同样次数的宏体的插入,所以宏指令并没有简化目标程序,不能节省目标程序所占的内存单元。子程序调用是由 CPU 完成的,若在一个主程序中多次调用同一个子程序,在目标程序的代码段中,子程序的代码仍是一个,可节省内存空间。

(2) 子程序在执行时,每调用一次都要先保护断点,通常在子程序中还要保护现场;在返回时,先要恢复现场,然后恢复断点,这些操作会增加程序的时间。而宏指令不需要,因而程序执行短,速度快。

(3) 宏指令通过形参和实参结合实现参数传递,简洁直观、非常方便。

4.7.2 条件汇编

条件汇编伪指令的功能是通知汇编程序,条件满足时汇编某些指令,否则就不汇编,它与高级语言的条件编译命令类似。条件汇编伪指令的一般格式:

```
IF      条件                          ;条件满足,汇编指令集合 1
        指令集合 1
[ELSE                                 ;条件不满足,汇编指令集合 2
        指令集合 2]
ENDIF
```

IF/ENDIF 是一对定界语句,其中"条件"通常是逻辑表达式或者关系表达式。

【例 4.14】 条件汇编伪指令的应用。

```
SHIFT   MACRO   VAR,LR
        IF      LR EQ 'L'
        ROL     VAR,4
        ELSE
        ROR     VAR,4
        ENDIF
        ENDM
```

下面程序段执行结果:

```
MOV     AX,1234H
MOV     BX,5678H
SHIFT   AX,'L'                        ;AX=2341H
SHIFT   BX,'R'                        ;BX=8567H
```

4.8 汇编语言程序设计举例

4.8.1 代码转换程序设计

代码转换是汇编语言程序设计时经常遇到的问题。键盘输入、屏幕显示、打印机输出都使用字符的 ASCII 码,数通常用十进制数表示,指令的运算对象及其结果都是以二进制表示,而运算结果输出显示的格式根据需要可以是二进制数、十进制数或十六进制数。因此在许多情况下都要进行代码转换。

汇编语言程序
设计举例

1. 十六进制数 ASCII 码转换为二进制数显示

【例 4.15】 从键盘输入的一位十六进制数 ASCII 码→二进制数显示。

程序执行后,要求操作员输入 0～9、A～F 中的一个字符,然后程序进行转换,显示出等值的二进制数。显示格式示范:

$$8 = 00001000B$$
$$A = 00001010B$$

【设计思路】 一位十六进制数 ASCII 码和二进制数之间的对应关系如下。

输入的字符: 0   1   … 9   A   … F
十六进制数 ASCII 码: 30H   31H … 39H   41H … 46H
二进制数: 0000 0001 … 1001 1010 … 1111

转换规律:数字 0～9 的 ASCII 码减去 30H 等于对应要显示的二进制数,A～F 的 ASCII 码减去 37H 等于对应要显示的二进制数。

二进制显示程序的设计思路是依次把该二进制数左移一位,判进位标志,若进位标志为 0,屏幕上显示 0;若进位标志为 1,屏幕上显示 1。

【程序清单】

```
                ;FILENAME:415.ASM
                .586
DATA    SEGMENT USE16
MESG    DB      'Please Enter！',0DH,0AH,'$'
DATA    ENDS
CODE    SEGMENT USE16
        ASSUME  CS:CODE,DS:DATA
BEG:    MOV     AX,DATA
        MOV     DS,AX
        MOV     AH,9              ;显示操作提示
        MOV     DX,OFFSET MESG
        INT     21H
        MOV     AH,1              ;等待输入'0'～'9','A'～'F'中的一个字符
        INT     21H
        CMP     AL,3AH
        JC      NEXT1             ;小于'A',即'0'～'9'转 NEXT1
        SUB     AL,7H
NEXT1:  SUB     AL,30H
        MOV     BL,AL             ;BL=0～9
        MOV     AH,2              ;显示'='
        MOV     DL,'='
        INT     21H
        CALL    DISP              ;调用二进制显示程序
        MOV     AH,2              ;显示'B'
        MOV     DL,'B'
```

```
                INT       21H
EXIT:           MOV       AH,4CH
                INT       21H
;----------------------------------------------------
DISP            PROC                        ;显示 BL 中的二进制数
                MOV       CX,8
LAST:           MOV       DL,'0'
                RCL       BL,1              ;BL 循环左移一位
                JNC       NEXT2             ;进位标志为 0,屏幕上显示 0
                MOV       DL,'1'            ;否则显示 1
NEXT2:          MOV       AH,2
                INT       21H
                LOOP      LAST
                RET
DISP            ENDP
CODE            ENDS
                END       BEG
```

2. 十进制数 ASCII 码转换为二进制数显示

【例 4.16】 将 BUF 中保存的 4 位十进制数 ASCII 码转换为对应的二进制数并显示。

【设计思路】 和例 4.15 中 1 位十六进制数 ASCII 码转换为二进制数不同,本例是多位十进制数 ASCII 码转换,因此除了将每位十进制数 ASCII 码减去 30H 得到相应位的二进制数外,还必须进行循环累加运算。假设 4 位 ASCII 码为 $A_3A_2A_1A_0$,每位减去 30H 得到的相应位的二进制数为 $N_3N_2N_1N_0$,则等值的二进制数 $= N_3 \times 1000 + N_2 \times 100 + N_1 \times 10 + N_0 \times 1 = ((N_3 \times 10 + N_2) \times 10 + N_1) \times 10 + N_0$。

【程序清单】

```
                ;FILENAME:416.ASM
                .586
DATA            SEGMENT   USE16
BUF             DB        '3','4','8','9'
COUNT           EQU       $-BUF
DATA            ENDS
CODE            SEGMENT   USE16
                ASSUME    CS:CODE,DS:DATA
BEG:            MOV       AX,DATA
                MOV       DS,AX
                MOV       CX,COUNT
                MOV       SI,OFFSET BUF
                MOV       AX,0              ;AX 用于存放累加和,清 0
                MOV       DH,0              ;DH 清 0
```

```
AGA:    MOV     BX,10           ;取 10→BX
        MUL     BX              ;AX×10→AX
        MOV     DL,[SI]         ;取出 ASCII 码字符
        SUB     DL,30H          ;减去 30H
        ADD     AX,DX           ;累加
        INC     SI
        LOOP    AGA
        MOV     BX,AX
        CALL    DISP            ;调用二进制显示程序
        MOV     AH,2
        MOV     DL,'B'
        INT     21H
EXIT:   MOV     AH,4CH
        INT     21H
;------------------------------------------
DISP    PROC                    ;显示 BX 中的二进制数
        MOV     CX,16
LAST:   MOV     DL,'0'
        RCL     BX,1
        JNC     NEXT
        MOV     DX,'1'
NEXT:   MOV     AH,2
        INT     21H
        LOOP    LAST
        RET
DISP    ENDP
CODE    ENDS
        END     BEG
```

3. BCD 码转换为二进制数显示

【**例 4.17**】 将 BX 中的 4 位 BCD 码转换为二进制数并显示。

【**设计思路**】 一位 BCD 码用 4 位二进制数表示，其值在 0000～1001，超出此范围是非法的 BCD 码。在计算机中常用一位 BCD 码代表一位 0～9 的十进制数。本例要求把 BCD 字单元中的 4 位 BCD 码转换成等值的二进制数显示。例如：

设 BCD 字单元中的数是 0100 0101 0110 0111。

等值的十进制数应当是 4567。

等值的二进制数应当是 0001 0001 1101 0111。

程序首先要依次截取千、百、十、个位的 BCD 码，然后和例 4.16 相同，进行循环累加运算，假设 4 位 BCD 码的数列为 $N_3 N_2 N_1 N_0$，其中 N_3 为千位 BCD 码，N_2 为百位 BCD 码，N_1 为十位 BCD 码，N_0 为个位 BCD 码，则等值的二进制数 $= ((N_3 \times 10 + N_2) \times 10 + N_1) \times 10 + N_0$。

【程序清单】

```
                ;FILENAME:417.ASM
                .586
CODE    SEGMENT USE16
        ASSUME  CS:CODE
BEG:    MOV     BX,4567H
        MOV     CX,4
        MOV     AX,0
        MOV     SI,10
AGA:    MUL     SI                      ;AX×10→AX
        ROL     BX,4
        MOV     DX,BX
        AND     DX,000FH                ;依次截取千百十个位 BCD 码→BX
        ADD     AX,DX
        LOOP    AGA
DISP:   MOV     BP,AX                   ;二进制显示转换结果
        MOV     CX,16
LAST:   MOV     AL,'0'
        RCL     BP,1
        ADC     AL,0
        MOV     AH,0EH
        INT     10H                     ;依次显示 16 位二进制数
        LOOP    LAST
        MOV     AH,4CH
        INT     21H
CODE    ENDS
        END     BEG
```

4. 二进制数转换为十六进制数显示

【例 4.18】 将 BUF 单元中的二进制数转换成十六进制数并送屏幕显示。

【设计思路】 由于采用功能调用显示任何字符，入口参数必须都是该字符的 ASCII 码。在进行二→十六进制数转换时，首先截取 4 位二进制数，然后判断其数值范围，再转换为对应的 ASCII 码。从例 4.17 中的十六进制数 ASCII 码和二进制数之间的对应关系分析可知：当截取 4 位二进制数等于 0000~1001 时，该数加上 30H 就等于相应十六进制数的 ASCII 码；当截取 4 位二进制数等于 1010~1111 时，该数加上 37H 就等于相应十六进制数的 ASCII 码。

【程序清单】

```
                ;FILENAME:418.ASM
                .586
DATA    SEGMENT USE16
BUF     DW 987AH
```

```
DATA        ENDS
CODE        SEGMENT    USE16
            ASSUME     CS:CODE,DS:DATA
BEG:        MOV        AX,DATA
            MOV        DS,AX
            MOV        DX,BUF
            MOV        CX,4
            SAL        EDX,16
AGA:        ROL        EDX,4
            AND        DL,0FH              ;截取4位二进制数
            CMP        DL,10               ;判断范围,转换为ASCII码
            JC         NEXT
            ADD        DL,7
NEXT:       ADD        DL,30H
            MOV        AH,2                ;显示字符
            INT        21H
            LOOP       AGA
            MOV        AH,4CH
            INT        21H
CODE        ENDS
END         BEG
```

5. 二进制数转换为十进制数显示

指令的运算对象及其结果都是以二进制数表示,而运算结果输出显示的格式通常情况下都是十进制数,因此需要将二进制数转换为十进制数。二进制数转换成十进制数有多种编程方法,如比较法、恢复余数法和除法求余等。

【例4.19】 用比较法实现二进制数转换成十进制数显示。

【设计思路】 以16位二进制数为例,16位二进制数其等值的十进制数最大为65 535,比较法的编程技巧是用减法求出该数包含几个10 000、1000、100、10、1。下面的程序可实现16位或8位二进制数的十进制显示。

```
            ;FILENAME:419.ASM             比较法
            .486
            CMPDISP    MACRO    NN
            LOCAL      LAST,NEXT
            MOV        DL,0                ;DL清0
LAST:       CMP        BEN,NN              ;比较
            JC         NEXT                ;BEN<NN 转
            INC        DL                  ;DL加1
            SUB        BEN,NN              ;BEN-NN→BEN
            JMP        LAST
NEXT:       ADD        DL,30H              ;转换为ASCII码
            ENDM
```

```
DATA        SEGMENT   USE16
BEN         DW        1287H                    ;4743
TAB         DW        10000,1000,100,10,1
COUNT       EQU       ($-TAB)/2
BUF         DB        COUNT DUP(?),'$'         ;输出缓冲区
DATA        ENDS
CODE        SEGMENT   USE16
            ASSUME    CS:CODE,DS:DATA
BEG:        MOV       AX,DATA
            MOV       DS,AX
            MOV       CX,COUNT
            MOV       BX,OFFSET TAB
            MOV       SI,OFFSET BUF            ;输出缓冲区地址→SI
AGA:        MOV       AX,[BX]
            CMPDISP   AX                       ;调用宏得到 ASCII 码
            MOV       [SI],DL                  ;将 ASCII 码保存到输出缓冲区中
            ADD       BX,2                     ;BX+2→BX
            INC       SI
            LOOP      AGA
            MOV       SI,OFFSET BUF            ;输出缓冲区地址重新→SI
NOSP:       CMP       BYTE PTR [SI],30H        ;判断字符是否为'0'
            JNZ       DISP                     ;不等,跳转到 DISP 显示
            INC       SI
            JMP       NOSP
DISP:       MOV       AH,9                     ;显示十进制数
            MOV       DX,SI
            INT       21H
            MOV       AH,4CH
            INT       21H
CODE        ENDS
            END       BEG
```

【例 4.20】 除数取余法实现二进制数转换成十进制数显示。

【设计思路】 除法求余是首先把待转换的二进制数除以 10,余数(必定小于 10)压入堆栈,再把商值除以 10,余数压入堆栈,直到商为 0 时止。然后依次从堆栈中弹出各次的余数,转换成 ASCII 码送屏幕显示。该程序可实现 8 位、16 位或 32 位二进制数的十进制显示。

【程序清单】

```
            ;FILENAME:420.ASM
            .586
CODE        SEGMENT   USE16
            ASSUME    CS:CODE
NUM32       DD        3456789000               ;汇编后自动转换成二进制数
```

BEG：	MOV	EAX,NUM32	
	MOV	EBX,10	;除数 10→EBX
	MOV	CX,0	;计数初值 0→CX
LAST：	MOV	EDX,0	;0→EDX
	DIV	EBX	;(EDX、EAX)/EBX,商→EAX,余数→EDX
	PUSH	DX	;余数压入堆栈
	INC	CX	;统计除法的次数
	CMP	EAX,0	
	JNZ	LAST	;商不为 0 转
AGA：	POP	DX	;余数→DX
	ADD	DL,30H	
	MOV	AH,2	
	INT	21H	;显示一位十进制数
	LOOP	AGA	
	MOV	AH,4CH	
	INT	21H	
CODE	ENDS		
	END	BEG	

4.8.2 算术运算程序设计

汇编语言中,可进行数值计算的有加、减、乘、除、移位等最基本的指令。算术运算程序需要将某一问题分解成能够用加、减、乘、除完成的基本操作。

【例 4.21】 设数据段 BUF 单元开始存放若干 16 位有符号数,计算其平均值,并保存在 VALUE 字单元。

【设计思路】 首先对 16 位有符号二进制数求和,然后除以数据个数得到平均值。为了避免溢出,被加数要进行有符号扩展,得到 32 位数据,然后求和。

【程序清单】

		;FILENAME　EXA421.ASM	
		.586	
DATA	SEGMENT	USE16	
BUF	DW	1234,−1000,0,3,−1,32765,761,−8923,9000	
COUNT	EQU	($-BUF)/2	
VALUE	DW	?	
DATA	ENDS		
CODE	SEGMENT	USE16	
	ASSUME	CS:CODE,DS:DATA	
BEG：	MOV	AX,DATA	
	MOV	DS,AX	
	MOV	CX,COUNT	
	MOV	BX,OFFSET BUF	
	MOV	EAX,0	;EAX 保存累加和

```
AGA:        MOVSX       EDX,WORD PTR [BX]      ;取出一个数符号扩展→EDX
            ADD         EAX,EDX                ;求和
            ADD         BX,2                   ;指向下一个数
            LOOP        AGA
            MOV         EDX,0                  ;0→被除数高 32 位
            MOV         ECX,COUNT              ;个数→除数寄存器
            IDIV        ECX                    ;有符号数除法,平均值在 AX 中
            MOV         VALUE,AX
            MOV         AH,4CH
            INT         21H
CODE        ENDS
END         BEG
```

【例 4.22】 计算 1!+2!+3!+4!+5!,并要求把计算结果保存在内存 SUM 单元。

【设计思路】 该程序结构是一个双循环程序,其中内循环计算 N!,循环计数器次数是 DL 寄存器;外循环计算 1!+2!+…+5! 的和,此时循环由 CX 寄存器控制。计算和不超过 255,所以 SUM 定义为字节即可。

【程序清单】

```
            ;FILENAME:EXA422.ASM
            .586
DATA        SEGMENT     USE16
SUM         DB          0
DATA        ENDS
CODE        SEGMENT     USE16
            ASSUME      CS:CODE,DS:DATA
BEG:        MOV         AX,DATA
            MOV         DS,AX
            MOV         CX,5
D0:         MOV         AX,1
            MOV         DL,CL
D1:         MUL         DL
            DEC         DL
            JNZ         D1                     ;内循环计算 N!
            ADD         SUM,AL
            LOOP        D0                     ;外循环计算 1!+2!+…+5!的和
            MOV         AH,4CH
            INT         21H
CODE        ENDS
            END BEG
```

4.8.3 字符串处理程序设计

【例 4.23】 字符串比较。

比较从键盘输入的字符串 STR1,和数据段中定义的字符串 STR2 是否相等。若相等,则置 FLAG 单元为'Y',不相等则置 FLAG 单元为'N'。

【设计思路】 本例用串比较指令编程实现,串指令要求源串在数据段,目标串在附加段。本例采用了两种解法,解法 1 共设置了 3 个逻辑段,ASSUME 语句中用"ES:EXTRA"说明以 EXTRA 为段名的是附加段。解法 2 设置数据段和附加段"重叠",即在 ASSUME 语句中用"DS:DATA"和"ES:DATA"说明以 DATA 为段名的逻辑段既是数据段又是附加段,其次在程序一开始给 DS 和 ES 赋相同的段基址。

【解法 1 程序清单】

```
                ;FILENAME:423_1.ASM
                .586
DATA    SEGMENT USE16
STR1    DB      30,?,30 DUP(?)          ;输入字符串缓冲区
FLAG    DB      'N'                     ;存放比较结果,初始为'N'
DATA    ENDS
EXTRA   SEGMENT USE16
STR2    DB      'WELCOME'
COUNT   EQU     $-STR2                  ;统计串长度
EXTRA   ENDS
CODE    SEGMENT USE16
        ASSUME  CS:CODE,DS:DATA,ES:EXTRA
BEG:    MOV     AX,DATA                 ;DS 初始化
        MOV     DS,AX
        MOV     AX,EXTRA                ;ES 初始化
        MOV     ES,AX
        MOV     CX,COUNT
        MOV     AH,0AH                  ;从键盘输入字符串 STR2
        MOV     DX,OFFSET STR1
        INT     21H
        MOV     CL,STR1+1               ;输入字符串长度→CX
        MOV     CH,0
        CMP     CX,COUNT                ;比较 STR1 和 STR2 的长度是否相等
        JNZ     EXIT                    ;字符串比较不相等,跳转
        MOV     SI,OFFSET STR1+2        ;原串首址→SI
        MOV     DI,OFFSET STR2          ;目标区首址→DI
        CLD                             ;D 标志为 0,增址型
LOAD:   REPE    CMPSB                   ;两字符串比较
        JNZ     EXIT                    ;字符串比较不相等,跳转
        MOV     FLAG,'Y'                ;字符串相等,置 FLAG 为'Y'
EXIT:   MOV     AH,4CH
        INT     21H
CODE    ENDS
        END     BEG
```

【解法 2 程序清单】

```
                ;FILENAME:423_2.ASM
                .586
DATA    SEGMENT  USE16
STR1    DB       30,?,30 DUP(?)        ;输入字符串缓冲区
STR2    DB       'WELCOME'
COUNT   EQU      $-STR2                ;统计串长度
FLAG    DB       'N'                   ;存放比较结果,初始为'N'
DATA    ENDS
CODE    SEGMENT  USE16
        ASSUME   CS:CODE,DS:DATA,ES:DATA
BEG:    MOV      AX,DATA
        MOV      DS,AX                 ;DS 初始化
        MOV      ES,AX                 ;ES 初始化
        MOV      CX,COUNT
        MOV      AH,0AH                ;从键盘输入字符串 STR2
        MOV      DX,OFFSET STR1
        INT      21H
        MOV      CL,STR1+1
        MOV      CH,0                  ;输入字符串长度→CX
        CMP      CX,COUNT              ;比较 STR1 和 STR2 的长度是否相等
        JNZ      EXIT                  ;字符串比较不相等,跳转
        MOV      SI,OFFSET STR1+2      ;原串首址→SI
        MOV      DI,OFFSET STR2        ;目标区首址→DI
        CLD                            ;D 标志为 0,增址型
LOAD:   REPE     CMPSB                 ;两字符串比较
        JNZ      EXIT                  ;字符串比较不相等,跳转
        MOV      FLAG,'Y'              ;字符串相等,置 FLAG 为'Y'
EXIT:   MOV      AH,4CH
        INT      21H
CODE    ENDS
        END      BEG
```

【例 4.24】 数据查找。

设从 BUF 单元开始,存有一字符串,找出其中 ASCII 码最小和最大的字符,并发送到屏幕显示。

【编程思路】 数据查找的关键是进行数据比较,由于 ASCII 码值为无符号数,因此应使用无符号数的比较转移指令。

【程序清单】

```
                ;FILENAME:424.ASM
                .586
DATA    SEGMENT  USE16
```

```
BUF         DB          'DLSIEFLIEFAWOKFADL'
COUNT       EQU         $-BUF
MAX         DB          'MAX=',?,0DH,0AH,'$'
MIN         DB          'MIN=',?,'$'
DATA        ENDS
CODE        SEGMENT     USE16
            ASSUME      CS:CODE,DS:DATA
BEG：       MOV         AX,DATA
            MOV         DS,AX
            MOV         AL,BUF
            MOV         MAX+4,AL            ;假设第一个数是最大数
            MOV         MIN+4,AL            ;假设第一个数是最小数
            MOV         BX,OFFSET BUF+1
            MOV         CX,COUNT-1          ;比较次数
LAST：      MOV         AL,[BX]
            CMP         AL,MAX+4            ;比较最大数
            JNA         LESS
            MOV         MAX+4,AL            ;大数→MAX+4
LESS：      CMP         AL,MIN+4            ;比较最大数
            JNC         NEXT
            MOV         MIN+4,AL            ;小数→MIN+4
NEXT：      INC         BX
            LOOP        LAST
            MOV         AH,9
            MOV         DX,OFFSET MAX
            INT         21H                 ;显示最大字符
            MOV         AH,9                ;显示最小字符
            MOV         DX,OFFSET MIN
            INT         21H
            MOV         AH,4CH
            INT         21H
CODE        ENDS
            END         BEG
```

【例 4.25】 字符串中关键字符的搜索。

假设从 STRING 单元开始有一字符串,从键盘输入一个关键字符,查找字符串中是否存在输入的关键字符,将搜索到的关键字符的个数存放在内存 NUM 单元,并将每一个搜索到的关键字符在字符串中的位置信息存放到 POINTER 开始的内存单元。

【设计思路】 搜索关键字符应用带重复前缀 REPNE 的串搜索指令 SCASB 编程实现,串搜索指令要求字符串在附加段,起始偏移地址存放在 DI 寄存器中,因此,本例仍采用数据段和附加段重叠的方法。另外在字符串中若搜索到关键字符,串指令执行完毕,则 DI 寄存器中的值为关键字符位置信息+1。

【程序清单】

```
                ;FILENAME:425.ASM
                .586
DISP    MACRO   VAR
        MOV     AH,9
        MOV     DX,OFFSET VAR
        INT     21H
        ENDM
DATA    SEGMENT USE16
STRING  DB      'BASIC FORTRAN_77 C++ FOXPRO JAVA'
LENS    EQU     $-STRING                    ;串长度
POINTER DW      LENS DUP(0)                 ;存放位置信息
FLAG    DB      0                           ;是否找到
MESGY   DB      0DH,0AH,'------Found ! $'
MESGN   DB      0DH,0AH,'------Not Found ! $'
DATA    ENDS
CODE    SEGMENT USE16
        ASSUME  CS:CODE,DS:DATA,ES:DATA
BEG:    MOV     AX,DATA
        MOV     DS,AX
        MOV     ES,AX                       ;DS=ES=DATA
        MOV     AH,1
        INT     21H                         ;输入关键字符
        MOV     BX,OFFSET POINTER
        MOV     DI,OFFSET STRING
        MOV     CX,LENS
        CLD
AGA:    REPNE   SCASB
        JNZ     NEXT                        ;ZF=0 跳出循环
        MOV     FLAG,1                      ;找到 FLAG 单元并置 1
        MOV     SI,DI
        DEC     SI                          ;位置信息=SI-1
        MOV     [BX],SI                     ;位置信息→POS 单元
        ADD     BX,2                        ;BX+2→BX
        JMP     AGA                         ;继续搜索
NEXT:   CMP     FLAG,1                      ;比较是否找到
        JZ      FOUND
NOFOUND:DISP    MESGN                       ;显示没找到信息
        JMP     EXIT
FOUND:  DISP    MESGY                       ;显示找到信息
EXIT:   MOV     AH,4CH
        INT     21H
CODE    ENDS
        END     BEG
```

4.9 汇编语言和 C/C++ 语言的混合编程

汇编语言角度抽象程度低,编写时更贴近硬件,因此也具备最大的灵活性,可以根据程序实际运行环境,自行使用硬件资源设计相应的程序,从而可以获取具有最优性能的目标机器代码,但缺点是编程难度相对较大,特别是在设计一些算法和数据结构复杂的程序时。高级语言则由于其视角的抽象程度高,编写程序时一些硬件资源指派问题可以交由编译器解决,相应降低了编程难度,适应于编写复杂程序,但由于编译器资源分配算法对实际运行环境适应度不够灵活,最终得到的不一定是最优的目标机器代码。通常情况下,程序中需要直接访问硬件的功能,或是被多次调用的并且要求执行速度很快的功能,适合使用汇编语言编写。而程序的其余部分则采用高级语言编写。例如,在早期 UNIX 操作系统的设计中,大约 90% 的代码使用 C/C++ 语言编写,剩余部分则主要使用汇编语言编写。

因此,在软件设计中,同时使用汇编语言和高级语言进行混合编程,可以充分利用汇编语言和高级语言各自的优点,降低软件的设计难度,同时提高软件的性能。

4.9.1 混合编程的基本规则

汇编语言和高级语言的混合编程的具体实现方法与高级语言的类别、汇编语言和高级语言的版本等有关。在进行混合编程时,一般都需要解决以下问题。

1. 混合编程的实现方式

不同的高级语言,与汇编语言混合编程的实现方式不同。

对编译型的高级语言,如 C/C++ 语言,与汇编语言混合编程的实现方式:首先使用编译器由汇编语言源程序以及高级语言源程序生成各自的目标 OBJ 文件,之后使用链接工具可以将汇编语言的 OBJ 文件和高级语言的 OBJ 文件链接起来得到目标可执行文件。当需要用汇编语言实现的功能不复杂时,也可以将汇编语言程序段的代码直接嵌入 C 语言源代码中,最后再编译链接生成目标可执行文件。

对解释型或者半编译半解释型的高级语言,如 Java 语言,由于其运行机制是将编译得到的二进制代码装载到虚拟机中运行,而并非直接在目标计算机系统上运行,因此实现混合编程的方式与编译型语言不同,需要使用到 Java 本地接口(Java Native Interface, JNI)。在具体实现时,在 Java 程序中定义对本地方法进行调用的类,编译后创建本地方法头文件,之后可以使用汇编语言实现本地方法,将其与头文件一起编译后放入共享库(动态链接库)中,这一共享库由所在操作系统支持,在 Java 程序运行时实现对汇编语言编写的本地方法的调用。

2. 混合编程的控制转移

一般将需要用汇编语言实现的功能编写成为函数或方法,在高级语言中通过函数调用或方法调用使用汇编语言编写的程序功能,这一控制转移过程与汇编语言中的子程序调用相似。

3. 混合编程的参数传递

与汇编语言程序设计中的子程序调用相似,混合编程中在高级语言和汇编子程序之间需要进行参数传递,大多数情况下通过堆栈进行,需要确保参数在堆栈中的位置正确。

C/C++语言是被广泛使用的程序设计语言,可以和汇编语言之间很平滑地衔接。C语言开发环境也提供了很好的混合编程手段。C/C++和汇编语言混合编程主要有两种方式:一种是在 C/C++ 程序中内嵌汇编语言指令;另一种是将独立的汇编模块与 C/C++ 模块相连接。本节主要讨论 C++ 与汇编语言的 32 位混合编程,其中 C++ 语言开发工具采用可支持 64 位操作系统的 Visual Studio 2019。

4.9.2 C/C++ 语言中内嵌汇编语言指令

当使用汇编语言实现的功能比较简单、汇编语言指令总条数较少时,可以直接将汇编语言指令直接嵌入 C 语言源代码中。

在 C/C++ 语言中嵌入汇编语言指令通过使用关键字 _asm 来实现的。该关键字有两种使用方法。

(1) 使用_asm 语句块,即将所有的内嵌汇编语言指令用括号括起来。例如:

```
_asm{
    MOV  AH,0EH
    MOV  AL,'A'
    INT  10H
}
```

(2) 在每条汇编指令前加 _asm 关键字,如上例可以改为

```
_asm MOV AH,0EH
_asm MOV AL,'A'
_asm INT 10H
```

【例 4.26】 使用汇编语言编写对两个数相加的操作,将其嵌入 C/C++ 语言程序中,利用汇编语言实现的相加操作完成 C=A+B 的功能,并将结果输出到屏幕,其中 A、B、C 均为有符号整数,A、B 的初始值分别为 1、2。

【设计思路】 编写一个函数 int add2(int, int),在函数中用汇编语言完成两个数相加的功能。在主程序中调用 add2 函数完成加法运算。

【程序清单】

```
/* FILENAME:426.C */
# include <stdio.h>
void main(){
    int add2(int, int);
```

```
        int a=1;int b=2;int c=0;
        c=add2(a,b);
        printf("%d",c);
}
int add2(int a, int b){
        int sum=0;
        _asm mov eax,a                              /*使用汇编语言指令计算两个数的和*/
        _asm add eax,b
        _asm mov sum,eax
        return sum;
}
```

4.9.3 独立的汇编目标代码

当需要用汇编语言实现的功能比较复杂、需要较多的汇编语言指令时,将汇编语言指令直接嵌入 C/C++ 语言源代码中这种方式不再适用。需要将汇编语言实现的供 C/C++ 语言调用的功能,即共享函数,单独编写成为汇编子程序并使用汇编编译器编译得到对应的 OBJ 目标文件。最后将其与从 C 语言程序编译得到的 OBJ 目标文件一起进行链接生成最终的目标机器代码程序。

C/C++ 语言编译器对参与混合编程的 C/C++ 语言源程序以及汇编语言程序有严格的格式约定,在进行混合编程时需要遵守 C/C++ 语言调用汇编语言的规则。

1. 采用一致的调用规范

C++ 与汇编语言混合编程的参数传递通常利用堆栈,调用规范决定利用堆栈的方式和命名约定,两者要一致,例如 C++ 的_cdecl 调用规范和 MASM 的 C 语言类型。Visual C++ 语言具有 3 种调用规范: _cdecl、_stdcall 和_fastcall,默认采用_cdecl 调用规范,是在名字前自动加一个下画线,从右向左将实参压入堆栈,即共享函数传递参数的次序和其在参数表中出现的次序正好相反,即参数表中的第一个参数最后一个进入堆栈。注意某些参数变量在进入堆栈前会进行类型转换,例如,字符型转换为整型,浮点型转换为双精度型等;另外由调用程序进行堆栈的平衡。当 C++ 程序采用_cdecl 调用规范时,其对应调用的汇编语言程序中,MODEL 伪指令的[语言类型]选项应选择 C 方式,即传递参数顺序也是从右到左,由调用者(主程序)恢复堆栈指针,和 C++ 程序保持一致。

2. 声明公用函数和变量

使用汇编语言实现的共享过程(函数)在 C 语言源程序中必须使用关键字 extern 进行说明。过程名(函数名)是大小写敏感的,应该保证它在汇编程序和 C/C++ 程序中一致。汇编语言中供外部使用的标识符应具有 PUBLIC 属性。

3. 入口参数和返回参数的约定

C++ 语言中无论采用何种规范,传送的参数形式除了数组都是传值(Value),而数组传递的是第一个元素的地址。参数返回时,8 位值是通过 AL 返回,16 位值是通过 AX 返回;32 位返回值存放在 EAX 中。Visual Studio 2019 环境下开发汇编语言程序过程步骤与 4.2.2 节相同。

【例 4.27】 使用汇编语言编写一个独立的子程序实现对两个数相加的操作,在另一个 C 语言程序中,利用调用汇编语言子程序的方式完成 C=A+B 的功能并将结果输出到屏幕,其中 A、B、C 均为 16 位有符号整数,A、B 的初始值分别为 1、2。

【设计思路】 编写一个汇编语言子程序实现共享函数 int add2(int,int),函数使用汇编语言指令完成两个数相加的功能。在 C 语言主程序中调用 add2 函数完成加法运算。

【程序清单】
C 语言源程序:

```
/* FILENAME:427.C */
# include <stdio.h>
extern "C" int add2(int,int);           /* add2 是与汇编程序共享的函数 */
void main(){
    int a=1;int b=2;int c=0;
    c=add2(a, b);                       /* 调用共享函数得到计算结果 */
    printf("%d", c);
}
```

汇编语言程序:

```
; * FILENAME:427.ASM
.586
.model flat, c
    public add2
.code
    add2    proc
        push    ebp
        mov     ebp,esp
        mov     eax,[ebp+8]         ;取出参数 a
        mov     ebx,[ebp+12]        ;取出参数 b
        add     eax, ebx            ;计算 a+b 并返回结果
        pop     ebp
    ret
    add2    endp
end
```

4.10 本 章 小 结

本章首先介绍了与汇编源程序结构密切相关的,用来说明 CPU 类型、段结构和源程序结束的基本语句,并给出了完整的 DOS16 汇编源程序和 Win32 汇编源程序框架;汇编

语言开发过程；常用的 DOS 系统 I/O 功能调用，BIOS 键盘输入和文本方式 BIOS 屏幕显示功能调用、Win32 控制台输入输出编程。接着通过程序实例说明汇编语言程序设计的基本方法，包括分支程序、循环程序、子程序、宏指令、代码转换程序和字符串处理程序的设计。最后介绍了 C/C++ 语言程序中调用汇编语言的两种方法。

重点要求掌握内容：汇编源程序结构，常用的 DOS 和 BIOS 功能调用，分支程序、循环程序、子程序、宏指令和代码转换程序的编写。

习　　题

1. 数据段 NUMBER 单元有一个数 X，编程判断 $5<X\leqslant24$ 是否成立。若是置 FLAG 单元为 0，否则置 FLAG 单元为 −1。

2. 计算从 1 开始的连续 50 个偶数之和，并将结果存放在 SUM 字单元中。

3. 设数据段 BUF 单元开始有 10 个有符号的单字节数，其中必定有负数，找出其中真值最小的数→屏幕显示。

　　　　　　　　显示格式为　MIN=−××××××××B

4. 由键盘输入任意两位十进制数，然后转换成一字节 BCD 码→数据段 BCD 单元。

5. 由键盘输入任意组合的 8 个 0、1 字符，然后转换成等值的二进制数并送数据段 BEN 开始的字节型单元。

6. 由键盘输入两个 3 位十进制数（一个 3 位十进制数以 Enter 键作为结束标志），转换成等值的二进制数→数据段两个字型单元。

7. 由键盘输入 2 位十六进制数，然后转换成等值的十进制数→屏幕显示。

8. 回文字符串是指一个字符串正读和倒读都是一样的，现有一字符串 string，包含 16 个字符，编写程序判断该字符串是否为回文字符串，并输出结果 YES 或 NO。

9. 编程统计 BX 寄存器中 16 位二进制数中为 1 的位的个数，并以十进制格式显示。

10. 数据段 NUM 单元开始存放有 10 个无符号数，编写程序求这 10 个数的和，并以十六进制格式显示。

11. 用宏指令实现将任一个寄存器的最低位移至另一个寄存器的最高位。

12. 用 Win32 汇编中的高级语法编程计算 sum 的值，sum=1+2+3+…+100。

13. 用 Win32 汇编中的高级语法编程实现：假设内存中从 BUF 单元开始有若干单字节无符号数，要求把它们按其数值大小，从小到大重新排列。

第 5 章 总　　线

第 5 章　课件

总线是一组信号线的集合，是在计算机系统各部件之间传输地址、数据和控制信息的公共通路。微型计算机系统中，总线存在于 CPU、存储器各芯片内部，也存在于各模块之间，本章将介绍总线的相关概念。

5.1　总线基本概念

总线是构成计算机系统的互连机构，是多个系统功能部件之间进行数据传送的公共通路，通过总线可以传输数据信息、地址信息、各种控制命令和状态信息。

在计算机的发展历史中，早期冯·诺依曼提出的模型并不包含总线，到微型计算机以后，才正式采用总线结构。有了总线结构以后，计算机系统的组装、维护和扩展才得以方便地进行，使系统具有了支持模块化设计、开放性、通用性和灵活性等特点。

总线基本概念

5.1.1　总线的类型与总线结构

1. 总线的类型

一个系统常常包含多种类型的总线。计算机系统的总线按其所传输信号的性质分为 3 类：地址总线、数据总线和控制总线。地址总线和数据总线相对比较简单，功能也较为单一。尽管在系统的不同层面上它们的名称和性能有所不同，但地址总线和数据总线的功能就是传输、交换地址信息和数据信息。控制总线差异较大，这一特点决定了各种模块的不同接口和功能特点。

整个计算机系统包含许多模块，这些模块位于系统的不同层次上，整个系统按模块进行构建。同一类型的总线在不同的层面上连接不同部位上的模块，其名称、作用、数量、电气特性和形态各不相同。按总线连接的对象和所处系统的层次来分，总线有芯片级总线、系统总线、局部总线和外部总线。芯片级总线用于模块内芯片级的互连，是该芯片与外围支撑芯片的连接总线。如连接 CPU 及其周边的协处理器、总线控制器、总线收发器等的总线称为CPU局部总线或CPU总线,连接存储器及其支撑芯片的总线称为存储器总线。系统总线是连接计算机内部各模块的一条主干线,是连接芯片级总线、局部总线和外部总线的纽带。系统总线符合某一总线标准,具有通用性,是计算机系统模块化的基础。由于经过缓冲器驱动,其负载能力较强。与所连接的CPU和外设相比,系统总线发展滞后、速度缓慢、带宽较窄,成为数据传输的瓶颈。为了打破这一瓶颈,人们将一些高速外设从系统总线上卸下,通过控制和驱动电路直接挂到CPU局部总线上,使高速外设能按CPU速度运行。这种直接连接CPU和高速外设的传输通道就是局部总线。局部总线一端与CPU连接,另一端与高速外设和系统总线连接,好像在系统总线和CPU总线之间又插入一级。外部总线又称设备总线或输入输出总线,是连接计算机与外设的总线。外部总线经总线控制器挂接到系统总线上。CPU与连接到系统板上的外设打交道须经过芯片级总线、局部总线、(系统总线)和外部总线这样3~4级总线。

按照允许信息传送的方向来分,总线还可分为单向传输和双向传输两种。双向传输又分为半双向和全双向两种。前者允许在某一时刻只能向其中的一个方向进行数据传送,而在另一时刻可以实现反方向的数据传送。后者允许在同一时刻进行两个方向的数据传送。全双向的速度快,但造价高,结构复杂。

按照用法,总线又可以分为专用总线和非专用总线。只连接一对物理部件的总线称为专用总线。其优点是系统的流量高,多个部件可以同时发送和接收信息,几乎不争用总线;控制简单,不用指明源部件和目的部件;任何总线的失效只会影响连接该总线的两个部件不能直接通信,但它们仍可通过其他部件间接通信,因而系统可靠。专用总线的主要缺点是总线数目多;难以小型化和集成电路化,而且总线长时成本高。另外,专用总线的时间利用率往往很低,系统的模块化也较难实现。专用总线只适用于实现某个设备(部件)仅与另一个设备(部件)相连。非专用总线可以被多种功能或多个部件所分时共享,同一时间只有一对部件可以使用总线进行通信。非专用总线的主要优点是总线数少,造价低;总线接口的标准化、模块性强,易于简化和统一接口的设计;可扩充能力强,部件的增加不会使电缆、接口和驱动电路等剧增;易于采用多重总线来提高总线的带宽和可靠性,使故障弱化。缺点是系统流量小,经常会出现总线争用,使那些未获得总线使用权的部件不得不等待而降低效率。如果处理不当,总线可能成为系统速度性能的瓶颈,对单总线结构尤其如此。

2. 总线结构

总线用来连接系统内各模块,组织方法不同,总线结构也不同。一般的总线结构有单总线结构、双总线结构和三总线结构。

单总线结构是指在许多单处理器的计算机中,使用一条单一的系统总线来连接CPU、主存和I/O设备。此时要求连接到总线上的逻辑部件必须高速运行,以便在某些设备需要使用总线时能迅速获得总线控制权;而当不再使用总线时,能迅速放弃总线控制权。单总线结构容易扩展成多CPU系统,只需要在系统总线上挂接多个CPU即可。

双总线结构保持了单总线系统简单、易于扩充的优点,但又在CPU和主存之间专门设置了一组高速的存储总线,使 CPU 可通过专用总线与存储器交换信息,并减轻了系统总线的负担,同时主存仍可通过系统总线与外设之间实现直接存储器存取(DMA)操作,而不必经过 CPU。当然这种双总线系统以增加硬件为代价。三总线结构是在双总线系统的基础上增加 I/O 总线形成的。

5.1.2 总线的性能

总线的性能主要从以下 3 方面来衡量:总线宽度、总线频率和传输率。

1. 总线宽度

总线宽度是指一次可以同时传输的数据位数。一般来说,总线的宽度越宽,在一定时间内传输的信息量就越大。不过在一个系统中,总线的宽度不会超过 CPU 的数据宽度。

2. 总线频率

总线频率是指总线工作时每秒内能传输数据的次数。总线的频率越高,传输的速度越快。

3. 传输率

传输率是指每秒内能传输的字节数,用 MB/s 来表示。

传输率和宽度、频率之间的关系是

$$传输率 = 宽度/8 \times 频率$$

【例 5.1】 设总线宽度为 32b,频率为 100MHz,求传输率。

根据上述公式,即

$$传输率 = 32b/8 \times 100MHz = 400MB/s$$

又如,PCI 总线的宽度为 32 位,总线频率为 33MHz,所以,PCI 的数据传输率为 132MB/s。

总线宽度越宽,频率越高,则传输率越高。

5.1.3 总线信息的传送方式

数字计算机使用二进制数,它们或用电位的高、低来表示,或用脉冲的有、无来表示。计算机系统中,总线传输方式即总线通信方式,俗称为总线握手方式。总线信息的传送方式一般有 3 种:串行传送、并行传送和分时传送。出于速度和效率上的考虑,系统总线上传送的信息必须采用并行传送方式。

1. 串行传送

当信息以串行方式传送时,只有一条传输线,且采用脉冲传送。在串行传送时,按顺序传送来表示一个数的所有二进制位(bit)的脉冲信号,每次一位。通常以第一个脉冲信号表示数的最低有效位,最后一个脉冲信号表示数的最高有效位。进行串行传送时,被传送的数据需要在发送部件进行并-串变换,而在接收部件又需要进行串-并变换。串行传送的主要优点是只需要一条传输线,这一点对长距离传输显得特别重要,不管传送的数据量有多少,只需要一条传输线,成本比较低廉。

2. 并行传送

用并行方式传送二进制信息时,对要传送的数的每个数据位都需要单独一条传输线。信息由多少二进制位组成,就需要有多少条传输线,从而使得二进制数 0 或 1 在不同的线上同时进行传送。

并行传送一般采用电位传送。由于所有的位同时被传送,所以并行数据传送比串行数据传送快得多。

3. 分时传送

分时传送有两种概念。一是采用总线复用方式,某个传输线上既传送地址信息,又传送数据信息。为此必须划分时间片,以便在不同的时间间隔中完成传送地址和传送数据的任务。分时传送的另一种概念是共享总线的部件分时使用总线。

5.2 32位微处理器的外部引脚与总线时序

理解微处理器的引脚功能是微型计算机系统中微处理器与存储器和微处理器与 I/O 接口进行连接的重要基础之一,本节主要论述 32 位微处理器的引脚功能。

5.2.1 Pentium 微处理器的引脚功能

Pentium 由于增加了许多功能,使得信号数量大大增加,芯片有 168 个引脚,介绍如下。

1. 地址线及控制信号

(1) $A_{31} \sim A_3$:地址线。
(2) AP:地址的偶校验码位。
(3) $\overline{ADS}$:地址状态输出信号。
(4) $\overline{A_{20}M}$:A_{20} 以上的地址线屏蔽信号。
(5) $\overline{APCHK}$:地址校验出错信号。

由于 Pentium 有片内 Cache,所以地址线是双向的,既能对外选择主存和 I/O 设备,也能对内选择片内 Cache 的单元。Pentium 的 32 位地址线可寻址 4GB 内存和 64KB 的 I/O 空间,32 位地址信号中、低 3 位地址 $A_2 \sim A_0$ 组合成字节允许信号 $\overline{BE_7} \sim \overline{BE_0}$,所以,$A_2 \sim A_0$ 不对外。

当 $A_{31} \sim A_3$ 有输出时,AP 上输出偶校验码,供存储器对地址进行校验。在读取

Cache 时，Pentium 会对地址进行偶校验，如校验有错，则地址校验信号 $\overline{\text{APCHK}}$ 输出低电平。$\overline{\text{ADS}}$ 为地址状态信号，它表示 CPU 已启动一个总线周期。

$\overline{\text{A}_{20}\text{M}}$ 信号是所有与 ISA 总线兼容的计算机系统中必须有的信号，当此信号为 0 时，将屏蔽第 20 位以上的地址，以便在访问 Cache 和主存时可访问 1MB 存储空间。

2. 数据线及控制信号

(1) $D_{63} \sim D_0$：数据线。

(2) $\overline{\text{BE}_7} \sim \overline{\text{BE}_0}$：字节允许信号。

(3) $DP_7 \sim DP_0$：奇偶校验信号。

(4) $\overline{\text{PCHK}}$：读校验出错。

(5) $\overline{\text{PEN}}$：奇偶校验允许信号，若输入为低电平，则在读校验出错时处理器会自动进行异常处理。

Pentium 对外用 64 位数据线，所以数据总线 $D_{63} \sim D_0$，并增加了奇偶校验。在对存储器进行读写时，每字节产生一个校验位，通过 $DP_7 \sim DP_0$ 输出，而读操作时，则按字节进行校验。$\overline{\text{PCHK}}$ 信号在读校验出错时为 0，以便送外部电路告示校验出错。

$\overline{\text{BE}_7} \sim \overline{\text{BE}_0}$ 为字节允许信号，对应 8 字节（即 64 位）数据。

3. 总线周期控制信号

(1) $D/\overline{C}$：数据/控制信号。高电平表示当前总线周期传输的是数据，低电平表示当前总线周期传输的是指令。

(2) $M/\overline{IO}$：存储器和 I/O 访问信号。高电平时访问存储器，低电平时访问 I/O 端口。

(3) $W/\overline{R}$：读写信号。高电平时表示当前总线周期进行写操作，低电平时则为读操作。

(4) $\overline{\text{LOCK}}$：总线封锁信号。低电平有效，此时将总线锁定，$\overline{\text{LOCK}}$ 信号由 LOCK 指令的前缀设置，总线被锁定时使得其他总线主设备不能获得总线控制权，从而确保 CPU 完成当前操作。

(5) $\overline{\text{BRDY}}$：突发就绪信号。表示结束一个突发总线传输周期，此时外设处于准备好状态。

(6) $\overline{\text{NA}}$：下一个地址有效信号。低电平有效，从此端输入低电平时，CPU 会在当前总线周期完成之前就将下一个地址送到总线上，从而开始下一个总线周期，构成总线流水线工作方式，Pentium 允许 2 个总线周期构成总线流水线。

(7) SCYC：分割周期信号。表示当前地址指针未对准字、双字或四字的起始字节，因此，要采用 2 个总线周期完成数据传输，即对周期进行分割。

$M/\overline{IO}$、$D/\overline{C}$ 和 $W/\overline{R}$ 信号与 80386 的对应信号相同。$\overline{\text{BRDY}}$ 和 $\overline{\text{RDY}}$ 信号类似，$\overline{\text{RDY}}$ 信号有效，表示结束一个普通传输周期；$\overline{\text{BRDY}}$ 有效，表示结束一个突发传输周期。在 $\overline{\text{RDY}}$ 和 $\overline{\text{BRDY}}$ 均有效时，CPU 会忽略 $\overline{\text{BRDY}}$。

4. Cache 控制信号

(1) $\overline{\text{CACHE}}$：Cache 控制信号。在读操作时，如果此信号输出低电平，表示主存中读取的数据正在送入 Cache；写操作时，如果此信号为低电平，表示 Cache 中修改过的数据正写回到主存。

(2) $\overline{\text{EADS}}$：外部地址有效信号。此信号为低电平时外部地址有效，此时可访问片内 Cache。

(3) $\overline{\text{KEN}}$：Cache 允许信号。确定当前总线周期传输的数据是否送到 Cache。

(4) $\overline{\text{FLUSH}}$：Cache 擦除信号。此信号有效时，CPU 强制对片内 Cache 中修改过的数据回写到主存，然后擦除 Cache。

(5) AHOLD：地址保持/请求信号。高电平有效，用以强制 CPU 浮空地址信号，为 $A_{31} \sim A_4$ 输入地址访问 Cache 做准备。

(6) PCD：Cache 禁止信号。高电平时，禁止对片外 Cache 的访问。

(7) PWT：片外 Cache 的控制信号。高电平时使 Cache 为通写方式，低电平时为回写方式。

(8) WB/$\overline{\text{WT}}$：片内 Cache 回写/通写选择信号。此信号为 1 则为回写方式，为 0 则为通写方式。

(9) $\overline{\text{HIT}}$ 和 $\overline{\text{HITM}}$：Cache 命中信号和命中 Cache 的状态信号。$\overline{\text{HIT}}$ 低电平时，表示 Cache 被命中。$\overline{\text{HITM}}$ 低电平时，表示命中的 Cache 被修改过。

(10) INV：无效请求信号。此信号为高电平时，使 Cache 区域不可再使用而成为无效。

如果外部存储器子系统将 $\overline{\text{KEN}}$ 信号设置为低电平，就会在存储器读周期中将数据复制到 Cache。

PCD 和 PWT 是用来控制片外 Cache 的。PCD 信号用来向外接 Cache 告示，当前访问的页面已在片内 Cache 中，所以，不必启用外接 Cache。PWT 信号有效时，对外接 Cache 按通写方式操作，否则按回写方式操作。

AHOLD 和 $\overline{\text{EADS}}$ 信号用来保证 Cache 数据的一致性。这种情况发生在 DMA 传输中，主存和外设直接交换数据，当主存中某个数据被修改时，如果这两个信号有效，Pentium 会马上检查此处原来的数据是否在 Cache 中，如是，则应使 Cache 中的数据无效，以保证数据的正确性和一致性。为此，主存系统在写操作后，通过外部电路将 AHOLD 置 1，Pentium 收到此信号以后，使地址处于高阻状态即无效状态，然后，外部电路把被修改单元的地址送到地址总线，并将 $\overline{\text{EADS}}$ 置 0，使外部地址有效，此时，Cache 系统如检测到 Cache 有此地址的数据，则会做无效处理，从而保证 Cache 和主存的数据保持一致。

$\overline{\text{HIT}}$、$\overline{\text{HITM}}$ 和 INV 用于一种特殊的称为询问周期的操作，在这种总线周期中，通过一个专用端口查询数据 Cache 和指令 Cache，以确定当前地址是否命中 Cache。如果命中，则 HIT 为低电平；如果不命中 Cache，而且此数据已修改过，则 HITM 也为低电平。而 INV 端输入高电平时，使 Cache 不能访问。

5. 系统控制信号

(1) INTR：可屏蔽中断请求信号。

(2) NMI：非屏蔽中断请求信号。

(3) RESET：系统复位信号。

(4) INIT：初始化信号。

(5) CLK：系统时钟信号。

INIT 信号和 RESET 信号类似，都用于对 CPU 处理器做初始化，但两者有区别。RESET 有效时，会使处理器在两个时钟周期内终止程序，即进行复位，而 INIT 有效时，处理器先将此信号锁存，直到当前指令结束时才执行复位操作。另外，用 INIT 信号复位时，只对基本寄存器进行初始化，而 Cache 和浮点寄存器中的内容不变。但不管是用 RESET 信号还是用 INIT 信号，系统复位以后，程序均从 FFFFFFF0H 处重新开始运行。复位后微处理器内部寄存器的值如表 5.1 所示。

表 5.1 复位后微处理器内部寄存器的值

寄存器	初始值	寄存器	初始值
EAX	不定	ES	0000H
EBX	不定	CS	F000H
ECX	不定	SS	0000H
EDX	0400H＋版本 ID	DS	0000H
EBP	不定	FS	0000H
ESP	不定	GS	0000H
EDI	不定	IDTR	基址＝0,界限＝3FFH
ESI	不定	CR0	6000～0000H
EFLAGS	0000～0002H	DR7	0000～0000H
EIP	0FFF0H	浮点寄存器	不变

6. 总线仲裁信号

(1) HOLD：总线请求信号。这是其他总线主设备请求 CPU 让出总线控制权的信号。

(2) HLDA：总线请求响应信号。这是对 HOLD 的回答信号，表示 CPU 已让出总线控制权。

(3) BREQ：总线周期请求信号。此信号有效时，向其他总线主设备告示，CPU 当前已提出一个总线请求，并正在占用总线。

(4) $\overline{\text{BOFF}}$：强制让出总线信号。此信号强制 CPU 让出总线控制权，CPU 接到此信号时，立即放弃总线控制权，直至此信号无效时，CPU 再启动被打断的总线周期。

$\overline{\text{BOFF}}$ 和 HOLD 有类似之处，但有两点不同：一是 $\overline{\text{BOFF}}$ 会使当前时钟周期一结束即让出总线控制权，此时总线周期并没结束，而 HOLD 则在当前总线周期结束时才让出总线控制权，所以可能还会持续一个或几个时钟周期，动作较慢；二是 $\overline{\text{BOFF}}$ 没有对应的响应信号,而 HOLD 有对应的响应信号 HLDA。外部总线主设备可用 $\overline{\text{BOFF}}$ 信号快速获得总线控制权。

7. 检测与处理信号

(1) $\overline{\text{BUSCHK}}$：转入异常处理的信号。

(2) $\overline{\text{FERR}}$：浮点运算出错的信号。

(3) $\overline{\text{IGNNE}}$：忽略浮点运算出错的信号。低电平有效,此时 CPU 会忽略浮点运算错误。

(4) $\overline{\text{FRCMC}}$：输入此信号会使 CPU 进行冗余校验。

(5) $\overline{\text{IERR}}$：冗余校验出错信号。与 $\overline{\text{FRCMC}}$ 配合使用,此信号有效表示冗余校验出错。

$\overline{\text{BUSCHK}}$ 信号由外部电路输入,外部电路在检测到当前总线周期未正常结束时,将此信号置于低电平,此后,CPU 会采样此信号,如为低电平,则使当前错误总线周期结束转入异常处理。

CPU 在 RESET 信号由高到低时,对 $\overline{\text{FRCMC}}$ 已采样,如采样到低电平,则 CPU 进入冗余校验状态;如校验出错,则 $\overline{\text{IERR}}$ 输出低电平。

8. 系统管理模式信号

(1) $\overline{\text{SMI}}$：系统管理模式中断请求信号。这是对进入系统管理模式的中断请求。

(2) $\overline{\text{SMIACT}}$：系统管理模式信号。这是对 $\overline{\text{SMI}}$ 信号的响应信号,当 $\overline{\text{SMI}}$ 中断请求有效时,CPU 输出 $\overline{\text{SMIACT}}$ 表示中断请求成功,当前已处于系统管理模式。

$\overline{\text{SMI}}$ 用来进入系统管理模式,要退出系统管理模式时,可用 RSM 指令。

9. 测试信号

(1) TCK：从此端输入测试时钟信号。

(2) TDI：用来输入串行测试数据。

(3) TDO：此端获得输出的测试数据结果。

(4) TMS：用来选择测试方式。

(5) $\overline{\text{TRST}}$：测试复位,退出测试状态。

10. 跟踪和检查信号

(1) $BP_3 \sim BP_0$ 以及 $PM_1 \sim PM_0$：$BP_3 \sim BP_0$ 是与调试寄存器 $DR_3 \sim DR_0$ 中的断点相匹配的外部输出信号,$PM_1 \sim PM_0$ 是性能监测信号。

(2) $BT_3 \sim BT_0$：分支地址输出信号,$BT_2 \sim BT_0$ 上输出分支地址的最低 3 位。

(3) IU：高电平有效,表示此时 U 流水线完成指令的执行过程。

(4) IV：高电平有效,表示此时 V 流水线完成指令的执行过程。

(5) IBT：指令发生分支。

(6) $R/\overline{S}$：探针信号输入端,此信号从高到低的跳变会使处理器停止执行指令进入空闲状态。

(7) PRDY：这是对 R/$\overline{\text{S}}$ 的响应信号，输出高电平时表示 CPU 当前停止执行指令，从而可以进入测试。

IU、IV、IBT 都是输出信号，可通过对其电平的检测来跟踪指令的执行。$PM_1 \sim PM_0$ 和 $BP_1 \sim BP_0$ 是复用的，由调试寄存器 DR_7 中的 GE 和 LE 两位确定，如两者为 1，则为 $BP_1 \sim BP_0$，否则为 $PM_1 \sim PM_0$。

5.2.2　32 位微处理器的典型总线操作时序

1. 时钟周期、总线周期和指令周期

任何计算机系统都具有时钟信号，它为系统工作提供了时序基准。微处理器内部的部件和子部件往往是以时钟信号作为启动条件。因此，计算机内部的时钟信号必须是一个有规律的脉冲信号。

时钟信号通常又称为节拍脉冲，它的周期称为时钟周期(Clock Cycle)或 T 周期，是处理器处理操作的最基本单位。时钟周期是 CPU 的时间基准，它由计算机的主频决定，大小等于主频的倒数。例如，某 CPU 的主频 $f = 5\text{MHz}$，则其时钟周期 $T = 1/f = 1/(5\text{MHz}) = 200\text{ns}(1\text{ns} = 10^{-9}\text{s})$。若主频为 100MHz，时钟周期为 10ns。

若干个时钟周期则可组成一个总线周期(Bus Cycle)，总线周期是指 CPU 通过外部总线对存储器或 I/O 端口进行一次读写操作所需要的时间。为了完成对存储器或者 I/O 端口的一次访问，CPU 需要先后发出存储器或者 I/O 端口地址，发出读写操作命令，进行数据的传输。以上的每一个操作都需要延续一个或几个时钟周期，所以，一个总线周期通常由多个时钟周期组成，一个时钟周期对应一个总线状态，状态(State)又称为 T。所以，一个总线周期由多个 T 状态组成。8086 CPU 的总线周期至少由 4 个时钟周期组成，即有 4 个总线状态，分别以 T_1、T_2、T_3 和 T_4 表示。80486 CPU 的总线周期至少由两个时钟周期组成，分别以 T_1 和 T_2 表示。

一个总线周期完成一次数据传输，至少要有地址传送和数据传送两个过程。在第一个时钟周期 T_1 期间由 CPU 输出地址，在随后的 T 周期则完成数据的传输。换言之，数据传送必须在 $T_2 \sim T_4$ 内完成，否则，在最后一个 T 周期结束以后，会进入下一个总线周期。在实际应用中，当一些慢速设备在规定的几个 T 周期内无法完成数据读写时，那么就必须在总线周期中插入等待周期 T_W，T_W 也是以时钟周期 T 为单位，但加入 T_W 的个数则与外部请求信号的持续时间长短有关。

CPU 每条指令的执行都由取指令、译码和执行等操作组成，CPU 读取并执行一条指令所花费的时间称为指令周期(Instruction Cycle)，一个指令周期由若干个总线周期组成。取指令需要一个或多个总线周期，如果指令的操作数来自内存，则需要另一个或多个总线周期取出操作数，如果要把结果写回内存，还要增加总线周期。因此，不同指令的指令周期长度各不相同。指令周期一般由若干个处理器周期组成。

2. Pentium 总线周期的时序分析

不同类型的 32 位微处理器，其总线周期也不相同。80486 微处理器的一般总线周期占用 2 个时钟的时间,即读或写都要 2 个时钟,这称为 2-2 周期。第一个 2 对应读,第二个 2 对应写。如果在读或写中增加了等待状态,则在读写的对应位置加上等待状态数。例如,写操作需增加一个等待状态,则称为 2-3 周期。而 Pentium 微处理器的总线周期则更复杂。

1) Pentium 的总线状态

Pentium 有多种总线状态,各个状态之间是可以转换的。

(1) T_1 状态:这是总线周期的第 1 个时钟周期即第 1 个状态,此时,地址和状态信号有效,$\overline{ADS}$ 信号也有效,同时,外部电路可以将地址和状态送入锁存器。

(2) T_2 状态:此时数据出现在数据总线上,CPU 对 $\overline{BRDY}$ 信号采样,如果 $\overline{BRDY}$ 信号有效,则确定当前周期为突发式总线周期,否则为单数据传输的普通总线周期。

(3) T_{12} 状态:这是流水线式总线周期中所特有的状态,此时系统中有 2 个总线周期并行进行,第 1 个总线周期进入 T_2 状态,正在传输数据,并且 CPU 采样 $\overline{BRDY}$ 信号,第 2 个总线周期进入 T_1 状态,地址和状态信号有效,并且 $\overline{ADS}$ 信号也有效。

(4) T_{2p} 状态:这是流水线式总线周期中所特有的状态,此时系统中有 2 个总线周期,第 1 个总线周期正在传输数据,并且 CPU 对 $\overline{BRDY}$ 采样,但由于外设或存储器速度较慢,所以,$\overline{BRDY}$ 仍未有效,也因此仍未结束总线周期,第 2 个总线周期也进入第 2 个或后面的时钟周期。T_{2p} 一般出现在外设或存储器速度较慢的情况下。

(5) T_D 状态:这是 T_{12} 状态后出现的过渡状态,一般出现在读写操作转换的情况下,此时数据总线需要一个时钟周期进行过渡,这种状态下,数据总线上的数据还未有效,CPU 还未对 $\overline{BRDY}$ 进行采样。

(6) T_i 状态:这是空闲状态,不在总线周期中,$\overline{BOFF}$ 信号或 RESET 信号会使 CPU 进入此状态。

2) Pentium 的总线周期

Pentium 支持多种数据传输方式,可以是单数据传输方式,也可以是突发式传输方式。单数据传输时,一次读写操作至少要用 2 个时钟周期,可进行 32 位数据传输,也可进行 64 位数据传输。突发式传输方式是 80486/Pentium 特有的一种新型传输方式,用这种方式传输时,在一个总线周期中可传输 256 位数据。与此相应,Pentium 的总线周期有多种类型。

按总线周期之间的组织方法来分,有流水线和非流水线类型。在流水线类型中,前一个总线周期中已为下一个总线操作进行地址传输;而在非流水线类型中,每个总线周期独立进行一次完整的读操作或写操作,与其他总线周期无关。

按总线周期本身的组织方法来分,有突发式传输和非突发式传输类型。突发式传输时,连续 4 组共 256 位数据可在 5 个时钟周期中完成传输,这样可以加快对主存的信息存取。非突发式传输时,通常用 2 个时钟周期构成一个总线周期传输单个数据,可为 8 位、16 位、32 位或 64 位。

下面对常用的非流水线式读写周期进行说明。

这种总线周期至少每个占用 2 个时钟周期,即 T_1 和 T_2,在外设或存储器较慢时,则

要多个 T_2 状态。在 T_1 状态，段地址选通信号 $\overline{ADS}$ 为低电平时，在 ADDR 上地址有效，$W/\overline{R}$ 如为低电平，则进入读周期，数据从外设或存储器送往 CPU。整个周期中，$\overline{NA}$ 和 $\overline{CACHE}$ 为高电平，因此，这是非流水线式的，也不通过 Cache 进行读写。在 T_2 时钟周期，CPU 如采样到 $\overline{BRDY}$ 信号为低电平，说明外设已准备好，于是 CPU 进行数据传输，然后总线周期结束；如果采样到的 $\overline{BRDY}$ 仍为高电平，则总线周期延长，即在 T_2 状态等待，直到 CPU 检测到 $\overline{BRDY}$ 为低电平，才结束总线周期。写操作时 $W/\overline{R}$ 为高电平，数据则来自 CPU，其他信号和读操作时一样。图 5.1 是 Pentium 非流水线式读写周期的时序图。

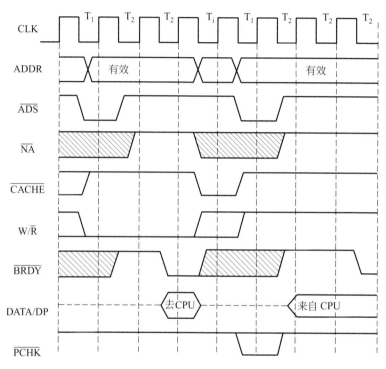

图 5.1 Pentium 非流水线式读写周期的时序图

5.3 典型总线标准

相同的指令系统，相同的功能，不同的厂家生产的各功能部件在实现方法上几乎没有相同的，但各厂家生产的相同功能部件却可以互换使用，其原因在于它们都遵守了相同的总线要求，这就是总线的标准化问题。

总线标准往往由相关生产厂家首先提出，它们对连接总线的接插件的几何尺寸、引脚排序、电路信号名称及其电气特性等都做了详细规定，成为实际的工业标准，然后获得行业或国际标准组织的批准，即成为大家接受的某种总线标准。

目前总线接口的标准化已经做到在系列机内不同档次的机器都采用统一的 I/O

总线规范。20世纪70年代中期的S-100总线曾广泛用于微型机、小型机中,20世纪70年代末期的IEEE-488标准I/O总线也得到广泛采用。20世纪80年代以来,各计算机厂家与有关的IEEE标准委员会合作开发了大量的底板总线标准。1991年推出的Futurebus+总线标准是迄今为止最复杂的总线标准,能支持64位地址空间,64位、128位和256位数据传输,为下一代的多处理机系统提供了一个稳定的平台。它可以满足各类高性能系统的需求,因此适合于高成本的较大规模计算机系统。PCI总线是当前最流行的总线,是一个高带宽且与处理器无关的标准总线,又是至关重要的层次总线。它采用同步定时协议和集中式仲裁策略,并具有自动配置能力。PCI与其他不同的总线规范相比,为高速的I/O子系统(例如,图形显示适配器、网络接口控制器和磁盘控制器等)提供了更好的性能。它适合于低成本的小系统,因此在微型计算机系统中得到广泛的应用。

本节就微型计算机系统中常用的几类总线标准做出阐述。

5.3.1 AT(ISA)总线

以80286作为微处理器的PC/AT,使用AT总线(ISA总线)。AT总线的数据宽度为16位,工作频率为8MHz,数据传输率最高为8MB/s。

AT总线在PC总线(62芯插槽)的基础上增加了一个36芯的副插槽,使数据线增加到16根,地址线增加到24根,可以寻址16MB地址空间。也就是说,AT总线的主插槽与PC总线是兼容的。IBM公司发布了AT总线标准后,许多厂家纷纷生产兼容机,使PC系列微型计算机销售量占了整个微型计算机市场的70%,因此AT总线标准也就成为事实上的工业总线标准,所以AT总线又称为ISA(Industry Standard Architecture)总线。

386SX档次以下的兼容机大都采用AT总线结构。

AT总线插槽引脚分配如图5.2所示。

1. AT总线62芯插槽引脚

AT总线62芯插槽引脚的信号分布与功能定义基本同PC总线,分为5类。

1) 时钟与复位

OSC:周期为70ns的振荡信号。

CLK:频率为6MHz,周期为167ns的系统时钟。

RESET DRV:复位信号。

0WS:零等待状态输入,通知CPU无须插入等待周期即可完成当前总线操作。

2) 数据线

$SD_0 \sim SD_7$:8根双向数据线。

3) 地址线

$SA_0 \sim SA_{19}$:20根地址线,提供对存储器和I/O端口寻址。

4) 控制线

BALE:由82288总线控制器提供,允许锁存来自CPU的有效地址。

AEN:禁止CPU和其他I/O端口使用系统总线,允许DMA控制器控制地址总线、

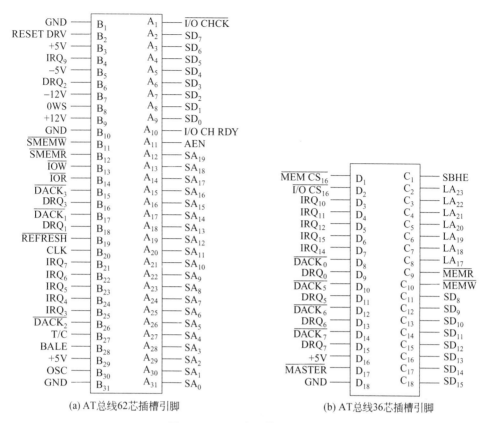

(a) AT总线62芯插槽引脚　　　(b) AT总线36芯插槽引脚

图 5.2　AT 总线插槽引脚分配

数据总线和读写命令线，进行 DMA 传送。

IRQ_9、$IRQ_3 \sim IRQ_7$：I/O 端口的中断请求线，IRQ_9 优先级最高（由于 PC/AT 中 IRQ_2 用作从片 8259 的中断申请，因此 IRQ_2 不出现在 62 芯插槽引脚中），IRQ_9（B_4 端子）即是用户的中断请求输入端。

$DRQ_1 \sim DRQ_3$：I/O 端口的 DMA 请求线。

$\overline{DACK_1} \sim \overline{DACK_3}$：DMA 应答信号线。

T/C：当任一 DMAC 通道计数结束时，由 DMA 控制器发出。

$\overline{IOR}$：I/O 端口读命令。

$\overline{IOW}$：I/O 端口写命令。

$\overline{SMEMR}$：存储器读命令，仅对低于 1MB 的存储空间有效。

$\overline{SMEMW}$：存储器写命令。仅对低于 1MB 的存储空间有效。

$\overline{I/O\ CH\ CK}$：I/O 通道奇偶校验出错信号。

I/O CH RDY：I/O 通道准备好信号。

$\overline{REFRESH}$：用以表明刷新周期。

5) 电源与地线

+5V，-5V，+12V，-12V，GND。

2. AT 总线 36 芯插槽引脚

AT 总线 36 芯插槽引脚分为 4 类。

1) 数据线

$SD_8 \sim SD_{15}$：双向数据线，它们和 $SD_0 \sim SD_7$ 一起构成 16 位数据总线。

2) 地址线

$LA_{17} \sim LA_{23}$：非锁存地址线，使系统有 16MB 的寻址能力，这些信号在 ALE 为高电平时有效。

3) 控制线

SBHE：数据高位允许信号。

$\overline{\text{MEM CS}_{16}}$：该信号有效表示当前的数据传送周期，是具有一个等待状态的 16 位存储器读写周期。

$\overline{\text{I/O CS}_{16}}$：该信号有效表示当前的数据传送周期，是具有一个等待状态的 16 位 I/O 端口读写周期。

$IRQ_{10} \sim IRQ_{12}$，$IRQ_{14} \sim IRQ_{15}$：中断请求信号。

DRQ_0、$DRQ_5 \sim DRQ_7$：DMA 请求信号，DRQ_0 为最高级。

$\overline{DACK_0}$、$\overline{DACK_5} \sim \overline{DACK_7}$：DMA 应答信号。

$\overline{\text{MASTER}}$：输入信号，它和 DRQ 共同作用，使 I/O 通道上的 DMA 控制器获得对系统总线的控制。

$\overline{\text{MEMR}}$：存储器读命令（对所有的存储空间执行存储器读周期时有效）。

$\overline{\text{MEMW}}$：存储器写命令（对所有的存储空间执行存储器写周期时有效）。

4) 电源和地线

+5V，GND。

80386 芯片问世后，由于 CPU 是 32 位，如果仍采用 ISA 总线，将使 CPU 性能不能充分发挥。因此 IBM 公司在推出它的第一台 386 微型计算机时，开发了与 ISA 标准完全不同的系统总线标准：MCA 总线（即"微通道"）。由于 IBM 公司对 MCA 总线实行保护政策，致使以 Compaq 为代表的美国九大计算机厂家联合制定了一种 32 位总线结构——EISA（Extended Industry Standard Architecture）总线。该总线是 ISA 总线的 32 位扩展，与 ISA 总线兼容，它具有 32 位数据线，33MB/s 的数据传输率，提供多处理器控制功能，其多主控总线使一般微型计算机的单处理器环境升级至多处理器环境，扩展卡的安装方便，自动配置，无须跳线，保持与 ISA 总线百分之百兼容。

EISA 总线将 ISA 总线的扩展插座加深，底部又增加了一层插芯，形成上下两层，总共近 200 个信号。上层信号完全与 ISA 总线一样，下层增加 EISA 总线专用信号。由于下层定位匙（Access Key）的作用，ISA 卡在 EISA 总线插座上插不到底，仅与上层插芯接触，只用 ISA 总线信号；而 EISA 总线卡在本系统总线插座上，对应下层定位匙处都开出定位槽，可以插到底部，使深层的插芯也能可靠接触，于是使用全部 EISA 总线信号。这种方式实现了两种总线标准插卡的兼容。

EISA 总线的主要特点有 3 个。

(1) 将数据总线扩展到 32 位($D_{15} \sim D_0$ 在上层插芯,$D_{31} \sim D_{16}$ 在下层,仅 EISA 卡可接触)。4 字节的数据总线用控制总线信号 $\overline{EX_{32}}$、$\overline{EX_{16}}$、$\overline{SBHE}$、$\overline{BE_3} \sim \overline{BE_0}$ 分别进行控制,实现双字、字和字节的传送。

(2) 支持突发传送(Burst Transfer)。突发传送又称为猝发传送、成组传送,是指传送存储器中连续存放的一组数据(字或双字)时,第一个同步时钟 BCLK 周期往总线上发送首地址,第二个 BCLK 周期即传送第一个数;以后地址自动增量,不用再占用 BCLK 周期发送地址,后续每个数只需一个 BCLK 周期即可完成传送。所以在 BCLK 频率为 8.333MHz 时,以双字为单位最高传输率可达 33MB/s。

(3) 地址总线扩展到 32 位,可直接寻址 4GB 的物理空间。

5.3.2 PCI 总线

系统总线虽然从 PC 总线、ISA 总线发展到 EISA 总线,但仍然跟不上软件和 CPU 的发展速度,在大部分时间内,CPU 仍处于等待状态。

随着 CPU 芯片不断更新换代和各种高速适配卡的出现,加上操作系统及应用程序越来越复杂,ISA/EISA 总线已满足不了快速的数据传输,可以说是总线,而不是外设妨碍了系统整体性能的提高,这是单一慢速的系统总线体系结构所带来的限制。

1991 年,出现了局部总线标准——VESA,它比 EISA 总线性能更完善,传输率更高,它将外设直接挂接到 CPU 局部总线上,并以 CPU 的速度运行,极大地提高了外设的运行速度。

VESA 总线数据宽度为 32 位,可以扩展到 64 位,与 CPU 同步工作,最大运行速度可达 66MHz,VESA 总线的最大传输率达到 132MB/s,是 ISA 总线传输率的 16 倍。

但是,VESA 总线存在规范定义不严格、兼容性差、总线速度受 CPU 速度影响等缺陷。比 VESA 总线更强的是 1992 年推出的局部总线——PCI(Peripheral Component Interconnect)总线。PCI 总线比 VESA 总线规范定义严格,因而保证了良好的兼容性。PCI 总线主要是为奔腾微处理器的开发使用而设计的,也支持 80386/80486 微处理器系统。

随着高档微型计算机的发展,且为了与早期的微型计算机系统兼容,如今微型计算机系统结构多采用不同总线构成的多总线结构,在主机板上留有不同总线的插槽。目前在国内微型计算机市场上,486 微型计算机使用 ISA 总线(AT 总线)和 VESA 总线,586 以上微型计算机使用 ISA 总线(AT 总线)和 PCI 总线。

PCI 总线结构中的关键部件是 PCI 总线控制器,这是一个复杂的管理部件,用来协调 CPU 与各种外设之间的数据传输,并提供统一的接口信号。

1. PCI 总线特点

PCI 总线的主要特点如下。

1) 传输率

PCI 用 32 位数据传输,也可扩展为 64 位。用 32 位数据宽度时,以 33MHz 的频率运行,传输率达 132MB/s;用 64 位数据宽度时,以 66MHz 的频率运行,传输率达

528MB/s。PCI总线的高传输率为多媒体传输和高速网络传输提供了良好的支持。

2）高效率

PCI总线控制器中集成了高速缓冲器,当CPU要访问PCI总线上的设备时,可把一批数据快速写入PCI缓冲器,此后,PCI缓冲器中的数据写入外设时,CPU可执行其他操作,从而使外设和CPU并发运行,所以效率得到很大提高。此外,PCI总线控制器支持突发数据传输模式,用这种模式,可以实现从一个地址开始通过地址加1连续快速传输大量数据,减少了地址译码环节,从而有效利用总线的传输率,这个功能特别有利于高分辨率彩色图像的快速显示以及多媒体传输。

3）即插即用功能

即插即用功能是由适配器和系统两方面配合实现的。在适配器角度,为了实现即插即用功能,制造商都要在适配器中增加一个小型存储器存放按照PCI总线规范建立的配置信息。配置信息中包括制造商标识码、设备标识码以及适配器的分类码等,含有向PCI总线控制器申请建立配置表所需要的各种参数,如存储空间的大小、I/O地址和中断源等。从系统角度,PCI总线控制器能够自动测试和调用配置信息中的各种参数,并为每个PCI设备配置256B的空间来存放配置信息,支持其即插即用功能。在系统加电时,PCI总线控制器通过读取适配器中的配置信息,为每个卡建立配置表,并对系统中的多个适配器进行资源分配和调度,实现即插即用功能。在添加新的扩展卡时,PCI总线控制器能够通过配置软件自动选用空闲的中断号,确保PCI总线上的各扩展卡不会冲突,从而为新的扩展卡提供即插即用环境。

4）独立于CPU

PCI总线控制器用独特的与CPU结构无关的中间连接件机制设计,这一方面使CPU不再需要对外设直接控制,另一方面由于PCI总线机制完全独立于CPU,从而支持当前的和未来的各种CPU,使其能够在未来有长久的生命期。

5）负载能力强、易于扩展

PCI总线的负载能力比较强,而且PCI总线上还可以连接PCI总线控制器,从而形成多级PCI总线,每级PCI总线可以连接多个设备。

6）兼容各类总线

PCI总线设计考虑了和其他总线的配合使用,能够通过各种"桥"兼容和连接以往的多种总线。所以在PCI总线系统中,往往还有其他总线存在。

PCI总线控制器像桥梁一样一边连接CPU总线,另一边连接CPU访问相对频繁、速度也较快的部件,由此,PCI总线控制器也被称为"PCI桥"。PCI桥也可称为PCI桥接器,事实上是一个总线转换部件,其功能是连接两条计算机总线,允许总线之间相互通信交往。一座桥的主要作用是把一条总线的地址空间映照到另一条总线的地址空间,就可以使系统中每一个主设备(Master)能看到同样的一份地址表。这时,从整个存储系统来看,有了整体性统一的直接地址表,可以大大简化编程模型。桥本身可以十分简单,如只是加上信号的缓冲能力;也可以相当复杂,如可以包括有组织转换数据快存化,装拆数据分组以及有各类系统所规定的一些功能。

PCI 总线规范中提出了 3 类桥的设计:主 CPU 至 PCI 总线的桥(主桥);PCI 至标准总线(如 ISA 总线、EISA 总线)之间的"标准总线桥";PCI 总线至 PCI 总线之间的桥。

2. PCI 总线信号

在一个 PCI 应用系统中,分主设备和从设备。如果只作为从设备,则至少需要 47 根信号线;若作为主设备,则需要 49 根信号线。利用这些信号线可以处理数据和地址,实现接口控制、仲裁和系统功能。PCI 总线信号如图 5.3 所示,图中左边为必要信号,右边为任选信号。

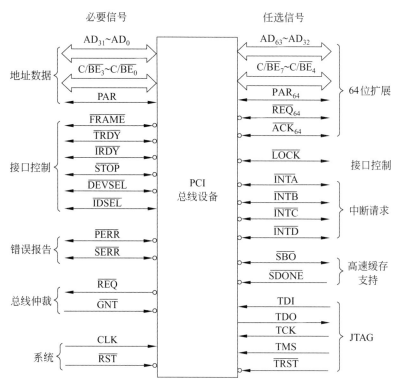

图 5.3 PCI 总线信号

从图 5.3 中可知,PCI 总线可按功能分为 9 组,分别如下。

1) 地址数据信号

$AD_{31} \sim AD_0$:32 位地址数据复用信号。在 PCI 总线传输时,包含一个地址传送节拍和一个(或多个)数据传送节拍,在 $\overline{FRAME}$(帧周期信号)有效时为地址传送节拍开始,在 $\overline{IRDY}$(主设备就绪信号)和 $\overline{TRDY}$(从设备就绪信号)同时有效时为数据传送节拍开始。

$C/\overline{BE}_3 \sim C/\overline{BE}_0$:总线命令/字节允许信号。在地址传送节拍传送 PCI 总线命令,在数据传送节拍传送字节允许信号,$C/\overline{BE}_0$ 对应的字为 0。

总线命令由主机发向从设备,说明当前事务类型,总线命令在地址传送节拍呈现在 $C/\overline{BE}_3 \sim C/\overline{BE}_0$ 上并被译码。PCI 总线命令说明如表 5.2 所示。

表 5.2 PCI 总线命令

$C/\overline{BE_3} \sim C/\overline{BE_0}$	命令类型	说　　明
0000	中断响应	中断识别命令
0001	特殊周期	提供在总线上的简单广播机制
0010	I/O 读	
0011	I/O 写	
0100	保留	
0101	保留	
0110	存储器读	
0111	存储器写	
1000	保留	
1001	保留	
1010	读配置	用来读每一个主控器的配置空间
1011	写配置	用来写每一个主控器的配置空间
1100	存储器重复读	只要 FRAME 有效,就应保持流水线的连续,以便传送大量的数据
1101	双地址节拍	用来传送 64 位地址到某一设备
1110	高速缓存读	用于多余两个 32 位的数据周期
1111	高速缓存写	

PAR(Parity):对 $AD_{31} \sim AD_0$ 和 $C/\overline{BE_3} \sim C/\overline{BE_0}$ 信号做奇偶校验(偶校验),以保证数据的有效性。

2) 接口控制信号

$\overline{FRAME}$:帧周期信号。由当前总线主设备驱动,表示一个总线周期的开始和结束。

$\overline{TRDY}$:从设备准备好信号。由从设备驱动,表示从设备准备好传送数据。

$\overline{IRDY}$:主设备准备好信号。由系统主设备驱动,与 $\overline{TRDY}$ 信号同时有效可完成数据传输。

$\overline{STOP}$:停止信号。从设备要求主设备停止当前数据传送。

$\overline{DEVSEL}$:设备选择信号。该信号有效时(输出),表示所译码的地址是在设备的地址范围内;当作输入信号时,表示总线上有某设备是否被选中。

$\overline{IDSEL}$:初始化设备选择信号。在配置读写期间,用作芯片选择。

$\overline{LOCK}$:锁定信号。用于保证主设备对存储器的锁定操作。

3) 错误报告信号

$\overline{PERR}$(Parity Error):数据奇偶校验错误信号。

$\overline{SERR}$(System Error):系统错误信号。用于报告地址奇偶错、数据奇偶错和命令错等。

4) 总线仲裁信号

$\overline{REQ}$(Request):总线请求信号。由希望成为总线主设备的设备驱动,是一个点对点的信号。

$\overline{GNT}$(Grant):总线请求允许信号。

5) 系统信号

CLK:总线时钟信号。它是系统时钟信号,该信号频率为 PCI 总线的工作频率。

$\overline{\text{RST}}$：系统复位信号。它有效时，PCI 总线的所有输出信号处于高阻状态。

6）64 位扩展信号

$AD_{63} \sim AD_{32}$：地址数据扩展信号。

$C/\overline{BE}_7 \sim C/\overline{BE}_4$：高 32 位地址命令/字节允许信号。

PAR_{64}：高 32 位奇偶校验信号。

$\overline{REQ}_{64}$：64 位传送请求信号。

$\overline{ACK}_{64}$：64 位传送响应信号。

7）中断请求信号

$\overline{INTX}$：中断请求信号，X＝A、B、C、D。

8）Cache 支持信号

$\overline{SBO}$(Snoop Backoff)：探测返回信号。有效时，关闭预测命令中的一个缓冲行。

$\overline{SDONE}$(Snoop Done)：探测完成信号。有效时，表示探测完成，命中一个缓冲行。

9）JTAG 边界扫描测试引脚

JTAG 提供了板级和芯片级的测试，通过定义输入输出引脚、逻辑扩展函数和指令，所有 JTAG 的测试功能仅需一个 4 线或 5 线的接口，以及相应软件即可完成。利用 JTAG 可测试电路板的连接和功能。

JTAG 是 PCI 总线的一个可选接口。有 5 个信号。

TCK(Test Clock)：测试时钟。用于控制状态机及数据传送。

TDI(Test Data In)：测试数据输入。用于 TCK 上升沿接收 JTAG 串行指令和数据。

TDO(Test Data Out)：测试数据输出。用于 TCK 下降沿输出 JTAG 串行数据。

TMS(Test Mode Select)：测试模式选择。用于控制边界扫描模式，控制状态机的测试操作。

$\overline{TRST}$(Test Reset)：测试复位。

3. PCI 总线引脚定义

PCI 总线有 124 个信号线用于连接 PCI 卡，PCI 卡的总线连接头上每面各有 62 个引线，PCI 总线引脚信号定义如表 5.3 所示。

表 5.3　PCI 总线引脚信号定义

引脚	B 面	A 面	引脚	B 面	A 面
1	－12V	$\overline{TRST}$	9	$\overline{PRSNT}_1$	Reserved
2	TCK	＋12V	10	Reserved	＋5V
3	GND	TMS	11	$\overline{PRSNT}_2$	Reserved
4	TDO	TDI	12	GND	GND
5	＋5V	＋5V	13	GND	GND
6	＋5V	$\overline{INTA}$	14	Reserved	Reserved
7	$\overline{INTB}$	$\overline{INTC}$	15	GND	$\overline{RST}$
8	$\overline{INTD}$	＋5V	16	CLK	＋5V

续表

引脚	B 面	A 面	引脚	B 面	A 面
17	GND	$\overline{GNT}$	40	$\overline{PREE}$	SDONE
18	$\overline{REQ}$	GND	41	+3.3V	$\overline{SBO}$
19	+5V	Reserved	42	$\overline{SERR}$	GND
20	AD_{31}	AD_{30}	43	+3.3V	PAR
21	AD_{29}	+3.3V	44	$C/\overline{BE1}$	AD_{15}
22	GND	AD_{28}	45	AD_{14}	+3.3V
23	AD_{27}	AD_{26}	46	GND	AD_{13}
24	AD_{25}	GND	47	AD_{12}	AD_{11}
25	+3.3V	AD_{24}	48	AD_{10}	GND
26	$C/\overline{BE_3}$	$\overline{IDSEL}$	49	GND	AD_{09}
27	AD_{23}	+3.3V	50	Keyway	连接器空位槽
28	GND	AD_{22}	51	Keyway	连接器空位槽
29	AD_{21}	AD_{20}	52	AD_{08}	$C/\overline{BE_0}$
30	AD_{19}	GND	53	AD_{07}	+3.3V
31	+3.3V	AD_{18}	54	+3.3V	AD_{06}
32	AD_{17}	AD_{16}	55	AD_{05}	AD_{04}
33	$C/\overline{BE_2}$	+3.3V	56	AD_{03}	GND
34	GND	$\overline{FRAME}$	57	GND	AD_{02}
35	$\overline{IRDY}$	GND	58	AD_{01}	AD00
36	+3.3V	$\overline{TRDY}$	59	+5V	+5V
37	$\overline{DEVSEL}$	GND	60	$\overline{ACK_{64}}$	$\overline{REG_{64}}$
38	GND	$\overline{STOP}$	61	+5V	+5V
39	$\overline{LOCK}$	+3.3V	62	+5V	+5V

4. PCI 总线的发展

PCI 是一种局部总线,目前在个人计算机中使用最为广泛,几乎所有的 80x86 桌面操作系统如 Windows、Linux 等都支持 PCI 总线设备。随着计算机应用范围的不断扩大,对总线带宽的要求也越来越高,局部总线也在不断发展。

1) AGP 总线

严格地说,AGP 不能称为总线,它与 PCI 总线不同,是一种显示卡专用局部总线,但在习惯上我们依然称其为 AGP 总线。

20 世纪 90 年代后期,PC 中的主存与图形卡之间是用 PCI 总线连接的,其最大的数据传输率为 133MB/s。同时,由于硬盘控制器、LAN(局域网)卡和声卡等都是通过 PCI 总线同主存交换数据的。因此,实际的数据传输率远低于 133MB/s。而计算机在三维图形处理时不仅要求惊人的数据量,而且要求更宽广的数据传输带宽。例如,对 640×480 像素的分辨率而言,以 75 次/秒画面更新率来计算,画面输出需带宽为 50MB/s、色彩输出需带宽为 100MB/s、Z 轴缓冲区需带宽为 100MB/s、贴图纹理需带宽为 100MB/s,其他开销需带宽为 20MB/s,则要求全部的带宽高达 370MB/s;若分辨率提高到 800×600 像素,总带宽为580MB/s;若显示器分辨率提高到1024×768像素,则总带宽要求更高。原有PC叉中133MB/s数据传输率的PCI总线就成为三维图形加速卡上高速传送图形纹理数据的一大瓶颈。

AGP总线是Intel公司1996年7月正式公布的一种新型视频接口技术标准,它定义了一种超高速的连通结构,把三维图形控制器从PCI总线上卸下来,用专用的点对点通道,把图形控制器直接连在控制芯片组("主存/PCI"控制芯片组)上,三维图形芯片可以将主存作为帧缓冲器,实现高速存取。AGP总线直接连通的系统芯片组以66.7MHz直接同主存联系,而AGP总线的数据宽度为32位,因此它的最大数据传输率为4B×66.7MHz=266MB/s,是传统的PCI总线带宽的2倍。另外AGP总线还定义了一种"双激励"的传输技术,它能够在一个时钟的上、下边沿由双向传递数据,这样AGP实现的数据传输频率就变成2×66.7MHz(即133MHz),而其最大数据传输率也增为4B×133MHz=533MB/s。上述第一种情况(66.7MHz时钟)称为"基线AGP"或"AGP-1X",第二种情况(双激励)称为"全AGP"或"AGP-2X"。当采用AGP 2.0技术后,AGP总线的时钟频率为133MHz,有效带宽将为1GB/s,是传统PCI总线的8倍,成为"AGP-4X"。AGP总线除可以采用直接存储器存取(Direct Memory Access,DMA)传输图形数据外,还支持直接内存执行(Direct Memory Execute,DME)方式。后者可以直接在系统内存中处理图形数据,而不需将原始数据全部传输到图形加速显示卡中,这样极大地减少了数据传输量,提高了性能。

2) PCI Express总线

PCI Express总线是新一代的高性能总线。2001年,Intel公司提出了要用新一代的技术取代PCI总线和多种芯片的内部连接,并称为第三代I/O(Third Generation Input/Output,3GIO)总线标准。第一代指ISA总线,第二代指PCI总线,第三代就是PCI Express总线。2001年底,包括Intel、AMD、DELL、IBM在内的20多家公司开始起草新技术的规范,并在2002年完成,对其正式命名为PCI Express总线。PCI Express总线是新一代能够提供大量带宽和丰富功能以实现高要求图形应用的全新架构。它可以大幅提高中央处理器(CPU)和图形处理器(GPU)之间的带宽。对最终用户而言,可以感受影院级图像效果,并获得高级的多媒体体验。

PCI Express总线采用目前流行的点对点串行方式传输数据。和系统原有的ISA总线、PCI总线和AGP总线不同,每个设备都有自己的专用连接,不需要向整个总线请求带宽,而且可以把数据传输率提高到一个很高的频率。以串行方式提升频率增进效能,关键的限制在于采用什么样的物理传输介质。目前普遍采用的铜线路,理论上可以提供的传输率最高为10Gb/s。PCI Express总线采用一种称为"电压差式传输"的信息传输方式。两条铜线通过相互间的电压差来表示逻辑符号0和1。以这种方式进行数据传输,可以支持极高的运行频率。如果利用铜线传输介质速度达到极限,只需换用光纤通道(Fibre Channel)就可以使之效能倍增。

PCI Express接口根据总线位宽不同而有所差异,分别有X1(250MB/s)、X4、X8、X16和X32,支持1~32条通道连接,有非常强的伸缩性,以满足不同系统设备对数据传输带宽的需求。PCI Express接口支持热拔插,支持+3.3V、3.3Vaux和+12V三种电压,支持双向数据同步传输,每向数据传输带宽250MB/s。PCI Express X1可以满足主流声效芯片、网卡芯片和存储设备对数据传输带宽的需求,但是远远无法满足图形芯片对数据传输带宽的需求。因此,采用 PCI Express X16,即 16 条点对点数据传输通道连接来取代传统的 AGP 总线。PCI Express X16 也支持双向数据传输,每个方向的数据传输带宽高达 4GB/s,双向数据传输带宽有 8GB/s 之多。

在兼容性方面,PCI Express 总线在软件层面上兼容的 PCI 技术和设备,支持 PCI 设备和内存模组的初始化,也就是说系统的驱动程序和操作系统无须重写,就可以支持 PCI Express 设备。PCI Express 最新的接口是 PCIe 3.0 接口,其传输带宽为 8GB/s,约为上一代产品带宽的两倍,并且包含发射器和接收器均衡、PLL 改善以及时钟数据恢复等一系列重要的新功能,用于改善数据传输和数据保护性能,可以实现更大的系统设计灵活性。

PCI Express 总线是对现有总线技术的一个突破,也是个人计算机下一阶段的主要传输总线带宽技术。PCI Express 总线的提出是总线形式发展的必然结果,其技术的成熟依然需要时间,要实现全面取代 PCI 总线和 AGP 总线还需要一个相当长的过程。

5.4 通用外部总线标准

计算机与计算机之间、计算机和一部分外设之间常用的通信方式有两种,即并行通信方式和串行通信方式。对应这两种通信方式,通信总线也有两种,即并行通信总线和串行通信总线。它们不仅用于微型计算机系统中,还广泛用于技术网络、远程检测系统、远程控制系统和各种电子设备中,统称为通用的外部总线。

对于微型计算机系统来说,通用外部总线标准除了最简单的 RS-232C 标准和打印机专用的 Centronics 总线标准外,最常用的就是 IDE(Integrated Drive Electronics)、SCSI (Small Computer System Interface)和 USB(Universal Serial Bus)总线标准。

5.4.1 并行 I/O 标准接口 IDE(EIDE)

IDE 总线是 Compaq 公司联合 Western Digital 公司专门为主机和硬盘子系统连接而设计的外部总线,也适用于和软盘、光驱的连接,IDE 也称为 ATA(AT Attachable)接口。当前,在微型计算机系统中,主机和硬盘子系统之间都采用 IDE 或 EIDE 总线连接。

采用 IDE 接口以后,硬盘控制器和驱动器组合在一起,主机和硬盘子系统用 40 芯的扁平电缆连接在一起。这样,不仅省下了一个插槽,而且使驱动器和控制器之间传输距离大大缩短,从而提高了可靠性,并有利于速度的提高。

IDE 总线采用 16 位并行传输,其中除数据线外,还有一组 DMA 请求和应答信号、一个中断请求信号、I/O 读信号、I/O 写信号、复位信号和地信号等。同时,IDE 总线另用一个 4 芯电缆将主机的电源送往外设子系统。通常情况下,IDE 总线的传输率为 8.33MB/s,每个硬盘的最高容量为 528MB。

5.4.2 并行 I/O 标准接口 SCSI

SCSI 是小型计算机系统接口的简称,其设计思想来源于 IBM 公司大型机系统的

I/O 通道结构,目的是使 CPU 摆脱对各种设备的繁杂控制。它是一个高速智能接口,可以混接各种磁盘、光盘、磁带机、打印机、扫描仪、条码阅读器以及通信设备。它首先应用于 Macintosh 和 Sun 平台上,后来发展到工作站、网络服务器和 Pentium 系统中,并成为 ANSI(美国国家标准局)标准。在微型计算机系统中用得较少。

SCSI 总线有如下性能特点。

(1) SCSI 总线由 8 条数据线、一条奇偶校验线、9 条控制线组成。使用 50 芯电缆,规定了两种电气条件:单端驱动,电缆长 6m;差分驱动,电缆最长 25m。

(2) 总线时钟频率为 5MHz,异步方式数据传输率是 2.5MB/s,同步方式数据传输率是 5MB/s。

(3) SCSI 总线以菊花链形式最多可连接 8 台设备。在 Pentium 中通常是由一个主适配器 HBA 与最多 7 台外设相接,HBA 也算作一个 SCSI 设备,由 HBA 经系统总线(如 PCI 总线)与 CPU 相连。

(4) 每个 SCSI 设备有自己的唯一设备号 $ID_0 \sim ID_7$。ID=7 的设备具有最高优先权,ID=0 的设备优先权最低。SCSI 总线采用分布式总线仲裁策略。在仲裁阶段,竞争的设备以自己的设备号驱动数据线中相应的位线(如 ID=7 的设备驱动 DB_7 线),并与数据线上的值进行比较。因此仲裁逻辑比较简单,而且在 SCSI 总线的选择阶段,启动设备和目标设备的设备号能同时出现在数据线上。

(5) SCSI 设备是指连接在 SCSI 总线上的智能设备,即除主适配器 HBA 外,其他 SCSI 设备实际是外设的适配器或控制器。每个适配器或控制器通过各自的设备级 I/O 线可连接一台或几台同类型的外设(如一台 SCSI 磁盘控制器连接两台硬盘驱动器)。标准允许每个 SCSI 设备最多有 8 个逻辑单元,每个逻辑单元可以是物理设备也可以是虚拟设备。每个逻辑单元有一个逻辑单元号($LUN_0 \sim LUN_7$)。

(6) 由于 SCSI 设备是智能设备,对 SCSI 总线乃至主机屏蔽了实际外设的固有物理属性(如磁盘柱面数、磁头数等参数),各 SCSI 设备之间就可用一套标准的命令进行数据传送,也为设备的升级或系统的系列化提供了灵活的处理手段。

(7) SCSI 设备之间是一种对等关系,而不是主从关系。SCSI 设备分为启动设备(发命令的设备)和目标设备(接收并响应命令的设备)。但启动设备和目标设备是依当时总线运行状态来划分的,而不是预先规定的。

总之,SCSI 是系统级接口,是处于主适配器和智能设备控制器之间的并行 I/O 接口。一块主适配器可以接 7 台具有 SCSI 接口的设备,这些设备可以是类型完全不同的设备,主适配器却只占主机的一个槽口。这对于缓解计算机挂接外设的数量和类型越来越多、主机槽口日益紧张的状况很有吸引力。

为提高数据传输率和改善接口的兼容性,20 世纪 90 年代又陆续推出了 SCSI-2 和 SCSI-3 标准。SCSI-2 标准扩充了 SCSI 总线的命令集,提高了时钟速率和数据线宽度,最高数据传输率可达 40MB/s,采用 68 芯电缆,且对电缆采用有源终端器。SCSI-3 标准允许 SCSI 总线上连接的设备由 8 个提高到 16 个,可支持 16 位数据传输。另一个变化就是发展串行 SCSI 总线,使串行数据传输率达到 640Mb/s(电缆)或 1Gb/s(光纤),从而使串行 SCSI 成为 IEEE 1394 标准的基础。

5.4.3 通用串行总线 USB

USB 是 Intel、DEC、Compaq、Microsoft 和 IBM 等公司 1996 年共同制定的串行接口标准，其设计初衷是作为一种通用的串行总线能够用一个 USB 端口连接所有不带适配卡的外设，提供所谓"万用"(one size fits all)连接功能。而且可以在不开机箱的情况下增减设备，支持即插即用功能。

USB 的连接方式很简单，只用一条四芯电缆，除了电源和地以外，用两根信号线以差分方式串行传输数据，连线可长达 5m。USB 可用菊花链式或集线器式两种方式连接多台设备，前者是链式扩展的，可连接多台外设，而后者是星状扩展的，可连接多达 127 台外设。

USB 适用于不同的设备要求。可连接键盘、鼠标、移动盘、Modem、扫描仪、数码相机和打印机等外设。通常，键盘和鼠标用低速率，移动盘、扫描仪、数码相机和打印机等用中速率。USB 可使中速、低速的串行外设很方便地与主机相连接，不需要另加接口卡，并在软件配合下支持即插即用功能。1996 年推出 USB 1.0 版本规范，2000 年 4 月推出 USB 2.0 版，即支持更高性能的外设的连接，也支持低速外设的连接。USB 3.0 则是最新一代的 USB 接口，兼容 USB 1.0 和 USB 2.0 接口的所有设备。现在的 PC 都配备了 USB 接口，市场上采用 USB 接口的外设也很多，价格也较低廉。随着数字媒体的普及与互联网技术的发展，高清视频、大型游戏程序，以 GB 容量存储的数码相片和数字影像、大容量闪存、海量移动硬盘等 USB 设备不断增加。用户可享受更快的宽带 Internet 接口、分辨率更高的电视会议摄影机以及传输数据更快的外置存储设备。

1. USB 的特点

USB 之所以能被大家广泛接受，主要是其有以下主要特点。

(1) 速度快。USB 1.1 接口支持的数据传输率最高为 12Mb/s，USB 2.0 接口支持的传输速率高达 480Mb/s。USB 3.0 接口支持的数据传输率最高为 5Gb/s。

(2) 连接简单快捷，可进行热插拔。USB 接口设备的安装非常简单，在计算机正常工作时也可以进行安装，而无须关机、重新启动或打开机箱等操作。

(3) 无须外接电源。USB 提供内置电源，能向低压设备提供+5V 的电源，使得系统不用另外配备专门的交流电源以供新增外设使用。

(4) 扩充能力强。USB 支持多设备连接，减少了 PC I/O 口的数量，避免 PC 插槽数量对扩充外设的限制以及如何配置系统资源的问题。使用设备插架技术最多可扩充 127 个外设。

(5) 具有高保真音频。在使用 USB 音箱时，由于是在计算机外生成 USB 的音频信息，从而减少了电子噪声对声音质量的干扰，使系统具有较高的保真度。

(6) 良好的兼容性。USB 接口标准具有良好的向下的兼容性，以 USB 2.0 和 USB 1.1 标准为例，USB 2.0 标准就能很好兼容以前的 USB 1.1 的产品。系统在自动检测到 USB 1.1 版本的接口类型时，会自动按照以前的 12Mb/s 的速率进行传输，而其他的采用 USB 2.0 标准的设备，并不会因为接入了一个 USB 1.1 标准的设备，而减慢它们的速率，它们还是能以 USB 2.0 标准所规定的速率进行传输。

2．USB 的连接方法

USB 提供中、低速率外设装置的扩充能力,这些中、低速的外设都可通过 USB 与 PC (及其他计算机系统)连接并传送数据,不需要搭配附加的接口卡来占用 PC 的扩展槽。USB 设备的连接如图 5.4 所示。

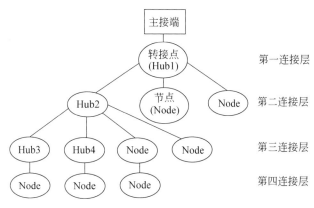

图 5.4　USB 设备连接图

USB 设备是以转接点(Hub1)与设备节点(Node)的方式连接的,最多可以延伸到 4 个层次。PC 主板上一般最少配备两个 USB 连接器,可以连接两个或多个 USB 设备,其中一个可接到 Hub 或具有 Hub 功能的 USB 设备。每一个 Hub 至少提供两个连接器以及连接到下一个 Hub 的能力。因此,用户要安装 Hub 设备时,只要找到一个 Hub 底下的连接孔,把 Hub 设备的插头直接插入即可。这样,一个 USB 系统从整体上可看成一种树状结构。按 USB 规格设计,可以在同一台 PC 上同时使用最多达 127 个外设(含 Hub)。

3．USB 的接口设计

1) USB 系统组成

完整的 USB 体系如图 5.5 所示。

最低层的是 USB 设备,往上是 USB 主机控制器,这些是 USB 的硬件部分。

然后就是软件部分,首先是 USB 主机控制器驱动程序(Host Controller Driver)。Windows 95 OSR 2.1 以上版本及 Windows 98 提供了这个最低层的驱动程序。其他的不一定需要操作系统支持,只要主板芯片组的开发商提供了南桥的 USB 驱动程序也可以使用 USB 设备。但在安装芯片组的驱动程序时,如果安装程序发现操作系统是 Windows 95 OSR 2.1 以上版本,就会警告用户无须安装驱动程序,因为操作系统已经自带了。

图 5.5　USB 体系

再往上是 USB 设备驱动程序(USB Device Driver)。众所周知,没有驱动程序,硬件是不能使用的。Windows 95/98 已经内建了一些常用的 USB 设备驱动程序,如 USB 音箱、USB Hub 等。其他的 USB 设备驱动程序操作系统并没有内建,由生产商附送,如 USB 摄像头、USB Modem 等。Windows ME 和 Windows XP 内建了更多的 USB 设备驱动程序,使 USB 设备使用更方便。

最后就是 USB 应用程序(Application,或者称为 Client Driver Software)。USB 设备需要有相应的应用程序才能发挥作用。像 USB 扫描仪就必须有扫描程序才能使用,而 USB 接口的数码相机也需要相应的应用程序才能传输相片等资料。

2) USB 的硬件结构

USB 采用 4 线电缆,其中两根是用来传送数据的串行通道,另外两根为下游(Downstream)设备提供电源,如图 5.6 所示。

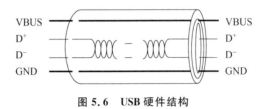

图 5.6　USB 硬件结构

其中,D^+ 和 D^- 是串行数据通信线,对 USB 1.1 版本而言,它支持两种数据传输率,对于高速且需要高带宽的外设,USB 以全速 12MB/s 传输数据;对于低速外设,USB 则以 1.5MB/s 的传输速率传输数据。USB 总线会根据外设情况在两种传输模式中自动地动态转换。VBUS 为+5V 电源,GND 是地线。USB 是基于令牌的总线,类似于令牌环网络或 FDDI 基于令牌的总线。USB 主控制器广播令牌,总线上设备检测令牌中的地址是否与自身相符,通过接收或发送数据给主机来响应,USB 通过支持悬挂/恢复操作来管理 USB 总线电源。而 USB 2.0 版本的使用与 USB 1.1 版本的使用相仿。

USB 系统采用级联星状拓扑即类似菊花链连接。该拓扑由 3 个基本部分组成:主机(Host)、集线器(Hub)和功能设备(USB 设备)。

主机也称为根、根结或根 Hub。它做在主板上或作为适配卡安装在计算机上。主机包含主控制器和根集线器(Root Hub),控制着 USB 总线上的数据和控制信息的流动。每个 USB 系统只能有一个根集线器,它连接在主控制器上。

集线器是 USB 结构中的特定成分,它提供称为端口(Port)的点将设备连接到 USB 总线上,同时检测连接在总线上的设备,并为这些设备提供电源管理,负责总线的故障检测和恢复。集线器或是为总线提供能源,或是为自身提供能源(从外部得到电源)。自身提供能源的设备可插入总线提供能源的集线器中,但总线提供能源的设备不能插入自身提供能源的集线器或支持超过 4 个的下游端口中。总线提供能源设备的需要超过 100mA 电源时,不能同总线提供电源的集线器连接。

功能设备通过端口与总线连接。USB 设备同时可做 Hub 使用。例如,USB 监视器可以提供 USB 鼠标和 USB 键盘的端口。USB 集线器使用 A 类连接器,设备使用 B 类连接器。

4. USB 的软件结构

USB 通信模块的基本流程如图 5.7 所示。

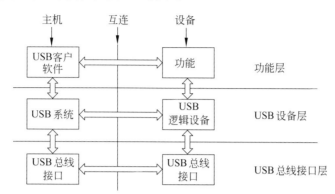

图 5.7　USB 通信模块的基本流程

主机和设备被分为如图 5.7 所示的几层。箭头表示主机上的实际通信。设备上的相应接口根据不同的仪器而不同。主机和设备间的通信最终发生在物理线上,但在每一水平层之间存在着逻辑接口。主机 USB 客户软件与设备功能间的通信代表了设备需求与设备能力之间的约定。

每个 USB 只有一个主机,它包括以下几层。

1) USB 总线接口

USB 总线接口处理电气层与协议层的互连。从互连的角度来看,相似的 USB 总线接口由设备及主机同时给出,例如串行接口机(SIE)。USB 总线接口由主控制器实现。

2) USB 系统

USB 系统用主控制器管理主机与 USB 设备间的数据传输。它与主控制器间的接口依赖于主控制器的硬件定义。同时,USB 系统也负责管理 USB 资源,例如,带宽和总线能量,这使客户访问 USB 成为可能。USB 系统有 3 个基本组件。

(1) 主控制器驱动程序(HCD)。

HCD 能够更容易地将不同主控制器设备映射到 USB 系统中。因此,客户可以在不知其设备连接哪个主控制器的情况下与设备相互作用。HCD 与 USB 的接口称为主控制器驱动接口(HCDI),特定的 HCDI 由支持不同主控制器的操作系统定义。通用 USB 主控制器驱动程序处于软件结构的最底层,由它来管理和控制主控制器。USB 主控制器定义了一个标准硬件接口,以提供一个统一的主控制器可编程接口。UHCD 实现与 USB 主控制器通信和控制 USB 主控制器的一些细节,并且它对系统软件的其他部分是隐蔽的。系统软件中的更高层通过 UHCD 的软件接口与主控制器通信。

(2) USB 驱动程序(USBD)。

USB 驱动程序位于 UHCD 之上,它提供驱动器级的接口,满足现有设备驱动器设计的要求。USBD 所实现的准确细节随操作系统环境的不同而有所不同,但 USBD 在不同操作系统环境下完成的是一样的工作。USBD 以 I/O 请求包(IRP)的形式提供数据传输架构，USBD 把 IPR 划分成 USB 和设备需要大小的块。USBD 确保每一个设备能分配到它所要求的资源，支持 USB 设备配置。在配置的过程中，它为检测到的端点建立通信管道。此外，USBD 使客户端出现设备的一个抽象，以便于抽象和管理。作为抽象的一部分，USBD 拥有默认的管道。通过它可以访问所有的 USB 设备以进行标准的 USB 控制。该默认管道描述了一条 USBD 和 USB 设备间通信的逻辑通道。

（3）主机软件。

在某些操作系统中，没有提供 USB 系统软件。这些软件本来是用于向设备驱动程序提供配置信息和装载结构的。在这些操作系统中，设备驱动程序将应用提供给接口而不是直接访问 USBDI（USB 驱动程序接口）结构。

3）USB 客户软件

它位于软件结构的最高层，负责处理特定 USB 设备的设备驱动器。客户程序层描述了所有直接作用于设备的软件入口。当设备被系统检测到后，这些客户程序将直接作用于外围硬件。这个共享的特性将 USB 系统软件置于客户和它的设备之间，也就是说，一个客户程序不能直接访问硬件设备，而要根据 USBD 在客户端形成的设备映像由客户程序对它进行处理。

总体上说，主机各层有以下功能。

（1）检测连接和移去的 USB 设备。

（2）管理主机和 USB 设备间的数据流。

（3）连接 USB 状态和活动统计。

（4）控制主控制器和 USB 设备间的电气接口，包括限量能量供应。

控制信息可能以带内方式或带外方式在主机和设备间传输。带内方式将控制信息与数据混在一个管道内；带外方式将控制信息与数据放在分离管道内。

每个连接上的 USB 设备都有一个被称为默认管道的消息管道，并在 USB 设备和主机之间建立逻辑关联。默认管道为所有的设备提供了一个标准的接口。默认通道也用于设备通信，由 USBD 作为中介，USBD 拥有所有设备的默认通道。

特别的 USB 设备允许使用附加的消息管道传输具体设备的控制信息。这些管道使用相同的通信协议作为默认通道，但传输的信息必须具体到特定的设备，而不被规范标准化。USBD 支持其客户共享它拥有和使用的默认通道，它也可以访问其他设备的控制管道。

基于不同级别的抽象，HCDI 和 USBDI 提供不同的软件接口。它们被希望以某种特殊的方式一起工作来满足所有 USB 系统的需求。USB 系统的需求主要体现为对 USBDI 的需求。USBD 和 HCD 间任务的区分没有定义，然而，在特定的操作系统中支持多主控制器设备是 HCDI 必须满足的需求。

HCD 提供了主控制器的抽象和通过 USB 传输的数据的主控制器视角的一个抽象。USBD 提供了 USB 设备的抽象和 USBD 客户与 USB 功能间数据传输的一个抽象。总之，USB 系统促进客户和功能间的数据传输，并作为 USB 设备的规范接口的一个控制点。USB 系统提供缓冲区管理能力并允许数据传输同步于客户和功能的需求。

5. USB 上的数据流传输

主控制器负责主机和 USB 设备间数据流的传输。这些传输数据被当作连续的比特流。每个设备提供了一个或多个可以与客户程序通信的接口,每个接口由 0 个或多个管道组成,这些管道分别独立地在客户程序和设备的特定终端间传输数据。USBD 为主机软件的现实需求建立了接口和管道,当提出配置请求时,主控制器根据主机软件提供的参数提供服务。

USB 支持 4 种基本的数据传输模式:控制传输、等时传输、中断传输和数据块传输。每种传输模式应用到具有相同名字的终端,则具有不同的性质。

控制传输类型支持外设与主机之间的控制、状态和配置等信息的传输,为外设与主机之间提供一个控制通道。每种外设都支持控制传输类型,这样,PC 主机与外设之间就可以传送配置和命令/状态信息。

等时(Isochronous)传输类型支持有周期性的、有限的时延和带宽且数据传输率不变的外设与主机间的数据传输。该类型无差错校验,故不能保证正确的数据传输,支持像计算机-电话集成系统(CTI)和音频系统与主机的数据传输。

中断传输类型支持像游戏棒、鼠标和键盘等人机输入设备,这些设备与主机间数据传输量小、无周期性,但对响应时间敏感,要求立即响应。

数据块(Bulk)传输类型支持打印机、扫描仪和数码相机等外设,这些外设与主机间传输的数据量很大,USB 在满足带宽的情况下才进行该类型的数据传输。

USB 采用分块带宽分配方案,若外设超过当前带宽分配或潜在的要求,则拒绝进入该设备。同步和中断传输类型的终端保留带宽,并保证数据按一定的速率传送。集中和控制终端按可用的最佳带宽来传输数据。但是,10%的带宽为批量处理和控制传送而保留,数据块传输仅在带宽满足要求的情况下才会出现。

6. USB 的即插即用

USB 的一个主要优点就是支持设备的热插拔,用户不需要关闭电源就可以接上和使用 USB 设备。USB 集线器驱动程序检测设备,并通知系统设备就绪。USB 设备使用描述符来识别设备及其使用协议。串口号产生即插即用的 ID,端口地址指明设备连接的端口和集线器。若设备不提供串口号,则 USB 使用设备端口地址。

当一个新设备被 USB 集线器检测到后,马上通知主系统,系统软件即查询该设备,自动确定所需设备驱动软件和总线带宽,然后对其进行配置。系统软件装载了合适的驱动程序后,用户马上就可以使用新设备。

需要说明的是,随着要求有高速数据传输率的外设(如 CD 播放机、电视机顶盒和数字化摄像录像一体机等)的增多,USB 将无法满足其高速要求。于是出现了 IEEE 1394(又称为 Fire Wire,火线),它是由 Apple 公司和 TI 公司开发的高速串行接口标准,最高数据传输率可达 1Gb/s(1024Mb/s)。它具有把一个输入信息源传来的数据向多个输出机器广播的功能,特别适用于家庭视听 AV(Audio-Visual)的连接。在多媒体信息处理系统中,IEEE 1394 是更有前途的串行接口标准。

5.5 32位微型计算机总线结构

PC系列机采用开放式的总线结构。随着计算机技术的发展、应用的推广,开发了一大批总线标准,使计算机的总线结构逐步规范化、通用化,用户可按功能需要选用不同厂家生产的、基于同种总线标准的模块和设备,组建符合自己要求的应用系统,保证了各级产品(芯片、模块、设备等)的兼容性、互换性,以及整个系统的可维护性和可扩充性。

现代32位微型计算机系统的体系结构根据微处理器的不同而有所区别。80386/80486微处理器的微型计算机体系结构中,主要采用ISA总线和EISA总线结构,后期的80486还采用了VESA总线、EISA总线和PCI总线作为各个部件的连线。采用Pentium微处理器的微型计算机总线结构,最主要的表现就是主板的总线结构各不相同。为了提高微型计算机的整体性能,规范体系结构的接口标准,根据各部件处理或传输信息的速度快慢,采用了更加明显的三级总线结构,即CPU总线(Host Bus)、局部总线(PCI总线)和系统结构总线(一般是ISA总线)。其中,CPU总线是64位数据线、32位地址线的同步总线;PCI总线为32位或64位数据/地址分时复用同步总线,它作为高速的外围总线不仅能够直接连接高速的外设,而且通过桥芯片和更高速的CPU总线与系统总线相连。系统总线仍为16位数据线、20位地址线。三级总线之间由集成度更高的多功能桥路芯片组成的芯片组相连,形成一个统一的整体。这些桥路芯片起到信号缓冲、电平转换和控制协议转换的作用。通过对这些芯片组的功能和连接方法的划分,可把这种体系结构称为南北桥结构。

在计算机领域,芯片组(Chipset)通常特指计算机主板或扩展卡上的芯片,是一组共同工作的集成电路芯片,它负责将计算机的核心——微处理器和电路板上的其他部分相连。以往的芯片组由多个芯片组成,慢慢简化为两个芯片。基于Intel公司的32位微处理器的个人计算机,其芯片组一词通常指北桥和南桥两个主要的主板芯片组。芯片组厂商在南桥芯片当中添加对PCI Express X1的支持,在北桥芯片当中添加对PCI Express X16的支持。芯片组作为一个产品,其制造商通常独立于主板的制造商。如PC主板上的芯片组包括NVIDIA公司的nForce芯片组和威盛公司的KT880,都是为AMD处理器开发的。主板芯片组几乎决定着主板的全部功能,除了最通用的南北桥结构外,芯片组正向更高级的加速集线架构发展。

图5.8是采用PCI局部总线的32位Pentium微型计算机的总线结构。在这种结构中,主要通过两个芯片将三级总线连接起来。这两个芯片就是分别被称为北桥的CPU总线—PCI桥片(Host Bridge)和南桥的PCI总线—ISA桥片。

其中北桥芯片与CPU、内存、二级高速缓存、局部总线等高速设备相连,用来管理微型计算机体系结构中的高速设备;南桥芯片与IDE接口、ISA总线等低速设备相连,用来管理微型计算机体系结构中的低速设备。在兼容的PCI总线规范的微型技术体系结构中,微处理器局部总线通过一个专门的局部总线到PCI总线体系结构控制逻辑,与其他部件相连接。每当微处理器及其局部总线改变时,只需跟着改变北桥芯片,全部原有外设则可自动继续进行工作。这种结构的好处:即使微处理器及局部总线发生变动,也不

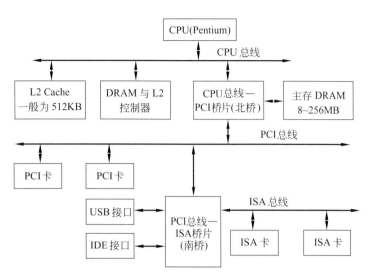

图 5.8　32 位(Pentium)微型计算机总线结构

会影响众多的外围芯片系列。

图 5.9 所示的 32 位总线结构,是一种中心结构的 Pentium Ⅲ 微型计算机的总线结构。构成这种结构的芯片组主要由 3 个芯片组成,分别是存储控制中心(Memory Controller Hub,MCH)、I/O 控制中心(I/O Controller Hub,ICH)和固件中心(Firm Ware Hub,FWH)。

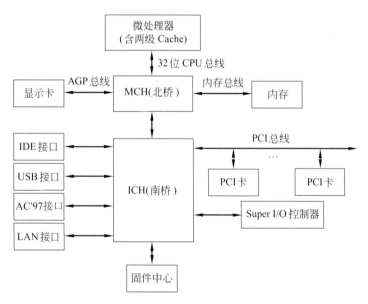

图 5.9　32 位(Pentium Ⅲ)微型计算机总线结构

MCH 的用途是提供高速的 AGP 接口、动态显示管理、电源管理和内存管理功能。此外,MCH 与 CPU 总线相连,负责处理 CPU 与总线结构其他部件之间的数据交换。在某些类型的芯片组中,MCH 还内置图形显示子体系结构,既可以直接支持图形显示,又可以采用 AGP 显示部件，称其为图形存储控制中心（GMCH）。

ICH 含有内置 AC'97 接口（提供音频编码和调制解调器编码接口）、IDE 接口（提供高速硬盘接口）、2 个或 4 个 USB 接口、LAN 接口以及和 PCI 卡之间的连接。此外，ICH 和 Super I/O 控制器相连接，而 Super I/O 控制器主要为体系结构中的慢速设备提供与体系结构通信的数据交换接口，如串行口、并行口、键盘和鼠标等。

固件中心包含了主板 BIOS 和显示 BIOS 以及一个用于数字加密、安全认证等领域的硬件随机数发生器。

由上述两种微型计算机的总线结构可以看出：随着计算机 CPU 和芯片组技术的发展，新推出的微型计算机体系结构和性能可能有些不同。但从微型计算机系统角度看，其系统结构基本还是一样的。

5.6 本章小结

本章首先介绍总线的概念、类型和结构以及基本性能指标；接着介绍 Pentium 处理器的相关引脚及总线操作有关概念；然后介绍微型计算机系统中典型的两类总线标准：AT 总线和 PCI 总线，并介绍几类通用外部总线标准；最后介绍 32 位微型计算机的总线结构。

重点要求掌握内容：总线的概念、Pentium 微处理器与总线操作有关的相关引脚信号、常用的 AT 总线信号、32 位微型计算机总线结构。

习 题

1. 什么是总线？按总线连接的对象和所处系统的层次来分，有哪几类总线？
2. 从哪几方面可以衡量总线的性能？
3. Pentium 微处理器有多少条数据线？多少条地址线？能访问的存储空间有多大？
4. 系统复位后，EDX、CS 和 EIP 的内容是多少？这些值表示什么含义？
5. 什么是时钟周期、总线周期和指令周期？
6. 总线信息的传送方式有哪几种？ISA 总线标准中，$\overline{IOW}$、$\overline{IOR}$、$\overline{MEMR}$ 和 $\overline{MEMW}$ 信号的作用是什么？
7. PCI 总线的特点有哪些？
8. 哪些标准是通用外部总线标准？分别适合什么外设使用？
9. USB 的特点是什么？它支持哪几种基本的数据传输模式？
10. 什么是 PCI 桥接器？PCI 规范中提出了几类桥的设计？分别是什么？
11. 什么是 32 位微型计算机系统总线结构中的南桥和北桥？它们各自有什么作用？

第6章 chapter 6

存储系统

6.1 概　　述

目前绝大多数计算机硬件系统仍然是冯·诺依曼"存储程序"式结构。"存储程序"思想的核心是将编好的程序和要加工处理的数据预先存入主存储器(Main Memory),然后启动计算机工作,计算机在不需人工干预的情况下,高速自动地从主存储器中取出指令执行,从而完成数值计算或非数值处理。显然,存储器是实现"存储程序"控制必不可少的硬件支持,是计算机中必须要有的重要组成部分。

第6章　课件

存储器是具有记忆功能的部件,是能够接收、保存和取出信息(程序、数据和文件)的设备。

6.1.1 存储系统的概念

目前的计算机系统,大都采用多种类型存储器。几乎没有只用单一存储器的情形。原因是要在容量(S)、速度(T)、价格(C)三者之间折中,因为速度快的存储器价格贵,容量就不能做得很大,而价格低的存储器存储容量可能做得相当大,但它的存取速度却比较慢。为解决速度、容量和价格之间的矛盾,人们提出了存储系统的概念。

由 $n(n\geqslant 2)$个速度、容量、价格各不相同的存储器组成由硬件或软件进行辅助管理的系统称为存储系统。图6.1是一个典型的存储系统。这个系统对应用程序员透明,并且从应用程序员的视角看,它是一个存储器,这个存储器的速度接近速度最快的那个存储

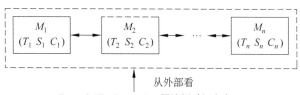

M_1 (T_1 S_1 C_1)
M_2 (T_2 S_2 C_2)
…
M_n (T_n S_n C_n)
从外部看
$T\approx \min(T_1,T_2,\cdots,T_n)$,用访问时间来表示
$S\approx \max(S_1,S_2,\cdots,S_n)$,用MB或GB表示
$C\approx \min(C_1,C_2,\cdots,C_n)$,用每位的价格来表示

图6.1　存储系统原理

器,存储容量与容量最大的那个存储器相等或接近,单位容量的价格接近最便宜的那个存储器。图 6.1 中,$M_i(i=1,2,\cdots,n)$代表存储体 i;$T_i(i=1,2,\cdots,n)$代表存储体 i 的速度,用访问时间来表示;$S_i(i=1,2,\cdots,n)$代表存储体 i 的容量,用 MB 或 GB 表示;$C_i(i=1,2,\cdots,n)$代表存储体 i 的价格,用每位的价格来表示。

存储系统概念早在 20 世纪 60 年代就运用于计算机系统之中。随着集成电路技术的飞速发展,许多大型计算机甚至巨型计算机的成熟技术已经逐步下移至微型计算机。存储系统就是其中一项主要的技术。

6.1.2　存储器的体系结构

存储系统的设计始终围绕着解决速度(访问时间 T)、容量(S)和价格(C)之间的矛盾而进行。人们在进行存储体系的设计时,特别是在大型计算机系统的系统结构中,建立了存储层次体系结构的概念。存储层次(Memory Hierarchy)体系结构是在综合考虑容量、速度、价格的基础上,建立的存储组合,以满足系统对存储器在性能与经济两个方面的要求。

1. 访存局部性原理

硬件系统中的一个普遍的规律:系统的复杂性越小,系统能达到的速度越高;系统的尺寸越小,系统能达到的速率越高。对于存储系统,高速、大容量和低成本这 3 个因素是相互矛盾的。尽管在大多数计算机应用中往往需要巨大的、快速的存储空间,但程序对其存储空间的访问并不是均匀分布的。从大量的统计中可以得到这样一个规律:程序对存储空间的 90%的访问局限于存储空间的 10%的区域中,而另外 10%的访问则分布在存储空间的其余 90%的区域中。这一规律就是通常所说的访存局部性原理。访存局部性原理包含两个方面。

(1) 时间局部性:如果一个存储项被访问,则可能该项会很快再次被访问。

(2) 空间局部性:如果一个存储项被访问,则该项及相邻近的项也可能很快被访问。

形成上述规律的原因在于程序的顺序执行和程序的循环执行等。在程序顺序执行时,下一次执行的指令和上一次执行的指令在存储器中的位置是相邻的或相近的;在循环程序中,循环体的指令要重复执行,相应的数据要重复访问。指令和数据的存放都是有一定的规律而不是随机的。

2. 层次化存储系统

根据访存局部性原理来解决存储器存储容量和速度的矛盾,就是要求将计算机频繁访问的数据存放在速度较高的存储介质中,而将不频繁访问的数据存放在速度较慢但价格较低的存储介质中,为此人们想到了层次化的存储器实现方法。存储系统根据容量和工作速度分成若干个层次,因为速度较慢的存储介质成本较低,用其实现较低层次的存储器,而用少量的速度较高的存储器件实现速度要求较高的存储层次。在多个层次的存储器中,上一层次的存储器较下一层次的容量小、速度快,每字节的成本更高,距离处理机更近。访问频率高的数据存放在层次高的存储器中并在其下层存储器有一原始备份,这样既可以用较低的成本实现大容量的存储器,又使存储器具有较高的平均访问速度,图 6.2 为按这种方式构成的存储系统。

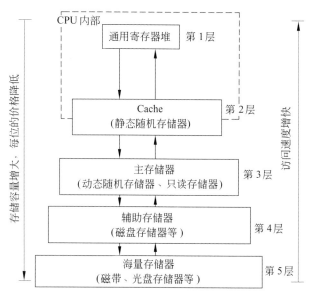

图 6.2 层次化存储系统

CPU 中的通用寄存器可看作是最高层次的存储部件,它容量最小,速度最快,但通用寄存器对程序员是不透明的,对通用寄存器的访问不按地址而是按寄存器名。通用寄存器以下可以有高速缓存、主存储器、辅助存储器和海量存储器等层次。海量存储器是最低层次的存储器,通常由磁带、光盘存储器等构成,它的容量大、成本低,但存取速度慢。

3. 存储系统的设计目标

近几年 CPU 的设计水平不断提高,其速度成倍加快,使存储器成为计算机系统明显的性能瓶颈。尽管近年来存储技术的发展很快,但存储器器件还是无法以合理的成本满足这一要求。速度、容量和价格是存储系统设计应考虑的 3 个主要因素。存储系统设计目标之一就是要以较小的成本使存储系统与处理机的速度相匹配,或者说达到与处理机相应的工作速度和传输频带宽度。同时还要求存储器有尽可能大的容量。

例如,如图 6.2 构成的典型大型计算机的存储系统特性如表 6.1 所示。

表 6.1 典型大型计算机的存储系统特性

存储系统层次特性	第 1 层 CPU 寄存器	第 2 层 高速缓存	第 3 层 主存储器	第 4 层 磁盘存储器	第 5 层 磁带存储器
访问时间	10ns	25ns	60ns	10ms	2min
容量	512B	128KB	512MB	60GB	2TB
成本/(美分·字节$^{-1}$)	18 000	72	5.6	0.23	0.01

从表 6.1 可以得出该存储系统的每 KB 的价格为

$$\frac{\sum_{i=1}^{5} c_i s_i}{\sum_{i=1}^{5} s_i} = \frac{18\,000 \times 0.512 + 72 \times 128 + 5.6 \times 512 \times 10^3 + 0.23 \times 60 \times 10^6 + 0.01 \times 2 \times 10^9}{0.512 + 128 + 512 \times 10^3 + 60 \times 10^6 + 2 \times 10^9}$$

$$= 0.0178(美分)$$

该存储系统的存储容量不小于 2TB，平均访问时间几乎不大于 25ns。由此可见，该存储系统的容量相当于第 5 层，价格比第 5 层略高，速度相当于第 2 层，所以该存储系统是一个成功的设计范例。

6.1.3 存储器的分类

构成存储器的存储介质，目前主要采用半导体器件和磁性材料。一个双稳态半导体电路或磁性材料的存储元，均可以存储一位二进制代码。这个二进制代码位是存储器中最小的存储单位，称为一个存储位或存储元。由若干个存储元组成一个存储单元，然后再由许多存储单元组成一个存储器。

根据存储器件的性能及使用方法不同，存储器有各种不同的分类方法。

1. 按存储介质分类

作为存储介质的基本要求，必须具备能够显示两个有明显区别的物理状态的性能，分别用来表示二进制的代码 0 和 1。另一方面，存储器的存取速度又取决于这种物理状态的改变速度。目前使用的存储介质主要是半导体器件和磁性材料。用半导体器件组成的存储器称为半导体存储器。用磁性材料做成的存储器称为磁表面存储器，例如磁盘存储器和磁带存储器。

2. 按存取方式分类

如果存储器中任何存储单元的内容都能被随机存取，且存取时间和存储单元的物理位置无关，这种存储器称为随机存储器。半导体存储器和磁性存储器都是随机存储器。如果存储器只能按某种顺序来存取，也就是说存取时间和存储单元的物理位置有关，这种存储器称为顺序存储器。例如，磁带存储器就是顺序存储器。一般来说，顺序存储器的存取周期较长。磁盘存储器是半顺序存储器。

3. 按存储器的读写功能分类

有些半导体存储器存储的内容是固定不变的，即只能读出而不能写入，因此这种半导体存储器称为只读存储器(ROM)。既能读出又能写入的半导体存储器，称为随机存储器(RAM)。

4. 按信息的可保存性分类

断电后信息即消失的存储器，称为非永久记忆的存储器。断电后仍能保存信息的存储器,称为永久性记忆的存储器。磁性材料做成的存储器是永久性存储器。半导体读写存储器是非永久性存储器。

5. 按串、并行存取方式分类

目前使用的半导体存储器大多为并行存取方式,但也有以串行存取方式工作的存储器,如电荷耦合器件(CCD)、串行移位寄存器和镍延迟线构成的存储器等。

6. 按在计算机系统中的作用分类

根据存储器在计算机系统中所起的作用,可分为主存储器、辅助存储器、高速缓存和控制存储器等,如图 6.3 所示。

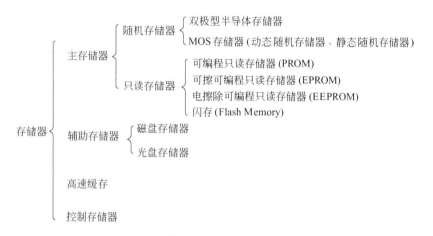

图 6.3 按存储器在计算机系统中的作用分类

6.1.4 存储器的主要性能指标

存储器的类型不同,其性能指标也不相同,在构成微型计算机硬件系统时需要全面考虑。存储器的主要性能指标有以下 7 项。

1. 存储容量(Memory Capacity)

在微型计算机中,存储器以字节为单元。每个单元包含 8 位二进制数,也就是 1 字节。由于存储容量一般都很大,因此常以 KB(2^{10} B)、MB(2^{20} B)或 GB(2^{30} B)为单位。目前高档微型计算机的内存容量一般为 32MB~4GB。存储容量越大,存储的信息量也就越大,计算机运行的速度也就越快。

存储一位二进制信息的单元称为一个基本单元。对于 32MB 的存储器,其内部有 $32M \times 8$ 个基本单元。

2. 存取时间(Access Time)

存取时间亦称为存储器访问时间,指的是从启动一次存储器操作到完成该操作所用时间。如从发出读命令到将数据送入数据缓冲寄存器所用时间,或从发出写命令到将数据缓冲寄存器内容写入相应存储单元所用时间,用 T_A 表示。T_A 是反映存储器速度的指标,其值取决于存储介质的物理特性及其使用的读出机构类型。T_A 决定了 CPU 进行一次读或写操作必须等待的时间。目前主存储器的存取时间为 ns 级。

3. 存储周期(Memory Cycle)

存储周期亦称为存取周期、访问周期、读写周期,指的是连续两次启动同一存储器进行存取操作所需的最小时间间隔,用 T_M 表示。因为对任一种存储器,当进行一次访问后,存储介质和有关控制线路都需要恢复时间,若是破坏性读出,还需重写时间,因此通常 $T_M > T_A$。T_A 通常主要用来表示 CPU 发出读命令后要等待多长时间才能获得数据,这对 CPU 的设计有着非常重要的意义。如果考虑计算机与访存有关的工作周期,则会涉及 T_M。

4. 可靠性(Reliability)

计算机的一切工作都是通过运行程序实现的,而正在运行的程序和要加工处理的数据都存放在存储器中,因此,存储器的可靠性处于非常重要的地位。通常用平均故障间隔时间(Mean Time Between Failures,MTBF)来衡量存储器的可靠性,MTBF 表示两次故障之间的平均时间间隔。显然,MTBF 越大,可靠性越高。为了加大 MTBF,存储器采用容错技术。容错就是在存储器出现故障时,能够纠正错误,使之正常工作,或者至少能报告错误,以便人工排除。通常通过增加冗余位实现,如 YH-2 巨型机,CPU 字长 64 位,而存储器字长为 72 位,多用 8 位可纠正一位错误、检测出两位错误,这样大大提高了存储器的可靠性。

5. 功耗与集成度(Power Loss and Integration Level)

功耗反映了存储器件耗电多少,集成度标识单个存储芯片的存储容量。一般希望功耗小、集成度高,但两者是矛盾的,因此除设计和制作存储芯片时要同时考虑两者之外,用芯片构成存储器时也应当考虑它们。对于存储器件,有维持功耗和工作功耗之分,工作功耗远远大于维持功耗,通常要求维持功耗尽量小。

对于高密度组装的高速存储器,则应采用风冷、液冷等强化散热措施,否则存储器将不会稳定工作,甚至有烧毁的危险。

6. 性能价格比(Cost Performance)

性能价格比是一个综合性指标,性能主要包括存储容量、存储周期、存取时间和可靠性等。价格包括存储芯片和外围电路的成本。通常要求性能价格比要高。

7. 存取宽度(Access Width)

存取宽度亦称为存储总线宽度,即 CPU 或 I/O 一次访存可存取的数据位数或字节数。存取宽度由编址方式决定,字节编址存取宽度为 8 位,字编址存取宽度为机器的字长,它一般是字节的整倍数。如银河-Ⅰ巨型机存取宽度为 64 位。低档微型计算机存取宽度为 8 位、16 位。高档微型计算机存取宽度为 32 位、64 位。

6.2 随机存储器与只读存储器

计算机系统的存储器部分通常由只读存储器(ROM)和随机存储器(RAM)构成。ROM 用于存储永久性的信息,如计算机的接口驱动程序或数据。RAM 主要用于存储操作系统或其他正在运行中的程序的临时数据。

6.2.1 RAM 的分类与常用 RAM 芯片的工作原理

RAM 是随机存储器。随机访问是指不管存储器地址如何,读写存储单元所需的时间都是相等的;RAM 的另一特点是断电之后内容将丢失。

存放一个二进制位的物理器件称为记忆单元,它是存储器的最基本构件,可以由各种材料制成,MOS 存储器根据记忆单元的结构又可分为静态随机存储器(SRAM)和动态随机存储器(DRAM)两种。SRAM 存储电路以双稳态触发器为基础,其一位存储单元类似于 D 锁存器。数据一经写入,只要不关掉电源,则将一直保持有效。DRAM 存储电路以电容为基础,靠芯片内部电容的电荷的有无来表示信息,为了防止由于电容的漏电所引起的信息的丢失,就需要在一定的时间间隔内对电容进行充电,这种充电的过程称为 DRAM 的刷新。对于这种类型的电路,必须既要维持其电源电压,又要定期地维持每个存储单元中的数据。

1. 静态随机存储器

1) 基本存储单元电路

SRAM 的基本存储单元电路如图 6.4 所示,它是在 MOS 触发器的基础上增添了两个门控管。图中 $T_1 \sim T_4$ 构成双稳态触发器,两个稳定状态分别表示 1 或者 0。例如,A

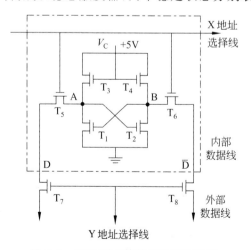

图 6.4 MOS 型 6 管静态随机存储器

点为高电平,B点为低电平,表示存1,相反则表示存0。T_5、T_6为门控管,当X地址选择线为高电平时,T_5、T_6管导通,表示该单元选中,A点和B点分别与内部数据线D和$\overline{D}$(也称位线)接通。T_7和T_8也是门控管,控制该存储单元的内部数据线是否与外部数据线接通。当Y地址选择线也为高电平时,T_7和T_8管通,内部数据线与外部数据线接通,表示该单元的数据可以读出,或者把外部数据线上的数据写入该存储单元。

在读出时,X地址选择线与Y地址选择线均为高电平,T_5、T_6、T_7、T_8管均导通,A点与D接通,B点与$\overline{D}$接通,D、$\overline{D}$又与外部数据线接通。若原来存入的是1,A点为高电平,则D为高电平;B点为低电平,则$\overline{D}$为低电平。两者分别通过T_7、T_8管输出到外部数据线,即读出1。相反,若原来存入的是0,A点为低电平,则D为低电平;B点为高电平,则$\overline{D}$为高电平。两者分别通过T_7、T_8管输出到外部数据线,即读出0。

在写入时,首先将要写入的数据送到外部数据线上。若该单元被选中,则X地址选择线与Y地址选择线为高电平,T_5、T_6、T_7、T_8管均导通,外部数据线上的数据就分别通过T_7、T_5管和T_8、T_6管送到触发器的A点与B点。若写入的是1,则T_2导通,B点为低电平,T_1截止,A点为高电平。写入结束,状态保持。若写入的是0,则状态相反,A点为低电平,B点为高电平。

2) 地址译码方式

地址译码就是选择某一存储单元,常用的方式有两种:一种是字译码方式,也称为单译码方式;另一种是复合译码方式,也称为双译码方式。

(1) 字译码方式。

字译码方式存储器如图6.5所示,由一条字选择线一次选择某一字的所有位。在图6.5中,有16个存储单元,分别由16条字选择线选择。地址有效后经译码,使某一字线为高电平,于是该单元中所有位的门控管通,各位数据可通过各自的读写控制电路读出,或者将外部数据写入。读写控制电路受CPU发来的读命令和写命令的控制。只有

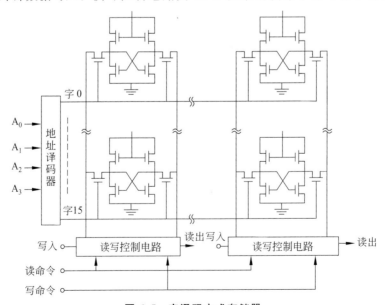

图6.5 字译码方式存储器

当CPU发出读写命令后才能对选中的字单元进行相应的读写操作。

(2) 复合译码方式。

复合译码方式存储器如图6.6所示,由纵横交错的X地址选择线和Y地址选择线互相配合来选择某一存储单元。在这种电路中,基本存储单元排列成阵列(32×32),作为所有单元的同一位。对于8位存储器,须由8个这样的阵列重叠起来组成。它有两个地址译码器:一个是水平方向的X地址译码器,它决定选择32行中的某一行;另一个是竖直方向的Y地址译码器,它决定选择32列中的某一列。它的地址分为两部分:一部分$A_4 \sim A_0$送X地址译码器;另一部分$A_9 \sim A_5$送Y地址译码器。工作时,10位地址分为两部分,分别由X、Y地址译码器译码,选择出某一行和某一列交叉处的一个存储单元。

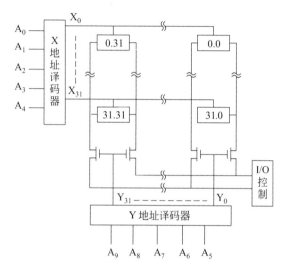

图6.6 复合译码方式存储器

字译码方式常用于小容量存储器,对于大容量的存储器多采用复合译码方式,或者把两者结合起来使用。

3) SRAM实例

在构成存储器时,一般以字节为单位。目前生产的存储器芯片有1位片、4位片和8位片等。1位片是指一个地址单元仅存放1位二进制代码。4位片和8位片是指一个地址单元分别存放4位和8位二进制代码。这样在构成以字节为单位的存储器时,若采用1位片或4位片,就需要8片或2片连接使用,即构成一个8位的芯片组。如果要构成一个大容量的存储器,就需要多个芯片组连接起来。当然,若直接采用8位芯片,如Intel 2128、6116、2186、6264、62128、62256、62512等,则最为方便。

6264是一种8K×8b的静态存储器。其内部结构如图6.7(a)所示,主要包括256×256的存储器阵列、行/列地址译码器以及数据输入输出控制逻辑电路。地址线13位,其中A_{12}、A_{11}、$A_9 \sim A_3$用于行地址译码,$A_2 \sim A_0$和A_{10}用于列地址译码。在存储器读周期,选中单元的8位数据经列I/O控制电路输出;在存储器写周期,外部8位数据经输入数据控制电路和列I/O控制电路,写入所选中的单元中。6264有28个引脚,如图6.7(b)所示,采用双列直插式结构,使用单一+5V电源。

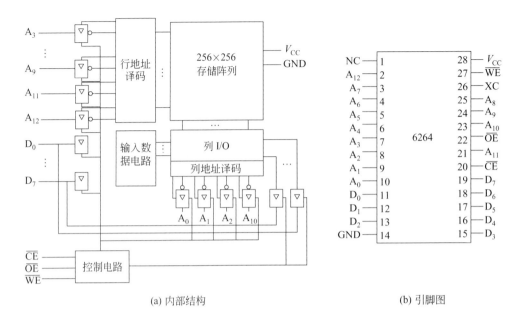

(a) 内部结构　　　　　　　　　　　　(b) 引脚图

图 6.7　6264 内部结构和引脚图

其引脚功能如下。

$A_{12} \sim A_0$：地址线，输入，寻址范围为 8KB。

$D_7 \sim D_0$：数据线，8 位，双向传送数据。

$\overline{CE}$：片选信号，输入，低电平有效。

$\overline{WE}$：写允许信号，输入，低电平有效。

$\overline{OE}$：读允许信号，输入，低电平有效。

V_{CC}：+5V 电源。

GND：接地。

NC：未用。

6264 的工作方式如表 6.2 所示。

表 6.2　6264 的工作方式

$\overline{CE}$	$\overline{WE}$	$\overline{OE}$	方式	功　　能
0	0	0	禁止	不允许 $\overline{WE}$ 和 $\overline{OE}$ 同时为低电平
0	1	0	读出	数据读出
0	0	1	写入	数据写入
0	1	1	选通	芯片选通，输出高阻态
1	×	×	未选通	芯片未选通

2．动态随机存储器

1）基本存储单元电路

在六管 SRAM 中，信息的存储在于 T_1、T_2 管的导通和截止，而 T_1、T_2 管的导通和截

止靠负载管 T_3、T_4 来维持。对于 MOS 管,它有一个显著的特点,就是栅电容、栅电阻比较大,栅漏电流很小。这样栅电容可以暂存一定数量的电荷,维持 MOS 管导通片刻时间。如果不断地给栅电容补充电荷,则可以维持 MOS 管一直导通下去。为了减少单元电路的晶体管数,提高集成度,可以把负载管 T_3、T_4 取掉。这样就变成四管动态随机存储器,如图 6.8 所示。在图 6.8 中,T_5、T_6、T_7、T_8 管仍为门控管,T_9、T_{10} 为预充电管。

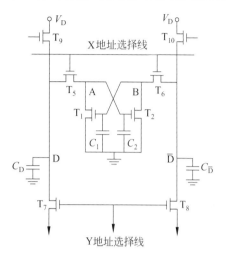

图 6.8　MOS 型四管动态存储器

写入时,X、Y 地址选择线为高电平,T_5、T_6、T_7、T_8 管导通,该单元被选中,外部数据线上的数据分别通过 T_7、T_8 管送到 D 和 $\overline{D}$。再通过 T_5、T_6 管达到 A 点和 B 点。当写入 1 时,A 点送入的是高电平,于是栅电容 C_2 充电,T_2 导通,B 点送入的是低电平,栅电容 C_1 不充电,T_1 截止。写入结束,1 状态依靠 C_2 存储的电荷维持一段时间。为了使存储的信息能长时间地保持下去,就要每隔一定的时间给 C_2 补充电荷,这一工作通常称为动态随机存储器的刷新或者再生。写入 0 时,与之相反,C_1 充电,T_1 导通,A 点为低电平,C_2 不充电,T_2 截止,B 点为高电平。

读出时,由于栅电容上存储的电荷很少,不能产生一个大的读出信号,因此在读出时要采取一定的措施,给电路补充一定的电量,通常通过预充电的办法来解决。首先发出预充电信号,使预充电管 T_9、T_{10} 导通,由电源 V_D 对内部数据线 D 和 $\overline{D}$ 预充电。当 X、Y 地址选择线为高电平时,该单元被选中。若原来存入的是 1,即 C_2 充电,T_2 管导通,C_1 不充电,T_1 管截止。由于 X 地址选择线为高电平,T_5、T_6 管导通,则 $\overline{D}$ 数据线上的高电平经 T_6、T_2 管放掉,D 数据线上的高电平保持,然后再经 T_7、T_8 管输出到外部数据线上,即读出 1。若原来存入的是 0,则与之相反,C_1 充电,T_1 管导通,C_2 不充电,T_2 管截止。读出时,D 数据线输出低电平,$\overline{D}$ 数据线输出高电平,即读出 0。

在读出过程中,没有放电的数据线 D 或者 $\overline{D}$ 给 T_1 管或者 T_2 管的栅极充电,补充因栅漏电流而损失的电荷,因此读出的过程也是动态随机存储器刷新或者再生的过程。动态随机存储器的刷新实质上就是一次读操作,只是读出的信息丢掉不用了。

动态随机存储器除了上述四管电路之外,还有三管和单管电路。

2) DRAM 举例

由于动态随机存储器电路简单,因此相对集成度要比静态随机存储器高得多,并且常作为微型计算机的主存储器。目前常用的有 4164、41256、41464 以及 414256 等类型,其存储容量分别为 64K×1b、256K×1b、64K×4b 和 256K×4b。其中 414256 的内部组成如图 6.9 所示。

414256 的基本组成是 512×512×4b 的存储器阵列。在此基础上设有读出放大器与 I/O 门控制电路、行地址缓冲器/译码器、列地址缓冲器/译码器、数据输入输出缓冲器、刷

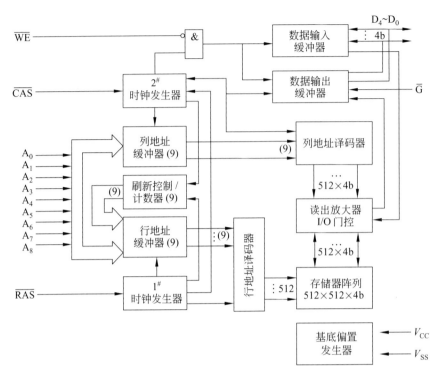

图 6.9 414256 的内部组成

新控制/计数器以及时钟发生器等。存储器访问时,行地址和列地址分两次输入。首先由 $\overline{RAS}$ 信号锁存由地址线 $A_8 \sim A_0$ 输入的 9 位行地址,然后再由 $\overline{CAS}$ 信号锁存由地址线 $A_8 \sim A_0$ 输入的 9 位列地址,经译码选中某一存储单元。在读写控制信号 $\overline{WE}$ 的控制下,可对该单元的 4 位数据进行读写操作。

由于动态随机存储器读出时须预充电,因此每次读写操作均可进行一次刷新。MCM414256 需要每 8ms 刷新一次。刷新时通过在 512 个行地址间按顺序循环进行刷新,可以分散刷新,也可以连续刷新。分散刷新也称为分布刷新,是指每 15.6μs 刷新一行;连续刷新也称猝发方式刷新,它是对 512 行集中刷新。MCM414256 必须每 8ms 进行一次快速刷新,MCM41L4256 必须每 64ms 进行一次快速刷新。刷新方式有以下 3 种。

(1) $\overline{RAS}$ 刷新。

刷新时只产生 $\overline{RAS}$,锁存行地址;$\overline{CAS}$ 为高电平。为了确保在一定范围内对所有行都刷新,使用一种外部计数器。

(2) $\overline{CAS}$ 在 $\overline{RAS}$ 之前的刷新。

这种方式是在 $\overline{RAS}$ 之前使 $\overline{CAS}$ 有效,启动内部刷新计数器,产生需要刷新的行地址,而忽略外部地址线上的信号。

(3) 隐式刷新。

隐式刷新是在数据输入输出有效时启动一次 $\overline{CAS}$ 在 $\overline{RAS}$ 之前的刷新。它是在读写周期的末尾保持 $\overline{CAS}$ 有效,使 $\overline{RAS}$ 无效,接着再使 $\overline{RAS}$ 有效,即按 $\overline{CAS}$ 在 $\overline{RAS}$ 之前的方式刷新。

6.2.2 ROM 的分类与常用 ROM 芯片的工作原理

半导体只读存储器(ROM)中的内容是事先编制好的。使用时,只是从 ROM 中读出数据。ROM 也具有按地址随机访问的特点。另外,即使断电,它的内容也不会丢失。

ROM 被广泛地应用于微型计算机中,用于存储确定整个系统操作的程序或关键性的常数。存储在 ROM 集成电路中的信息是永久的或是非易失的(Nonvolatile),即当关掉该电路的电源之后,所存储的信息并不丢失。ROM 有很多类型。目前有 3 种 ROM 电路在广泛使用,即掩膜 ROM、PROM(可编程只读存储器)、EPROM(可擦可编程只读存储器)。掩膜 ROM 电路是通过半导体制造工艺来实现其数据模式编程的,即掩膜编程,它的数据是在生产 ROM 芯片时由厂家写入芯片,一旦芯片被编程,其内容就永远不能被改变。由于这一特点以及进行掩膜编程的造价方面的原因,掩膜 ROM 主要应用于数据将不再改变且具有较大使用量的场合。PROM 和 EPROM 的数据位模式是由用户写入的,编程通常是通过 EPROM 编程器实现。PROM 一旦被编程,其内容就不能再改变,因此它被称为可编程只读存储器。EPROM 中的内容可以用紫外线光线照射方法进行擦除,即可以清除已编程的位模式而使该电路恢复到它的未编程状态。通过这种擦除和再编程操作,可以使该电路多次使用。由于它的价格相对比较高,EPROM 经常用于产品的早期设计期间。

1. 掩膜 ROM

掩膜 ROM 也称为固定只读存储器,采用掩膜工艺制成,因此,其内容由厂方生产时写入,用户只能读出使用而不能改写。只读存储器实质上是一种单向导通的开关阵列,可由二极管构成,也可由 MOS 管或双极型晶体管构成。

1) 由二极管构成的只读存储器

由二极管构成的只读存储器如图 6.10(a)所示,共有 4 个存储单元,每个单元 4 位,采用字译码方式。其中有些位有二极管,有些位没有二极管。这样,若有二极管的位存 1,则没有二极管的位存 0,其内容如图 6.10(b)所示。设给定地址 $A_1A_0=10$,表示选中字 2,即 X 输出高电平,这样有二极管的位输出高电平,没有二极管的位输出低电平,即读

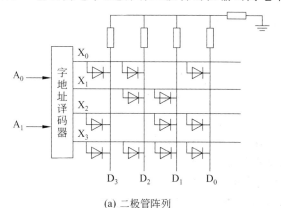

(a) 二极管阵列　　　　　　　　　　(b) 内部存储的信息

图 6.10　由二极管构成的字译码方式只读存储器

出 $D_3D_2D_1D_0=1011$。

2) 复合译码方式的 MOS 管只读存储器

复合译码方式的 MOS 管只读存储器如图 6.11 所示,用 MOS 管构成导电通路。10 位地址分成行、列两部分,分别送 X 地址译码器和 Y 地址译码器。经译码,交叉处为选中单元。若有 MOS 管的位表示存 1,则没有 MOS 管的位表示存 0。图 6.11 所示是一种 1K×1b 只读存储器。

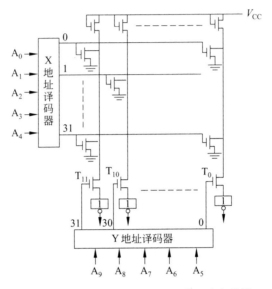

图 6.11　复合译码方式的 MOS 管只读存储器

2. 可编程只读存储器

可编程只读存储器也称为可写入只读存储器。这种存储器买回时为全 0 或全 1 状态,用户可根据自己的需要进行一次性写入编程。

PROM 是将熔断丝或熔合丝串联在 ROM 单元电路中。编程写入时,根据需要(写入 1 或者 0)使其通过一个大的电流,让熔断丝熔断开路或者熔合丝熔合短路。编程写入由专门的电路进行。一旦写入,只能读出使用,不能再修改。

3. 可擦除的可编程只读储器

可擦可编程只读存储器是指其中的内容可以通过特殊手段擦去,然后重新写入。其基本单元电路常采用浮空栅雪崩注入式 MOS 电路,简称为 FAMOS。它与 MOS 电路相似,是在 N 型基片上生长出两个高浓度的 P 型区,通过欧姆接触(指金属与半导体的接触)分别引出源极 S 和漏极 D。在源极和漏极之间有一个多晶硅栅极浮空在 SiO_2 绝缘层中,与四周无直接电气连接。这种电路以浮空栅极是否带电来表示存 1 或者 0。浮空栅极带电后(如负电荷),就在其下面,源极和漏极之间感应出正的导电沟道,使 MOS 管导通,即表示存入 1 或者 0。若浮空栅极不带电,则不形成导电沟道,MOS 管不导通,即存入 0 或者 1。

一般在源极和漏极之间加一脉冲电压(24V),可使源漏极之间瞬时击穿,发生雪崩效应。雪崩效应期间,能量大的电子进入浮空栅,雪崩效应结束,电子被困入浮空栅。

改写时可用紫外线照射,使浮空栅中的电子获得足够的能量而散失,然后重新写入。

4. 电擦除只读存储器

电擦除只读存储器通过一定的电压(或电流)来擦除其中的信息,然后重新写入。它的主要特点是能在应用系统中在线改写,断电后信息保存,因此目前得到广泛应用。

EEPROM 基本存储单元电路的工作原理与 EPROM 相似。它是在 EPROM 基本单元电路的浮空栅的上面再生成一个浮空栅。前者称为第一级浮空栅,后者称为第二级浮空栅。可给第二级浮空栅引出一个电极,使第二级浮空栅极接某一电压 V_C。若 V_C 为正电压,第一浮空栅极与漏极之间产生隧道效应,使电子注入第一浮空栅极,即编程写入。若使 V_C 为负电压,强使第一级浮空栅极的电子散失,即擦除。擦除后可重新写入。

EEPROM 的编程与擦除电流很小,可用普通电源供电,而且擦除可按字节进行。字节编程和擦除时间大约为几毫秒。

5. 只读存储器举例

目前,只读存储器的种类很多,常用的有 2764、27128、27256、27512、2864、28128、28256 等。

27128 是一种 $16K \times 8b$ 的紫外线擦除可改写只读存储器,采用 HMOS 工艺制成,速度快,读取时间约 200ns。它有 28 个引脚,采用双列直插式结构,其引脚分布与内部结构如图 6.12 所示。数据线 8 位,地址线 14 位。最大工作电流为 100mA,最大静止等待电流为 40mA,编程电压为 21V,编程负脉冲宽度为 50ms。正常工作电压由单一+5V 电源供电。

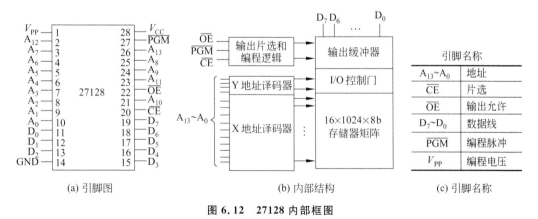

图 6.12 27128 内部框图

6.3 微型计算机系统中的存储器组织

6.3.1 存储器的扩展技术

由于 80386/80486 微处理器要保持与 8086 等微处理器兼容,这就要求在进行存储系统设计时必须满足单字节、双字节和 4 字节(即 8 位、16 位或 32 位)等不同数据位的访问。当单个存储芯片的容量不能满足系统要求时,需多片组合起来以扩展字长(位扩展)或字数(字扩展)。

1. 存储容量的扩展

由于存储芯片的容量是有限的,一个存储体往往是要由一定数量的芯片构成的,我们首先必须知道所用存储芯片的总数量。根据存储器所要求的容量和选定的存储芯片的容量,就可以计算出总的芯片数,即

$$总片数 = \frac{总容量}{容量 / 片}$$

例如,存储容量为 $8K \times 8b$,若选用 2114 芯片($1K \times 4b$),则需要的芯片数为

$$\frac{8K \times 8b}{1K \times 4b} = 16(片)$$

1) 位扩展

位扩展指只在位数方向扩展(加大字长),而芯片的字数和存储器的字数是一致的。位扩展的连接方式是将各存储芯片的地址线、片选线和读写线相应地并联起来,而将各芯片的数据线单独列出。

例如,用 $64K \times 1b$ 的 SRAM 芯片组成 $64K \times 8b$ 的存储器,所需芯片数为

$$\frac{64K \times 8b}{64K \times 1b} = 8(片)$$

在这种情况下,CPU 将提供 16 根地址线($2^{16} = 65\,536$)、8 根数据线与存储器相连;而存储芯片仅有 16 根地址线、1 根数据线。具体的连接方法:8 个芯片的地址线 $A_{15} \sim A_0$ 分别连在一起,各芯片的片选信号 $\overline{CS}$ 以及读写控制信号线也都分别连到一起,只有数据线 $D_7 \sim D_0$ 各自独立,每片代表一位,如图 6.13 所示。

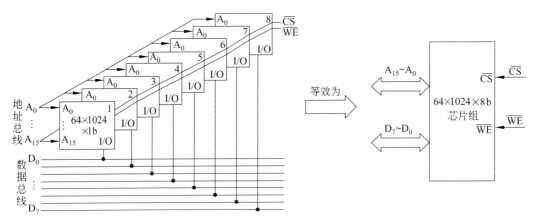

图 6.13 位扩展连接举例

当 CPU 访问该存储器时,其发出的地址和控制信号同时传给 8 个芯片,选中每个芯片的同一单元,其单元的内容被同时读至数据总线的相应位,或将数据总线上的内容分别同时写入相应单元。

2)字扩展

字扩展是指仅在字数方向扩展,而位数不变。字扩展将芯片的地址线、数据线、读写线并联,由片选信号来区分各个芯片。

如用 16K×8b 的 SRAM 组成以 64K×8b 的存储器,所需芯片数为

$$\frac{64K \times 8b}{16K \times 8b} = 4(片)$$

在这种情况下,CPU 将提供 16 根地址线、8 根数据线与存储器相连;而存储芯片仅有 14 根地址线、8 根数据线。4 个芯片的地址线 $A_{13} \sim A_0$、数据线 $D_7 \sim D_0$ 及读写控制信号 $\overline{WE}$ 都是同名信号并联在一起,高位地址线 A_{14}、A_{15} 经过一个地址译码器产生 4 个片选信号 $\overline{CS_i}$,分别选中 4 个芯片中的一个,如图 6.14 所示。

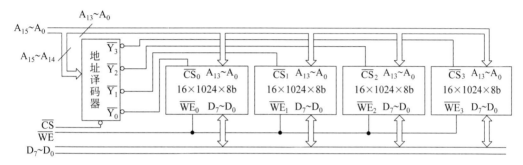

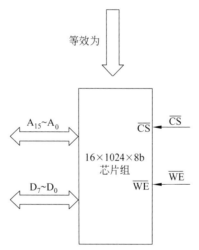

图 6.14 字扩展连接举例

在同一时间内 4 个芯片中只能有一个芯片被选中。4 个芯片的地址分配如下:

第 1 片	最低地址	0000H
	最高地址	3FFFH
第 2 片	最低地址	4000H
	最高地址	7FFFH
第 3 片	最低地址	8000H

	最高地址	BFFFH
第 4 片	最低地址	C000H
	最高地址	FFFFH

3) 字和位同时扩展

当构成一个容量较大的存储器时,往往需要在字数方向和位数方向上同时扩展,这是将前两种扩展组合起来,实现起来也很容易。

图 6.15 表示用 8 片 16K×4b 的 SRAM 芯片组成 64K×8b 存储器的示意图。

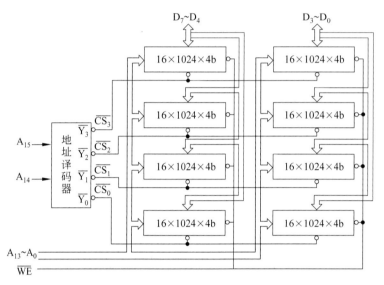

图 6.15 字和位同时扩展连接举例

不同的扩展方法可以得到不同容量的存储器。在选择存储芯片时,一般应尽可能使用集成度高的存储芯片来满足总的存储容量的要求,这样可减少成本,还可减轻系统负载,缩小存储器模块的尺寸。

2. 存储芯片的地址分配和片选

CPU 与存储器连接时,特别是在扩展存储容量的场合下,主存的地址分配就是一个重要的问题;确定地址分配后,又有一个选择存储芯片的片选信号的产生问题。

CPU 要实现对存储单元的访问,首先要选择存储芯片,即进行片选;然后再从选中的芯片中依地址码选择出相应的存储单元,以进行数据的存取,这称为字选。片内的字选是由 CPU 送出的 N 条低位地址线完成的,地址线直接接到所有存储芯片的地址输入端(N 由片内存储容量 2^N 决定),而片选信号则是通过高位地址得到的。实现片选的方法可分为 3 种,即线选法、全译码法和部分译码法。

1) 线选法

线选法就是用除片内寻址外的高位地址线直接(或经反相器)分别接至各个存储芯片的片选端,当某地址线信息为 0 时,就选中与之对应的存储芯片。需要注意的是,这些片选地址线每次寻址时只能有一位有效,不允许同时有多位有效,这样才能保证每次只选中一个芯片(或组)。图 6.16 为 4 片 2K×8b 用线选法构成的 8K×8b 存储器的连接图。各芯片的地址范围如表 6.3 所示,设地址总线有 20 位($A_{19} \sim A_0$)。

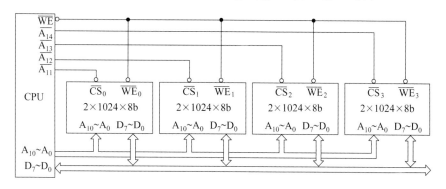

图 6.16　线选法构成的 8K×8b 存储器的连接图

表 6.3　线选法的地址分配

芯片	$A_{19} \sim A_{15}$	$A_{14} \sim A_{11}$	$A_{10} \sim A_0$	地址范围(空间)
0#	0…0	1110	00…0 11…1	07000H～077FFH
1#	0…0	1101	00…0 11…1	06800H～06FFFH
2#	0…0	1011	00…0 11…1	05800H～05FFFH
3#	0…0	0111	00…0 11…1	03800H～03FFFH

线选法的优点是不需要地址译码器,线路简单,选择芯片不须外加逻辑电路,但仅适用于连接存储芯片较少的场合。同时,线选法不能充分利用系统的存储器空间,且把地址空间分成了相互隔离的区域,给编程带来一定的困难。

2) 全译码法

全译码法将片内寻址外的全部高位地址线作为地址译码器的输入,把经译码器译码后的输出作为各芯片的片选信号,将它们分别接到存储芯片的片选端,以实现对存储芯片的选择。如前述 4 片 2K×8b 的存储芯片用全译码法构成 8K×8b 存储器,各芯片的地址范围如表 6.4 所示。

表 6.4　全译码法的地址分配

芯片	$A_{19} \sim A_{13}$	$A_{12} \sim A_{11}$	$A_{10} \sim A_0$	地址范围(空间)
0#	0…0	00	00…0 11…1	00000H～007FFH
1#	0…0	01	00…0 11…1	00800H～00FFFH

续表

芯片	$A_{19} \sim A_{13}$	$A_{12} \sim A_{11}$	$A_{10} \sim A_0$	地址范围（空间）
2#	0…0	10	00…0 11…1	01000H～017FFH
3#	0…0	11	00…0 11…1	01800H～01FFFH

全译码法的优点是每片（或组）芯片的地址范围是唯一确定的，而且是连续的，也便于扩展，不会产生地址重叠的存储区，但全译码法对译码电路要求较高，如上例中，$A_{11} \sim A_{19}$ 共 9 根地址线都要参与译码。

3）部分译码法

在系统中如果不要求提供 CPU 可直接寻址的全部存储单元，则可采用线选法和全译码法相结合的方法，这就是部分译码法。部分译码即用除片内寻址外的高位地址的一部分来译码产生片选信号。用 4 片 2K×8b 的存储芯片组成 8K×8b 存储器，需要 4 个片选信号，因此只要用两位地址线来译码产生。

由于寻址 8K×8b 存储器时未用到高位地址 $A_{19} \sim A_{13}$，所以只要 $A_{12}=A_{11}=0$，而无论 $A_{19} \sim A_{13}$ 取何值，均选中第一片；只要 $A_{12}=0$，$A_{11}=1$，而无论 $A_{19} \sim A_{13}$ 取何值，均选中第二片，……。也就是说，8KB RAM 中的任何一个存储单元，都对应有 $2^{(20-13)}=2^7$ 个地址，这种一个存储单元出现多个地址的现象称为地址重叠。

从地址分布来看，这 8KB 存储器实际上占用了 CPU 全部的空间（1MB）。每片 2K×8b 的存储芯片有 1MB/4=256KB 的地址重叠区，如图 6.17 所示。令未用到的高位地址全为 0，这样确定的存储器地址称为基本地址。

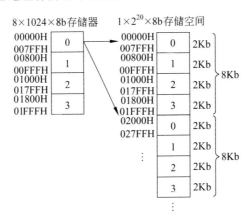

图 6.17 地址重叠区示意图

本例中 8K×8b 存储器的基本地址即 00000H～007FFH。部分译码法较全译码法简单，但存在地址重叠区。在实际应用中，存储芯片的片选信号可根据需要选择上述某种方法或几种方法并用。

6.3.2 CPU 与主存储器的连接

在讨论了主存储器的结构之后,进一步了解主存和 CPU 之间的连接是十分必要的。

1. 主存和 CPU 之间的硬连接

主存与 CPU 的硬连接有三组连线:地址总线(AB)、数据总线(DB)和控制总线(CB),如图 6.18 所示。此时,我们把主存看作一个黑盒子,存储器地址寄存器(MAR)和存储器数据寄存器(MDR)是主存和 CPU 之间的接口。MAR 可以接收来自程序计数器的指令地址或来自运算器的操作数地址,以确定要访问的单元。MDR 是向主存写入数据或从主存读出数据的缓冲部件。MAR 和 MDR 从功能上看属于主存,但在小型、微型计算机中常放在 CPU 内。

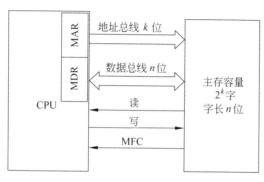

图 6.18 主存和 CPU 的连接

2. CPU 总线的负载能力

在计算机系统中,由于 CPU 往往通过总线与数片存储芯片相连接,而且这些芯片可能是 TTL 器件,也可能是 MOS 器件,所以当构成系统时,则能否支持其负载是必须考虑的问题。当 CPU 总线上挂接的器件均为 MOS 器件且数量不多时,一般不会超载。当总线上挂接的器件过多可能使 CPU 超载时,就该考虑总线的驱动问题了。增加 CPU 总线带负载能力的主要方法是在总线上增加缓冲器和驱动器。

用不同的存储芯片组成存储器对总线负载情况的影响是不同的。容量大的存储器芯片对总线的负载小。当总线上的芯片接得很多时,系统不但需要接总线驱动器,且负载电容也可能变得很大。

3. CPU 对主存的基本操作

前面所说的 CPU 与主存的硬连接是两个部件之间联系的物理基础,而两个部件之间还有软连接,即 CPU 向主存发出的读写命令,这才是两个部件之间有效工作的关键。

CPU 对主存进行读写操作时,首先 CPU 在地址总线上给出地址信号,然后发出相应的读写命令,并在数据总线上交换信息。读写的基本操作如下。

(1) 读。读操作是指从 CPU 送来的地址所指定的存储单元中取出信息,再送给 CPU。其操作过程如下:

地址→ MAR→AB	CPU 将地址信号送至地址总线
Read	CPU 发读命令
Waite for MFC	等待存储器工作完成信号
(MAR)→ DB→ MDR	读出信息经数据总线送至 CPU

(2) 写。写操作是指将要写入的信息存入 CPU 所指定的存储单元中。其操作过程如下:

地址→ MAR→ AB	CPU 将地址信号送至地址总线
数据→MDR→ DB	CPU 将要写入的数据送至数据总线
Write	CPU 发写命令
Waite for MFC	等待存储器工作完成信号

由于 CPU 和主存的速度存在差距,所以两者之间的速度匹配是很关键的,通常有两种匹配方式:同步存储器读取和异步存储器读取。

上面给出的读写基本操作是以异步存储器读取来考虑的,CPU 和主存间没有统一的时钟,由存储器工作完成信号(MFC)通知 CPU 存储器工作已完成。对于读操作,若 MFC=1,说明信息已经读出;对于写操作,若 MFC=1,说明数据已写入相应的存储单元。

对于同步存储器读取,CPU 和主存采用统一时钟,同步工作,因为主存速度较慢,所以 CPU 与之配合必须放慢速度。在这种存储器中,不需要存储器工作完成信号。

4. DRAM 与 CPU 的连接

SRAM 或 ROM 与 CPU 的连接比较简单,而 DRAM 由于行、列地址复用一组引脚,所以需用多路转换器;在行地址中,又要能接入刷新地址,因此也要有多路转换器。DRAM 和 CPU 间的接口电路如图 6.19 所示。

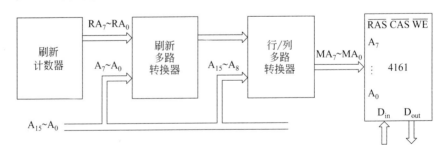

图 6.19 DRAM 和 CPU 间的接口电路

对于容量需要扩展的 DRAM,$\overline{RAS}$ 和 $\overline{CAS}$ 这两个信号还包含片选的功能。例如,用 4164 组成的 $256K \times 8b$ 的存储器,需要 32 片 4164,分成 4 组,访问它们的行地址选通信号为 $\overline{RAS_3} \sim \overline{RAS_0}$,列地址选通信号为 $\overline{CAS_3} \sim \overline{CAS_0}$,其中 0~3 表示芯片组号。这就需

要有专门的 $\overline{RAS}$ 和 $\overline{CAS}$ 的生成电路,当存储器在读写操作时,分别产生 $\overline{RAS}$ 和 $\overline{CAS}$ 信号,控制 DRAM 芯片的工作,而在刷新操作时,同时输出低电平有效的 $\overline{RAS_0} \sim \overline{RAS_3}$ 信号,对全部 DRAM 芯片执行刷新操作。

有些厂家专门设计了包括刷新支持电路及控制行/列地址复用电路在内的单片集成电路,称为 DRAM 控制器,如 Intel 8203 就是其中的一种。8203 的逻辑框图如图 6.20 所示,它是专门用来支持 16KB 或 64KB DRAM 芯片的,提供了地址多路转换、地址选通、刷新控制、刷新/访存仲裁等功能。

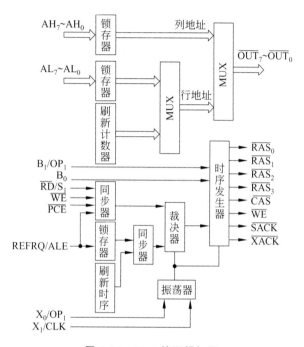

图 6.20 8203 的逻辑框图

8023 内部可以产生刷新时序,但也可由外部输入信号 REFRQ 来产生外部刷新请求,若外部刷新请求间隔小于内部刷新定时,那么刷新完全由外部请求实现。

6.3.3 PC 的存储器组织

数据总线一次能并行传送的位数称为总线的数据通路宽度,常见的有 8 位、16 位、32 位、64 位 4 种。但大多数主存储器常采取字节编址,每次访存允许读写 8 位,以适应对字符类信息的处理。这就存在着一个主存与数据总线之间的宽度匹配和存储器接口问题,下面以 PC 系列微型计算机为例讨论这一问题。

1. 8 位存储器接口

如果数据总线为 8 位(如微型计算机系统中的 PC 总线),而主存按字节编址,则匹配关系比较简单。对于 8 位(或准 16 位)的微处理器,典型的时序安排是占用 4 个 CPU 时钟周期,称为 $T_1 \sim T_4$,构成一个总线周期,一个总线周期中读写 8 位。

8 位的微处理器 8088 提供 $\overline{RD}$(读选通)、$\overline{WR}$(写选通)和 $\overline{IO/M}$(I/O 或存储器控制)等控制信号(最小模式)去控制存储系统,或者提供 $\overline{IO/M}$ 与 $\overline{RD}$ 一起产生的 $\overline{MRDC}$(存储器读命令)、$\overline{IO/M}$ 与 $\overline{WR}$ 一起产生的 $\overline{MWTC}$(存储器写命令)等控制信号(最大模式)去控制存储系统。

2. 16 位存储器接口

对于 16 位的微处理器 8086(或 80286),在一个总线周期内可读写 2 字节,即先送出偶地址,然后同时读写这个偶地址单元和随后的奇地址单元,用低 8 位数据总线传送偶地址单元的数据,用高 8 位数据总线传送奇地址单元的数据,这样读写的字(16 位)被称为规则字。如果读写的是非规则字,即是从奇地址开始的字,这时需要安排两个总线周期才能实现。

为了实现这样的传送,需要将存储器分为两个存储体,如图 6.21 所示。一个存储体的地址均为偶数,称为偶地址(低字节)存储体,它与低 8 位数据线相连;另一个存储体的地址均为奇数,称为奇地址(高字节)存储体,与高 8 位数据线相连。

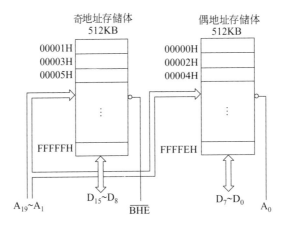

图 6.21 8086 的存储器组织

8086 微处理器的地址线 $A_{19} \sim A_1$ 同时送至两个存储体,$\overline{BHE}$(高字节存储体)和最低位地址线 A_0 用来选择一个或两个存储体进行数据传送。$\overline{BHE}$ 和 A_0 的选择如表 6.5 所示。

表 6.5 $\overline{BHE}$ 和 A_0 的选择

$\overline{BHE}$	A_0	特 征
0	0	全字(规则字)传送
0	1	在数据总线高 8 位进行字节传送
1	0	在数据总线低 8 位进行字节传送
1	1	备用

8086 和主存之间可以传送 1 字节(8 位)数据,也可以传送一个字(16 位)数据。任何两个连续的字节单元都可以作为一个字来访问,地址值较低的字节是低位有效字节,地址值较高的字节是高位有效字节。

地址最低位 A_0 决定了字的边界。如果 $A_0=0$,则字存放在偶地址边界上,低 8 位有效字节存储于偶地址单元中。例如:

地址　　　存储单元内容
00500H　　24H
00501H　　65H

低 8 位有效字节在地址 00500H 单元中,故字 6524H 是存放在偶地址边界上。

若 $A_0=1$,则字存放在奇地址边界上,例如:

地址　　　存储单元内容
007A1H　　39H
007A2H　　A7H

字 A739H 是存放在奇地址边界上。

当存取规则字时,地址线送出偶地址($A_0=0$),并同时让 $\overline{BHE}$ 有效。于是同时选中两个存储体,分别读出高字节与低字节,共 16 位,在一个总线周期同时传送。

对规则字进行读写,仅需一次访问存储器,而对非规则字进行读写,就需要两次访问存储器才能实现,而且每次都应忽略掉不需要的半个字。图 6.22 给出了各种信息的传送方法。其中,图 6.22(a)为偶地址字节传送,图 6.22(b)为奇地址字节传送,图 6.22(c)为偶地址字传送,图 6.22(d)为奇地址字传送,图 6.22(e)为奇地址字传送。

处理存储体选择的最有效方式是让每个存储体有独立的写选通信号,但通常不必要产生独立的读选通信号,在一次读操作中提供 16 位数据给数据总线,微处理器将根据需要忽略它不需要的 8 位部分,这样做不会产生任何冲突或特殊问题。

将 A_0 和 $\overline{WR}$ 组合在一起产生低位存储体选择信号($\overline{LWR}$),将 $\overline{BHE}$ 和 $\overline{WR}$ 组合在一起产生高位存储体选择信号($\overline{HWR}$)。

3. 32 位存储器接口

32 位微处理器的存储系统由 4 个存储体组成,每个存储体的存储空间为 1GB,存储体选择通过选择信号 $\overline{BE_0}$、$\overline{BE_1}$、$\overline{BE_2}$、$\overline{BE_3}$ 实现。如果要传送一个 32 位数,那么 4 个存储体都被选中;若要传送一个 16 位数,则有 2 个存储体(通常是 $\overline{BE_3}$ 和 $\overline{BE_2}$ 或 $\overline{BE_1}$ 和 $\overline{BE_0}$)被选中;若传送的是 8 位数,只有一个存储体被选中。

32 位微处理器的存储器组织如图 6.23 所示,在对 32 位地址进行译码时,不考虑最低地址位 A_1、A_0,它用来产生存储体允许信号。写选通信号的产生电路如图 6.24 所示。

4. 64 位存储器接口

64 位微处理器的存储系统由 8 个存储体组成,每个存储体的存储空间为 512MB(Pentium)或 8GB(Pentium Pro),存储体选择通过选择信号 $\overline{BE_7} \sim \overline{BE_0}$ 实现。如果要传送一个 64 位数,那么 8 个存储体都被选中;若要传送一个 32 位数,则有 4 个存储体都被选中;若要传送一个 16 位数,则有 2 个存储体被选中;若传送的是 8 位数,只有一个存储体被选中。

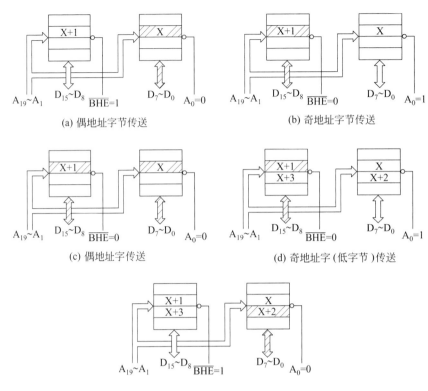

图 6.22 各种信息的传送方法

图 6.23 32 位微处理器的存储器组织

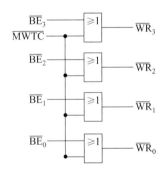

图 6.24 32 位微处理器的写选通信号产生的电路

64 位微处理器的存储器组织与前述 32 位微处理器相似,在此不再重复。图 6.25 为 64 位微处理器的写选通信号产生的电路。图 6.26 给出了 Pentium 微处理器的地址总线与 64 位、32 位、16 位和 8 位存储器的接口信号示意图。

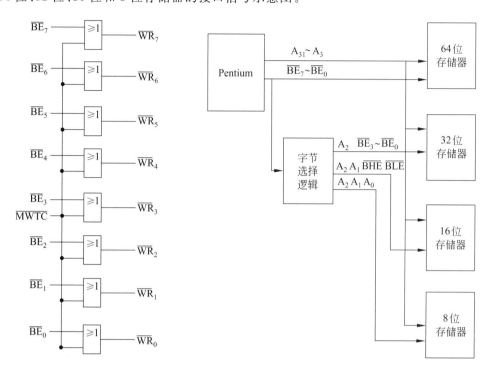

图 6.25　64 位微处理器的写选通信号产生的电路

图 6.26　地址总线与 64 位、32 位、16 位和 8 位存储器的接口信号示意图

6.4　本 章 小 结

本章首先介绍微型计算机存储系统的概念、体系结构、分类以及存储器的性能指标;然后介绍只读存储器(ROM)、随机存储器(RAM)的分类和工作原理;最后介绍存储器的 3 种扩展技术以及 CPU 与存储器的连接。

重点要求掌握内容:微型计算机存储系统的概念和分类;存储器的 3 种扩展技术:字扩展、位扩展、字和位同时扩展。

习 题

1. 试说明微型计算机常用存储器的类型与特点。
2. 半导体存储器的性能指标有哪些? 对微型计算机有何影响?
3. 存储器地址译码方式有几种? 各有什么特点?
4. DRAM 为什么要刷新? 一般有几种刷新方式? 各有什么优缺点?

5. 某 DRAM 存储芯片,其字位结构为 1M×1b,试问其地址、数据引脚各是多少个?

6. 某 SRAM 存储芯片,其字位结构为 512K×8b,试问其地址、数据引脚各是多少个?

7. 试用 6264 构成 32KB 的存储器,并画出相应的逻辑结构图。

8. 现有 1024×1b 的存储芯片,若用它组成容量为 16K×8b 的存储器。试求:

(1) 实现该存储器所需的芯片数量。

(2) 该存储器所需的地址码总位数是多少?其中几位用作选片?几位用作片内地址?

9. 现有如下存储芯片:2K×1b 的 ROM;4K×1b 的 RAM;8K×1b 的 ROM,若用它们组成 16KB 的存储器,前 4KB 为 RAM,后 12KB 为 ROM,地址码采用 16 位。试问:

(1) 各种存储芯片分别用多少片?

(2) 正确选用译码器及门电路,并画出相应的逻辑结构图。

(3) 指出有无地址覆盖现象。

10. 用 Intel 6116 芯片组成 8KB RAM,设 CPU 的地址线为 16 根($A_0 \sim A_{15}$)。试问:

(1) 需要几片 6116?

(2) 地址线和数据线各为多少根?

(3) 每一片的地址范围是多少?是否有重叠区(采用全译码法)?

(4) 如何连线(包括地址线、数据线和状态线)?

第7章 输入输出系统

输入输出系统是微型计算机系统中的主机与外设进行数据交互的系统。主机通过输入输出接口与外设连接,在接口电路和驱动程序控制下进行信息交换。

第7章 导语

第7章 课件

7.1 概　　述

7.1.1 接口电路

由于输入输出设备的多样性和接口电路的复杂性,CPU 必须通过接口电路与外设进行信息交换。源程序或原始数据通过接口从输入设备输入,运行结果通过接口向输出设备输出。外设种类繁多,信号类型复杂,既有机械式、电动式、电子式,也有其他形式;有智能外设和非智能的外设;所输入输出的信号,可以是数字量(开关量),也可以是模拟量(模拟式的电压、电流);输入输出速度也不同,可以从低速设备输入

输入输出系统概述

输出(如信号灯、手动开关等),也可以从高速设备输入输出(如硬盘设备);外设的数据传送方式可以是并行传输,也可以是串行传输。因此,在微型计算机和外设之间必须有输入输出(I/O)接口,以使 CPU 与外设的信息交互能够达到最佳匹配,实现高效、可靠的信息交换。

1. 接口电路应具备的功能

1) 数据缓冲功能

接口电路中一般都设置数据缓冲器(输入)或锁存器(输出),实现系统内外信号隔离和信号稳定,以解决高速主机与低速外设数据速率差异的矛盾,避免因数据信号速率不

同而丢失信息。

2）联络功能

接口电路应能向 CPU 系统提供外设的状态，或通知外设 CPU 系统的状态。在某些应用中还应能够控制外设的操作。

3）寻址功能

接口电路应有 I/O 端口地址译码器，以产生接口芯片选择信号或者是端口寄存器的选中信号，使得系统能够对指定的外设输入输出。

4）数据转换功能

计算机系统内部以并行方式处理数据，而有些外设只能通过串行数据通信方式与主机交互，这时接口应具有数据"串→并"和"并→串"的转换功能。

5）中断管理功能

在高性能的接口电路中，为了便于 CPU 使用中断方式和端口寄存器交换信息，接口电路应设置中断控制电路，允许或禁止接口电路提出中断请求，而且中断控制电路的控制功能应交给 CPU，即 CPU 执行输出指令允许或禁止接口电路提出中断请求。

对于不同的外设，接口电路的功能也不相同，但前三项功能一般接口电路都应该具备。

2. 接口电路分类

接口按通用性可分为两类：专用接口和通用接口。专用接口即为某种特定用途或为某类外设而专门设计的接口电路，例如，CRT 显示控制器、键盘控制器、DMA 控制器等。通用接口是可供多种外设使用的标准接口，它可以连接各种不同的外设而不必增加附加电路。

接口按可编程性可分为两类：可编程接口和不可编程接口。可编程性是指在不改动硬件的情况下，用户只要修改初始化程序就可以改变接口的工作方式，增加了接口的灵活性和可扩充性。不可编程接口一般由电路决定其工作方式和功能，功能相对简单，不能改变。

接口按与外设通信的数据传送方式可分为两类：并行 I/O 接口和串行 I/O 接口。并行 I/O 接口与外设间的数据传送是按字长传送（如 8 位或 16 位二进制数同时传送），串行 I/O 接口与外设间的数据传送是按位（一个二进制位）传送。

7.1.2　输入输出端口

输入输出接口电路通常都包含一组寄存器，实现接口的各项功能。这些能与 CPU 交换信息的寄存器称为 I/O 端口寄存器，简称"端口"。

在接口电路中，按端口寄存器存放信息的物理意义来分，端口可分为 3 类：数据端口、状态端口和控制端口。

1. 数据端口

数据端口存放数据信息。在输入过程中，数据信息由外设经过接口电路中的数据端口,到达系统的数据总线,被 CPU 读取。在输出过程中,数据信息由 CPU 输出,经过数据总线进入接口电路中的数据端口,再通过接口和外设间的数据线送到外设。

2. 状态端口

状态端口存放状态信息,即反映外设当前工作状态的信息,CPU 可读取这些信息,以查询外设当前的工作情况。对于输入接口电路,状态信息应能反映输入数据是否准备好;对于输出接口电路,状态信息应能反映输出设备的忙、闲状态。

3. 控制端口

控制端口存放 CPU 通过接口传送给外设的控制信息,以控制外设工作,如通知外设读写数据,控制输入输出装置启动或停止等。对于可编程接口电路,控制信息还负责设置可编程接口芯片的工作方式等。

状态信息、控制信息与数据信息是不同性质的信息,要分别传送。但在大部分微型计算机中,只有输入指令(IN)和输出指令(OUT)。因此,状态信息和控制信息也被广义地看成一种数据信息,即状态信息作为一种输入数据,而控制信息作为一种输出数据,这样,状态信息和控制信息也通过数据总线来传送。为了区别输入数据和状态信息,数据端口和状态端口必须有不同的端口地址;在输出应用中,为了区别输出数据和控制信息,数据端口和控制端口也必须有不同的端口地址,因此一个接口电路往往有多个端口地址,CPU 寻址的是端口寄存器,而不是笼统地寻址整个外设接口电路。

4. I/O 端口的编址方式

1) 端口和存储单元统一编址

在这种方式中,把 I/O 端口作为存储器的一个单元来看待,故每个 I/O 端口占用存储器的一个地址。从输入端口输入一个数据,作为一次存储器读操作;而向输出端口输出一个数据,则作为一次存储器写操作。

其特点如下。

(1) CPU 对外设的操作可使用存储器操作指令,不需要专门的输入输出指令。

(2) 端口地址占用内存空间,使内存容量减少。

(3) 执行存储器指令往往要比那些为独立的 I/O 操作而专门设计的指令慢。

2) I/O 端口独立编址

在这种方式中,I/O 端口和存储器分别使用两个地址空间,单独编址和译码。其特点如下。

(1) 对于 I/O 端口,CPU 须有专门的 I/O 指令去访问。

(2) 端口地址不占用内存空间。

(3) 端口地址译码需要专门的控制电路和译码电路。

在 PC 系列机中,I/O 端口采用独立编址方式。

7.1.3 输入输出指令

1. I/O 端口与 CPU（AL 或 AX）的信息交换

1）直接寻址的输入输出指令

当端口地址为一字节（8b）时，可以采用直接寻址方式。采用直接寻址方式，8 位地址最多可访问 256 个端口。

指令格式如下。

输入指令：

IN AL,PORT	;PORT 端口内容输入 AL
IN AX,PORT	;PORT 端口和 PORT+1 端口内容输入 AX
IN EAX,PORT	;PORT~PORT+3 端口内容输入 EAX

输出指令：

OUT PORT,AL	;AL 内容输出到 PORT 端口
OUT PORT,AX	;AX 内容输出到 PORT 端口和 PORT+1 端口
OUT PORT,EAX	;EAX 内容输出到 PORT~PORT+3 端口

2）DX 间址的输入输出指令

端口地址为 2 字节时，用间接寻址方式，此时最多可寻址 2^{16} 个端口，而且端口地址必须放在寄存器 DX 中，其指令格式如下。

输入指令：

IN AL,DX	;从 DX 指向的端口中读 1 字节到 AL
IN AX,DX	;从 DX 和 DX+1 指向的 2 个端口读一个字到 AX
IN EAX,DX	;从 DX~DX+3 指向的 4 个端口读一个双字到 EAX

输出指令：

OUT DX,AL	;将 AL 内容输出到 DX 指向的端口
OUT DX,AX	;将 AL 内容输出到 DX 指向的端口
	;将 AH 内容输出到 DX+1 指向的端口
OUT DX,EAX	;将 EAX 中的双字输出到 DX~DX+3 指向的 4 个端口

2. I/O 端口与 RAM 单元的信息交换

1）基本型格式

（1）字节输入指令 INSB

功能：从 DX 间址的 I/O 端口取 1 字节→ES:[DI]字节型单元。若方向标志 D=0，则自动完成 DI+1→DI；若 D 标志=1，则自动完成 DI-1→DI。

（2）字节输出指令 OUTSB

功能：从 DS:[SI]字节型单元取 1 字节→DX 间址的 I/O 端口。若方向标志 D=0，则自动完成 SI+1→SI;若 D 标志=1,则自动完成 SI-1→SI。

(3) 字输入指令 INSW

功能:从 DX 和 DX+1 间址的 I/O 端口取一个字→ES:[DI]字型单元。若方向标志 D=0,则自动完成 DI+2→DI;若 D 标志=1,则自动完成 DI-2→DI。

(4) 字输出指令 OUTSW

功能:从 DS:[SI]字型单元取一个字→DX 和 DX+1 间址的 I/O 端口。若方向标志 D=0,则自动完成 SI+2→SI;若 D 标志=1,则自动完成 SI-2→SI。

2) 有重复前缀的格式

(1) 字节输入指令 REP INSB。

(2) 字节输出指令 REP OUTSB。

(3) 字输入指令 REP INSW。

(4) 字输出指令 REP OUTSW。

功能:同基本型格式。有 REP 前缀,表示每完成一次字节或字传送都执行 CX-1→CX 的操作,直到 CX=0 为止。

7.2 微型计算机系统与输入输出设备的信息交换

微型计算机系统与输入输出设备的信息交换有无条件传送方式、查询方式、中断控制方式和直接存储器存取方式。

7.2.1 无条件传送方式

无条件传送方式具有以下特点:假设外设已准备好,即输入数据已准备好,或输出设备空闲,此时 CPU 可以直接用 IN 或 OUT 指令完成与接口之间的数据传送。

微型计算机系统与输入输出设备的信息交换方式

采用无条件传送方式的接口电路,如图 7.1 和图 7.2 所示。

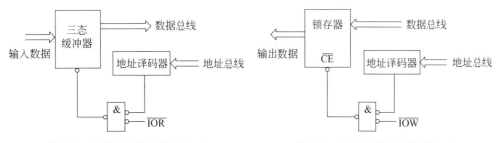

图 7.1 无条件传送的输入方式　　图 7.2 无条件传送的输出方式

无条件输入时,输入端可用三态缓冲器与 CPU 的数据总线相连。当 CPU 未执行输入指令时,I/O 读信号$\overline{IOR}$无效,三态缓冲器为高阻状态,实现外部数据线与内部数据总线的隔离。当 CPU 执行输入指令时,外设的数据已经准备好,I/O 读信号$\overline{IOR}$有效,输入数据通过三态缓冲器(非高阻状态)到达数据总线,供 CPU 读取。

无条件输出时,由于外设速度较慢,输出端与锁存器相连。CPU 执行输出指令时,必须保证锁存器是空闲的,I/O 写信号 $\overline{\text{IOW}}$ 有效,CPU 输出的数据由数据总线送入输出锁存器,$\overline{\text{IOW}}$ 有效状态结束后,输出锁存器一直保持这个数据,直到被外设取走。如果上一次的数据未及时取走,则新输出的数据改变上一次输出的数据状态,造成输出数据丢失。

7.2.2 查询方式

采用查询方式接收数据前,CPU 要查询输入数据是否准备好;采用查询方式输出数据前,CPU 要查询输出设备是否空闲。只有确认外设已具备了输入或输出条件后,才能用 IN 或 OUT 指令完成数据传送。

和无条件传送方式相比,查询方式的接口电路中要设置供 CPU 查询的电路。

1. 查询式输入

图 7.3 为查询式输入接口电路,该电路有两个端口寄存器,即状态端口和数据端口。

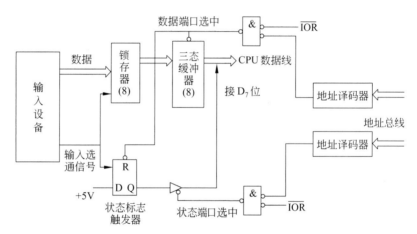

图 7.3 查询式输入接口电路

输入设备准备好数据后,发出输入选通信号,一方面把数据送入数据锁存/缓冲器,另一方面使状态标志触发器置 1,状态标志是一位信息,接到 CPU 数据线的某一位上,假设接 D_7 位。CPU 先读取状态端口,查询 D_7 位是否为 1,若是,表示输入数据已准备好,然后读取数据口,取走输入数据,同时将状态标志触发器复位。图 7.4 为查询式输入程序流程图。

查询式输入的程序段:

```
SCAN: IN AL,状态端口地址    ;读取外设信息
      TEST AL,80H           ;测试外设是否准备好
      JZ SCAN               ;外设未准备好,继续测试
      IN AL,数据端口地址    ;外设准备好,输入数据
```

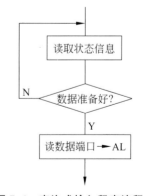

图 7.4 查询式输入程序流程图

2. 查询式输出

图 7.5 为查询式输出接口电路,图中状态端口和数据端口合用一个口地址。

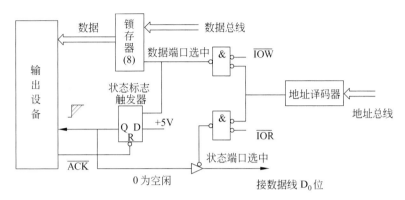

图 7.5　查询式输出接口电路

输出设备空闲时,状态标志触发器置 0,输出数据前,CPU 先读取状态信息,假设忙闲标志接至数据线 D_0 位,当 $D_0=0$ 时,表示输出设备空闲,然后 CPU 对数据端口执行输出指令,"数据端口选中"信号一方面把输出数据写入锁存器,一方面使状态标志触发器置 1,通知输出设备。输出设备取走当前数据后,向接口回送"确认"(ACK)信号,使状态标志触发器置 0,表示输出设备空闲。查询式输出流程图如图 7.6 所示。

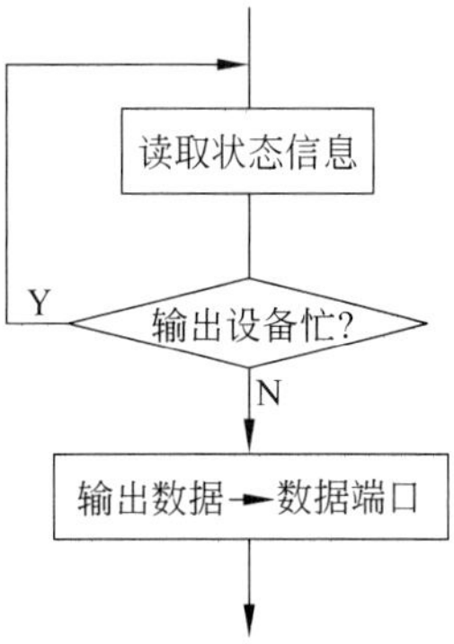

查询式输出程序段如下:

```
SCAN: IN AL,状态端口地址      ;取状态信息
      TEST AL,01H             ;测忙闲标志
      JNZ SCAN                ;忙,转移
      MOV AL,数据
      OUT 数据端口地址,AL      ;空闲,输出数据
```

图 7.6　查询式输出流程图

7.2.3　中断控制方式

在查询方式中,CPU 通过不断地读取状态信息来了解外设状态,CPU 利用率不高;而且采用查询方式工作,不能保证系统实时地对外设请求做出响应。为了提高 CPU 的效率,使系统具有实时性能,产生了中断处理技术。采用中断方式传送信息时,如果外设未做好数据传送准备,CPU 可执行与传送数据无关的其他指令;当外设做好传送准备后,可向 CPU 发出中断请求,请求为之服务。若 CPU 响应中断请求,将暂停正在运行的程序,转入中断服务子程序,完成数据的传送。等中断服务结束后,将自动返回原来运行的程序继续执行。

图 7.7 为中断方式输入接口电路,图中数据端口和中断控制端口合用一个端口地址。

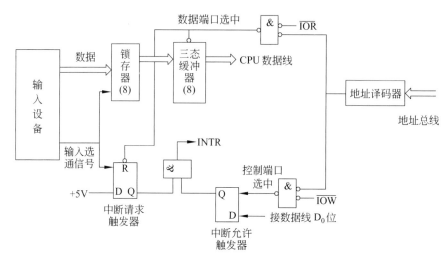

图 7.7 中断方式输入接口电路

当输入数据准备好后,发出输入选通信号,将数据写入锁存器中,同时将中断请求触发器置 1,向 CPU 提出中断请求。CPU 响应中断后,转而执行中断服务子程序,在服务程序中,执行输入指令,选中数据口,一方面强令中断请求触发器复位,另一方面打开三态缓冲器,把锁存器中的数据送到 CPU 数据线上,完成一次数据输入操作。

在中断方式的接口电路中,为了增强中断的灵活性,一般设置中断允许触发器,该触发器受 CPU 控制,如图 7.7 所示。当向端口写入 01H 时,中断允许触发器置 1,这时,如果输入数据准备好,接口就可以发出中断请求了;如果向端口写入 00H,则中断允许触发器置 0,禁止中断请求。

有关中断方式的详细内容请见第 8 章。

7.2.4 直接存储器存取方式

采用中断方式进行数据传送,可以提高 CPU 的利用率。但是,中断传送是由 CPU 通过程序来实现的,每次执行中断服务子程序需要保护断点,在中断服务子程序中,需要保护现场,为中断源服务,中断服务结束还需要恢复现场,CPU 需要执行若干指令来完成上述工作。对于高速外设,如高速磁盘驱动器或高速数据采集系统,中断方式往往不能满足要求。

直接存储器存取方式是用硬件实现在外设与内存间直接进行数据交换,而不是通过 CPU 间接交换,这样数据传送速度的上限就取决于存储器的工作速度。这种方式称为直接存储器存取(Direct Memory Access,DMA)方式,为实现 DMA 方式而设计的专用控制芯片,称为 DMA 控制器(DMAC)。微型计算机系统中,Intel 公司的 8237A 芯片就是常用的 DMAC。

随着微型计算机技术的发展,DMA 技术在硬盘接口速度提升方面得到了发展。作为 DMA 模式增强版本的 UDMA(Ultra Direct Memory Access),采用 16 位多字(16bit Multi-Word)DMA 模式为基准,在 DMA 原有模式的基础上,增加了循环冗余码校验

(Cyclic Redundancy Check,CRC)技术,提高了数据传输过程中的准确性和安全性。在以往的硬盘接口数据传输模式下,一个时钟周期只传输一次数据,而在 UDMA 模式中应用了双倍数据传输(Double Data Rate)技术,数据传输速度得到极大提高,并被采用在高技术配置(Advanced Technology Attachment,ATA)接口系列硬盘中。

1996 年发布的 UDMA 33(也称为 ATA 4 或 ATA 33)标准,将硬盘数据传输命令时钟脉冲的上升沿和下降沿都用作内存读写选通信号,即每半个时钟周期就可以传输一次数据,使得硬盘接口的传输率可以高达 33MB/s。1998 年发布的 UDMA 66(也称为 ATA 5 或 ATA 66)标准通过提高工作频率,使数据传输率比 UDMA 33 标准提高了一倍,理论上可以达到 66MB/s 的速率。为保障数据传输的准确性,防止电磁干扰,UDMA 66 接口使用新的 40 针脚 80 芯的电缆,40 针脚是用来兼容之前的 ATA 插槽,减小成本的增加,80 芯中新增的都是地线,与原有的数据线一一对应,以降低相邻信号线之间的电磁干扰,同时保留了 UDMA 33 的 CRC 技术来确保传输数据的完整性。

随着 UDMA 技术的发展,在 UDMA 模式发展到 UDMA 133 之后,受限于 ATA 接口的技术规范,ATA 接口数据传输率的提高,连接器、连接电缆和信号协议都遇到技术瓶颈,ATA 接口交叉干扰、地线过多、信号混乱等缺陷也给其发展带来很大的制约,因此逐渐被串行高技术配置(Serial Advanced Technology Attachment,SATA)硬盘接口所取代,而原有的 ATA 接口改名为并行高技术配置(Parallel Advanced Technology Attachment,PATA)硬盘接口的 UDMA 标准,也逐渐被新的 SATA 高速传输技术标准取代。

7.3 DMA 控制器

直接存储器存取方式用硬件实现存储器和存储器之间或存储器和 I/O 设备之间直接进行的高速数据传送,不需要 CPU 的干预。实际上是使用专用的 DMA 控制器代替 CPU 控制总线,实现 I/O 接口与存储器之间的数据传送。优点是传送速度快,这是由于 CPU 不参与操作,因此省去了 CPU 取指令、指令译码、存取数据等操作。主要缺点是硬件电路比较复杂。DMA 方式通常用来传输数据块。

DMA 控制器概述

实现 DMA 传送的关键器件是 DMA 控制器(DMAC)。

DMA 传送包括 3 部分。

(1) DMA 读传送:RAM→I/O 端口。

(2) DMA 写传送:I/O 端口→RAM。

(3) 存储单元传送:RAM→RAM。

DMA 传送过程如图 7.8 所示。

从图 7.8 可见:系统总线受到 CPU 和 DMAC 两个器件的控制,即 CPU 可以向地址总线、数据总线和控制总线发信息,DMAC 也可以向地址总线、数据总线和控制总线发信息。但是在同一时间,系

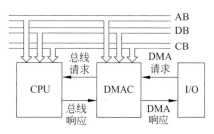

图 7.8 DMA 传送过程示意图

统总线只能受一个器件控制。CPU 控制总线时,DMAC 必须与总线脱离;而 DMAC 控制总线时,CPU 必须与总线脱离。因此,CPU 与 DMAC 之间必须有"联络信号"。

DMA 传送的工作过程如下。

(1) I/O 端口向 DMA 控制器发出 DMA 请求,请求传送数据。

(2) DMA 控制器在接到 I/O 端口的 DMA 请求后,向 CPU 发出总线请求信号,请求 CPU 脱离系统总线。

(3) CPU 在执行完当前指令的当前总线周期后,向 DMA 控制器发出总线响应信号。

(4) CPU 随即和系统的控制总线、地址总线及数据总线脱离关系,处于等待状态,由 DMA 控制器接管三总线控制权。

(5) DMA 控制器向 I/O 端口发出 DMA 应答信号。

(6) DMA 控制器把进行 DMA 传送涉及的 RAM 地址→地址总线上;如果进行 I/O 端口→RAM 传送,DMA 控制器向 I/O 端口发出 I/O 读命令,向 RAM 发出存储器写命令;如果进行 RAM→I/O 端口传送,DMA 控制器向 RAM 发出存储器读命令,向 I/O 端口发出 I/O 写命令,从而完成一字节的传送。

(7) 当设定的字节数传送完毕后,DMA 传输过程结束,也可以由来自外部的终止信号迫使传输过程结束。DMA 传送结束后,DMA 控制器就将总线请求信号变为无效,并放弃对总线的控制,CPU 检测到总线请求信号无效后,也将总线响应信号变为无效,于是,CPU 重新控制三总线,继续执行被中断的当前指令的其他总线周期。

从以上分析可以看出,DMA 传送比中断方式更快。它们的特点比较如下。

(1) DMA 传送比中断传送的速度快。DMA 传送一字节只占用 CPU 的一个总线周期,而中断传送方式是由 CPU 通过程序来实现的,每次执行中断服务子程序,CPU 要保护断点,在中断服务子程序中,需要保护现场和恢复现场,需要执行若干条指令才能传送一字节。

(2) DMA 响应比中断响应的速度快。中断方式是在 CPU 的当前指令(一条指令需要执行若干个总线周期)执行完才能响应中断请求,而 DMA 方式是在 CPU 当前指令的一个总线周期执行完就响应 DMA 请求。

(3) 中断请求分为外部中断(由外部硬件产生的)和内部中断(由执行指令产生的)。DMA 请求也有可以由硬件发出和可以由软件发出两种方式。

7.3.1　8237A DMA 控制器

8237A 是微型机算机系统中实现 DMA 功能的大规模集成电路控制器,PC/AT 使用两片 8237A,在高档微型计算机中常使用多功能芯片取代 8237A,但多功能芯片中的 DMA 控制器与 8237A 的功能基本相同。

8237A 是具有 4 个独立 DMA 通道的可编程 DMA 控制器,它使用单一＋5V 电源、单相时钟、40 引脚双列直插式封装。在实际应用中,8237A 必须与一片 8 位锁存器一起使用,才能形成一个完整的 4 通道 DMA 控制器。8237A 初始化后,可以控制每一个通道在存储器和 I/O 端口之间以最高 1.6M 波特的速率传送最多达 64KB 的数据块,而不需要 CPU 介入。

1. 8237A 的基本功能

8237A 的基本功能如下。

（1）在一个芯片中有 4 个独立的 DMA 通道。

（2）每一个通道的 DMA 请求都可以被允许或禁止。

（3）每一个通道的 DMA 请求有不同的优先级，可以是固定优先级，也可以是循环优先级。

（4）每一个通道一次传送的最大字节数为 64KB。

（5）8237A 提供 4 种传送方式，它们是单字节传送方式、数据块传送方式、请求传送方式和级联传送方式。

2. 8237A 的内部结构

8237A 的内部结构如图 7.9 所示。

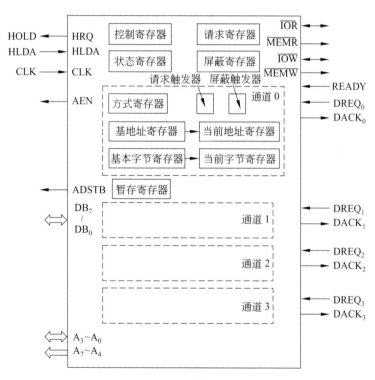

图 7.9 8237A 的内部结构框图

1）DMA 通道

8237A 内部包含 4 个独立通道，每个通道包含两个 16 位的地址寄存器、两个 16 位的字节寄存器、一个 6 位的方式寄存器、一个 DMA 请求触发器和一个 DMA 屏蔽触发器，此外，4 个通道共用一个 8 位控制寄存器、一个 8 位状态寄存器、一个 8 位暂存寄存器、一个 8 位屏蔽寄存器和一个 8 位请求寄存器。

2) 读写逻辑

当 CPU 对 8237A 初始化或对 8237A 寄存器进行读操作时，8237A 就像 I/O 端口一样被操作，读写逻辑接收 $\overline{IOR}$ 或 $\overline{IOW}$ 信号，当 $\overline{IOR}$ 为低电平时，CPU 可以读取 8237A 的内部寄存器值；当 $\overline{IOW}$ 为低电平时，CPU 可以将数据写入 8237A 的内部寄存器中。

在 DMA 传送期间，系统由 8237A 控制总线，此时，8237A 分两次向地址总线上送出要访问的内存单元 20 位物理地址中的低 16 位，8237A 输出必要的读写信号，这些信号为 I/O 读信号 $\overline{IOR}$、I/O 写信号 $\overline{IOW}$、存储器读信号 $\overline{MEMR}$、存储器写信号 $\overline{MEMW}$。

3) 控制逻辑

在 DMA 周期内，控制逻辑通过产生相应的控制信号和 16 位要存取的内存单元地址来控制 DMA 的操作步骤。初始化时，通过对方式寄存器编程，使控制逻辑可以对各个通道的操作进行控制。

3. 8237A 引脚功能

图 7.10 为 8237A 引脚图。

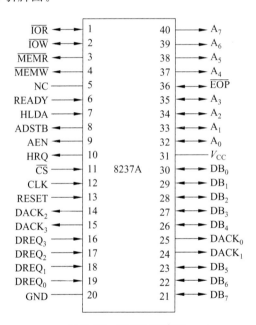

图 7.10 8237A 引脚图

CLK：时钟输入端，接到 8284 时钟发生器的输出引脚，用来控制 8237A 内部操作定时和 DMA 传送时的数据传输率。8237A 的时钟频率为 3MHz，8237A-5 的时钟频率为 5MHz，8237A-5 是 8237A 的改进型，工作原理及使用方法和 8237A 相同。

$\overline{CS}$：片选输入端，低电平有效。

RESET：复位输入端，高电平有效。RESET 有效，屏蔽寄存器被置 1(4 个通道均禁止 DMA 请求)，其他寄存器被清零，8237A 处于空闲周期，所有控制线都处于高阻状态，禁止 4 个通道的 DMA 操作。复位后 8237A 要进入 DMA 操作必须重新初始化。

READY："准备就绪"信号输入端,高电平有效。当所选择的存储器或 I/O 端口的速度较慢,需要延长传输时间,可使 READY 处于低电平,8237A 会自动地在存储器读写周期中插入等待周期。若 READY 变为高电平,表示存储器或 I/O 设备准备就绪。

ADSTB：地址选通输出信号,高电平有效,该信号有效时,8237A 当前地址寄存器的高 8 位经数据总线 $DB_7 \sim DB_0$ 锁存到外部地址锁存器中。

AEN：地址允许输出信号,高电平有效,AEN 把外部地址锁存器中锁存的高 8 位地址输出到地址总线上,与芯片直接输出的低 8 位地址共同构成内存单元的 16 位偏移地址。

$\overline{\text{MEMR}}$：存储器读信号,低电平有效,输出信号,只用于 DMA 传送。在 DMA 读周期期间,从所寻址的存储器单元中读出数据。

$\overline{\text{MEMW}}$：存储器写信号,低电平有效,输出信号,只用于 DMA 传送。在 DMA 写周期期间,将数据写入所寻址的存储单元。

$\overline{\text{IOR}}$：I/O 读信号,低电平有效,双向。CPU 控制总线时,是输入信号,CPU 读 8237A 内部寄存器;当 8237A 控制总线时,是输出信号,与 $\overline{\text{MEMW}}$ 配合,控制数据由 I/O 端口传送到存储器。

$\overline{\text{IOW}}$：I/O 写信号,低电平有效,双向。CPU 控制总线时,是输入信号,CPU 将内容写入 8237A 内部寄存器(初始化);当 8237A 控制总线时,是输出信号,与 $\overline{\text{MEMR}}$ 配合,把数据从存储器传送到 I/O 端口。

$\overline{\text{EOP}}$：DMA 传送结束信号,低电平有效,双向。当 DMA 控制的任一通道计数结束时,$\overline{\text{EOP}}$ 输出低电平,表示 DMA 传送结束;当外部向 DMA 控制器输入 $\overline{\text{EOP}}$ 信号时,DMA 传送过程将被强迫结束。无论是从外部终止 DMA 过程,还是内部计数结束引起 DMA 过程结束,都会使 DMA 控制器的内部寄存器复位。

$DREQ_0 \sim DREQ_3$：DMA 请求输入信号,由编程设定有效电平,是外设为获得 DMA 服务而送到各个通道的请求信号。固定优先级时,$DREQ_0$ 优先级最高,$DREQ_3$ 优先级最低;循环优先级时,某通道的 DMA 请求被响应后,便降为最低级。8237A 用 DACK 信号作为对 DREQ 的响应,因此在相应的 DACK 信号有效之前,DREQ 信号必须保持有效。

$DACK_0 \sim DACK_3$：DMA 对各个通道请求的响应信号,由编程设定输出的有效电平。8237A 接收到通道请求,向 CPU 发出 DMA 请求信号 HRQ,当 8237A 获得 CPU 送来的总线允许信号 HLDA 后,便产生 DACK 信号送到相应的 I/O 端口,表示 DMA 控制器响应外设的 DMA 请求,进入 DMA 传送过程。

HRQ：8237A 输出到 CPU 的总线请求信号,高电平有效。当外设的 I/O 端口要求 DMA 传送时,向 DMA 控制器发送 DREQ 信号,如果相应通道屏蔽位为 0,即 DMA 请求未被屏蔽,则 DMA 控制器的 HRQ 端输出为有效电平,向 CPU 提出总线请求。

HLDA：总线响应信号,高电平有效,CPU 对 HRQ 信号的应答信号。CPU 接收到 HRQ 信号后,在当前总线周期结束之后让出总线控制权,并使 HLDA 信号有效。

$A_3 \sim A_0$：地址总线低 4 位,双向。当 CPU 控制总线时,是地址输入线,CPU 用这 4 条地址线对 DMA 控制器的内部寄存器进行寻址,完成对 DMA 控制器的编程;当 8237A 控制总线时,这 4 条线输出要访问的存储单元的最低 4 位地址。

$A_7 \sim A_4$：地址线，输出，只用于 DMA 传送时，输出要访问的存储单元低 8 位地址中的高 4 位。

$DB_7 \sim DB_0$：8 位双向数据线，与系统数据总线相连。在 CPU 控制总线时，CPU 可以通过 I/O 读命令从 DMA 控制器中读取内部寄存器的内容送到 $DB_7 \sim DB_0$，以了解 8237A 工作情况，也可以通过 I/O 写命令对 DMA 控制器的内部寄存器进行编程，在 DMA 控制器控制总线时，$DB_7 \sim DB_0$ 输出要访问的存储单元的高 8 位地址（$A_{15} \sim A_8$），通过 ADSTB 锁存到外部地址锁存器中，并和 $A_7 \sim A_0$ 输出的低 8 位地址一起构成 16 位地址。

8237A 仅支持 64KB 寻址，为了访问超出 64KB 范围的其他地址空间，系统中增设了"页面寄存器"，在 PC/XT 系统中，每一通道的页面寄存器是 4 位的寄存器。当一个 DMA 操作周期开始时，相应的页面寄存器内容就放到系统地址总线 $A_{19} \sim A_{16}$ 上，和 8237A 送出的 16 位低地址一起，构成 20 位物理地址。

7.3.2 8237A 内部寄存器

8237A 内部寄存器分为 4 个通道共用的寄存器和各个通道专用的寄存器两类。

1. 控制寄存器

8237A 的 4 个通道共用一个控制寄存器。编程时，由 CPU 写入控制字，而由复位信号（RESET）或软件清除命令清除它。控制寄存器格式如图 7.11 所示。

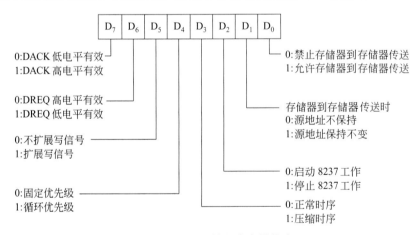

图 7.11 8237A 控制寄存器格式

（1）D_0：规定是否工作在存储器到存储器传送方式。

8237A 约定：进行存储器之间数据传送时，由通道 0 提供源地址，通道 1 提供目的地址和进行字节计数。每传送 1 字节需要两个总线周期，第一个总线周期将源地址单元的数据读入 8237A 的暂存寄存器中，第二个总线周期将暂存寄存器的内容送到数据总线上，随后在写信号的作用下，将数据写入目的地址单元。

（2）D_1：进行存储器到存储器传送时，起控制作用。

(3) D_2：启动和停止 8237A 的工作。

(4) D_3：8237A 可以用正常时序或压缩时序工作。如果系统各部分速度较高，要提高 DMA 传输的数据吞吐量，可以采用压缩时序。

(5) D_4：选择各通道 DMA 请求的优先级。当 $D_4=0$ 时，为固定优先级，即通道 0 优先级最高，通道 3 优先级最低；当 $D_4=1$ 时，为循环优先级，即在每次 DMA 服务之后，各个通道优先级要发生变化，例如，某次传输前的优先级次序为 3-0-1-2，那么在通道 3 进行一次传输之后，优先级次序变为 0-1-2-3，如果这时通道 0 没有 DMA 请求，而通道 1 有 DMA 请求，那么，在通道 1 完成 DMA 传输后，优先级次序变成 2-3-0-1。

DMA 的优先级排序只是用来决定同时请求 DMA 服务通道的响应次序。任何一个通道一旦进入 DMA 服务后，其他通道必须等到该通道服务结束后，才可进行 DMA 服务。

(6) D_5：若 $D_5=1$，选择扩展的写信号（$\overline{IOW}/\overline{MEMW}$ 比正常时序提前一个状态周期）。

(7) D_6、D_7：确定 DREQ 和 DACK 的有效电平极性。对这两位如何设置，取决于 I/O 端口对 DREQ 信号和 DACK 信号的极性要求。

控制字是 4 个通道必须共同遵循的原则。

在 PC 系列机中，BIOS 初始化时，已将控制寄存器设定为 00H：禁止存储器到存储器传送，允许读写操作，使用正常时序，固定优先级，不扩展写信号，DREQ 高电平有效，DACK 低电平有效，用户不应当改写。

2. 方式寄存器

8237A 每个通道有一个方式寄存器，4 个通道的方式寄存器共用一个端口地址，方式选择命令字的格式，如图 7.12 所示。方式字的最低两位进行通道选择，写入命令字之后，8237A 将根据 D_1、D_0 的编码把方式寄存器的 $D_7 \sim D_2$ 位送到相应通道的方式寄存器中，从而确定该通道的传送方式、数据传送类型。8237A 各通道的方式寄存器是 6 位的，CPU 不可寻址。

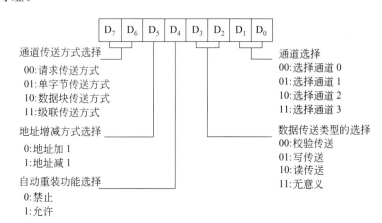

图 7.12　8237A 方式寄存器格式

8237A 提供 4 种传送方式，每个通道可以用 4 种方式之一进行工作。方式选择命令

字的 D_7 位、D_6 位确定通道传送方式。

（1）单字节传送方式。每次 DMA 操作只传送一字节的数据，然后自动把总线控制权交给 CPU，让 CPU 占用至少一个总线周期。若有新的 DMA 请求，8237A 将向 CPU 发出总线请求，等到获得总线控制权后，再进行下一字节数据的传送。

（2）数据块传送方式。进入 DMA 操作后，连续传送数据，直到整个数据块全部传送完毕。

（3）请求传送方式。该方式与数据块传送方式类似，只是在每传输一字节后，8237A 都将对 DMA 请求信号 DREQ 进行测试，如检测到 DREQ 端变为无效电平，则立即暂停传输，但测试过程仍然进行。当 DREQ 又变为有效电平时，则在原有基础上继续进行传送，直到结束。

（4）级联传送方式。为了实现 DMA 系统扩展，可以进行 8237A 的级联传送。

方式选择命令字的 D_3 位、D_2 位，确定了数据传送的类型，即写传送、读传送和校验传送。写传送是将数据从 I/O 端口读出写入存储单元。读传送是将数据从存储单元读出写入 I/O 端口。校验传送是一种虚拟传送，8237A 本身并不进行数据传送，而只是像 DMA 读传送或 DMA 写传送一样产生时序，产生地址信号，但存储器或 I/O 端口的读写控制信号无效。校验传输一般用于器件测试。

方式选择命令字的 D_4 位为 1 时，通道有"自动重装功能"。

方式选择命令字 D_5 位控制"当前地址寄存器"的地址增减方式，规定地址是增量修改还是减量修改。

3. 地址寄存器

每个通道有一个 16 位的"基地址寄存器"和一个 16 位的"当前地址寄存器"。基地址寄存器存放本通道 DMA 传输时所涉及的存储区首地址或末地址，这个初始值是在初始化编程时写入的，同时也被写入当前地址寄存器。进行 DMA 传送时，由当前地址寄存器向地址总线提供本次 DMA 传送时的内存地址（低 16 位）。当前地址寄存器的值在每次 DMA 传输后自动加 1 或减 1，为传送下一字节做准备，在整个 DMA 传送期间，基地址寄存器的内容保持不变。当通道初始化选择"自动重装"功能时，一旦全部字节传送完毕，基地址寄存器的内容自动重新装入当前地址寄存器。

4. 字节寄存器

每个通道有一个 16 位的"基本字节寄存器"和一个 16 位的"当前字节寄存器"。基本字节寄存器存放本通道 DMA 传输时字节数的初值，8237A 规定：初值比实际传输的字节数少 1，初值是在初始化编程时写入的，同时初值也被写入当前字节寄存器。在 DMA 传送时，每传送一字节，当前字节寄存器自动减 1，当初值由 0 减到 FFFFH 时，产生计数结束信号，$\overline{EOP}$ 端子输出有效电平。当通道初始化选择"自动重装"功能时，一旦全部字节传送完毕，基本字节寄存器的内容自动重新装入当前字节寄存器。基本字节寄存器预置初值后将保持不变，也不能被 CPU 读出，而当前字节寄存器中的内容可以随时由 CPU 读出。

5. 状态寄存器

状态寄存器格式如图 7.13 所示。

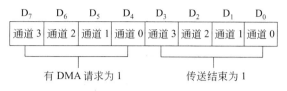

图 7.13 8237A 状态寄存器格式

状态寄存器高 4 位表示当前 4 个通道是否有 DMA 请求，低 4 位表示 4 个通道的 DMA 传送是否结束，供 CPU 进行查询。

6. 请求寄存器和屏蔽寄存器

请求寄存器和屏蔽寄存器是 4 个通道公用的寄存器，使用时应写入请求命令字和屏蔽命令字，其格式如图 7.14 所示。

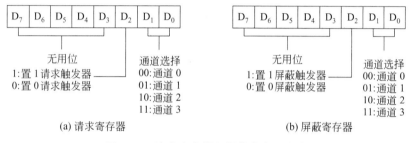

图 7.14 请求寄存器和屏蔽寄存器格式

8237A 根据请求寄存器的 $D_2 \sim D_0$ 位将相应通道的请求触发器置 1(或置 0)，使通道提出"软件 DMA 请求"。

8237A 根据屏蔽寄存器的 $D_2 \sim D_0$ 位将相应通道的屏蔽触发器置 1(或置 0)，实验表明：当一个通道的屏蔽触发器置 1 后，它将屏蔽来自引脚 DREQ 的硬件 DMA 请求，同时，也屏蔽来自请求寄存器的软件 DMA 请求。因此，在对通道初始化之前，应使屏蔽触发器置 1；而初始化之后，应使屏蔽触发器置 0。

7. 多通道屏蔽寄存器

8237A 允许使用一个屏蔽字一次完成对 4 个通道的屏蔽设置，格式如图 7.15 所示。其中 $D_0 \sim D_3$ 对应通道 0～通道 3 的屏蔽触发器，某一位为 1，则对应通道的屏蔽触发器置 1。

8. 清屏蔽寄存器

无论 RESET 复位还是软件复位，屏蔽寄存器均被置 1，DMA 请求被禁止。另外，如果一个通道没有设置自动重装功能，那么，一旦 DMA 传送结束，$\overline{EOP}$ 信号有效，会自动置

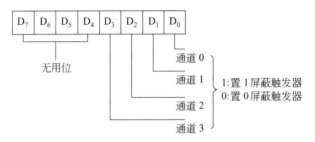

图 7.15　多通道屏蔽寄存器格式

1 屏蔽触发器。因此对 DMA 通道进行初始化时必须清除屏蔽触发器，方法为对端口 DMA+0EH 进行一次写操作，即可清除 4 个通道的屏蔽触发器。例如：

```
MOV  DX,DMA+0EH        ;DMA 代表 8237A 的片选地址
MOV  AL,0
OUT  DX,AL
```

9. 先/后触发器

8237A 只有 8 根数据线，而基地址寄存器和基本字节寄存器都是 16 位，预置初值时需分两次进行，每次写入 1 字节。

设置先/后触发器是为规定初值的写入顺序。将先/后触发器清零，则初值写入顺序为先写低位字节，后写高位字节。

10. 暂存寄存器

暂存寄存器为 4 通道共用的 8 位寄存器。在 DMA 控制器实现存储器到存储器传送方式时，它暂存中间数据，暂存寄存器中的内容 CPU 可以读取，其值为最后一次传送的数据。

7.3.3　8237A 的时序

图 7.16 是 8237A 的典型工作时序。

从图中可以看出，8237A 的工作过程可以分为 7 种状态，即 S_I、S_0、S_1、S_2、S_3、S_4 和 S_w。

S_I：空闲状态。8237A 初始化完成后即处于 S_I 状态。在 S_I 状态，8237A 不断检测 DREQ，一旦有 DMA 请求信号，8237A 使 HRQ 有效，向 CPU 发出总线请求，随后进入 S_0 状态。

S_0：等待状态。不断检测 CPU 发来的总线响应 HLDA 信号，若 HLDA 信号有效，进入 S_1 状态。

S_1：使输出端 AEN 有效，利用 AEN 有效，DMA 控制电路把要访问的 RAM 单元 $A_{15} \sim A_8$ 地址送到 $DB_7 \sim DB_0$ 数据线上。

S_2：使地址选通信号 ADSTB 有效。ADSTB 的下降沿把 $DB_7 \sim DB_0$ 数据线上的信息

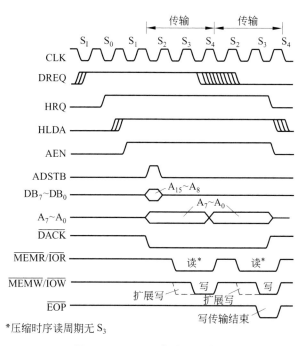

*压缩时序读周期无 S_3

图 7.16 8237A 典型工作时序

锁存到外部的地址锁存器中,并在 S_3 状态出现在地址总线上;同时地址线 $A_7 \sim A_0$ 上输出要访问的 RAM 单元 $A_7 \sim A_0$ 的地址,该信息存放在外围的锁存器中,它被直接送到地址总线上,并且在整个 DMA 传送期间保持住;DACK 有效时,通知 I/O 端口做好数据传送的准备。

S_3:$\overline{IOR}$或$\overline{MEMR}$有效,进行读操作。

S_4:$\overline{IOW}$或$\overline{MEMW}$有效,进行写操作。

$S_1 \sim S_4$ 是标准的 DMA 操作周期,在 S_4 状态时检测$\overline{EOP}$信号,若有效,则 DMA 操作结束,8237A 进入 S_I 空闲状态。

说明:

(1) 在数据块传送方式时,S_4 之后应接着传送下一字节,一般情况下,地址的高 8 位不变,只是低 8 位进行增址和减址。因此,高 8 位没有必要再送到 $DB_7 \sim DB_0$ 上,也没有必要再次发出 ADSTB 信号进行锁存,可直接进入 S_2 状态。

(2) 如果 RAM 或 I/O 端口工作速度比较慢,不能在规定时间内完成数据写入,应设计等待电路,使 Ready 信号为低,8237A 在 S_3 后沿检测到 Ready 信号为低时,自动插入一个等待状态 S_w,在 S_w 状态,S_3 状态的所有控制信号都不变,只是延长读写时间,直到 Ready 信号变为高电平,进入 S_4 状态。

(3) 关于"扩展的写信号":8237A 初始化编程时,如果控制寄存器 D_5 位置 1,那么在每个 DMA 周期的 S_3 状态,将提前出现有效的"写"信号,即"扩展的写信号"。

7.3.4 8237A 的应用

1. 8237A 的初始化编程

1) 命令字写入控制寄存器

初始化时必须设置控制寄存器,以确定其工作时序、优先级方式、DREQ 和 DACK 的有效电平及是否允许工作等。

在 PC 系列机中,BIOS 初始化时,已将通道的控制寄存器设定为 00H,禁止存储器到存储器传送,允许读写传送,正常时序,固定优先级,不扩展写信号,DREQ 高电平有效,DACK 低电平有效,因此在 PC 系统中,如果借用 DMA CH1(CH1 是预留给用户使用的)进行 DMA 传送,则初始化编程时,不应再向控制寄存器写入新的命令字。

2) 屏蔽字写入屏蔽寄存器

某通道正在进行初始化编程时,接收到 DMA 请求,可能未初始化结束,8237A 就开始进行 DMA 传送,导致出错。因此初始化编程时,必须先屏蔽要初始化的通道,初始化结束后,再解除该通道的屏蔽。

3) 方式字写入方式寄存器

为通道规定传送类型及工作方式。

4) 先/后触发器置 0

对口地址 DMA+0CH 执行一条输出指令(写入任何数据均可),从而产生一个写命令,即先/后触发器可置 0,为初始化基地址寄存器和基本字节寄存器做准备。

5) 写入基地址和基本字节寄存器

把 DMA 操作所涉及的存储区首地址或末地址写入基本地址寄存器,把要传送的字节数减一,写入基本字节寄存器。这几个寄存器都是 16 位的,因此写入要分两次进行,先写低 8 位(则先/后触发器置 1),后写高 8 位(则先/后触发器自动置 0)。

6) 解除屏蔽

初始化之后向通道的屏蔽寄存器写入 $D_2 \sim D_0 = 0 \times \times$ 的命令字,相应通道的屏蔽触发器置 0,准备响应 DMA 请求。

7) 写入请求寄存器

如果采用软件 DMA 请求,在完成通道初始化之后,在程序的适当位置向请求寄存器写入 $D_2 \sim D_0 = 1 \times \times$ 的命令字,即可使相应通道进行 DMA 传送。

2. 8237A 在 IBM PC/AT 系统中的应用

IBM PC/AT 系统使用两片 8237A 级联,提供 7 个 DMA 通道,通道 0~通道 3 支持 8 位数据传送,通道 5~通道 7 支持 16 位数据传送,PC/AT 有专门的动态 RAM 刷新电路,硬盘驱动器采用高速 PIO 传送,不用 DMA 支持,通道 1 给用户使用,通道 2 服务于软盘驱动器,通道 4 作为两个 DMA 控制器的级联,其余均保留备用。

PC/AT DMAC 寄存器 I/O 端口地址如表 7.1 所示。

表 7.1 PC/AT DMAC 寄存器 I/O 端口地址（十六进制）

8237A 内部寄存器端口地址	$DMAC_1$	$DMAC_2$	内部寄存器名称
DMA+00H	000	0C0	CH0 基地址寄存器和当前地址寄存器
DMA+01H	001	0C2	CH0 基本字节寄存器和当前字节寄存器
DMA+02H	002	0C4	CH1 基地址寄存器和当前地址寄存器
DMA+03H	003	0C6	CH1 基本字节寄存器和当前字节寄存器
DMA+04H	004	0C8	CH2 基地址寄存器和当前地址寄存器
DMA+05H	005	0CA	CH2 基本字节寄存器和当前字节寄存器
DMA+06H	006	0CC	CH3 基地址寄存器和当前地址寄存器
DMA+07H	007	0CE	CH3 基本字节寄存器和当前字节寄存器
DMA+08H	008	0D0	状态寄存器/控制寄存器
DMA+09H	009	0D2	请求寄存器
DMA+0AH	00A	0D4	屏蔽寄存器
DMA+0BH	00B	0D6	方式寄存器
DMA+0CH	00C	0D8	先/后触发器
DMA+0DH	00D	0DA	暂存寄存器/复位命令
DMA+0EH	00E	0DC	清屏蔽寄存器
DMA+0FH	00F	0DE	多通道屏蔽寄存器

PC/AT 地址总线的宽度是 24 位，由 $A_{23} \sim A_0$ 组成，最大寻址空间可达 16MB。

由于 8237A 内部地址寄存器是 16 位，只能寻址 64KB 空间，如何扩大 8237A 的寻址空间？PC/AT 系统在 8237A 芯片以外为每一通道设置一个 8 位的页面寄存器，如图 7.17 所示。

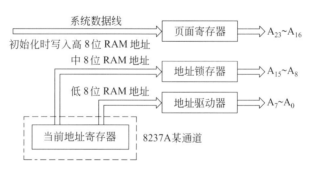

图 7.17 扩大 8237A 寻址范围示意图

在进行 DMA 读写传送之前，程序要把 DMA 传送所涉及的 RAM 单元的高 8 位物理地址写入相关通道的页面寄存器，把 RAM 单元的低 16 位物理地址写入相关通道的基本地址寄存器，把 DMA 传送的实际字节数减 1，写入相关通道的基本字节寄存器，从而做好初始化准备。

一旦 I/O 端口有 DMA 请求，并且 DMAC 控制系统三总线之后，由相关通道的 DMA 应答信号控制把页面寄存器内容送到地址总线高 8 位，DMAC 把相关通道的低 16 位地址经过外部地址锁存和驱动送到低 16 位地址总线上，选择某一存储单元。

在 PC/AT 系统中，页面寄存器采用专用的三态输出存储器映像器 74LS612 来实现，在高档微型计算机中，DMAC 和相关页面寄存器都被兼容的多功能芯片所取代。页面寄存器的 I/O 端口地址如表 7.2 所示。

表 7.2 PC/AT 页面寄存器的 I/O 端口地址

DMAC 通道	I/O 地址	DMAC 通道	I/O 地址
CH0	87H	CH6	89H
CH1	83H	CH7	8AH
CH2	81H	存储器刷新	8FH
CH3	82H	错误标志单元	80H
CH5	8BH		

7.4 IA-32 系列微型计算机接口技术

在微型计算机发展过程中，美国 Intel 公司生产的 80x86 系列微处理器一直是个人微型计算机的主流处理器，Intel 80x86 系列微处理器的发展就是微型计算机发展的缩影。Intel 公司在推出 32 位结构的 80386 微处理器以来，将 80386 的指令集体系结构(Instruction Set Architecture，ISA)确定为以后开发微处理器的标准，称为 Intel 32 位结构，这就是著名的 IA-32(Intel Architecture-32)架构。Intel 公司随后推出的多款微处理器，包括 Intel 80386、80486 及 Pentium 各代处理器就被统称为 IA-32 微处理器，或者 32 位 80x86 微处理器。采用 IA-32 及其兼容处理器的微型计算机系统，也称为 IA-32 系列微型计算机。IA-32 系列微处理器的发展也极大地推动了微型计算机系统中接口技术的发展。

从微型计算机系统的体系结构来看，接口是处在 CPU 与 I/O 设备之间的，这一特定位置就决定了接口技术的发展是随着接口两端的 CPU 及被连接对象 I/O 设备的发展而发展的。当接口的两端发生变化时，作为中间桥梁的接口技术也必须变化，而且接口技术的变化与提升，应该满足微型计算机系统整体的发展要求。因此在讨论接口技术的发展时，应该从整个微型计算机系统来进行分析与研究，只有从系统角度了解了 32 位微型计算机系统的体系结构和软件配置，才能更好地认识与掌握 32 位微型计算机接口技术。

1. 32 位微型计算机系统与 16 位微型计算机系统的主要区别

1) 总线结构的改变

与 16 位微型计算机系统的单级 ISA 总线相比，32 位微型计算机系统的总线结构发生了很大变化，32 位微型计算机采取以 PCI 总线为中心的多总线结构，用户扩展的 I/O 设备一般都是挂在本地总线上，然后通过总线桥(接口)使本地总线与 PCI 总线连接，由于 PCI 总线与本地总线(如 ISA)代表完全不同的两种系统，因此本地的地址空间与 PCI 的地址空间之间，必须经过 PCI 桥的配置空间进行映射，不能直接传输。

2) 操作系统的改变

16 位微型计算机系统和 32 位微型计算机系统所使用的操作系统不同。

16位操作系统一般使用 DOS，DOS 是单用户资源独占的操作系统，无保护功能。在 DOS 下，用户程序和操作系统软件一样可以直接访问底层硬件。32 位微型计算机系统则采用具有保护功能的多用户 Windows 操作系统，在 Windows 下，用户程序由于特权级别低，不能直接访问底层硬件，必须通过设备驱动程序才能进行访问。因此，设备驱动程序设计在 32 位微型计算机中设计 I/O 接口时不可缺少，包括虚拟设备驱动程序 VDD 和内核设备驱动程序 WDM 的设计。

3）存储器管理机制的改变

16 位微型计算机系统和 32 位微型计算机系统中存储器的管理机制不同。

16 位微型计算机系统的存储器物理地址为 1MB，使用实地址，其管理方式只有分段管理，地址采用段与偏移量表示。32 位微型计算机系统的存储器物理地址从 1MB 增大到 4GB，采用虚拟存储器，因而存储器的管理机制从原来简单的分段管理到复杂的分段与分页管理，并为此引入了描述符、描述符表和页转换表等，这都与 16 位的微型计算机系统存储器管理不同。因此，在 32 位微型计算机系统中设计与处理 I/O 接口时，要充分考虑 32 位微型计算机的存储器管理与寻址方式上的特点。

32 位微型计算机接口技术是对 16 位微型计算机接口技术的继承和发展。继承的 16 位微型计算机接口设计的内容与方法，在 32 位微型计算机接口技术中仍然使用，但只是作为 32 位微型计算机接口的一部分，即在用户层的 I/O 设备接口设计时沿用。发展是原来没有而在 32 位微型计算机接口技术中才出现的，或者是原来就有但并不完善或不先进而在 32 位微型计算机接口技术中得到改进的。

2. 32 位微型计算机接口的主要特点

1) IA-32 的 I/O 独立编址方式

Intel 公司的 IA-32 系列微处理器的 I/O 端口编址方式，既可采用 I/O 独立编址方式，又可使用存储器映像 I/O 编址方式。以 IA-32 系列微处理器为核心的微型计算机系统采用的是 I/O 独立编址方式，I/O 地址线是 16 根，系统中的 I/O 地址空间是 64KB。这种方式下，与 16 位微型计算机系统类似，访问 I/O 端口必须有相应的 I/O 指令，采用 IN 和 OUT 指令在微处理器和 I/O 设备间传输数据。不同的是 IA-32 系列微型计算机中在保护方式上必须有一套特定的 I/O 保护机制，此时，I/O 地址空间与存储器地址空间各自独立，地址可以重叠。对存储器和对 I/O 端口的访问，从软件上可以根据使用的指令不同进行区分，从硬件上则通过处理器的控制线信号进行区分。在 IA-32 微处理器的控制总线中有一根 M/$\overline{\text{IO}}$。当 M/$\overline{\text{IO}}$ 为 1 时，地址总线上的地址对存储器寻址；当 M/$\overline{\text{IO}}$ 为 0 时，地址总线上的地址对 I/O 端口进行寻址，可以将 M/$\overline{\text{IO}}$ 线反相接到存储器芯片和 I/O 端口地址译码器的使能端，控制对存储器和 I/O 端口分别寻址。

2) IA-32 的 I/O 独立地址空间

Intel 系列微处理器都提供一个独立的 I/O 地址空间，I/O 地址空间有 64K 个可独立编址的 8 位端口组成，2 个连续的 8 位端口可作为 16 位端口处理，4 个连续的 8 位端口可作为一个 32 位端口处理，因此 Intel 系列微处理器与 I/O 设备之间一次可传送 32 位、16 位或 8 位数据。同时，在 IA-32 系列微型计算机中，I/O 地址采用边界对齐，即 32 位端口地址对准可被 4 整除的地址,以便一次总线访问可传送 32 位数据,16 位端口对准偶地址,8 位端口可定位在偶地址,也可对应奇地址。这里 64KB 的 I/O 地址空间是指物理地址而不是线性地址,因为 I/O 指令不经过分段或分页部件。

3) IA-32 微型计算机的端口地址分配

不同的微型计算机系统对 I/O 端口地址的分配是不同的。Intel 系列微型计算机的 I/O 地址线有 16 根,对应的 I/O 端口编址可达 64KB,但是 PC 只用了 10 位地址线 $A_0 \sim A_9$,故其 I/O 端口地址范围为 0000H~03FFH,总共有 1024 个端口。通常情况下,前 256 个端口(0000H~00FFH)供系统板上的 I/O 接口芯片使用,后 768 个端口(0100H~03FFH)供扩展槽上的 I/O 接口控制卡或做在主板上的 I/O 接口电路使用。

在 I/O 接口电路设计中,必然涉及 I/O 端口地址的使用问题,由于设备的 I/O 地址不能冲突,因此必须要注意选择系统中未用的地址。

4) IA-32 的 I/O 保护机制

在 IA-32 微型计算机系统中,I/O 保护机制有 I/O 特权级(I/O Privilege Level,IOPL)和 I/O 允许位映像(I/O Permission Bit Map)两种。EFLAGS 标志寄存器中的 IOPL 字段定义使用 I/O 相关指令的选项,任务标志段(Task State Segment,TSS)的 I/O 允许位映像定义使用 I/O 地址空间中端口的权限。这两种特权保护机制只有当微型计算机在保护模式(包括虚拟 8086 方式)下有效。在实地址模式下,不提供 I/O 空间保护,任何过程都可以执行 I/O 指令,任何 I/O 端口都可以由 I/O 指令寻址。

I/O 特权级保护机制允许操作系统对有必要保护的 I/O 操作设置特权级。在典型的 4 级保护环模型中,只有操作系统的内核和设备驱动程序允许直接进行 I/O 操作,其他低等特权级的设备驱动程序和应用程序对 I/O 空间的访问都应被拒绝,应用程序必须通过对操作系统的调用才能进行 I/O 操作。而 I/O 允许位映像机制用来修正 IOPL 对 I/O 敏感指令的影响,允许较低特权级的程序或任务访问某些 I/O 端口。

7.5 Intel 64 系列微型计算机接口技术

随着微处理器技术的发展,2001 年 Intel 公司发布了 64 位微处理器 Itanium(安腾),同时开发了采用精确并行指令计算机(Explicitly Parallel Instruction Computers,EPIC)指令集的 IA-64 架构。IA-64 架构的微处理器拥有 64 位运算能力、64 位寻址空间和 64 位数据通路,能够支持更大的内存寻址空间和数据传输支撑,突破了传统 IA-32 架构的许多限制,在数据的处理能力方面,以及系统的稳定性、安全性、可用性、可管理性等方面获得了很大提高。但是,IA-64 架构是全新的纯 64 位微处理器架构,与 80x86 指令不兼容,主要用作服务器的核心处理器。如果想要执行 80x86 指令,需要硬件虚拟化支持,而且效率不高。IA-64 架构的微处理器在运行 80x86 应用程序时性能的不足,也导致 80x86-64 和 Intel 64 架构微处理器的出现。

在 IA-32 微处理器下,由于内存寻址空间受到限制而只能最大到 4GB。因此,AMD 公司把 32 位 80x86 微处理器扩充为 64 位,称为 80x86-64 架构。Intel 公司随后也提出了作为 IA-32 架构扩展的 Intel 64 架构的微处理器和相应指令集。80x86-64 和 Intel 64

架构基于 80x86，用直接简单的方法将目前的 80x86 指令集扩展，是为了让 80x86 架构 CPU 兼容 64 位微处理器而产生的技术，这个方法与微处理器架构由 16 位扩展至 32 位的情形很相似，其优点在于用户可以自行选择 32 位平台或 64 位平台，兼容性高。

在 Intel 64 系列微型计算机接口技术方面，Intel 64 架构支持超过 64GB 的物理地址空间，并且使用 64 位的线性地址空间，段和实地址模式在 64 位操作模式下是无效的。Intel 64 结构的处理器，不仅具有实地址模式、保护模式、虚拟 8086 模式和系统管理模式，还具有兼容模式和 63 位模式。在 I/O 编址方式上，与 IA-32 结构类似，既可采用 I/O 独立编址方式，又可采用存储器映像 I/O 编址方式，但一般情况下，使用的是 I/O 独立编址方式。

7.6 本章小结

本章首先介绍输入输出接口的基础知识，包括 I/O 接口的功能、I/O 端口的概念和分类、I/O 端口的两种编址方式、常用的输入输出指令、微型计算机系统与输入输出设备信息交换方式；然后介绍了 DMA 的相关技术，最后讨论了 IA-32 和 Intel 64 微型计算机系统中的接口技术。

重点掌握内容：I/O 接口必须具备的基本功能：数据缓冲功能和寻址功能；I/O 端口的概念和分类：数据端口、状态端口和控制端口；I/O 端口的两种编址方式：端口和存储单元统一编址和 I/O 端口独立编址；微型计算机系统与输入输出设备信息交换的 4 种方式：无条件传送方式、查询方式、中断控制方式和直接存储器存取（DMA）方式；直接存储器存取方式，是用硬件实现存储器和存储器之间或存储器和 I/O 设备之间直接进行高速数据传送，不需要 CPU 的干预；实现 DMA 传送的关键器件是 DMA 控制器；DMA 传送包括 DMA 读传送、DMA 写传送和存储单元传送；DMA 传送的工作过程；DMA 传送和中断方式传送的比较。

习 题

1. 外设为什么要通过接口电路和主机系统相连？
2. 接口电路的作用是什么？I/O 接口应具备哪些功能？
3. 什么是端口？端口有几类？
4. I/O 端口有哪两种编址方式？PC 系列机中采用哪种编址方式？
5. 微型计算机系统和输入输出设备交换信息的方式有几种？各有什么特点？
6. DMA 系统完成的功能是什么？
7. DMA 传送方式和中断方式相比，各有什么特点？
8. 8237A 的主要功能是什么？
9. 8237A 内部寄存器各有什么作用？
10. 80286 系统一个存储单元是 24 位物理地址，而 8237A 在寻址内存空间时，只能给出 16 位地址码,这一矛盾如何解决?有哪些硬件和软件措施?

11. 8237A 提供哪几种传送方式?在微型计算机系统中,不允许使用哪一种传送方式?

12. 8237A 初始化编程的步骤是什么?

13. 简述 PC 系列机用 DMA 方式进行单字节读写传送的全过程。

14. 8237A 芯片采用数据块传送方式和单字节传送方式进行 DMA 传输时,其主要区别在哪里?

15. 什么是 DMA 控制器的正常时序和压缩时序?

第 8 章

中 断 系 统

中断技术是现代计算机系统中十分重要的功能。最初,中断技术引入计算机系统,只是为了解决快速的 CPU 与慢速的外设之间传送数据的矛盾。随着计算机技术的发展,中断技术不断被赋予新的功能,如计算机故障检测与自动处理、实时信息处理、多道程序分时操作和人机交互等。中断技术在微型计算机系统中的应用,不仅可以实现 CPU 与外设并行工作,而且可以及时处理系统内部和外部的随机事件,使系统能够更加有效地发挥效能。

第 8 章 导语

第 8 章 课件

8.1 中断的基本概念

8.1.1 中断概念的引入及描述

1. 中断概念的引入

先来回顾一下查询传送方式,CPU 与外设之间输入输出数据的过程。在查询方式时,CPU 每次输入输出数据之前,都需要不断地询问外设,当外设没有准备好时,CPU 只能不断地多次查询,这无疑会浪费 CPU 很多时间,而且外设的请求不一定能及时得到响应。尤其是许多外设的速度都比较低,例如键盘、打印机等。它们输入或输出一个数据的速度很慢。

中断的基本概念

这个过程中,CPU 如果采用中断方式,将大大提高 CPU 的效率。在外设忙于做输入输出准备时,CPU 执行自己的主程序,而当外设的输入数据已经准备好或者外设已经空闲的情况下,由外设向 CPU 发出输入或输出的请求,CPU 此时暂停现行程序,转而处理相应的输入和输出任务,当处理任务完成后,CPU 再返回原来的程序,并从它之前停止的地方继续执行。按照这种方式,从宏观来看,CPU 和外设的一些操作是并行的,因而同串行进行的程序查询方式相比,计算机系统的效率大大提高了,同时提高了对外设响应的实时性。

中断概念的出现是计算机系统结构设计中的一个重大变革。

2. 中断的描述

中断是指 CPU 在执行程序的过程中,由于某种外部或内部事件的作用,使 CPU 停止当前正在执行的程序而转去为该事件服务,待事件服务结束后,又能自动返回到被中止了的程序中继续执行的过程。图 8.1 给出了中断处理的示意图。

由图 8.1 可以看出,主程序只是在有中断请求产生时,才去处理相应的中断处理程序,处理完成后返回主程序。在没有中断请求产生时,CPU 并没有"等待",而是照常执行自己的主程序。

由于 CPU 正在执行的原程序被暂停打断执行,所以称为中断。相对被中断的原程序来说,中断处理程序是临时嵌入的一段程序,所以,一

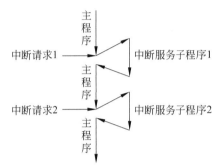

图 8.1 中断处理的示意图

般将被中断的原程序称为主程序,而将中断处理程序称为中断服务子程序。主程序被中止的地方,称为断点,也就是下一条指令所在内存的地址。中断服务子程序一般存放在内存中一个固定的区域内,它的起始地址称为中断服务子程序的入口地址。

8.1.2 中断源及中断分类

1. 中断源

能够引发中断的事件,即发出中断请求的来源称为中断源。中断源可以是外部事件,也可以是 CPU 内部事件。

2. 中断的分类

根据中断源的不同,中断分为外部中断和内部中断。

1) 外部中断

由外部事件所引发的中断,即由 CPU 以外的设备发出,并由 CPU 的中断请求信号引脚输入所引发的中断称为外部中断,也称为硬件中断。80x86 CPU 有 2 个引脚(INTR 和 NMI)可以接收外部的中断请求信号。由输入 INTR 引脚的中断请求信号引发的中断称为可屏蔽硬件中断;由输入 NMI 引脚的中断请求信号引发的中断称为非屏蔽硬件中断。

2) 内部中断

由 CPU 内部事件,即由 CPU 硬件故障或程序执行中的事件所引发的中断称为内部

中断。内部中断可以进一步分为软件中断和异常。

执行有定义的 INT n 指令而引发的中断,称为软件中断。软件中断可分为 BIOS 中断、DOS 中断。DOS 中断又分为 DOS 专用中断、DOS 保留中断、用户可调用的 DOS 中断以及保留给用户开发的中断。

由于 CPU 本身故障、程序故障等引发的中断称为异常。例如,当计算结果溢出、页面失效、执行指令时发现特权级不正确等情况所引发的中断称为异常。根据引起异常的程序是否可被恢复和恢复点不同,把异常进一步分类为故障(Fault)、陷阱(Trap)和中止(Abort)。故障是在引起异常的指令之前,把异常情况通知给系统的一种异常。一般发生在执行指令的过程中,在故障处理程序把故障排除后,返回引起故障的那条指令处重新执行。例如,在一条指令的执行期间,如果发现段不存在,那么停止该指令的执行,并通知系统产生段故障,对应的段故障处理程序可通过加载该段的方法来排除故障之后,原指令就可成功执行。陷阱是在引起异常的指令之后,把异常情况通知给系统的一种异常。一般发生在引起异常的指令执行的末尾,经过陷阱处理程序处理后,返回原先正常执行程序的后续指令继续执行。例如,单步异常就是陷阱。中止是发生在指令的执行过程中,系统出现严重情况时,通知系统的一种异常。除非强制干预或系统复位,否则正执行的程序不能被恢复执行。

软件中断由于是程序事先安排好的,因此发生的时间可预知。而外部中断和异常的发生是随机的。

8.1.3 中断类型码、中断向量及中断向量表

1. 中断类型码

为了区别这些不同的中断,微型计算机系统给每一个中断分配了一个中断号 n,即中断类型码,其取值范围是 0~255。微型计算机系统可以处理 256 种中断,在这 256 个中断中,Intel 公司在它各种微处理器中都保留了前 32 个(0~31)为系统所专用,后 224 个可由用户设定。

部分中断号所对应的中断如下。

0 型中断:除法错中断——当除法结果溢出或者除数为 0 时,发生的中断。

1 型中断:单步或陷阱中断——执行每条指令后,如果标志寄存器的 T 标志(陷阱标志)为 1 时,则产生中断。

2 型中断:非屏蔽硬件中断——输入微处理器的 NMI 引脚的中断请求信号引发的中断,该中断是不可以被禁止的。

3 型中断:断点中断——CPU 执行 INT 3 指令后,进入相应的中断服务子程序。INT 3 指令通常用于调试程序时设置程序断点。

4 型中断:溢出中断——CPU 执行 INT 4 指令,或者标志寄存器 O 标志(溢出标志)为 1 时,执行 INTO 指令,进入相应的中断服务子程序。

5 型中断:屏幕打印。

08H~0FH 型中断:可屏蔽硬件中断。

10H～1FH 型中断：BIOS 中断。

20H～3FH 型中断：DOS 中断。

2. 中断向量和中断向量表

1）中断向量

实模式下，中断向量是指中断服务子程序的入口地址。每个中断号所对应的中断向量占 4 字节，前两字节为中断服务子程序入口的偏移地址，后两字节为中断服务子程序所在代码段段基址。

2）中断向量表

在实模式下，系统存储器地址空间中，最低的 1KB 空间，即 00000H～003FFH 单元依次存放着 256 个中断号所对应的中断向量，每个中断的中断向量为 4 字节，存放这个 1024 字节中断向量的存储区就构成了一张中断向量表，如图 8.2 所示。

则 n 型中断向量存放在中断向量表中的 $4 \times n$～$4 \times n + 3$ 的 4 个单元之中，其中断向量 4 字节的存放规律如图 8.3 所示。

图 8.2　中断向量表　　　　　图 8.3　n 型中断向量 4 字节的存放规律

例如，08 型中断向量存放在 4×08～$4 \times 08 + 3$ 的 4 个单元之中。其中，20H 和 21H 单元存放 08 型中断服务子程序入口的偏移地址，22H 和 23H 单元存放 08 型中断服务子程序入口的段基址。根据这 4 个单元的内容，可以计算出 08H 型中断服务子程序入口的物理地址。若已知系统 RAM 的 20H～23H 单元的内容依次为 22H、33H、44H、55H，则 08H 型中断服务子程序入口的物理地址 = 5544H × 16 + 3322H = 58762H。

3）中断向量表的初始化

由 BIOS 设计的中断服务子程序（如 INT 16H，INT 10H…），其中断向量在加电时，由 BIOS 负责写入中断向量表。

由 DOS 设计的中断服务子程序（如 INT 21H），其中断向量是在启动 DOS 时，由 DOS 负责写入中断向量表。

用户程序开发的中断服务子程序，由用户程序写入其中断向量。

设 n 型中断服务子程序的名字是 SERVICE，将 SERVICE 的入口地址写入对应的中断向量表的方法如下。

(1) 方法一：自己编写程序填写中断向量。

```
CLI
PUSH   DS
MOV    AX,0000H
MOV    DS,AX                    ;基地址是 0000H
```

```
MOV    BX,4*n                          ;偏移地址是4×n
MOV    AX,OFFSET SERVICE
MOV    [BX],AX                         ;服务程序入口偏移地址写入4×n和4×n+1单元
MOV    AX,SEG SERVICE
MOV    [BX+2],AX                       ;服务程序段基址写入4×n+2和4×n+3单元
POP    DS
STI
```

(2) 方法二：DOS 设计两个子程序，专门用于中断向量的读写。

【INT 21H 的 35H 号子功能】

功能：读取中断向量。

入口参数：AH=35H，AL=中断类型码(即中断号)。

出口参数：ES：BX=中断向量。

【INT 21H 的 25H 号子功能】

功能：写入中断向量。

入口参数：AH=25H，AL=中断类型码(即中断号)。
　　　　　　DS：DX=要写入的中断向量，即：
　　　　　　DS=中断服务子程序所在代码段的段基址。
　　　　　　DX=中断服务子程序入口的偏移地址。

出口参数：无。

如上例，采用方法二，对应的程序段如下：

```
CLI
PUSH   DS
PUSHA
MOV    AX,SEG SERVICE
MOV    DS,AX
MOV    DX,OFFSET SERVICE
MOV    AH,25H
MOV    AL,n
INT    21H
POPA
POP    DS
STI
```

4) 中断响应和处理的过程

微型计算机系统中，各种类型中断的响应和处理过程不完全相同，主要区别在于中断类型码的获得方式不同，当 CPU 获得了中断类型码后的处理过程基本类似。

对于非屏蔽硬件中断请求，CPU 内部会自动产生中断类型码 2；对于可屏蔽硬件中断请求，当 CPU 处于开中断状态时，由外部中断控制器将相应的中断类型码送给 CPU；对于异常，中断类型码也是自动形成的；对于 INT n 指令，中断类型码即为指令中给定的 n。

CPU 获得了中断类型码 n 后，中断的处理过程如下。

(1) F 寄存器内容压入堆栈,保护各个标志位。

(2) 清除 I 标志和 T 标志,屏蔽新的可屏蔽硬件中断和单步中断。

(3) 保护主程序的断点,即将主程序断点处的 CS、IP 的当前值压入堆栈,压入的顺序为先压入断点的 CS 值,再压入断点的 IP 值。

(4) CPU 从 $4 \times n \sim 4 \times n+3$ 单元中取出 n 型中断向量写入 IP、CS,其中将 $4 \times n \sim 4 \times n+1$ 单元的内容写入 IP,$4 \times n+2 \sim 4 \times n+3$ 单元的内容写入 CS。

(5) CPU 根据新的 CS:IP 的值转向 n 型中断服务子程序。

(6) 服务程序执行完毕,执行中断返回指令。中断返回指令的功能是按顺序恢复断点处的 IP 值、CS 值和之前保护的相应中断前的标志寄存器内容→标志寄存器。

(7) CPU 根据恢复后的 CS:IP 返回断点,继续执行主程序。

从上述过程可以清楚地看到:当 CPU 获得中断类型码后,在中断向量的引导下,CPU 执行相应的中断服务子程序。

5) 中断服务子程序的结构

一般而言,中断服务子程序的结构如下:

```
ISR   PROC
    保护现场              ;(1)
    中断处理              ;(2)
    恢复现场              ;(3)
    中断返回              ;(4)
ISR   ENDP
```

具体说明如下。

(1) 保护现场。中断服务子程序中使用到的寄存器(或内存单元),如果主程序中也要使用该寄存器(或内存单元)就会发生冲突,所以进入中断服务子程序的第一步就是要保护现场,将主程序中用到的资源加以保存。

保护现场有两个含义:其一是保存主程序的断点;其二是保存通用寄存器和状态寄存器的内容。前者由中断隐指令完成,由于进入中断时保存断点的操作是硬件实现的,它类似于一条指令,但不能编写在程序中,所以称为中断隐指令。后者由中断服务子程序完成。具体而言,可在中断服务子程序的起始部分安排若干条存数指令,将主程序中用到的寄存器内容存至存储器中保存,或用进栈指令将各寄存器的内容推入堆栈保存,即将程序中断时的"现场"保存起来。

(2) 中断处理。不同的中断请求所需要的中断服务是不同的,实际有效的工作是在这部分完成的。

(3) 恢复现场。在中断返回之前与保护现场所对应的是恢复现场,将各个寄存器的内容出栈。在此,最为重要的是要记住堆栈操作"先进后出"的原则,即现场保护时,各个寄存器进栈顺序的逆序才是现场恢复时出栈的次序,不能搞错。

(4) 中断返回。中断返回指令是 IRET,使中断服务子程序能安全返回之前由中断隐指令保存的主程序断点。

8.2 多级中断管理

1. 中断优先与中断分级

当有多个中断源在同一时刻提出请求时,CPU 对中断响应的次序称为中断优先级。中断响应的次序是用排队器硬件实现的,中断优先级如图 8.4 所示。根据需要,可以由程序控制改变实际的中断处理次序。例如,可以通过设置中断屏蔽寄存器的值,决定是否让某种级别的中断请求进入中断响应排队器排队。进入中断响应排队器的中断请求,总是让级别最高的中断优先得到响应。另外,还可以通过设置标志寄存器中断允许标志(I 标志),来实现所希望的中断处理次序。

中断类型	优先级
除法出错中断	最高
软件中断 INT n	↓
断点中断	↓
溢出中断 INTO	↓
NMI 中断	↓
INTR 中断	↓
单步中断	最低

图 8.4　80x86 响应中断的优先级

多级中断管理

2. 禁止中断与中断屏蔽

禁止中断:产生中断请求后,CPU 不能中断现行程序的执行。
中断屏蔽:用程序有选择地封锁部分中断,而允许其余部分仍可得到响应。

3. 中断嵌套

中断嵌套:在执行中断服务子程序时,仍可再响应中断申请。

4. 中断系统应具备的基本功能

(1) 对于硬件中断,接口电路中应具备"屏蔽"和"开放"的功能,这种功能由程序员通过软件去控制。
(2) 能实现"中断判优"即中断源排队,当有多个中断源提出请求时,能够优先响应高级别的中断。
(3) 能够实现中断嵌套。
(4) 一旦响应中断,就能自动转入中断服务子程序,处理完毕能自动返回断点。

8.3　80x86 中断指令

1. 开中断指令 STI

功能:F 寄存器中 I 标志置 1,CPU 处于开中断状态。

2. 关中断指令 CLI

功能:F 寄存器中 I 标志清 0,CPU 处于关中断状态。

80x86 中断指令

3. 软件中断指令 INT n

n 为中断类型码,为 0～255 中有定义的无符号整数。

功能:无条件转向 n 型中断服务子程序。

INT n 指令的执行过程——CPU 响应软件中断的过程。

(1) F 寄存器→栈(保存 INT n 之前的 F 状态)

使 F 中的 T 标志置 0——禁止单步操作。

使 F 中的 I 标志置 0——CPU 处于关中断状态。

(2) 断点地址→栈

先:断点所在段段基址(CS)→栈。

后:断点偏移地址(IP)→栈。

(3) CPU 从 $4n$～$4n+3$ 单元取出 n 型服务程序入口地址→IP、CS,从而转入 n 型中断服务子程序。

4. 中断返回指令 IRET

功能:依次从栈顶弹出 6 个元素→ IP,CS,F。

IRET 是中断服务子程序的出口指令。如果栈顶是 INT n 的断点地址,则执行 IRET 后,返回断点,否则不能。

图 8.5 给出了执行 INT n 指令和执行 IRET 指令的堆栈操作示意图。

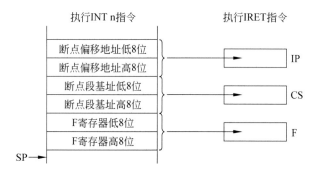

图 8.5 执行 INT n 指令和执行 IRET 指令的堆栈操作示意图

IRET 和 RET 的区别如下。

IRET 从栈顶弹出 6 个元素→IP,CS,F。

远程 RET,从栈顶弹出 4 个元素→IP,CS。

近程 RET,从栈顶弹出 2 个元素→IP。

5. 溢出中断指令 INTO

功能:先判别 F 寄存器中 O 标志位是否为 1,如是则直接调用类型为 4 的中断子程序,用于处理溢出中断。

8.4 中断控制器 8259A

外部中断是由 CPU 以外的中断请求而引发的。CPU 只有一个引脚 INTR 接收外部的可屏蔽硬件中断请求,为了管理多个外部的中断源,Intel 公司设计了专用的配套芯片 8259A 中断控制器。

中断控制器 8259A

8.4.1 8259A 的功能

Intel 8259A 是可编程的中断控制器,其主要功能如下。

(1) 1 片 8259A 中断控制器可以管理 8 级外部中断,并最后向 CPU 提出中断请求,如图 8.6 所示。通过级联,采用 1 主 8 从的方式,可扩展管理 64 级中断。

图 8.6　1 片 8259A 可管理 8 级外部中断

(2) 每一级中断都可以通过设置内部屏蔽字进行屏蔽或允许。

(3) 在中断响应周期,8259A 可以向 CPU 提供相应的中断类型码。

(4) 8259A 是很复杂的中断控制器,可以通过编程从中断触发方式、中断屏蔽方式、中断优先级管理方式、中断结束方式和总线连接 5 方面对中断进行管理。

8.4.2 8259A 的结构

1. 8259A 的内部结构

8259A 的内部结构如图 8.7 所示。

1) 中断请求寄存器(8 位)

功能:寄存引脚 $IR_0 \sim IR_7$ 的中断请求。

中断请求寄存器(Interrupt Request Register,IRR)是一个 8 位寄存器,IRR 的 $D_0 \sim D_7$ 位分别对应着 $IR_0 \sim IR_7$。IRR 中的 D_i 位置 1,表明 IR_i 引脚上有了中断请求信号。当中断请求被响应时,IRR 的相应位复位。

2) 中断屏蔽寄存器(8 位)

功能:保存程序员写入的中断屏蔽字。

中断屏蔽寄存器(Interrupt Mask Register,IMR)是一个 8 位寄存器,IMR 的 $D_0 \sim D_7$ 位分别对应着 $IR_0 \sim IR_7$。屏蔽字某位=1(IMR 的 D_i 位=1),则与该位对应的中断请求信号(IRR 的 D_i 位)不能送到中断优先权电路,如图 8.8 所示。

3) 优先权电路(排队电路)

功能:比较同时送达优先权电路的中断请求,哪一个级别最高。通过判优"选中"其

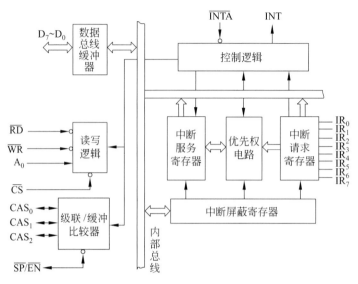

图 8.7　8259A 的内部结构图

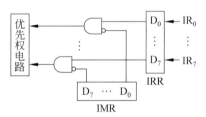

图 8.8　中断屏蔽寄存器、中断请求寄存器与中断优先权电路

中级别最高的中断源,然后通过 INT 端向 CPU 提出中断请求。

4）中断控制电路

控制电路是 8259A 内部的控制器。它有一组寄存初始化命令字（$ICW_1 \sim ICW_4$）的寄存器和一组寄存操作命令字（$OCW_1 \sim OCW_3$）的寄存器,以及相关的控制逻辑。其功能如下。

（1）存一组初始化命令字和操作命令字,通过译码产生内部控制信号。

（2）当判优电路选中一个中断源时向 CPU 提出中断请求（INT）。

（3）通过 $\overline{INTA}$ 接收 CPU 送来的中断响应信号,中断响应 $\overline{INTA}$ 信号是两个连续的负脉冲,如图 8.9 所示。

图 8.9　中断响应 $\overline{INTA}$ 信号

5）中断服务寄存器（8 位）

功能：记录 CPU 正为之服务的是哪一个中断源。

中断服务寄存器(Interrupt Service Register,ISR)中 D_i 位和 IRR 中 D_i 对应。例如，通过判优电路 IRR 中 D_i 位的请求被选中，8259A 向 CPU 发中断请求，通过 INTA 收到第一个中断响应信号后，ISR 中 D_i 位置 1，IRR 中 D_i 位置 0。ISR 中 D_i 位置 1，表明 CPU 正在准备(或正在)执行 IR_i 的服务程序。反之，如果 ISR 中 D_i 位由 1→0，表明 IR_i 的中断服务子程序执行完了。

所以 ISR 的每一位都是响应中断源的中断服务标志位。

6) 数据总线缓冲器

数据总线缓冲器功能如下。

(1) 完成与 CPU 数据线配接。

(2) 接收初始化命令字、操作命令字。

(3) 当收到第二个中断响应脉冲时，通过它们向 CPU 送出被选中的中断源的中断类型码 n。在这之后 CPU 从 $4n+0$~$4n+3$ 单元取出 n 型中断向量，从而转入 n 型服务程序。

7) 读写逻辑

功能：接收 CPU 的读写控制命令字和端口地址选择信号。

8) 级联/缓冲比较器

一片 8259A 可以管理 8 级外部中断，两片 8259A"级联"可管理 15 级中断，级联/缓冲比较器是为完成多片 8259A 级联设置的模块。级联应用时，8259A 一片主片最多可接 8 片从片，扩展到 64 级中断。连接时，从片的 INT 信号接主片的 IR_0~IR_7 之一，并确定了在主片中的优先级，从片的 IR_0~IR_7 接外设的中断请求信号，最终确定了 64 个优先级。

工作在级联方式时，主 8259A 的 $\overline{SP/EN}$ 接高电平，从 8259A 的 $\overline{SP/EN}$ 接低电平。由初始化命令字 ICW_4 来设置缓冲方式或非缓冲方式。

2. 8259A 的外部引脚

8259A 是 28 个引脚的双列直插式芯片，其外部引脚图如图 8.10 所示。

8259A 引脚信号可分为四组。

1) 与 CPU 总线相连的信号

D_7~D_0：双向三态数据线，与 CPU 数据总线直接相连或与外部数据总线缓冲器相连。

$\overline{RD}$、$\overline{WR}$：读写命令信号线，与 CPU 的读写信号相连。

$\overline{CS}$：片选信号线，通常接 CPU 高位地址总线或地址译码器的输出。

INT：中断请求信号输出端。用于向 CPU 发出中断请求信号。

$\overline{INTA}$：中断响应输入信号。用于接收 CPU 发出的中断响应信号。

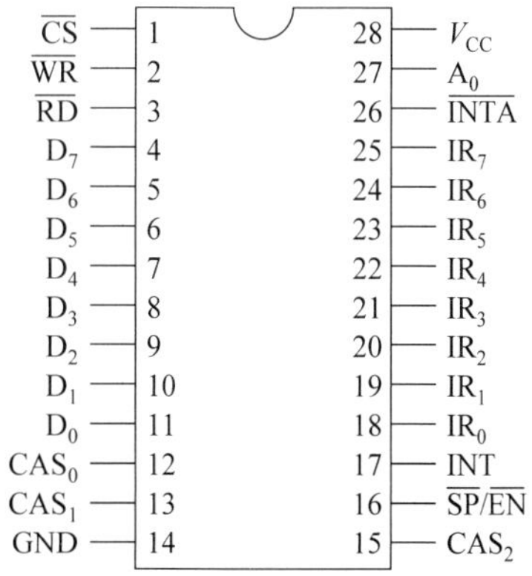

图 8.10 8259A 的外部引脚

A_0：地址线，通常接 CPU 低位地址总线，$A_0=0$ 是偶地址，$A_0=1$ 是奇地址，该地址线与 $\overline{RD}$、$\overline{WR}$ 信号配合，可读写 8259A 内部相应的寄存器，如表 8.1 所示。

表 8.1　8259A 寄存器读写地址表

$\overline{CS}$	A_0	$\overline{RD}$	$\overline{WR}$	奇地址/偶地址	功　　能
0	0	1	0	偶地址	写 ICW_1、OCW_2、OCW_3
0	0	0	1	偶地址	读查询字、IRR、ISR
0	1	1	0	奇地址	写 ICW_2、ICW_3、ICW_4、OCW_1
0	1	0	1	奇地址	读 IMR
×	×	1	1		数据总线为高阻态

2) 与外部中断设备相连的信号

$IR_7 \sim IR_0$：与外设的中断请求信号相连，通常 IR_0 优先权最高，IR_7 优先权最低。

3) 级联信号

$CAS_2 \sim CAS_0$：级联信号线，主片为输出，从片为输入，与 $\overline{SP}/\overline{EN}$ 配合，实现级联。

$\overline{SP}/\overline{EN}$：主从/允许缓冲线。在缓冲工作方式中，用作输出信号，以控制总线缓冲器的接收（$\overline{EN}=1$）和发送（$\overline{EN}=0$）。当数据从 CPU 送往 8259A 时，$\overline{SP}/\overline{EN}$ 输出为高电平；当数据从 8259A 送往 CPU 时，$\overline{SP}/\overline{EN}$ 输出为低电平。在非缓冲工作方式中，用作输入信号，表示该 8259A 是主片（$\overline{SP}=1$）或从片（$\overline{SP}=0$）。

4) 其他

V_{CC}：接 +5V 电源。

GND：地线。

3. 8259A 的工作过程——CPU 响应硬件中断的过程

8259A 的中断过程就是微型计算机系统响应可屏蔽硬件中断的过程，这一过程如图 8.11 所示。

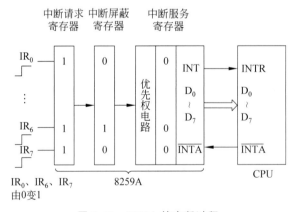

图 8.11　8259A 的中断过程

(1) 当引脚 $IR_0 \sim IR_7$ 上有中断请求时，8259A 中断请求寄存器相应位置 1，记录了外部的中断请求。如图 8.11 所示，假设 IR_0、IR_6、IR_7 上同时有 3 个中断请求信号，则 IRR 的 $D_0=1$，$D_6=1$，$D_7=1$。

(2) 根据程序员事先写入中断屏蔽寄存器的中断屏蔽字，决定哪些中断请求能够送达优先权电路。没有被屏蔽的中断请求将被送到优先权电路判优。如图 8.11 所示,因为 IMR 的 $D_0=0,D_6=1,D_7=0$,则 IR_0 和 IR_7 上的中断请求可以送达到优先权电路。而 IR_6 上的中断请求被屏蔽,不能送达到优先权电路。

(3) 所有到达优先权电路中的中断请求,首先需要经过优先权电路的判别。选中当前级别最高的中断源,然后从引脚 INT 向 CPU 发出中断请求信号。如图 8.11 所示,设 IR_0 优先级高于 IR_7,排队结果将选中 IR_0 向 CPU 发出中断请求信号。

(4) CPU 满足一定条件后,通过 $\overline{INTA}$ 引脚向 8259A 的 $\overline{INTA}$ 发出两个负脉冲的中断响应信号。如图 8.11 所示,只要 CPU 满足响应可屏蔽硬件中断的条件,则可响应 IR_0 中断,向 8259A 发送两个连续的脉冲信号。

(5) 8259A 从引脚 $\overline{INTA}$ 收到第 1 个中断响应信号后,立即使中断服务寄存器中与被选中的中断源对应的那一位置 1,同时把中断请求寄存器中的相应位清 0。如图 8.11 所示,8259A 收到第 1 个脉冲信号,ISR 的 D_0 由 0 变 1,同时 IRR 的 D_0 由 1 变 0。

(6) 8259A 从引脚 $\overline{INTA}$ 收到第 2 个中断响应信号后,通过数据线将选中的中断源类型码 n 送往 CPU。

(7) 在实模式下,CPU 从 $4\times n \sim 4\times n+3$ 单元取出该中断源的中断向量→IP、CS,从而引导 CPU 执行该中断源的中断服务子程序。如图 8.11 所示,CPU 根据 8259A 提供的中断类型码 n,在中断向量表中找到对应中断向量,转而执行对应中断服务子程序,在中断服务子程序中对通过 IR_0 提出中断请求的外设服务。

(8) CPU 完成中断服务子程序中的任务,在执行 IRET 前,向 8259A 写中断结束命令字,使 8259A 的中断服务寄存器 ISR 相应位清零。如图 8.11 所示,8259A 的 ISR 的 D_0 由 1 变 0,表示对来自 IR_0 上的中断请求服务完毕。同时,CPU 执行中断服务子程序的最后一条指令 IRET,返回被中断的程序继续原来的任务。对 IR_0 上的中断请求服务完成后,假如 8259A 的 IR_7 上的中断请求仍然维持有效,则可以开始以同样的过程处理 IR_7 中断请求。

8.4.3 8259A 中断管理方式

8259A 对中断的管理涉及多方面,每方面都有多种工作方式,如中断优先级管理方式、中断结束方式、中断屏蔽方式、中断请求引入方式、系统总线的连接方式以及查询方式等。用户可根据自己的需要,通过 8259A 初始化时写入初始化命令字和操作命令字来设置选择相应的工作方式。

1. 中断优先级管理方式

8259A 的中断优先级管理方式有完全嵌套方式、特殊全嵌套方式和自动循环优先权方式 3 种。

1) 完全嵌套方式

完全嵌套方式也称为固定优先权方式。在完全嵌套方式中,$IR_7 \sim IR_0$ 的中断优先权是固定的,它们由高到低的优先级顺序依次是 IR_0、IR_1、…、IR_7,即 IR_0 为最高级,IR_1 次之,IR_7为最低级。当有多个IR_i请求时,优先权电路将它们与当前正在处理的中断源的优先权进行比较,选出当前优先权最高的IR_i向CPU发出中断请求INT,请求为其服务。在此中断源的中断服务子程序完成之前,与它同级或优先级更低的中断源的请求被屏蔽。

2) 特殊全嵌套方式

特殊全嵌套方式和完全嵌套方式基本相同,只有一点不同,就是在特殊全嵌套方式下,当处理某一级中断时,如果有同级的中断请求,也会给予响应,从而实现一种对同级中断请求的特殊全嵌套。而在完全嵌套方式中,只有当更高级的中断请求来到时,才会进行嵌套,当同级中断请求来到时,不会给予响应。特殊全嵌套方式一般用在8259A级联的系统中。在多片级联的情况下,当从片的中断得到响应、进入中断服务期间,来自该从片的更高级的中断请求仍能为主8259A所识别(对主8259A来说,同一从8259A的8个中断都是一个级别),并向CPU提出请求。所以,在级联的情况下,主片应设置为特殊全嵌套方式,从片一般设置为完全嵌套方式。

3) 自动循环优先权方式

在自动循环优先权方式中,$IR_7 \sim IR_0$的优先权级别不是固定的。其变化规律:当某一个中断请求IR_i服务结束后,该中断的优先权自动降为最低,而紧跟其后原先比它低一级的中断请求IR_{i+1}的优先权自动升为最高级。$IR_7 \sim IR_0$优先权级别按如图8.12所示的右循环方式改变。

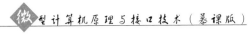

图8.12 8259A自动循环优先权

如图8.12所示,例如在初始状态IR_0有请求,CPU为其服务完毕,IR_0的优先权自动降为最低,排在IR_7之后,而其后的IR_1的优先权升为最高,其余依此类推。这种优先权管理方式,可以使8个中断请求都拥有享受同等优先服务的权利。

在自动循环优先权方式中,按确定循环时的最低优先权的方式不同,又分为普通自动循环方式和特殊自动循环方式两种。

(1) 普通自动循环方式。

在这种循环方式中,$IR_7 \sim IR_0$中的初始最高优先级由系统指定,即指定IR_0的优先级最高,以后按右循环规则进行循环排队。可用两种方式使8259A进入自动循环方式:一是在中断服务子程序末尾发一条普通EOI循环命令;二是在主程序或中断服务子程序中,发置位/复位自动EOI循环命令。

(2) 特殊自动循环方式。

在这种循环方式中,$IR_7 \sim IR_0$中的初始最低优先级由用户通过置位优先权命令指定。可用两种方式使8259A进入特殊循环方式:一是在程序的任何地方执行一条置位优先级命令;二是在中断服务子程序结束处执行一条特殊的EOI循环命令。

2. 中断结束方式

中断结束处理实际上就是对中断服务寄存器中对应位的处理。当一个中断得到响应时,8259A使ISR中对应位置1,表示CPU正在为该中断服务。在中断服务结束、中断返回之前的适当时刻应将该ISR位复位,否则8259A就不能响应该中断源新的请求。中断结束的方式分为自动中断结束和非自动结束两种,而非自动结束方式又分为常规中断非自动结束和特殊中断非自动结束。

1) 自动中断结束方式(AEOI)

该方式需要通过 ICW_4 设置。设置成该方式后,对每一个中断,在中断响应最后一个 $\overline{INTA}$ 信号的后沿,由 8259A 自动将 ISR 对应位清除。但为该中断的服务并不因此而受到影响。由于 AEOI 是在响应中断后、执行 IR_i 服务之前,提前使 ISR_i 位清 0。因此,在 IR_i 服务程序执行过程中,如果有新的中断请求,不论它的级别高低,只要 CPU 是处于开中断状态,都将中断 IR_i 服务程序。有可能出现低级或同级中断源中断高级服务程序的现象。

2) 非自动结束方式(EOI)

在这种工作方式下,当服务程序结束、执行 IRET 指令之前,必须向 8259A 送一个中断结束命令字(EOI)。8259A 收到常规中断结束命令字之后,把 ISR 中优先级最高的置 1 位清 0。根据 EOI 命令的不同,非自动结束方式又可分为常规 EOI 和特殊 EOI 两种。

(1) 常规 EOI。

这种方式配合一般完全嵌套方式使用。采用这种方式反映在程序中是在具体的中断服务已做完、返回之前向 8259A 发一个一般中断结束命令,8259A 就将 ISR 中当前已置 1 的最高位复位。因为在完全嵌套方式下,中断级别是固定的,8259A 总是响应优先级最高的中断。保存在 ISR 中的,最高优先级置 1,对应了最后一次被响应和被处理的中断,也就是当前正在处理的中断,所以,将该位复位相当于结束了当前正在处理的中断。

(2) 特殊 EOI。

在特殊全嵌套方式下,不能确定 ISR 中哪一位是最后置位的,即哪一个中断请求是最后被响应的,这时就要采用特殊 EOI,即在服务程序结束、执行 IRET 指令之前,向 8259A 送一个"特殊中断结束"命令字。8259A 根据命令字 $L_2 \sim L_0$ 位的编码,把 ISR 中的指定位清 0。

3. 中断屏蔽方式

8259A 有两种屏蔽中断源方式:普通屏蔽方式和特殊屏蔽方式。

1) 普通屏蔽方式

在普通屏蔽方式下,8259A 的每个中断请求输入端都可以通过对应屏蔽位的设置被屏蔽或开放。当 IMR 的某位置 1,则它所对应的中断就被屏蔽,从而使这个中断请求不能由 8259A 送到 CPU。如果 IMR 某位置 0,则它所对应的中断就被开放。

2) 特殊屏蔽方式

有些应用场合,希望一个中断服务子程序能动态改变系统的优先权结构。例如,在执行中断服务子程序的某一部分时,希望禁止较低级的中断请求,而在执行中断服务子程序的另一部分时,又能够开放比本身级别低的中断。为达到这样的目的,8259A 提供了一种特殊屏蔽方式。此方式能对本级中断进行屏蔽,而允许优先级比它高或低的中断进入,特殊屏蔽方式总是在中断处理程序中使用,它的设置是通过设置操作命令字 OCW_3 中的"ESMM,SMM=11"来实现的。这样操作既屏蔽了当前正在处理的中断,又开放了较低级别的中断,当然未被屏蔽的更高级中断也可以得到响应。

4. 中断请求引入方式

按照中断请求的引入方式来分,有边沿触发和电平触发两种方式。

1) 边沿触发方式

在边沿触发方式下,8259A将中断请求输入端出现的上升沿作为中断请求信号。中断请求输入端出现上升沿触发信号后,可以一直保持高电平。中断请求输入端必须被置为低电平然后再置为高电平,才能再次请求中断。

2) 电平触发方式

在电平触发方式下,8259A将中断请求输入端出现的高电平作为中断请求信号。但当中断得到响应后,中断输入端必须及时撤出高电平,否则CPU进入中断处理过程,并且开中断的情况下,原输入端的高电平会引起第二次中断的错误。

5. 系统总线的连接方式

按照8259A和系统总线的连接来分,有缓冲和非缓冲两种方式。

1) 缓冲方式

在多片8259A级联的大系统中,如果8259A通过总线驱动器和系统数据线相连就是缓冲方式。在缓冲方式下,引脚$\overline{SP}/\overline{EN}$输出作为总线驱动器的启动信号。

2) 非缓冲方式

当系统中只有单片8259A时,或在一些由较少片8259A级联而成的小系统中,如果8259A数据线与系统数据线直接相连,就是非缓冲方式。在非缓冲方式下,8259A的$\overline{SP}/\overline{EN}$端作为输入端。当系统中只有单片8259A时,此8259A的$\overline{SP}/\overline{EN}$端必须接高电平;当系统中有多片8259A时,主片的$\overline{SP}/\overline{EN}$端接高电平,而从片的$\overline{SP}/\overline{EN}$端接低电平。

6. 查询方式

当系统的中断源多于64个时,8259A也可以工作在查询方式,即8259A不向CPU请求中断,而由CPU主动查询8259A的内部状态。此时,8259A使OCW_3的D_2位置1,使OCW_3具有查询性质。程序中关中断,用查询方式对外设进行服务。8259A从偶地址读取查询字,格式如图8.13所示。

图 8.13 8259A 查询字格式

其中IR=1,表示有设备请求中断服务;IR=0,表示没有设备请求中断服务。W_2、W_1、W_0组成的代码表示当前中断请求的最高优先级。

8.4.4 8259A 初始化

对8259A的编程有两类命令字:初始化命令字$ICW_1 \sim ICW_4$和操作命令字$OCW_1 \sim OCW_3$。系统复位后,初始化程序对8259A置入初始化命令字ICW。初始化后可通过发出操作命令字OCW来定义8259A的操作方式,实现对8259A的状态、中断方式和优先级管理的控制。初始化命令字只发一次,操作命令字允许重置,以动态改变 8259A 的操作和控制。

1. 初始化命令字

1) 初始化命令字的功能

(1) 设定中断请求信号触发形式,即高电平触发或上升沿触发。

(2) 设定 8259A 工作方式,即单片或级联。

(3) 设定 8259A 中断类型码,即 IR_0 对应的中断类型码。

(4) 设定优先级管理方式。

(5) 设定中断结束方式。

对 8259A 编程初始化命令字,共预置 4 个命令:ICW_1、ICW_2、ICW_3、ICW_4。初始化命令字必须顺序填写,但并不是任何情况下都要预置 4 个命令字,用户根据具体使用情况而定。8259A 有两个端口地址,由片选信号和端口选择线 A_0(它通常接至 CPU 地址线 A_0)共同确定,$A_0=0$ 为偶地址端口,$A_0=1$ 为奇地址端口,各命令字写入的端口也有规定。

2) 初始化命令字格式

(1) ICW_1——芯片控制初始化命令字,格式如图 8.14 所示。

A_0:写入命令字的端口地址,$A_0=0$,ICW_1 必须写入 8259A 的偶地址端口中。

图 8.14 ICW_1 格式

$D_7 \sim D_5$ 位:当 8259A 应用于 8088/8086 系统时,该 3 位无效。通常以 0 填充。它们在 8080/8085 系统中使用。

D_4 位:ICW_1 的标志位。$D_4=1$ 表明是 ICW_1 命令字。

D_3 位,即 LTIM 位:定义中断请求信号触发方式。$D_3=1$ 表示用电平触发方式,$D_3=0$ 表示用上升沿触发方式。

D_2 位,即 ADI 位:设置调用时间间隔。对于 8088/8086、80486 系统无效,以 0 填充。

D_1 位,即 SNGL 位:说明级联使用情况。$D_1=1$ 表示使用单片 8259A,$D_1=0$ 表示使用多片 8259A 级联。

D_0 位,即 IC_4:表示初始化编程时是否需要写入 ICW_4。在 80x86 CPU 系统中,D_0 必须置 1,表明需要写入 ICW_4。

【例 8.1】 IBM/XT 系统初始化中,设置 8259A ICW_1 的指令如下,其中 8259A 的偶地址为 20H。

```
MOV AL,13H
OUT 20H,AL
```

表示系统中 8259A 为单片方式,上升沿触发,要求设置 ICW_4。

(2) ICW_2——设置中断类型码初始化命令字,格式如图 8.15 所示。

A_0:$A_0=1$,ICW_2 必须写到 8259A 的奇地址端

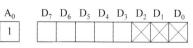

图 8.15 ICW_2 格式

口中。

8259A 中 IR_0 端对应的中断类型码为中断类型码基值,它是可以被 8 整除的正整数,ICW_2 用来设置这个中断类型码基值,由此提供外部中断的中断类型码。

ICW_2 高 5 位 $D_7 \sim D_3$ 由用户设定。当 8259A 收到 CPU 发来的第二个 $\overline{INTA}$ 信号,它向 CPU 发送中断类型码,其中高 5 位为 ICW_2 高 5 位,低 3 位根据 $IR_0 \sim IR_7$ 中断应为哪级中断(对应 000~111)来确定。

【例 8.2】 IBM/XT 系统中,设置 ICW_2 的指令为如下,其中 8259A 的奇地址为 21H。

  MOV AL,08H
  OUT 21H,AL

由于 $D_7 \sim D_3 = 00001$,所以对应 8 个中断的类型码为 08H~0FH。如果当前响应的中断是 IR_4,响应中断后 8259A 送出的中断类型码就是 0CH。

(3) ICW_3 ——标识主片/从片初始化命令字。

ICW_3 命令在级联时(即 ICW_1 中 $D_1 = 0$)才设置。

ICW_3 主片格式如图 8.16 所示。

ICW_3 从片格式如图 8.17 所示。

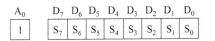
图 8.16 ICW_3 主片格式

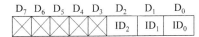
图 8.17 ICW_3 从片格式

A_0:写入命令字的端口地址,$A_0 = 1$,ICW_3 必须写入 8259A 的奇地址端口。

对于 8259A 主片,S_i 某位为 1,表示对应 IR_i 端上接有 8259A 从片;S_i 某位为 0,则对应位没有 8259A 从片。

对于 8259A 从片,$ID_2 \sim ID_0 = 000 \sim 111$ 表示从片接在主片的哪个中断请求输入端上。

在多片 8259A 级联情况下,主片与从片的 $CAS_2 \sim CAS_0$ 相连,主片的 $CAS_2 \sim CAS_0$ 为输出,从片 $CAS_2 \sim CAS_0$ 为输入。当 CPU 发第一个中断响应信号 $\overline{INTA}$ 时,主片通过 $CAS_2 \sim CAS_0$ 发一个编码 $ID_2 \sim ID_0$,从片的 $CAS_2 \sim CAS_0$ 收到主片发来的编码与本身 ICW_3 中 $ID_2 \sim ID_0$ 相比较,如果相等,则在第二个 $\overline{INTA}$ 信号到来后,将自己的中断类型号送到数据总线上。

【例 8.3】 某 8259A 主片的 IR_3、IR_7 端连接两个 8259A 从片,设主片 8259A 端口地址为 20H,21H;从片 1 的 8259A 端口地址为 A0H,A1H;从片 2 的 8259A 端口地址为 80H,81H。编写初始化命令字。

  主片: MOV AL,88H
     OUT 21H,AL ;主片 8259A IR_3 和 IR_7 上接有从片
  从片 1:MOV AL,03H
     OUT 0A1H,AL ;从片 1 的中断请求输出端接到主片 8259A IR_3
  从片 2:MOV AL,07H

```
OUT 81H,AL        ;从片 2 的中断请求输出端接到主片 8259A IR₇
```

(4) ICW₄——方式控制初始化命令字。

ICW₁ 中 IC₄ 为 1 时,要求预置 ICW₄ 命令字,对 80x86 系统必须预置 ICW₄。ICW₄ 格式如图 8.18 所示。

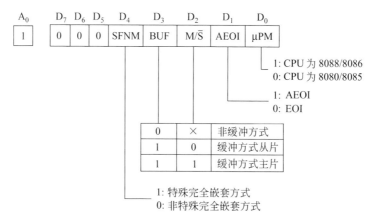

图 8.18 ICW₄ 格式

A_0:写入命令字的端口地址,$A_0=1$,ICW₄ 必须写入 8259A 的奇地址端口中。

$D_7 \sim D_5$ 位:固定为 0,是 ICW₄ 的标志码。

D_4 位,即 SFNM:定义级联方式下的嵌套方式。D_4 位为 1,定义为特殊全嵌套;D_4 位为 0,即选择完全嵌套方式。

D_3 位,即 BUF:用来表明 8259A 数据线的连接方式。D_3 位为 1,表示选择缓冲方式;D_3 位为 0,表示选择非缓冲方式。

D_2 位,即 M/$\overline{S}$:在缓冲方式下,M/$\overline{S}$ 位确定该片是主片还是从片,M/$\overline{S}$=1 为主片;M/$\overline{S}$=0 为从片。在非缓冲方式下,M/$\overline{S}$ 位无效。

D_1 位,即 AEOI:选择中断结束方式。D_1 位为 1,选择自动中断结束方式;D_1 位为 0,选择常规 EOI 或特殊 EOI。

D_0 位,即 μPM:表示 8259A 的应用环境。D_0 位为 1,表示 8259A 应用于 80x86 系统;D_0 位为 0,表示 8259A 应用于 8080/8085 系统。

2. 操作命令字

1) 操作命令字的功能

操作命令字决定中断屏蔽、中断优先级次序、中断结束方式等。中断管理复杂,包括完全嵌套优先方式、特殊全嵌套优先方式、自动循环优先方式、特殊循环优先方式、特殊屏蔽方式、查询方式等。它是由操作命令字的设置来实现的,设置时,次序上没有严格的要求,但端口地址有严格的规定,OCW₁ 必须写入奇地址端口,OCW₂ 和 OCW₃ 必须写入偶地址端口。

2) 操作命令字的格式

(1) OCW₁——中断屏蔽操作命令字,格式如图 8.19 所示。

A_0:$A_0=1$,OCW_1 命令字必须写入 8259A 奇地址端口。

$M_i=1$,屏蔽由 IR_i 引入的中断请求;$M_i=0$,允许 IR_i 端中断请求引入。$M_i=1$,对应的 IR_i 中断请求被屏蔽。

A_0	D_7	D_6	D_5	D_4	D_3	D_2	D_1	D_0
1	M_7	M_6	M_5	M_4	M_3	M_2	M_1	M_0

图 8.19　OCW_1 格式

OCW_1 命令的各位直接对应 IMR 的各位,当 OCW_1 中某位 M_i 为 1,对应的中断请求受到屏蔽;OCW_1 中某位为 0,对应的中断请求得到允许。

(2) OCW_2——优先权循环方式和中断结束方式操作字,格式如图 8.20 所示。

A_0	D_7	D_6	D_5	D_4	D_3	D_2	D_1	D_0
0	R	SL	EOI	0	0	L_2	L_1	L_0

R	SL	EOI	功能
0	0	1	常规 EOI
0	1	1	特殊 EOI
1	0	1	常规 EOI,优先级循环
1	1	1	特殊 EOI,优先级循环
0	0	0	取消 AEOI 时的优先级循环
0	1	0	无操作
1	0	0	设置 AEOI 时的优先级循环
1	1	0	指定 $IR_{L2\sim L0}$ 为最低优先级

L_2	L_1	L_0	对应
0	0	0	IR_0
0	0	1	IR_1
0	1	0	IR_2
0	1	1	IR_3
1	0	0	IR_4
1	0	1	IR_5
1	1	0	IR_6
1	1	1	IR_7

图 8.20　OCW_2 格式

OCW_2 的功能包括两方面:一方面决定 8259A 是否采用优先级循环方式;另一方面是中断结束方式采用常规 EOI 还是特殊 EOI。

A_0:$A_0=0$,OCW_2 必须写到 8259A 的偶地址端口中。

D_4、D_3 标志位:OCW_2 的 D_4、D_3 位等于 00,是该命令字的标志。以区别 ICW_1 和 OCW_3 控制字的设置。

D_7 位,即 R(Rotate):R=1,中断优先级是按循环方式设置的;R=0,设置为固定优先级,0 级最高,7 级最低。

D_6 位,即 SL(Specific Level):指明 $L_2\sim L_0$ 是否有效。SL=1,OCW_2 中 $L_2\sim L_0$ 有效;SL=0,OCW_2 中的 $L_2\sim L_0$ 无意义。当 SL=1 时,若 EOI=1 且 R=1,$L_2\sim L_0$ 对应的 IR_i 的优先级被设为最低;若 EOI=0,$L_2\sim L_0$ 对应的 ISR 位被复位。

D_5 位,即 EOI:EOI=1,用作中断结束命令,使中断服务寄存器对应位复 0,在非自动结束方式中使用;EOI=0,不执行结束操作命令。ICW_4 的 AEOI=1,设置为自动结束方式,此时 OCW_2 中的 EOI 位应为 0。

$D_2\sim D_0$,即 $L_2\sim L_0$:SL=1 时,OCW_2 中 $L_2\sim L_0$ 有效。$L_2\sim L_0$ 有两个用途:一个是当 OCW_2 设置为特殊 EOI 结束命令时,即 EOI=1 时,$L_2\sim L_0$ 指出清除中断服务寄存器中的哪一位;第二个是当 OCW_2 设置为特殊优先级循环方式时,即 EOI=0 且 R=1 时,$L_2\sim L_0$ 指出循环开始时设置的最低优先级。

例如,当 R、SL、EOI=111,$L_2\sim L_0$=110 时,该命令字将中断服务寄存器 ISR_6 位清

0,从而结束 IR_6 中断处理。

最常用的常规 EOI 命令字为 20H。

(3) OCW_3——特殊屏蔽方式和查询方式操作字。

OCW_3 功能有 3 个：设定特殊屏蔽方式、设置对 8259A 寄存器的读出及设置中断查询工作方式，格式如图 8.21 所示。

A_0	D_7	D_6	D_5	D_4	D_3	D_2	D_1	D_0
0	×	ESMM	SMM	0	1	P	RR	RIS

ESMM	SMM	功能
0	×	无效
1	0	取消特殊屏蔽方式
1	1	设置特殊屏蔽方式

P	RR	RIS	功能
0	0	×	无效
0	1	0	下一次 $\overline{RD}$ 有效时，读 IRR
0	1	1	下一次 $\overline{RD}$ 有效时，读 ISR
1	×	×	查询命令，下一次 $\overline{RD}$ 有效时读取中断状态字

图 8.21 OCW_3 格式

A_0：写入命令字的端口地址，$A_0=0$，OCW_3 必须写入 8259A 的偶地址端口。

D_4、D_3 标志位：D_4 及 D_3 位组合为 01 时，表示为 OCW_3，以区别 OCW_2（OCW_2 中此两位组合为 00）。而 $D_4=1$ 时，此操作字为 ICW_1。

D_1、D_0 位，即 RR、RIS：RR 为读寄存器状态命令，RR＝1，允许读寄存器状态，RIS 为指定读取对象。RR、RIS＝10，用输入指令（IN 指令），在下一个 $\overline{RD}$ 脉冲到来后，将 IRR 的内容读到数据总线上；RR、RIS＝11，用输入指令（IN 指令），在下一个 $\overline{RD}$ 脉冲到来后，将 ISR 的内容读到数据总线上。

D_2 位，即 P：查询方式位。P＝1，设置 8259A 为中断查询工作方式。CPU 靠发送查询命令，读取查询字来获得外设中的请求信息。查询字送到数据总线，查询字反映了当前外设有无中断请求及中断请求的最高优先级是哪个，查询字如图 8.13 所示。

D_6、D_5 位，即 ESMM、SMM：置位和复位特殊屏蔽方式。ESMM、SMM＝11，设置 8259A 采用特殊屏蔽方式，只屏蔽本级中断请求，允许高级中断或低级中断进入；ESMM、SMM＝10，取消特殊屏蔽方式；ESMM＝0，设置无效。此时 SMM 位不起作用。

【例 8.4】 设 8259A 的两个端口地址为 20H 和 21H，OCW_3、ISR 和 IRR 共用一个地址 20H。

读取 ISR 内容的程序段如下：

```
MOV     AL, 00001011B
OUT     20H, AL                    ;读 ISR 命令写入 OCW3
IN      AL, 20H                    ;读 ISR 内容至 AL 中
```

读取 IRR 内容的程序段如下：

```
MOV    AL, 00001010B
OUT    20H, AL                    ;读 IRR 命令写入 OCW₃
IN     AL, 20H                    ;读 IRR 内容至 AL 中
```

3. 8259A 初始化编程步骤

操作控制字 OCW₁～OCW₃ 的设置，安排在初始化命令字之后，用户根据需要可在程序的任何位置去设置。尽管 8259A 只有两个端口地址，但不会混淆命令字及控制字，因为 ICW₂、ICW₃、ICW₄ 和 OCW₁ 写入 8259A 奇地址端口，初始化时，程序应严格按照系统规定的顺序写入，即先写入 ICW₁，接着写 ICW₂、ICW₃、ICW₄。另一方面，ICW₁ 在初始化时写入，可用 D_4 位区分，$D_4=1$ 为 ICW₁；再用 D_3 位区分，$D_3=0$ 为 OCW₂，$D_3=1$ 为 OCW₃。8259A 的初始化流程如图 8.22 所示。操作命令字 OCW₁～OCW₃ 的写入比较灵活，没有固定的格式，可以在主程序中写入，也可以在中断服务子程序中写入，视需要而定。

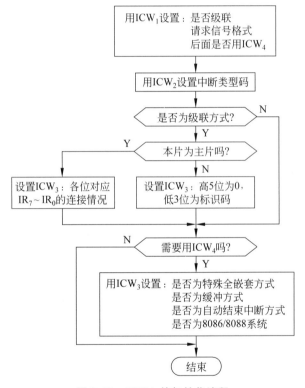

图 8.22 8259A 的初始化流程

【**例 8.5**】 某微型计算机系统使用主、从两片 8259A 管理中断，从片中断请求 INT 与主片的 IR₂ 连接。设主片工作于边沿触发、完全嵌套、非缓冲和非自动结束方式，中断类型号为 08H～0FH，端口地址为 20H 和 21H。从片工作于边沿触发、完全嵌套、非缓冲和非自动结束方式，中断类型号为 70H～77H，端口地址为 0A0H 和 0A1H。试编写主片和从片的初始化程序。

根据题意,写出 ICW_1、ICW_2、ICW_3 和 ICW_4 的格式,按图 8.22 的顺序写入。编写初始化程序如下。

主片 8259A 的初始化程序如下:

```
MOV     AL, 00010001B       ;级联,边沿触发,需要写 ICW₄
OUT     20H, AL             ;写 ICW₁
MOV     AL, 00001000B       ;预置主 8259A 中断类型码高 5 位为 00001
                            ;中断类型号为 08H
OUT     21H, AL             ;写 ICW₂
MOV     AL, 00000100B       ;主片的 IR₂ 引脚接从片
OUT     21H, AL             ;写 ICW₃
MOV     AL, 00000001B       ;完全嵌套、非缓冲、非自动结束方式
OUT     21H, AL             ;写 ICW₄
```

从片 8259A 初始化程序如下:

```
MOV     AL, 00010001B       ;级联,边沿触发,需要写 ICW₄
OUT     0A0H, AL            ;写 ICW₁
MOV     AL, 01110000B       ;中断类型号 70H
OUT     0A1H, AL            ;写 ICW₂
MOV     AL, 00000010B       ;接主片的 IR₂ 引脚
OUT     0A1H, AL            ;写 ICW₃
MOV     AL, 00000001B       ;完全嵌套、非缓冲、非自动结束方式
OUT     0A1H, AL            ;写 ICW₄
```

8.5 PC 系列机中的中断系统

8.5.1 PC 系列机的中断管理方式

8259A 中断控制器是中断系统的核心器件,对系统 8259A 的初始化编程是在微型计算机启动之后由 BIOS 自动完成的,设定的中断管理方式如下。

(1) 系统 8259A 的中断触发方式采用边沿触发,即上升沿为中断请求。

PC 系列机中的
中断系统

(2) 系统 8259A 的中断屏蔽采用普通屏蔽方式,即应用时,向 8259A 中断屏蔽寄存器写入适当屏蔽字,以实现屏蔽/开放某一级中断。

(3) 系统 8259A 中断优先级管理采用完全嵌套方式,即 IR_0 中断请求级别最高,IR_7 中断请求级别最低。

(4) 系统 8259A 中断结束,采用常规结束方式,即在中断服务子程序结束之前向 8259A 送中断结束命令。

8.5.2 非屏蔽中断

由输入 NMI 引脚的中断请求信号引发的中断称为非屏蔽硬件中断。

1. CPU 响应非屏蔽中断的条件

CPU 响应非屏蔽中断的条件如下。
（1）NMI 引脚有中断请求，系统没有 DMA 请求。
（2）CPU 当前指令执行完毕。

2. CPU 响应非屏蔽中断的过程

CPU 在每一条指令的最后一个时钟周期，检测 NMI 引脚。处理器不屏蔽来自 NMI 的中断请求。处理器在响应 NMI 中断时，不从外部硬件接收中断号。在 80x86 中，非屏蔽中断所对应的中断号固定为 2。为了非屏蔽中断的嵌套，每当接收一个 NMI 中断，处理器就在内部屏蔽了再次响应 NMI，这一屏蔽过程直到执行中断返回指令 IRET 后才结束。所以，NMI 处理程序应以 IRET 指令结束。

8.5.3 可屏蔽中断

由输入 INTR 引脚的中断请求信号引发的中断称为可屏蔽硬件中断。

1. CPU 响应可屏蔽中断的条件

CPU 响应可屏蔽中断的条件如下。
（1）INTR 引脚有中断请求，NMI 引脚没有中断请求，系统没有 DMA 请求。
（2）CPU 当前指令执行完毕。
（3）CPU 处于开中断状态，即标志寄存器的中断允许标志置 1。

非屏蔽中断的级别高于可屏蔽中断，DMA 请求的级别比非屏蔽中断的级别更高。

2. CPU 响应可屏蔽中断的过程

CPU 在每一条指令的最后一个时钟周期，检测 INTR 引脚，当检测到有可屏蔽中断请求时，在满足上述条件的前提下，通过总线控制器向系统 8259A 发出中断响应信号（两个负脉冲）。在获得 8259A 送来的中断类型码之后，在实模式下查询中断向量表，从而转向相应中断源的中断服务子程序。

3. PC 系列机的可屏蔽中断结构

PC 系列机的可屏蔽中断使用两片 8259A 管理 15 级中断。
1）硬件结构
PC 系列机的可屏蔽中断硬件结构如图 8.23 所示。
2）各级硬件中断源及其中断类型码
各级硬件中断源及其中断类型码的分配如表 8.2 所示。

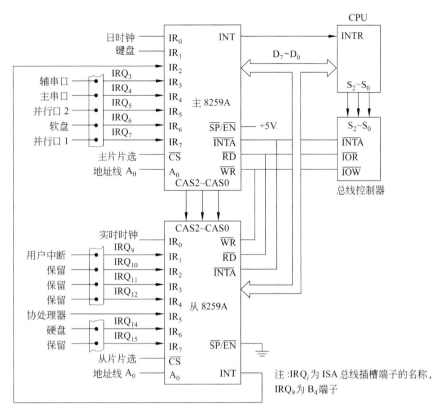

图 8.23　PC 系列机的可屏蔽中断硬件结构

表 8.2　硬件中断源与中断类型对照表

主 8259A	中断源	中断类型	从 8259A	中断源	中断类型
IR_0	日时钟	08H	IR_0	实时时钟	70H
IR_1	键盘	09H	IR_1	用户	71H 改向 0AH
IR_2	来自从 8259A		IR_2	保留	72H
IR_3	辅串口	0BH	IR_3	保留	73H
IR_4	主串口	0CH	IR_4	保留	74H
IR_5	并行口 2	0DH	IR_5	协处理器	75H
IR_6	软盘	0EH	IR_6	硬盘	76H
IR_7	并行口 1	0FH	IR_7	保留	77H

3) 部分有关地址

系统分配给主 8259A 和从 8259A 的口地址如表 8.3 所示。

表 8.3　系统分配给主 8259A 和从 8259A 的口地址

芯片	奇地址 (中断屏蔽寄存器口地址)	偶地址 (接收中断结束命令的寄存器口地址)
主 8259A	21H	20H
从 8259A	A1H	A0H

4）中断优先级

由于系统主、从 8259A 中断优先级管理都采用完全嵌套方式，因此，整个系统中断源的级别从高到低依次为主 IR_0、IR_1，从 $IR_0 \sim IR_7$，主 $IR_3 \sim IR_7$。

5）中断结束字

系统主、从 8259A 中断结束都采用常规结束方式，即在中断服务子程序结束之前向 8259A 送常规中断结束命令 20H。

（1）接入主 8259A IR_0、IR_1、$IR_3 \sim IR_7$ 的中断源，其服务程序结束要向主 8259A 送中断结束命令字，程序段如下：

```
    ...
    MOV  AL,20H
    OUT  20H,AL
    恢复现场
    IRET
```

（2）接入从 8259A 的中断源，其服务程序结束应分别向主、从 8259A 各送一个中断结束命令字，程序段如下：

```
    ...
    MOV  AL,20H
    OUT  20H,AL
    OUT  0A0H,AL
    恢复现场
    IRET
```

8.6 微型计算机系统中用到的中断及应用举例

8.6.1 日时钟中断

1. 中断源

系统日时钟的中断源是系统 8254 0♯ 计数器，每 55ms 有一次中断请求。系统日时钟中断请求示意图如图 8.24 所示。

2. 中断类型

微型计算机系统中用到的中断及应用举例

由图 8.24 可知，日时钟中断的请求信号接至系统主 8259A 的 IR_0。根据表 8.2 可知，该中断请求的类型是 08H。

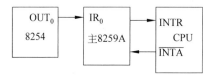

图 8.24 系统日时钟中断请求示意图

3. 系统日时钟中断处理流程

BIOS 设计的 08H 型中断服务子程序处理流程如下。

（1）开中断,保护现场,40H→DS。

（2）对"日时钟计数器"进行一次加 1 计数。

系统 RAM 40H:6CH～40H:6FH 这 4 个单元为"日时钟计数器"。其中 40H:6CH～40H:6DH 计数字单元,计满一次近似为 1 小时;40H:6EH～40H:6FH 计数字单元,计满 24(18H)次近似为 1 日。由于 40H:6CH～40H:6DH 计数字单元,计满一次略小于 1 小时,所以在 40H:6EH～40H:6FH 计数字单元计到 18H 次后,再让 40H:6CH～40H:6DH 计数字单元计到 B0H,此时恰好是 24 小时。满 24 小时后,BIOS 自动使计数单元清 0,并且使 40H:70H 单元为 1,表示新的一天开始。日时钟计数器中的计数值,可以通过 INT 1AH 的 0 号功能调用读取,1 号功能调用预置。

（3）测算软驱电动机的关闭时间。

正常情况下,CPU 访问软盘驱动器时,首先启动电动机带动盘片高速旋转,存取数据结束后,延迟一段时间然后关闭电动机,使其停止运转。系统设定的延时时间为 2s,系统控制电动机时,首先从磁盘基数区读取一个延迟常数送至系统 RAM 40H:40H 单元,然后利用 8254 0#计数器,每 55ms 一次的中断请求,对 40H:40H 单元减 1,直到减到 0,发出关闭软驱电动机的命令。

（4）执行 INT 1CH 指令。

BIOS 为 1CH 型中断设计的服务程序只有一条 IRET 指令,用户可以利用这个 55ms 执行一次的接口,设计程序段完成相应的功能。

（5）向主 8259A 发出常规中断结束命令。

```
MOV    AL,20H
OUT    20H,AL
```

（6）恢复现场,执行 IRET 指令。

4. 系统日时钟中断开发应用

用户可以借用系统定时源完成一些定时操作。利用日时钟中断源设计的定时程序,需要注意以下事项。

1）置换中断向量

CPU 响应日时钟中断后,自动转向 08H 型服务程序。根据 BIOS 设计的 08H 型中断服务子程序处理流程,可以知道,用户自行设计的定时中断服务子程序类型可以是 08H,也可以是 1CH。

（1）当用户程序的某项定时操作,其定时周期等于 55ms 的整数倍时,可定义用户程序的定时操作为 1CH 型中断。此时需要置换 1CH 型中断向量,调用 DOS 25H 号子程序把用户定时中断服务子程序入口地址写入 4×1CH～4×1CH+3 单元。

（2）当用户程序的某项定时操作,其定时周期不等于 55ms 的整数倍,或者小于 55ms

时,定义用户中断服务子程序为 08H 型,此时需要置换 08H 型中断向量,调用 DOS 25H 号子程序把用户定时中断服务子程序入口地址写入 4×08H～4×08H+3 单元。

2) 用户中断服务子程序结束

(1) 若用户定时中断定义为 1CH 型,服务程序结束前不需要向主 8259A 发送结束命令。

(2) 若用户定时中断定义为 08H 型,服务程序结束前需要先向主 8259A 发送中断结束命令。

```
MOV   AL,20H
OUT   20H,AL
```

3) 中断服务子程序的执行时间

定时中断服务子程序的执行时间,必须远远小于定时中断的时间间隔。

4) 避免 DOS 重入

中断是随机发生的,被中断的程序称为现行程序或者简称主程序,中断发生后,CPU 转向的是中断服务子程序。

当主程序正在执行 INT 21H 的某项子功能时,该功能调用还没有结束,X 中断源提出了中断请求,CPU 响应后,中断该项子功能的执行,从 21H 功能退出,转而执行 X 中断服务子程序,如果 X 中断服务子程序又要执行 INT 21H 指令,则 CPU 又要"重新进入" DOS,这一过程称为"DOS 重入",如图 8.25 所示,DOS 不允许重入!

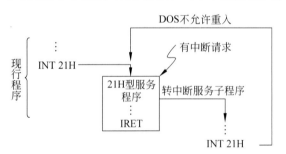

图 8.25　DOS 重入

避免 DOS 重入最简单的方法是中断服务子程序中不调用 INT 21H 功能,或者主程序、中断服务子程序不同时调用 INT 21H。在中断服务子程序中若要进行 I/O 操作、屏幕显示,可调用相应的 BIOS 功能。

5. 系统日时钟中断开发应用举例

【例 8.6】　要求利用 PC 系列机上的 8254 的 0 号定时计数器引发的日时钟中断,设计程序:每间隔 1s 在 PC 终端屏幕上显示一行字符串'HELLO!',显示 10 行后结束。

【设计思路】　系统 8254 的 0 号定时计数器每 55ms 向系统主 8259A IR_0 端提一次日时钟中断请求,CPU 响应后转入 08H 型中断服务子程序,并在其中执行软件中断 INT 1CH。用户可以利用这个 55ms 执行一次的中断服务,设计程序段完成相应的功能。可以用两种不同的方法实现该程序。

(1) 方法一。

【设计思路】 置换系统 1CH 中断向量,将其指向自定义的中断服务子程序。设定一个计数变量,每当系统提请 18 次日时钟中断时在自定义的中断服务子程序中完成一次字符串显示。为此,需要进行的操作如下。

① 保存原来系统的 1CH 中断向量到数据段 OLD1C 双字单元。

② 置换 1CH 中断向量使其指向自己的中断服务子程序。

③ 中断服务子程序每执行 18 次时在其中显示一次字符串(18×55ms=990ms,大约为 1s)。

④ 在返回操作系统前恢复原来保存的 1CH 中断向量。

⑤ 程序框图如图 8.26 所示。

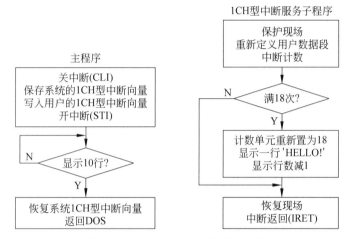

图 8.26 例 8.6 方法一的程序框图

【程序清单】

```
;FILENAME:861-1.ASM
.486
DATA      SEGMENT   USE16
MESG      DB        'HELLO!',0DH,0AH,'$'
OLD1C     DD        ?
ICOUNT    DB        18                      ;中断计数初值
COUNT     DB        10                      ;显示行数控制
DATA      ENDS
CODE      SEGMENT   USE16
          ASSUME    CS:CODE,DS:DATA
BEG:      MOV       AX,DATA
          MOV       DS,AX
          CLI                               ;关中断
          CALL      READ1C
          CALL      WRITE1C
          STI                               ;开中断
```

```
SCAN:       CMP     COUNT,0
            JNZ     SCAN                        ;是否已经显示 10 行,否转
            CLI
            CALL    RESET
            STI
            MOV     AH,4CH
            INT     21H
;------------------------------------------------
SERVICE     PROC
            PUSHA                               ;保护现场
            PUSH    DS                          ;DS=40H
            MOV     AX,DATA
            MOV     DS,AX                       ;重新给 DS 赋值
            DEC     ICOUNT                      ;中断计数
            JNZ     EXIT                        ;不满 18 次转
            MOV     ICOUNT,18
            DEC     COUNT                       ;显示行数减 1
            MOV     AH,9                        ;显示字符串
            LEA     DX,MESG
            INT     21H
EXIT:       POP     DS                          ;恢复现场
            POPA
            IRET                                ;返回系统 08H 型中断服务子程序
SERVICE     ENDP
;------------------------------------------------
READ1C      PROC                                ;转移系统 1CH 型中断向量
            MOV     AX,351CH
            INT     21H
            MOV     WORD PTR OLD1C,BX
            MOV     WORD PTR OLD1C+2,ES
            RET
READ1C      ENDP
;------------------------------------------------
WRITE1C     PROC                                ;写入用户 1CH 型中断向量
            PUSH    DS
            MOV     AX,CODE
            MOV     DS,AX
            MOV     DX,OFFSET SERVICE
            MOV     AX,251CH
            INT     21H
            POP     DS
            RET
WRITE1C     ENDP
;------------------------------------------------
RESET       PROC                                ;恢复系统 1CH 型中断向量
            MOV     DX,WORD PTR OLD1C
```

```
               MOV      DS,WORD PTR OLD1C+2
               MOV      AX,251CH
               INT      21H
               RET
RESET          ENDP
CODE           ENDS
               END      BEG
```

【程序分析】

① 方法一程序的执行过程如图 8.27 所示。

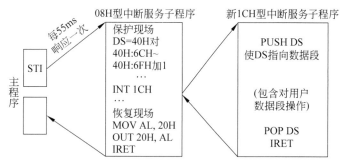

图 8.27 例 8.6 方法一的执行过程

② 在进入用户定义的中断服务子程序后,需要保存 DS 并重新对 DS 进行赋值。在中断返回前,需要恢复 DS。

③ RESET 子程序中:

MOV DX,WORD PTR OLD1C

和

MOV DS, WORD PTR OLD1C+2

两条指令先后顺序不可颠倒。

④ 用户定义的中断服务子程序中不需要对系统主 8259A 写中断结束命令字。

⑤ 在本程序的中断服务子程序中使用了 DOS 功能调用来显示字符串。这是一种不推荐的做法。在程序设计考虑不周到时容易发生 DOS 重入问题。因此,应该尽量避免在中断服务子程序中使用 DOS 功能调用,而用 BIOS 功能调用替换之。

(2) 方法二。

【设计思路】 置换系统 08H 中断向量,将其指向自定义的中断服务子程序。设定一个计数变量,每当系统提请 18 次日时钟中断时在自定义的中断服务子程序中完成一次字符串显示。

为此需要进行的操作如下,＊为与前面的第一种方法不同的操作。

① 保存原来系统的 08H 中断向量到数据段 OLD08 双字单元。

② 置换 08H 中断向量使其指向自己的中断服务子程序。

＊③ 在每次中断服务子程序的末尾调用一次日时钟中断服务子程序。

```
        JMP     OLD08
```

    * ④ 原来系统08H中断需要完成的任务,包括往主8259A写中断结束命令字、返回断点等均在原来的中断服务子程序中完成。

```
        SERVICE PROC                            ;中断服务子程序
                PUSHA
                PUSH    DS
                DEC     ICOUNT                  ;计18次,55ms×18=990ms
                JNZ     EXIT
                MOV     ICOUNT,18
                DEC     COUNT                   ;显示行数减1
                MOV     AH,9                    ;显示字符串
                MOV     DX,OFFSET MESG
                INT     21H
        EXIT:   POP     DS
                POPA
                JMP     OLD08                   ;转向原来的08H型中断服务子程序
        SERVICE ENDP
```

    ⑤ 中断服务子程序每执行18次时在其中显示一次字符串(18×55ms=990ms,大约为1s)。

    ⑥ 在返回操作系统前恢复原来保存的08H中断向量。

    ⑦ 程序框图如图8.28所示。

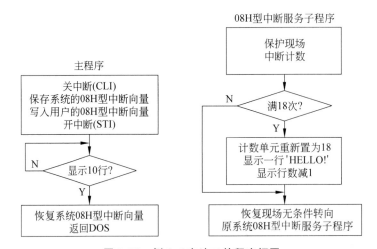

图8.28　例8.6方法二的程序框图

【程序清单】

```
        .486
        DATA    SEGMENT USE16
        MESG    DB      'HELLO!',0DH,0AH,'$'
        OLD08   DD      ?
```

```
ICOUNT      DB         18
COUNT       DB         10
DATA        ENDS
CODE        SEGMENT    USE16
            ASSUME     CS:CODE,DS:DATA
BEG:        MOV        AX,DATA
            MOV        DS,AX
            CLI                                    ;关中断
            CALL       READ08                      ;保存原来的08型中断向量
            CALL       WRITE08                     ;置换08H型中断向量指向自定义中断服务子程序
            STI                                    ;开中断
SCAN:       CMP        COUNT,0
            JNZ        SCAN                        ;是否已经显示10行,否转
            CLI
            CALL       RESET                       ;恢复系统08型中断向量
            STI
            MOV        AH,4CH
            INT        21H                         ;返回DOS
SERVICE     PROC                                   ;中断服务子程序
            PUSHA
            PUSH       DS
            DEC        ICOUNT                      ;计18次,55ms×18=990ms
            JNZ        EXIT
            MOV        ICOUNT,18
            DEC        COUNT                       ;显示行数减1
            MOV        AH,9                        ;显示字符串
            MOV        DX,OFFSET MESG
            INT        21H
EXIT:       POP        DS
            POPA
            JMP        OLD08                       ;转向原来的08H型中断服务子程序
SERVICE     ENDP
READ08      PROC                                   ;保存原来系统的08型中断向量
            MOV        AX,3508H
            INT        21H
            MOV        WORD PTR OLD08,BX
            MOV        WORD PTR OLD08+2,ES
            RET
READ08      ENDP
WRITE08     PROC                                   ;置换08H型中断向量指向自定义中断服务子程序
            PUSH       DS
            MOV        AX,CODE
            MOV        DS,AX
            MOV        DX,OFFSET SERVICE
            MOV        AX,2508H
            INT        21H
```

	POP	DS
	RET	
WRITE08	ENDP	
RESET	PROC	;恢复系统08H型中断向量
	MOV	DX,WORD PTR OLD08 ;注意和后一条指令的先后顺序不可改变
	MOV	DS,WORD PTR OLD08+2
	MOV	AX,2508H
	INT	21H
	RET	
RESET	ENDP	
CODE	ENDS	
	END	BEG

【程序分析】

① 方法二程序的执行过程如图8.29所示。

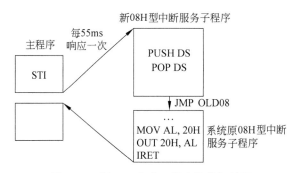

图8.29 例8.6方法二程序的执行过程

② RESET 子程序中：

MOV DX,WORD PTR OLD1C

和

MOV DS, WORD PTR OLD1C+2

两条指令先后顺序不可颠倒。

③ 本例中用户定义的中断服务子程序中不需要对系统主8259A写中断结束命令字，因为在用户定义的中断服务子程序的最后，由指令 JMP OLD08 将程序转移到系统日时钟中断服务子程序。在系统日时钟中断服务子程序返回之前，向主8259A写了中断结束字。

8.6.2 键盘中断

1. 中断源

键盘中断源是主板键盘接口电路，系统键盘中断请求示意图如图8.30所示。

微型计算机键盘主要由单片机、译码器和键开关矩阵三大部分组成，通过一根5芯

图 8.30　系统键盘中断请求示意图

电缆与主板键盘接口电路相连。由于键盘排列成矩阵格式,被按键的识别和行、列位置扫描码的产生是由键盘内部的单片机通过译码器来实现的。固化在单片机中的扫描程序周期性扫描行、列的同时,读回扫描信号线结果,判断是否有键按下,并计算按键的位置以获得串行扫描码。当有键按下时,键盘分两次将位置扫描码发送到主机键盘接口;按下一次,称为接通扫描码;释放时再发一次,称为断开扫描码。

主板键盘接口电路收到键盘电路发来的串行按键扫描码后,首先对接收数据进行奇偶校验,然后将串行扫描码转换成相应的并行扫描码,最后向系统主 8259A IR_1 端子提请中断请求。

2. 中断类型

由图 8.30 可知,键盘中断的请求信号接至系统主 8259A 的 IR_1。根据表 8.2 可知,该中断请求的类型是 09H。

3. 键盘中断处理流程

BIOS 设计的 09H 型中断服务子程序处理流程如下。

(1) 开中断,保护现场。
(2) 从主板键盘接口电路(口地址 60H)读取按键扫描码。
(3) 分析、处理按键扫描码,生成相应的键代码存入键盘缓冲区。

如果是字符键的扫描码,则将该扫描码和其对应的字符 ASCII 码存入键盘缓冲区;如果控制键(如 Ctrl)和切换键(如 CapsLock)的扫描码,则将其转换为状态字写入键盘缓冲区。

(4) 向主 8259A 发常规中断结束命令:

MOV　AL,20H
OUT　20H,AL

(5) 恢复现场,执行 IRET 命令。

4. 键盘中断开发应用

1) 键盘缓冲区

系统 RAM 40H:1EH～40H:3DH 所对应的 32 个单元,用于存放 09 型中断服务子程序生成的键代码,这部分存储区域就是键盘缓冲区。该缓冲区是一个数据存取遵循"先进先出"规律的环状队列结构。实际使用其中 30 个单元存放 15 个键的键代码。

2) 键盘状态字节

系统 RAM 40H:17H 单元为键盘状态单元,用来记录控制键和切换键的状态,该单元的结构如图 8.31 所示。

D_7：Ins 键。置 1 表示处于插入态，置 0 表示处于改写态。

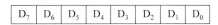

图 8.31　键盘状态单元的结构

D_6：Caps Lock 键。置 1 表示输入大写字母，置 0 表示输入小写字母。

D_5：Num Lock 键。小键盘中数字键盘的开关。置 1 表示小键盘锁定数字键，小键盘的按键用来输入数字；置 0 表示小键盘的按键用来移动光标。

D_4：Scroll Lock 键。置 1 表示 Scroll 灯亮，置 0 表示 Scroll 灯灭。

D_3：Alt 键。置 1 表示按下 Alt 键，置 0 表示放开 Alt 键。

D_2：Ctrl 键。置 1 表示按下 Ctrl 键，置 0 表示放开 Ctrl 键。

D_1：左 Shift 键。置 1 表示按下左 Shift 键，置 0 表示放开左 Shift 键。

D_0：右 Shift 键。置 1 表示按下右 Shift 键，置 0 表示放开右 Shift 键。

3）读取键盘缓冲区

有两种方式可以读取键盘缓冲区中的内容。

（1）直接从 60H 端口中读取键盘扫描码，在应用程序中分析键盘输入的是字符还是控制符、切换符等。

（2）利用 BIOS 提供的中断 INT 16H。

4）键代码

部分键代码的格式如下。

（1）单一的字符键，键代码高位节为系统扫描码，低位节为代表该字符的标准 ASCII 码。

（2）功能键 F1～F12，以及特殊键和功能键的组合，生成的键代码高位节为扩展码，低位节为 0。

（3）小键盘操作生成的键代码高位节为 0，低位节为 1～255。

8.6.3　实时时钟中断

1．中断源

系统实时时钟的中断源是主板上的实时时钟电路，其中断的请求途经如图 8.32 所示。

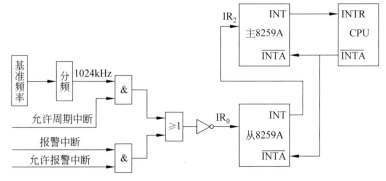

图 8.32　主板实时时钟电路

由图 8.32 可知,实时时钟中断源包括周期中断和报警中断。这两种中断中的任何一个中断请求都将引发实时时钟中断。

报警中断在"允许周期中断"的前提下,每隔 $976.562\mu s$(即 $1/1024kHz$),产生一次周期中断请求。其中 1024kHz 是由基准频率 32.768Hz 经过分频(分频系数由初始化编程确定)得到。

在"允许报警中断"的前提下,当实时时钟达到预置的报警时间时,产生一次报警中断请求。

2. 中断类型

由图 8.32 可知,实时时钟中断的请求信号接至系统从 8259A 的 IR_0,由从 8259A 的 INT 端接至主 8259A 的 IR_2,最后由主 8259A INT 端向 CPU INTR 引脚提可屏蔽硬件请求。根据表 8.2 可知,该中断请求的类型是 70H。

3. 系统实时时钟中断处理流程

BIOS 设计的 70H 型中断服务子程序处理流程如下。

(1) 开中断,保护现场。

(2) 读取状态寄存器,判断是否是周期中断。若是周期中断,则将用户预置的"事件等待计数器"(系统 RAM 40H:9CH~40H:9FH)减 $976\mu s$,并判断是否到等待时间。如果等待时间未到,则进入下一步;如果等待时间已到,则禁止周期中断并将"事件等待标志"(系统 RAM 40H:A0H)置 0,"用户等待标志"(其逻辑地址存放在系统 RAM 40H:98H~40H:9BH 中)置为 80H,进入下一步。用户可以查询这个标志,执行相应的操作。若不是周期中断,则直接进入下一步。

(3) 判断是否是报警中断,若是,则执行 INT 4AH,转入报警中断处理程序。报警中断处理程序结束,执行 IRET 返回下一步。若不是报警中断,则直接进入下一步。

(4) 向主、从 8259A 发常规中断结束命令。

```
MOV   AL,20H
OUT   20H,AL
OUT   0A0H,AL
```

(5) 恢复现场,执行 IRET 命令。

4. 系统实时时钟中断开发应用

系统启动后,BIOS 初始化程序禁止周期中断和报警中断。因此,要开发周期中断和报警中断,需要对 CMOS 重新编程,使之允许周期中断和报警中断。同时利用 INT 15H 的 83H 号子功能预置周期中断等待时间,利用 INT 1AH 的 06H 号子功能预置报警时间。

1) 预制周期中断等待时间

【**INT 15H 的 83H 号子功能**】 预置等待时间。

入口参数:

① 置 AL=0,表明是预置等待时间。

② 置 CX、DX=等待时间的微秒数,其中 CX 为高 16 位二进制数,DX 为低 16 位二进制数。

③ 置 ES：BX=用户等待标志的逻辑地址。

出口参数：C 标志置 1,表示预置失败；C 标志置 0,表示预置成功。

2) 复位报警

【INT 1AH 的 07H 号子功能】 复位报警,为预置报警时间做准备。

入口参数：无。

3) 预置报警时间

【INT 1AH 的 06H 号子功能】 预置报警时间。

入口参数：

(1) 置 CH=报警时刻的小时数(0～23 的 BCD 码数)。

(2) 置 CL=报警时刻的分钟数(0～59 的 BCD 码数)。

(3) 置 DH=报警时刻的秒数(0～59 的 BCD 码数)。

出口参数：C 标志置 1,表示预置失败；C 标志置 0,表示预置成功。

8.6.4 用户中断

1. 中断源

系统用户中断的中断源是系统的 ISA 总线 B_4 端子(IRQ_9)引入的中断请求信号。用户中断请求示意图如图 8.33 所示。

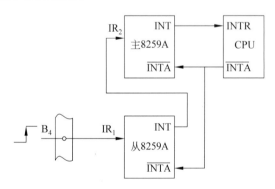

图 8.33 用户中断请求示意图

2. 中断类型

由图 8.33 可知,用户中断的请求信号接至系统从 8259A 的 IR_1,由从 8259A 的 INT 端接至主 8259A 的 IR_2,最后由主 8259A INT 端向 CPU INTR 引脚提可屏蔽硬件请求。根据表 8.2 可知,该中断请求的类型是 71H。

3. 系统用户中断处理流程

BIOS 设计的 71H 型中断服务子程序处理流程如下。

(1) 开中断,保护现场。

(2) 向从 8259A 发出中断结束命令:

```
MOV    AL,20H
OUT    0A0H,AL
```

(3) 执行 INT 0AH,转向 0AH 服务程序。

0AH 服务程序是用户预先设计好的,其中断向量已经存放在系统 RAM $4 \times 0AH \sim 4 \times 0AH+3$ 单元。

4. 系统用户中断开发应用

用户中断是微型计算机系统为用户开发可屏蔽中断预备的中断口。在用户中断程序的设计中,需要采取以下措施。

(1) 把外扩中断源的中断请求(由低电平到高电平的跃变)接入 ISA 总线 B_4 端子。

(2) 开放用户中断。

由图 8.33 可知,用户中断请求从 ISA 总线 B_4 端子引入,需要经过主、从 8259A 的中断屏蔽、中断判优等二级中断管理,最后由主 8259A 向 CPU 提中断。为了让用户中断请求能够送到 CPU,主、从 8259A 中断屏蔽寄存器的相应位必须置 0,开放用户中断。

```
IN     AL,0A1H
AND    AL,11111101B
OUT    0A1H,AL                  ;从 8259A IMR₁ 置 0
IN     AL,21H
AND    AL,11111011B
OUT    21H,AL                   ;主 8259A IMR₂ 置 0
```

(3) 置换中断向量。

CPU 响应用户中断后,自动转向 71H 型服务程序。根据 BIOS 设计的 71H 型中断服务子程序处理流程,可以知道,用户自行设计的用户中断服务子程序类型可以是 71H,也可以是 0AH。

① 定义用户中断服务子程序为 0AH 型,置换 0AH 型中断向量,调用 DOS 25H 号子程序把用户中断的服务子程序入口地址写入 $4 \times 0AH \sim 4 \times 0AH+3$ 单元。

② 定义用户中断服务子程序为 71H 型,置换 71H 型中断向量,调用 DOS 25H 号子程序把用户中断的服务子程序入口地址写入 $4 \times 71H \sim 4 \times 71H+3$ 单元。

(4) 用户中断服务子程序结束,向 8259A 写结束字。

① 若用户中断定义为 0AH 型,服务程序结束前只向主 8259A 送结束命令。

```
MOV    AL,20H
OUT    20H,AL
```

② 若用户中断定义为 71H 型,服务程序结束前向主、从 8259A 各送一中断结束命令。

```
MOV   AL,20H
OUT   20H,AL
OUT   0A0H,AL
```

5. 系统用户中断开发应用举例

【**例 8.7**】 一外扩 8254 0#计数器输出的是周期为 100ms 的方波,将该 8254 的 OUT_0 接至系统总线插槽 B_4 端子,如图 8.34 所示。利用该 8254 的 OUT_0 输出作为定时中断源,编程实现每隔 1s 在屏幕上显示字符串'HELLO!',主机有按键时显示结束。

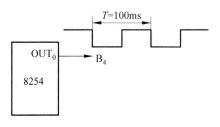

图 8.34 例 8.7 示意图

【**设计思路**】 该中断请求是经 B_4 端子接入的,CPU 响应后转入 71H 型中断服务子程序,并在其中执行软件中断 INT 0AH。所以,可以定义用户服务子程序的类型为 0AH,并且设定一个计数变量,每当 B_4 端子接收到第 10 次用户中断,就在自定义的中断服务子程序中完成一次字符串显示。为此,需要进行的操作如下。

① 保存原来系统 0AH 中断向量到数据段 OLD1C 双字单元。
② 置换 0AH 中断向量使其指向用户自行设计的中断服务子程序。
③ 打开用户中断。
④ 中断服务子程序每执行 10 次时在其中显示一次字符串($10 \times 100ms = 1s$)。
⑤ 服务程序结束前向主 8259A 送结束命令。
⑥ 在返回操作系统前恢复原来保存的 0AH 中断向量。
⑦ 程序框图如图 8.35 所示。

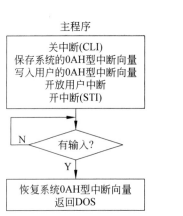
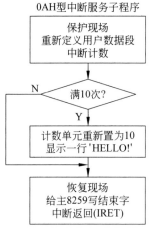

图 8.35 例 8.7 程序框图

【程序清单】

```
;FILENAME:871-1.ASM
          .486
DATA      SEGMENT   USE16
MESG      DB        'HELLO!',0DH,0AH,'$'
OLD0A     DD        ?
ICOUNT    DB        10                     ;中断计数初值
DATA      ENDS
CODE      SEGMENT   USE16
          ASSUME    CS:CODE,DS:DATA
BEG:      MOV       AX,DATA
          MOV       DS,AX
          CLI                              ;关中断
          CALL      READ0A
          CALL      WRITE0A
          CALL      I8259A
          STI                              ;开中断
SCAN:     MOV       AH,1
          INT       16H                    ;是否有输入
          JZ        SCAN                   ;无输入,转
          CLI
          CALL      RESET
          STI
          MOV       AH,4CH
          INT       21H
;--------------------------------------------------
SERVICE   PROC
          PUSHA                            ;保护现场
          PUSH      DS                     ;DS=40H
          MOV       AX,DATA
          MOV       DS,AX                  ;重新给DS赋值
          DEC       ICOUNT                 ;中断计数
          JNZ       EXIT                   ;不满10次转
          MOV       ICOUNT,10
          MOV       AH,9                   ;显示字符串
          LEA       DX,MESG
          INT       21H
EXIT:     MOV       AL,20H
          OUT       20H,AL                 ;给主8259A写结束字
          POP       DS                     ;恢复现场
          POPA
          IRET                             ;返回系统71型中断服务子程序
SERVICE   ENDP
```

```
;------------------------------------------------
         READ0A   PROC                              ;转移系统 0AH 型中断向量
                  MOV      AX,350AH
                  INT      21H
                  MOV      WORD PTR OLD0A,BX
                  MOV      WORD PTR OLD0A+2,ES
                  RET
         READ0A   ENDP
;------------------------------------------------
         WRITE0A  PROC                              ;写入用户 0AH 型中断向量
                  PUSH     DS
                  MOV      AX,CODE
                  MOV      DS,AX
                  MOV      DX,OFFSET SERVICE
                  MOV      AX,250AH
                  INT      21H
                  POP      DS
                  RET
         WRITE0A  ENDP
;------------------------------------------------
         I8259A   PROC
                  IN       AL,0A1H
                  AND      AL,11111101B
                  OUT      0A1H,AL                  ;从 8259A IMR₁ 置 0
                  IN       AL,21H
                  AND      AL,11111011B
                  OUT      21H,AL                   ;主 8259A IMR₂ 置 0
                  RET
         I8259A   ENDP
;------------------------------------------------
         RESET    PROC                              ;恢复系统 0AH 型中断向量
                  MOV      DX,WORD PTR OLD0A
                  MOV      DS,WORD PTR OLD0A+2
                  MOV      AX,250AH
                  INT      21H
                  RET
         RESET    ENDP
         CODE     ENDS
                  END      BEG
```

【程序分析】

① 程序的执行过程如图 8.36 所示。

② 在进入用户定义的中断服务子程序后,需要保存 DS 并重新对 DS 进行赋值。在中断返回前,需要恢复 DS。

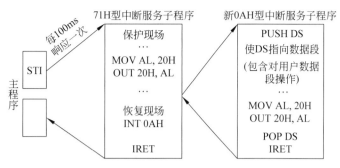

图 8.36 例 8.7 程序的执行过程

③ RESET 子程序中：

MOV DX,WORD PTR OLD0A

和

MOV DS, WORD PTR OLD0A+2

两条指令先后顺序不可颠倒。

④ 用户定义的中断服务子程序中需要对系统主 8259A 写中断结束命令字。

8.7 硬件中断和软件中断的区别

硬件中断和软件中断既有相同点又有不同点。

1. 硬件中断和软件中断的相同点

（1）都会引起程序中止。

（2）CPU 获得中断类型码 n 后，自动从 $4 \times n \sim 4 \times n + 3$ 单元取出该中断源的中断向量→IP、CS，从而执行该中断源的中断服务子程序。

硬件中断和软件中断的区别

2. 硬件中断和软件中断的不同点

（1）引发中断的方式不同。

硬件中断是由 CPU 以外的设备发出的接到引脚 INTR 和 NMI 上的中断请求信号而引发的，而软件中断是由于 CPU 执行 INT n 指令而引发的。

（2）中断类型码的获取方式不同。

可屏蔽硬件中断，中断类型码是由中断控制器 8259A 提供；非屏蔽硬件中断，中断类型码自动产生；软件中断，中断类型码是由软件中断指令 INT n 本身提供的。

（3）CPU 响应的条件不同。

可屏蔽硬件中断是可以被屏蔽的，只有在 CPU 开中断时，才能响应；非屏蔽硬件中断和软件中断不能被屏蔽。

（4）中断处理程序的结束方式不同。

在可屏蔽硬件中断服务子程序中，中断处理结束后，首先需要向 8259A 发出中断结束命令,然后执行 IRET 指令,中断返回。而在软件中断服务子程序中,中断处理结束后只需执行 IRET 指令。

8.8 高级可编程中断控制器

新型计算机系统采用了多处理器系统,为了解决多处理器环境下处理器之间的通信、任务分配和中断处理,从 Pentium 处理器开始将高级可编程中断控制器(Advanced Programmable Interrupt Controller,APIC)引入 IA-32 处理器中,之后的 Intel 64 和 IA-32 处理器都包含了 APIC。APIC 是面向多处理器和多核系统的中断控制器。

8.8.1 APIC 系统的组成

APIC 系统由 Local APIC、I/O APIC 和系统总线组成。

Local APIC 被集成到处理器内部,负责控制处理器接收到的各种类型的中断请求,并将中断请求发到 CPU。在多处理器系统中,Local APIC 还负责发送处理器间中断(Inter Processor Interrupt,IPI)消息到系统总线上的其他处理器核,并接收来自这些处理器核的 IPI 消息。

I/O APIC 在处理器外部,位于 I/O 控制芯片(ICH)中,负责接收各种 I/O 设备发往处理器的外部中断请求,并将这些中断请求转发给 Local APIC。在多处理器系统中,通常一个 I/O APIC 和多个 Local APIC 相互配合。I/O APIC 将接收到的外部中断分发到所选的处理器上或分发到系统总线上的一组处理器中的 Local APIC 中。

系统总线负责 I/O APIC 和 Local APIC 之间的互连和消息传递。Local APIC、I/O APIC 和系统总线三者相结合就构成了完整的 APIC 系统,如图 8.37 所示。

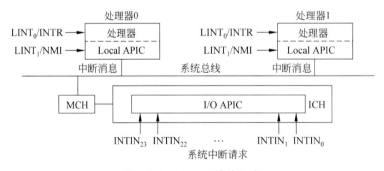

图 8.37 APIC 系统的组成

1. Local APIC

1) Local APIC 的中断源

Local APIC 可以接收以下中断源发出的中断请求。

(1) 本地 I/O 设备:这些中断是由直接连接到处理器的本地中断引脚($LINT_0$ 和 $LINT_1$)的 I/O 设备所引发的。这些 I/O 设备也可以连接到一个 8259A 中断控制器上,然后由它再通过一个本地引脚连接到处理器。

（2）外部 I/O 设备：这些中断是由连接到 I/O APIC 的中断输入引脚的 I/O 设备所引发的。它们以中断消息的形式通过 I/O APIC 发送到系统中的一个或多个处理器中去。

（3）处理器间中断：一个处理器能够使用 IPI 机制来中断系统总线上其他的处理器或处理器组。

（4）APIC 时钟中断：当一个被设定的数值已经计数完成以后，本地 APIC 时钟可以被编程用来发送一个本地中断到本地处理器。

（5）性能监视器计数器中断：Pentium 4 和 Intel Xeon 处理器提供了当一个性能监视器计数器溢出时发送一个中断到本地处理器的能力。

（6）热传感器中断：Pentium 4 和赛扬处理器提供了当热传感器被触发时发送一个中断到本地处理器的能力。

（7）APIC 内部错误中断：当在 Local APIC 中的一个错误被识别时（包括消息的奇/偶校验错、中断向量号异常、发送/接收错、非法寄存器等），APIC 可以被编程来发送一个 APIC 内部错误中断到本地处理器。

2）Local APIC 结构和寄存器

Local APIC 的结构如图 8.38 所示。

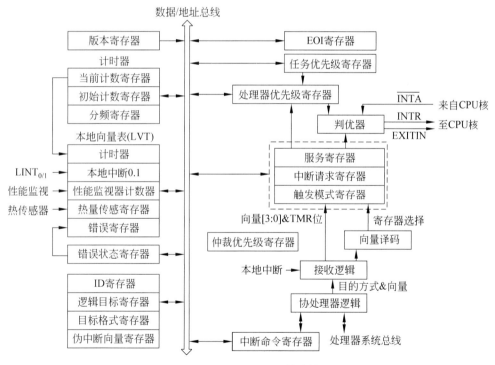

图 8.38　Local APIC 的结构

如图 8.38 所示，在 Local APIC 内部有许多寄存器。这些寄存器都被映射到一个 4KB 范围内的处理器物理地址空间，它的初始化起始地址是 FEE00000H。

在多处理器系统的配置中,所有在系统总线上的处理器的 Local APIC 寄存器都被初始化映射到同一个 4KB 的物理地址空间。利用软件可以把这个初始化映射的地址设置成不同的值,为每个 Local APIC 分别映射不同的 4KB 空间。所有的寄存器都是 32 位、64 位或 256 位的,并且都是 128 位边界对准的。所有对 32 位寄存器的访问都必须使用 128 位对准的 32 位 loads 或 stores。要访问更宽的寄存器(64 位或 256 位)就必须使用多个 32 位的 loads 或 stores,并且第一个必须是 128 位对准的。

Local APIC 寄存器及其地址映像如表 8.4 所示。

表 8.4 Local APIC 寄存器及其地址映像

映射地址	寄存器名称	读写
FEE00000H~FEE00010H	保留	
FEE00020H	Local APIC ID 寄存器	读写
FEE00030H	Local APIC 版本寄存器	只读
FEE00040H~FEE00070H	保留	
FEE00080H	任务优先级寄存器(TPR)	读写
FEE00090H	仲裁优先级寄存器(APR)	只读
FEE000A0H	处理器优先级寄存器(PPR)	只读
FEE000B0H	EOI 寄存器	只写
FEE000C0H	保留	
FEE000D0H	逻辑目标寄存器(LDR)	读写
FEE000E0H	目标格式寄存器(DFR)	$D_0 \sim D_{27}$ 只读,$D_{28} \sim D_{31}$ 读写
FEE000F0H	伪中断向量寄存器	$D_0 \sim D_8$ 读写,$D_9 \sim D_{31}$ 只读
FEE00100H~FEE00170H	服务寄存器(ISR)	只读
FEE00180H~FEE001F0H	触发模式寄存器(TMR)	只读
FEE00200H~FEE00270H	中断请求寄存器(IRR)	只读
FEE00280H	错误状态寄存器	只读
FEE00290H~FEE002F0H	保留	
FEE00300H	中断命令寄存器(ICR)	$D_0 \sim D_{31}$ 读写
FEE00310H	中断命令寄存器(ICR)	$D_{32} \sim D_{63}$ 读写
FEE00320H	LVT 时钟寄存器	读写
FEE00330H	LVT 热量传感寄存器	读写
FEE00340H	LVT 性能监视器计数器	读写
FEE00350H	LVT $LINT_0$ 寄存器	读写
FEE00360H	LVT $LINT_1$ 寄存器	读写
FEE00370H	LVT 错误寄存器	读写
FEE00380H	初始计数寄存器(针对计时器)	读写
FEE00390H	当前计数寄存器(针对计时器)	只读
FEE003A0H~FEE003D0H	保留	
FEE003E0H	分频寄存器(针对计时器)	读写
FEE003F0H	保留	

除了上述寄存器外,APIC 还有一个模式专用寄存器 IA32_APIC_BASE(地址为 1BH),它用于 APIC 系统的启用、停止和 APIC 寄存器地址映射等功能,其格式如图 8.39

所示。

图 8.39 模式专用寄存器 IA32_APIC_BASE 格式

具体说明如下。

$D_{63} \sim D_{36}$：保留。

$D_{35} \sim D_{12}$：APIC 基址。指定 APIC 寄存器的基地址，该 24 位地址在低 12 位上做 0 扩展形成基地址。加电或 RESET 后，其值为 0FEE00000H，该值能重新定位 APIC 寄存器，可以避免和系统中其他模块在内存地址上的冲突，也可以将每个 APIC 寄存器映射到自己的 4KB 区域。

D_{11}：APIC 全局使能标识。使能或禁止本地 APIC。加电或 RESET 后，E＝1，启动本地 APIC；E＝0，关闭本地 APIC，直接从 8259A 中断控制器接收中断。此时，$LINT_1$ 和 $LINT_0$ 被分别配置成 INTR 和 NMI。

$D_{10} \sim D_9$：保留。

D_8：BSP 标识位。BSP＝1，表示此 CPU 为引导处理器；BSP＝0，表示此 CPU 为应用处理器。在多处理器系统中，只有一个处理器执行系统加电初始化，该处理器为引导处理器。

$D_7 \sim D_0$：保留。

除了由外部 I/O 设备引发的中断和处理器间中断以外，其余的中断源都被作为本地中断源。当从一个本地中断源接收到一个中断信号以后，Local APIC 使用一个中断发送协议来发送这个中断到处理器核，这个协议通过一个被称为本地向量表（Local Vector Table，LVT）的一组 APIC 寄存器来建立。在这个本地向量表中分别为每个本地中断源提供了相应的入口，它允许为每个中断源建立各自独特的中断发送协议。例如，如果 $LINT_1$ 引脚准备用来作为一个 NMI 引脚使用，那么在本地向量表中相应的 $LINT_1$ 入口就会被设置为用中断向量号 2（NMI 的中断向量号固定为 2）来发送一个中断到处理器核。LVT 的格式如图 8.40 所示。

地址	D_{31}	D_{18}	D_{17}	D_{16}	D_{15}	D_{14}	D_{13}	D_{12}	D_{11}	D_{10}	D_8 D_7	D_0
FEE00320H	保留	循环	屏蔽	—	—	—	状态	—	—	—	中断向量号
FEE00330H	保留	—	屏蔽	—	—	—	状态	—	提交模式	中断向量号
FEE00340H	保留	—	屏蔽	—	—	—	状态	—	提交模式	中断向量号
FEE00350H	保留	—	屏蔽	触发	远程	极性	状态	—	提交模式	中断向量号
FEE00360H	保留	—	屏蔽	触发	远程	极性	状态	—	提交模式	中断向量号
FEE00370H	保留	—	屏蔽	—	—	—	状态	—	—	—	中断向量号

图 8.40 LVT 的格式

由图 8.40 可知，偏移为 320H～370H 的 6 个本地 32 位 APIC 寄存器构成 LVT，分别代表 6 种中断。

（1）LVT 时钟寄存器（FEE00320H）：计时器中断。

（2）LVT 热量传感寄存器（FEE00330H）：温度传感器中断。

（3）LVT 性能监视器计数器（FEE00340H）：性能监控中断，当性能计数器溢出时引发的中断。

（4）LVT $LINT_0$ 寄存器（FEE00350H）：$LINT_0$ 中断，从引脚 $LINT_0$ 引入的中断请求。

（5）LVT $LINT_1$ 寄存器（FEE00360H）：$LINT_1$ 中断，从引脚 $LINT_1$ 引入的中断请求。

（6）LVT 错误寄存器（FEE00370H）：错误中断，当 APIC 检测到内部错误时所引发的中断。

这些寄存器的内容不完全一样，但基本格式却是相似的，各位的含义如下。

D_{16}：屏蔽位。$D_{16}=1$，对应的中断被屏蔽；$D_{16}=0$，对应的中断被开放。

D_{15}：触发位。$D_{15}=0$，边沿触发；$D_{15}=1$，电平触发。

D_{14}：远程位。$D_{14}=1$，本地 APIC 收到中断请求。收到中断结束命令 EOI 时，$D_{14}=0$。

D_{13}：引脚极性位。$D_{13}=0$，$LINT_0/LINT_1$ 高电平有效；$D_{13}=1$，$LINT_0/LINT_1$ 低电平有效。

D_{12}：状态位。$D_{12}=1$，已经向 CPU 提交了中断请求，但 CPU 还没有应答；$D_{12}=0$，空闲。

$D_{10} \sim D_8$：提交模式位，规定传送到中断处理器的中断类型。一共有 5 种局部中断提交模式，如表 8.5 所示。

表 8.5 局部中断提交模式

$D_{10}\ D_9\ D_8$ （提交模式）	触发方式	意　　义
000（固定）	边沿/电平	向 CPU 提交中断，传送固定向量号，中断向量号从 LVT 中读取
010（SMI）	边沿	向 CPU 提交系统管理中断，LVT 中中断向量字段必须置 0
100（NMI）	边沿	向 CPU 提交 NMI 中断，LVT 中中断向量字段无效
101（INIT）	边沿	要求 CPU 执行初始化，LVT 中中断向量字段必须置 0
111（外部）	电平	CPU 从外部总线读取中断向量（如同响应来自 8259A 的中断）

$D_7 \sim D_0$：中断向量号。80x86 定义了 256 种中断，对应的中断向量号为 00H～FFH，但 Local APIC 和 I/O APIC 支持其中 240 个中断（16～255）。当通过 Local APIC 发送和接收一个 0～15 的中断向量号时，APIC 会在其错误状态寄存器中指出一个非法向量号。

Local APIC 通过其 IPI 消息处理部件来处理来自其他处理器的中断。一个处理器可以通过对 Local APIC 中的中断命令寄存器编程来产生 IPI。ICR 是一个 64 位的 APIC 寄存器，格式如图 8.41 所示。

D_{63}	$D_{56}D_{55}$	$D_{20}D_{19}$	$D_{18}D_{17}$	$D_{16}D_{15}$	D_{14}	$D_{13}D_{12}$	D_{11}	D_{10}	D_8D_7	D_0
目标域	保留	目标指示	保留	触发位	有效电平位	保留	提交状态	目标模式	提交模式	中断向量号

图 8.41 ICR 格式

$D_{63} \sim D_{56}$：目标域。

$D_{55} \sim D_{20}$：保留。

$D_{19} \sim D_{18}$：目标指示。00：目标域中定义。

      01：自我中断。

      10：包括所有的自我中断。

      11：除去所有的自我中断。

$D_{17} \sim D_{16}$：保留。

D_{15}：触发位。$D_{15}=0$，边沿触发；$D_{15}=1$，电平触发。

D_{14}：有效电平位。$D_{14}=0$，De-Assert；$D_{14}=1$，Assert。

D_{13}：保留。

D_{12}：提交状态。$D_{12}=0$，空闲；$D_{12}=1$，正在提交。

D_{11}：目标模式。$D_{11}=0$，物理；$D_{11}=1$，逻辑。

$D_{10} \sim D_{8}$：提交模式。000：固定式。

      001：最低优先权式。

      010：SMI。

      011：保留。

      100：NMI。

      101：INIT。

      110：Startup。

      111：保留。

$D_7 \sim D_0$：中断向量号，10H～FEH。

对 ICR 的写操作将会产生一个 IPI 消息并且被发送到系统总线（对于 Pentium 4 和赛扬处理器）或 APIC 总线（对于 Pentium 和 P6 系列处理器）。IPI 能够发送到系统中的其他处理器或发送者自己（自中断）。当目标处理器接收到一个 IPI 消息以后，它的 Local APIC 将会自动处理这个消息（使用包含在消息中的信息，如向量号和触发模式）并且把它发送到处理器核进行服务。Local APIC 通过 I/O APIC 也能够接收来自外设的中断。I/O APIC 负责把从系统硬件和 I/O 设备接收到的中断作为中断消息发送到 Local APIC。

Local APIC 接收来自各个中断源的中断，并根据它们各自的特征做出相应的处理。尤其是它的本地向量表，由于其良好的可编程性，使得 Local APIC 对中断的处理显得更加灵活多变。

Local APIC 的 IRR 代表 Local APIC 已接收中断，但还未交给 CPU 处理。Local APIC 的 ISR，代表 CPU 已开始处理中断，但还未完成。Local APIC 的 ISR、IRR 均为 256 位，对应 256 个中断，故占用 8 个 32 位的 APIC 寄存器。当 Local APIC 接收一个中断时，它把 IRR 中与接收的中断向量号相对应的位置位。当处理器核心准备处理下一个中断时，对边沿触发，Local APIC 清除已经置位的最高优先权 IRR 位（当电平触发时，IRR 中的位一直保留到 Local APIC 收到 I/O APIC 发出的"电平无效消息"后才清零），并设置 ISR 相应的位，然后，把设置在 ISR 中的最高优先权位所对应的向量调度给处理器核心请求处理。

2. I/O APIC

1) I/O APIC 组成与中断处理

I/O APIC 包含在主板上的芯片组中。主要功能就是从系统及其相关的 I/O 设备接收外部中断事件,并作为中断消息转发给本地 APIC。在多处理器系统中,I/O APIC 也提供一种从系统总线分发外部中断给选定的处理器或者处理器组的机制。I/O APIC 由可编程寄存器、发送和接收 APIC 信息的信息单元、一组 24 条 IRQ 线、一张 24 项的中断重定向表(Interrupt Redirection Table,IRT)组成。IRT 如表 8.6 所示。

表 8.6 中断重定向表

IRQ#	来自 SERIRQ	来自引脚	来自 PCI 消息	中断模块
0	×	×	×	从第一个 8259A 处级联
1	√	×	√	
2	×	×	×	8254 计数器 0
3	√	×	√	
4	√	×	√	
5	√	×	√	
6	√	×	√	
7	√	×	√	
8	×	×	×	RTC
9	√	×	√	可选择给 SCI、TCO
10	√	×	√	可选择给 SCI、TCO
11	√	×	√	可选择给 SCI、TCO
12	√	×	√	
13	×	×	×	FREE# 逻辑
14	√	×	√	第一个 SATA(传统模式)
15	√	×	√	第二个 SATA(传统模式)
16	PIRQA#	PIRQA#	√	
17	PIRQB#	PIRQB#	√	AC'97 音频、调制解调,可选择给 SMBus
18	PIRQC#	PIRQC#	√	
19	PIRQD#	PIRQD#	√	USB#1
20	N/A	PIRQE#	√	LAN,可选择给 SCI、TCO
21	N/A	PIRQF#	√	可选择给 SCI、TCO
22	N/A	PIRQG#	√	可选择给 SCI、TCO
23	N/A	PIRQH#	√	USB#2,可选择给 SCI、TCO

寄存器默认映射到物理地址 FEC00000H,IRT 每一个表项 RTE 对应一条 IRQ 线,是一个 64 位寄存器,包括中断向量号、目标模式、提交模式等相关位,如图 8.42 所示。

D_{63}	$D_{56} \, D_{55}$	$D_{17} \, D_{16}$	D_{15}	D_{14}	D_{13}	D_{12}	D_{11}	D_{10}	$D_8 \, D_7$	D_0
目标域	保留	屏蔽位	触发位	远程位	引脚极性位	提交状态	目标模式	提交模式	中断向量号	

图 8.42 RTE 格式

$D_{63} \sim D_{56}$：目标域。

$D_{55} \sim D_{17}$：保留。

D_{16}：屏蔽位。$D_{16}=1$，对应的中断被屏蔽；$D_{16}=0$，对应的中断被开放。

D_{15}：触发位。$D_{15}=0$，边沿触发；$D_{15}=1$，电平触发。

D_{14}：远程位。$D_{14}=1$，无中断；$D_{14}=0$，中断未结束。

D_{13}：引脚极性位。$D_{13}=0$，$LINT_0/LINT_1$ 高电平有效；$D_{13}=1$，$LINT_0/LINT_1$ 低电平有效。

D_{12}：提交状态。$D_{12}=1$，已经向 CPU 提交了中断请求，但 CPU 还没有应答；$D_{12}=0$，空闲。

D_{11}：目标模式。$D_{11}=0$，物理；$D_{11}=1$，逻辑。

$D_{10} \sim D_8$：提交模式。000：固定式。

        001：最低优先权式。

        010：SMI。

        011：保留。

        100：NMI。

        101：INIT。

        110：保留。

        111：EXITINT。

$D_7 \sim D_0$：中断向量号，10H～FEH。

当 I/O APIC 某个引脚接收到中断信号后，会在 IRT 中找到该引脚对应的项，格式化一条中断消息，立即发送给某个（或多个）CPU 的 APIC，以实现中断的快速响应，不需要进入中断响应周期。除此之外，I/O APIC 的设备中断请求的引脚号与优先级无关，也就是说，IRQ_{10} 的优先级可能比 IRQ_3 的高。设备的中断优先级由其 RTE 中对应的中断向量号决定，即 APIC 的优先级可由软件控制。

中断消息中的远程 RIRR 用于监控对应中断引脚的状态，为只读，只对电平触发的中断有效。当 Local APIC 接收了该中断，该位置 1；当 Local APIC 收到写 EOI 命令时，会发送一条结束消息到所有 I/O APIC，消息中含有中断向量号，I/O APIC 收到后检查自己的 IRT，把相应 RTE 的 RIRR 位清零。远程 RIRR 与中断引脚 INTINx 以异或的逻辑驱动 I/O APIC 的消息单元。异或结果为 1 时，发送消息。消息分两种：电平有效和电平无效。当 RIRR 为 0，INTINx 为 1，发送"电平有效"消息，Local APIC 收到后将 IRR 对应位置 1；RIRR 为 1，INTINx 为 0，发送"电平无效"消息，Local APIC 收到后将 IRR 对应位清零。

2) I/O APIC 对中断的处理与 8259A 对中断处理的区别

I/O APIC 对中断的处理与 8259A 有很大的不同，归纳起来主要有以下 4 方面。

(1) 中断传送的方法。中断在 I/O APIC 上是利用常规数据通路的存储器写操作传送的，中断的处理也不需要处理器执行中断响应周期。

(2) 中断优先级。I/O APIC 中的中断优先级独立于中断号，如中断 10 可以比中断 3 的优先级高。

(3) 更多的中断。在 PCH 中的 I/O APIC 支持多达 24 个中断。

(4) 多中断控制器。I/O APIC 中断传送协议中有一个仲裁阶段,它允许系统中的多个 I/O APIC 拥有自己的中断向量。

8.8.2　APIC 中断优先级处理

1. APIC 中断优先级

80x86 系统共有 256 个中断,除去系统预留和被异常等占去的 0～31 号中断外,可供外部中断使用的还有 224 个,中断的优先级别=向量号/16(/代表取整运算)。

外部中断拥有 2～15 级别。对于同一个级别的中断,向量号越大的中断优先级越高。对于 8 位的中断向量号,高 4 位表示中断优先级别,低 4 位表示该中断在这一级别中的位置。

2. 任务优先级寄存器(TPR,32 位)

Local APIC 内部的任务优先级寄存器设置了一个中断处理器的优先权门限。CPU 只处理比 TPR 优先级别更高的中断,优先级低的中断被屏蔽。但屏蔽不代表拒绝,Local APIC 接收它们,把它们挂起到 IRR 中,但不交 CPU 处理。

如果 TPR 中的值设置为 0,则处理器将处理所有中断;如果 TPR 中的值设置为 15,则除了 NMI、SMI、INIT、EXTINT 和启动中断之外,禁止所有其他中断的处理。这种机制使得操作系统能够暂时阻止特定中断干扰处理器正在进行的高优先权工作。TPR 的格式如图 8.43 所示。

图 8.43　TPR 的格式

TPR 中的任务优先级的值增加 1,将会屏蔽 16 个向量号对应的中断,但 NMI、SMI、EXTINT、INIT、启动中断不受 TPR 约束。

3. 处理器优先级寄存器(PPR)

Local APIC 内部的 PPR 决定当前 CPU 正在处理的中断的优先级级别,以确定一个挂起在 IRR 上的中断是否发送给 CPU。与 TPR 不同,它的值由 CPU 写而不是软件写。PPR 取值范围为 0～15,在 TPR 和 ISR 中正在服务的中断中,优先级级别最高的值作为 PPR 的值。而 IRR 中挂起的中断,优先级级别必须高于 PPR 中的值才会被发送给 CPU 处理。

8.8.3　APIC 系统的中断处理

对于 Pentium 4,一个典型的 Local APIC 中断处理流程如下。

(1) 通过中断消息的目标 APIC ID 字段,确定该中断是否是发送给自己的。

（2）如果该中断的传递模式为 NMI、SMI、INIT、EXTINT、SIPI，直接交由 CPU 处理。

（3）如果不是(2)中所列的中断，IRR 中相应的位置 1。

（4）当处理器核心准备处理下一个中断时，Local APIC 清除已经置位的最高优先权 IRR 位（边沿触发），并设置 ISR 相应的位。当中断被挂起到 IRR 或 ISR 中后，Local APIC 根据 TPR 和 PPR，判断当前最高优先级的中断是否能发送给 CPU 处理。

（5）当一个中断已经被调度给处理器核心请求处理时，Local APIC 收到从处理器发出的写结束（EOI）寄存器来获知该处理例程的完成。此时，Local APIC 清除已设置的最高优先权 ISR 位作为响应。然后，它又重复清除 IRR 中的最高权位和设置 ISR 中相应位的过程，将 ISR 中最高权位的服务例程调度给处理器核心请求处理。如果结束的中断是一个电平触发中断，则 Local APIC 还发送两个中断结束消息给所有 I/O APIC。

8.9 本章小结

本章首先讲述了中断的概念、中断的分类、中断向量的概念、中断向量表、中断向量的引导作用和中断向量表的初始化；接着介绍 80x86 的中断指令；介绍 8259A 中断控制器的结构、中断管理方式和初始化编程，讨论了微型计算机系统的可屏蔽硬件中断结构；常用的几种可屏蔽中断源：日时钟中断、键盘中断、实时时钟中断和用户中断，并给出日时钟中断和用户中断的应用举例。最后，简单介绍面向多处理器系统的高级可编程中断控制器（APIC）的组成、优先级处理和中断处理过程。

重点要求掌握内容：中断和中断源的概念；中断分类；中断向量的概念，n 型中断向量 4 字节的存放规律，以及 n 型中断向量和存放该向量的单元地址之间的关系；中断向量表的大小和存放地址；中断向量的读写；80x86 的中断指令 STI、CLI、INT n 和 IRET 指令的功能和使用；8259A 的中断过程，即微型计算机系统响应可屏蔽中断的过程；CPU 响应可屏蔽中断和非屏蔽中断的条件；微型计算机系统的可屏蔽中断硬件结构；日时钟中断、用户中断和键盘中断的过程；中断程序的编写，硬件中断和软件中断的区别。

习 题

1. 什么是中断？
2. 中断可以分为哪几类？
3. 什么是中断向量和中断向量表？中断类型码和中断向量的关系是什么？
4. 简述 CPU 响应软件中断的过程。
5. 系统可屏蔽硬件中断的中断源是哪些？
6. CPU 响应可屏蔽中断的条件是什么？
7. CPU 响应非屏蔽中断的条件是什么？

8. 简述 CPU 响应可屏蔽硬件中断的过程。
9. 8259A 的中断屏蔽寄存器(IMR)和 80x86 的中断允许标志 IF 有什么区别?
10. 在微型计算机系统上开发用户中断程序时应采取哪些措施?
11. 在微型计算机系统上开发日时钟中断程序时应采取哪些措施?
12. APIC 中断系统的组成有哪几部分?

第 9 章 微型计算机系统串行通信

并行通信和串行通信是 CPU 与外设之间进行信息交换的基本方式。采用并行通信时,构成一个字符或数据的各位同时传送,具有较高的传输速度。但是并行通信有多少数据位就需要多少条数据线,传输成本高,由于受到干扰和信号衰减的影响,在较长的数据传输线上驱动和正确接收信号比较困难,因此并行通信的驱动和接收电路较复杂,使得并行通信的应用受到限制。并行通信多用于计算机内部,或者计算机与近距离外设传输信息时采用。

串行通信时,构成一个字符或数据的各位按时间先后,从低位到高位一位一位地传送。与并行通信相比,串行通信传输速率较低,但占用通信线较少,成本降低,适合较远距离的传输。串行通信常作为计算机与低速外设或计算机之间传输信息用。当传输距离较远时,可利用通信线路(如电话线、无线电等)。由于它占用的通信线路较少,所以应用较广泛。

第 9 章 导语

第 9 章 课件

9.1 串行通信基础

9.1.1 串行通信类型

按照串行数据的时钟控制方式,串行通信分为串行同步通信和串行异步通信。通常微型计算机系统中所说的串行通信,即指串行异步通信。

1. 串行异步通信

串行异步通信是指一个字符(一帧数据)用起始位和停止位来完成收发同步。图 9.1 是串行异步通信的标准数据格式。

串行通信基础

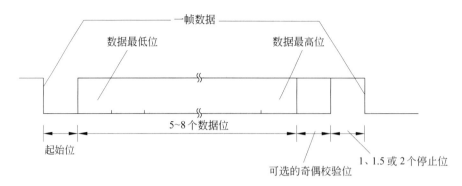

图 9.1　串行异步通信的标准数据格式

如图 9.1 所示，串行异步通信时，一个字符以起始位开始，然后是数据位和奇偶校验位，最后以停止位结束，起始位之后是数据的最低位。

在串行通信中，一般需要使用一定速率的脉冲信号作为时钟，以协调收发双方的操作，即控制接收方以适当的间隔和时机对输入的数据信号采样，获得正确可靠的数据。这个时钟信号称为"同步时钟"。一般与数据信号的速率成一定比率关系，如 1 倍或 16 倍等。

传送开始时，接收设备不断检测传输线，当检测到一系列的 1 之后检测到一个 0，便启动内部计数器开始计数，当计数到一个数据位宽度的一半时（如时钟脉冲速率为数据信号的 16 倍，则是 8 个脉冲之后），又一次采样传输线，若其仍为低电平，则确认是一个起始位的到来，标志着一个字符的开始，然后以位时间（1/波特率）为间隔，移位接收所规定的数据位和奇偶校验位，拼装成一个字符的数据位，此后应接收到规定长度的停止位 1，若没有收到，则设置"帧错误"标志。若校验有错，则设置"校验错"标志。只有既无帧错误又无奇偶校验错的接收数据才是正确的。一个字符接收完毕，接收设备继续测试传输线，监测下一个字符起始信号的到来。

串行异步通信是按字符传输的，接收设备在收到起始位信号后，只要在一个字符的传输时间内能和发送设备保持同步就能正确接收。若接收设备和发送设备两者的时钟略有偏差，字符之间的停止位和空闲位将为这种偏差提供一种缓冲，不会因累积效应而导致错位。接收端对异步通信的每一个字符的起始位都重新校准时钟，因此对时钟信号的要求相对较低。在串行异步通信中，并不要求收发双方使用严格的同步时钟，但为了保证一定的时钟精度，往往要求时钟信号的速率是数据信号速率的 16、32 或 64 倍。

2. 串行同步通信

串行同步通信是采用同步字符来完成收发双方同步的，并要求严格的时钟同步。

串行异步通信由于要在每个字符前后分别附加起始位、停止位，有约 20% 的附加信号位，传输效率不高。串行同步通信方式所用的数据格式没有起始位和停止位，一次传送的字符个数可以变化。在传送前，先按照一定的格式，将各种信息装配成一个数据包，该数据包包括一个或两个供接收方识别用的同步字符，其后紧跟着需传送的 n 个字符（n 的大小由用户设定且可变），最后是两个校验字符。串行同步通信的数据格式如图 9.2

所示。

图 9.2 串行同步通信数据格式

接收设备首先搜索同步字符,在收到同步字符后,开始接收数据。在传输过程中,发送设备和接收设备要保持完全同步。如果因为某些原因,接收漏位,则其后的数据接收是错误的,这种错误可由校验字符查出。

在同步通信中由于接收数据较多,时钟的误差会积累导致差错,因此要求使用同一时钟作为发送设备和接收设备的同步信号。在近距离通信时,可以在传输线中增加一根时钟信号线,用同一时钟发生器驱动收发设备;在远距离通信时,可以通过调制/解调技术在数据流中加入同步信号,接收方利用锁相技术可在数据信号中提取出和发送时钟频率完全相同的接收时钟信号。

9.1.2 串行数据传输方式

串行数据传输方式有单工方式、半双工方式和全双工方式。

1. 单工方式

单工方式只允许数据按照一个固定的方向传送,如图 9.3(a)所示。

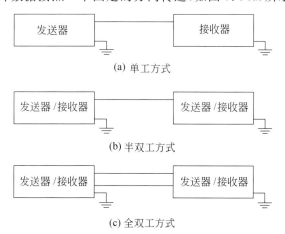

图 9.3 串行数据传送方式

2. 半双工方式

半双工方式要求收、发双方均具备接收和发送数据的能力,如图 9.3(b)所示,但由于只有一条信道,数据不能在两个方向上同时传送。

3. 全双工方式

在全双工方式中,收、发双方可以同时进行数据传送,如图 9.3(c)所示。

9.1.3　串行异步通信协议

为了能够正常通信,发送方和接收方必须共同遵守一些通信协议,包括收、发双方的同步方式、传输控制步骤、差错检验方式、数据编码、数据传输速率、通信报文的格式及控制字符的定义等。

串行通信协议包括串行异步通信协议和串行同步通信协议。下面介绍串行异步通信协议。

1. 一帧数据的格式

一帧数据包括起始位、数据位、奇偶校验位和停止位 4 部分,收、发双方预置的帧数据格式必须一致。

1) 起始位

传输线上若没有数据传输时,处于逻辑 1 状态。一帧字符开始,首先发送起始位,起始位是一位逻辑 0。接收设备检测到逻辑 0 信号后,开始接收数据。起始位的作用是使收、发双方在传送数据位前协调同步。

2) 数据位

起始位之后是数据位,数据位从最低位开始发送,数据位的个数为 5~8 位。

3) 奇偶校验位

数据位发送完毕后,发送奇偶校验位。通信双方约定采用一致的奇偶校验方式,如果是偶校验传输,则数据位和奇偶校验位逻辑 1 的总个数应为偶数个;如果是奇校验传输,则数据位和奇偶校验位逻辑 1 的总个数应为奇数个;也可以进行无校验传输。

4) 停止位

在奇偶校验位或数据位(当无奇偶校验时)之后发送的是停止位。停止位可以是 1 位、1.5 位或 2 位的逻辑 1 信号。

在传送完成一个字符(一帧数据),即发送完规定的停止位之后,到开始传送下一个字符(下一帧数据)之间,可以有任意的空闲间隔,这个空闲间隔用逻辑 1 信号表示。由于这种通信方式中两个字符的间隔是任意的,因此称为串行异步通信方式。

2. 通信速率

在数据通信中,往往使用"数据通信速率"的概念。严格地说,数据通信中数据信号速率和数据通信速率是两个不同的概念。数据信号速率表示单位时间(每秒)传送信号的个数,单位为"波特",即 1/s。因此数据信号速率又称为"波特率"或"信号速率"。而数据通信速率是指单位时间(每秒)传送二进制比特的个数,单位为比特/秒(bps 或 b/s),又称为"比特率"或"通信速率"。"比特"是信息的一种表示单位。当采用二进制信号传输数据时,数据信号速率和数据通信速率在数值上相等。如果使用多状态信号传输数据信息,两者的对应关系为

$$R = N_{bd} \log_2 M$$

其中,R 为数据通信速率(比特率),N_{bd} 为信号速率(波特率),M 为信号状态数。

在实际的数据通信应用中,考虑所传输的数据还包括起始位、校验位、停止位等,传输中可能出现差错的恢复等因素,有效的数据通信速率更低。

在本章中,所涉及的串行数据通信均使用二进制信号传输,因此并未严格区分数据信号速率和数据通信速率,所说的数据通信速率实际是指数据信号速率。

为了保证通信的正确实现,收、发双方的数据通信速率必须一致。

3. 串行通信接口标准

在串行通信中,数据终端设备与数据通信设备之间的连接,要符合"接口标准",目前在计算机通信中使用最广泛的是 RS-232C 标准。

RS-232C 标准是美国电子工业协会(EIA)在 1969 年公布的数据通信标准,它对信号的电平标准和控制信号的定义进行了规定。常见 RS-232 标准包括 C、D、E 版本,但区别不大,主要是一些引脚定义、测试功能的区别。

1) 控制信号的定义

PC 系列机通常有两个串行口:COM1 和 COM2,使用 9 针和 25 针两种连接器,符合 RS-232C 接口标准。

对于 25 针连接器,其中 22 个引脚的功能均已定义,在微型计算机异步通信中常用的只有 9 个引脚,表 9.1 给出了微型计算机异步通信接口中常用的 RS-232C 信号标准。

表 9.1 微型计算机系统通信接口中常用的 RS-232C 信号标准

9 针连接器端子号	25 针连接器端子号	名称	方向	功　能
3	2	TXD	输出	发送数据(Transmit Data)
2	3	RXD	输入	接收数据(Receive Data)
7	4	$\overline{RTS}$	输出	请求发送(Request to Send)
8	5	$\overline{CTS}$	输入	允许发送(Clear to Send)
6	6	$\overline{DSR}$	输入	数据设备准备好(Data Set Ready)
5	7	GND		信号地(Signal Ground)
1	8	$\overline{DCD}$	输入	载波检测(Carrier Detect)
4	20	$\overline{DTR}$	输出	数据终端准备好(Data Terminal Ready)
9	22	$\overline{RI}$	输入	振铃指示(Ring Indicator)

2) 信号电平标准

RS-232C 采用负逻辑。规定逻辑 1 为 −15V～−3V,规定逻辑 0 为 +3V～+15V。

当计算机与外设进行通信时,由于 TTL 电平为正逻辑,因此必须有相应的电平转换

电路。通常采用的是 MC1488 和 MC1489 电平转换器,图 9.4 是 MC1488 和 MC1489 的逻辑图。

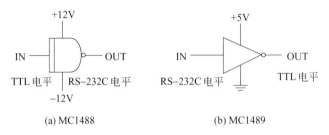

图 9.4　MC1488 和 MC1489 逻辑图

MC1488 可接收 TTL 电平,输出 RS-232C 电平。MC1489 可输入 RS-232C 电平,输出 TTL 电平。

目前电平转换电路可以使用其他芯片实现,如 MAX232(+5V)、MAX3232(+3.3V),一个芯片即可实现双向的信号电平转换。

4. 信号的调制和解调

在串行通信中,数据终端一般采用计算机,数据要通过数据通信设备传送,数据通信设备一般指调制解调器。

由于计算机经 RS-232C 接口输出的是数字信号,要求传输线的频带较宽,不适宜远距离传送。在远程数据通信时,通信线路大多利用电话线,由于频带不宽,传送数字信号会产生失真,但传送模拟信号,则失真较小,能够传输较远距离。因此在远距离通信时,发送方要用调制器把数字信号调制为模拟信号,接收方要用解调器进行解调,将模拟信号转换成数字信号,如图 9.5 所示。

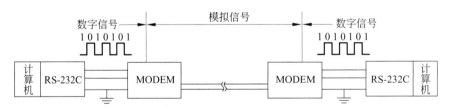

图 9.5　调制与解调示意图

多数情况下,通信是双向的,调制器和解调器设计在一个装置中,称为调制解调器(MODEM)。调制解调器的类型比较多,有振幅键控(ASK)、频移键控(FSK)和相移键控(PSK)。

实现串行通信有专用的接口芯片,完成串行-并行变换、起始位、停止位的加入/移除、校验位的生成/检验等功能。常用的有 USART(Universal Synchronous/Asynchronous Receiver/Transmitter,通用同步/异步接收/发送器),如 Intel 8251;UART(Universal Asynchronous Receiver/Transmitter,通用异步接收/发送器),如 Ins 8250。目前常用的芯片还有 16C550,它是 Ins 8250 的升级,通信速率更高,并增加了先进先出(First In

First Out,FIFO)缓冲功能。16C552 包含两个 8250 兼容的串行接口和一个并行接口，16C554 则实现了 4 个 8250 接口的功能。

无论是 UART,还是 USART,均能实现数据发送时所需要的并行-串行转换以及数据被 CPU 接收时所需的串行-并行转换。

9.2 可编程串行异步通信接口芯片 8250

Ins 8250 是可编程串行异步通信接口芯片。有 40 条引脚,双列直插式封装,使用单一的+5V 电源,能实现数据的串行-并行及并行-串行转换,支持异步通信协议。片内有时钟产生电路,波特率可变。对外有调制解调器控制信号,可直接与 MODEM 相连,实现收、发控制。高档微型计算机使用多功能芯片,但其串行接口的功能与 8250 兼容。

可编程串行异步
通信接口芯片

9.2.1 8250 的内部结构

8250 内部包括数据总线缓冲器、选择和控制逻辑、发送器、接收器、调制解调控制电路、通信线控制寄存器、通信线状态寄存器、波特率发生控制电路和中断控制逻辑。8250 内部结构图如图 9.6 所示。

1. 数据总线缓冲器

数据总线缓冲器是 8250 与 CPU 之间的数据通道,来自 CPU 的各种控制命令以及待发送的字符信息经该通道到达 8250 内部;8250 内部的状态信息、数据信息经该通道送至系统数据线。

2. 选择和控制逻辑

接收来自 CPU 的各种控制信息,从而确定操作方式。

3. 发送器

发送器由发送保持寄存器、发送移位寄存器和发送同步控制 3 部分组成,待发送的数据写入发送保持寄存器。数据发送时,发送保持寄存器的内容自动转存到发送移位寄存器,在发送器时钟的控制下,发送移位寄存器自动添加起始位、校验位和停止位,将并行数据转换成串行数据,经 SOUT 引脚发送出去。

4. 接收器

接收器由接收移位寄存器、接收缓冲寄存器和接收同步控制 3 部分组成。在接收器时钟的控制下,来自引脚 SIN 的串行数据被逐位存入接收移位寄存器,在移位过程中自动进行校验,并去掉起始位、停止位和校验位,然后将转换后的并行数据存入接收缓冲寄存器,等待 CPU 读取。

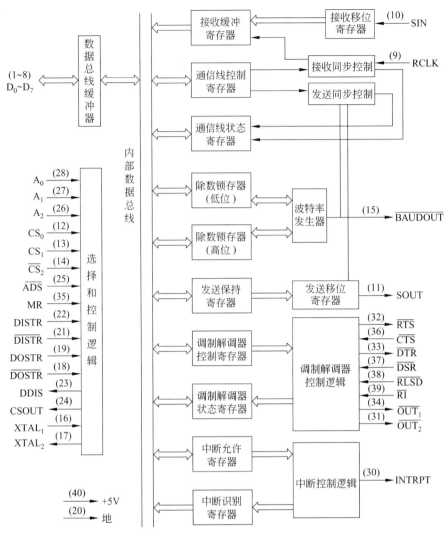

图 9.6 8250 内部结构图

5. 调制解调控制电路

8250 内部的调制解调控制电路提供一组通用的控制信号,使 8250 可直接与调制解调器相连,以完成远程通信任务。

6. 通信线控制寄存器和通信线状态寄存器

通信线控制寄存器指定串行通信的数据格式,通信线状态寄存器提供串行数据发送和接收时的状态,供 CPU 读取和处理。

7. 波特率发生控制电路

由波特率发生器、存放分频系数低位和高位字节的除数寄存器组成。

8250 使用频率为 1.8432MHz 的基准时钟输入信号,通过内部分频产生发送器时钟和接收器时钟,发送器时钟和接收器时钟的频率是数据传输波特率的 16 倍。

16×波特率 = 1 843 200/分频系数(分频系数即为除数)

8. 中断控制逻辑

中断控制逻辑由中断允许寄存器、中断识别寄存器和中断控制逻辑 3 部分组成,它对中断优先权、中断申请等进行管理。

9.2.2 8250 的引脚功能

8250 共有 40 个引脚,29 脚未使用,如图 9.7 所示。

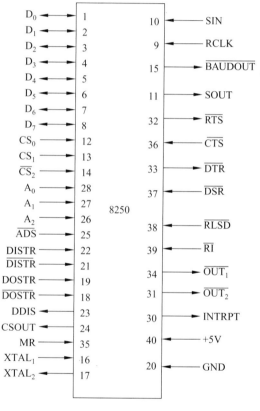

图 9.7 8250 引脚图

$D_7 \sim D_0$ 为 8 根并行数据线,其他信号线如下。

1. 地址控制信号

当片选信号 $CS_0=1$、$CS_1=1$、$\overline{CS_2}=0$ 时,CPU 可访问 8250,由 $A_2 \sim A_0$ 决定所访问的内部寄存器。当地址选通信号 $\overline{ADS}$ 为低电平时,锁存片选信号(CS_0、CS_1、$\overline{CS_2}$)及 $A_2 \sim A_0$ 的地址信号,保证读写操作期间的地址稳定,直到 $\overline{ADS}$ 变为高电平,这些地址选择信号才允许变

化。如果确认在对芯片进行读写时,不会出现地址不稳定现象,可不必锁存,而将$\overline{\text{ADS}}$输入脚接地。引脚 CSOUT 是芯片被选中的输出指示信号,当 8250 被 $\overline{\text{CS}_0}$、$\overline{\text{CS}_1}$、$\overline{\text{CS}_2}$ 信号选中时,CSOUT 输出为高电平,表明可以进行数据传送,这一信号通常因不需要而悬空。

2. 读写控制信号

8250 的读写控制信号有两对,每一对信号作用相同,但有效电平不同,以适应不同的处理器系统的信号。当 8250 被选中时,数据输入选通信号 DISTR(高电平有效)和 $\overline{\text{DISTR}}$(低电平有效)中有一个信号有效,CPU 从被选择的内部寄存器中读出数据;而数据输出选通信号 DOSTR(高电平有效)或 $\overline{\text{DOSTR}}$(低电平有效)有效时,CPU 将数据写入被选择的寄存器。

若选择 $\overline{\text{DISTR}}$ 接 CPU 的 $\overline{\text{IOR}}$,则应将 DISTR 接地,变为无效。

若选择 DOSTR 接 CPU 的 $\overline{\text{IOW}}$,则应将 $\overline{\text{DOSTR}}$ 接高电平。

DDIS 是禁止驱动器输出信号。当 CPU 从 8250 读取数据时,DDIS 为低电平;当 DDIS 为高电平时,用来禁止外部收发器对系统总线的驱动。

3. 中断控制和复位控制信号

8250 有 4 个内部中断源,分别是接收错中断、接收中断、发送中断和调制解调器中断。

8250 本身具有很强的中断控制和优先权判决处理能力,它的中断请求引脚 INTRPT 在满足一定条件下(当接收数据错,接收数据就绪,发送保持寄存器空,MODEM 状态改变,并且芯片内的中断允许寄存器相应位置 1 时)变成高电平,产生中断请求。在 MODEM 控制寄存器中,$\overline{\text{OUT}_1}$ 和 $\overline{\text{OUT}_2}$ 是由用户通过编程使其有效的两个输出引脚。在 PC 系列机中,$\overline{\text{OUT}_1}$ 未用,$\overline{\text{OUT}_2}$ 用来作为中断请求信号 INTRPT 的输出控制,如图 9.8 所示。

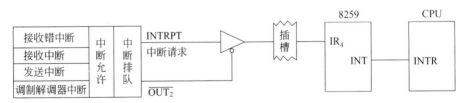

图 9.8　8250 中断控制信号与 CPU 的连接示意图

当系统复位时,RESET 信号送到 8250 的主复位端 MR,MR=1 时,8250 进入复位状态。

4. 时钟与传送速率控制信号

外部晶体振荡电路产生的 1.8432MHz 信号送到 8250 的 XTAL_1 端,作为 8250 的基准工作时钟。XTAL_2 引脚是基准时钟信号的输出端,可用作其他功能的定时控制。

外部输入的基准时钟,经 8250 内部波特率发生器(分频器)分频后产生发送器时钟,并经 $\overline{\text{BAUDOUT}}$ 引脚输出。8250 的接收器时钟引脚 RCLK 可接收由外部提供的接收器时钟信号。若采用 8250 内部的发送器时钟作为接收时钟,则只要将 $\overline{\text{RCLK}}$ 引脚和 $\overline{\text{BAUDOUT}}$ 引脚直接相连。在 PC 系列机上,用 8250 进行数据传送,发送波特率和接收波特率是一致的。

5. 和外设/调制解调器之间的联络信号

8250 和外设/调制解调器之间共有 6 个联络信号 $\overline{\text{RTS}}$、$\overline{\text{CTS}}$、$\overline{\text{DTR}}$、$\overline{\text{DSR}}$、$\overline{\text{RLSD}}$、$\overline{\text{RI}}$ 和 2 根串行数据信号线 SOUT、SIN。

$\overline{\text{RTS}}$:请求发送。$\overline{\text{RTS}}$ 由 8250 输出,$\overline{\text{RTS}}=0$,表示 8250 通知外设或 MODEM,8250 发送准备完毕,请对方做好接收准备。

$\overline{\text{CTS}}$:发送允许。$\overline{\text{CTS}}$ 由外设或 MODEM 送往 8250,是对 $\overline{\text{RTS}}$ 信号的响应,$\overline{\text{CTS}}=0$,表示外设或 MODEM 接收准备完毕,8250 可以发送数据。

$\overline{\text{DTR}}$:数据终端准备好。$\overline{\text{DTR}}$ 由 8250 输出,$\overline{\text{DTR}}=0$,表示 8250 通知外设或 MODEM,8250 接收准备完毕,对方可以发送数据了。

$\overline{\text{DSR}}$:数据设备准备好。$\overline{\text{DSR}}$ 由外设或 MODEM 送往 8250,是对 8250 发出的 $\overline{\text{DTR}}$ 信号的响应,$\overline{\text{DSR}}=0$,表示外设或 MODEM 发送准备完毕。

$\overline{\text{RLSD}}$:$\overline{\text{RLSD}}=0$,表示 MODEM 已接收到数据载波,8250 应立即开始接收解调后的数据。

$\overline{\text{RI}}$:振铃指示输入信号。当 $\overline{\text{RI}}=0$ 时,表示 MODEM 接收到电话线上的振铃信号。

9.2.3 8250 内部寄存器

8250 内部有 10 个可寻址的寄存器,分为三组:第一组用于实现数据传输,有发送保持寄存器、接收缓冲寄存器;第二组用于工作方式、通信参数的设置,称为控制字寄存器,有通信线控制寄存器、除数寄存器、MODEM 控制寄存器、中断允许寄存器;第三组称为状态寄存器,有通信线状态寄存器、MODEM 状态寄存器和中断识别寄存器。

表 9.2 给出了微型计算机系统 8250 内部寄存器的端口地址。

表 9.2 微型计算机系统 8250 内部寄存器端口地址

DLAB	A_2 A_1 A_0	被访问的寄存器	主串口地址	辅串口地址
0	0 0 0	接收缓冲寄存器(读)	3F8H	2F8H
		发送保持寄存器(写)		
0	0 0 1	中断允许寄存器	3F9H	2F9H
×	0 1 0	中断识别寄存器	3FAH	2FAH
×	0 1 1	通信线控制寄存器	3FBH	2FBH
×	1 0 0	MODEM 控制寄存器	3FCH	2FCH
×	1 0 1	通信线状态寄存器	3FDH	2FDH
×	1 1 0	MODEM 状态寄存器	3FEH	2FEH
1	0 0 0	除数寄存器(低字节)	3F8H	2F8H
1	0 0 1	除数寄存器(高字节)	3F9H	2F9H

注:DLAB 不是芯片引脚,是通信线控制寄存器的 D_7 位(寻址位)。

1. 发送保持寄存器（3F8H/2F8H）

该寄存器保存 CPU 送出的并行数据，转移至发送移位寄存器。发送移位寄存器在发送器时钟的作用下，将并行数据按设定的帧格式添加起始位、校验位和停止位，转换成串行数据，从 SOUT 引脚输出。只有在发送保持寄存器空闲时，CPU 才能写入新数据。

2. 接收缓冲寄存器（3F8H/2F8H）

外部的串行数据在接收器时钟作用下，从 SIN 引脚输入接收移位寄存器，去掉起始位、校验位和停止位，转换成并行数据，转换后的并行数据存入接收缓冲寄存器，等待 CPU 读取。

3. 通信线状态寄存器（3FDH/2FDH）

该寄存器提供数据传输的状态信息，其各位含义如下。

D_0 位：接收数据准备好（接收缓冲器满）标志位。$D_0=1$，表示接收器已接收到一帧完整的数据，并已转换成并行数据，存入接收缓冲寄存器。

D_1 位：溢出错标志位。$D_1=1$，表示接收缓冲器中的字符未取走，8250 又接收到新输入的数据，造成前一数据被破坏。

D_2 位：奇偶错标志位。$D_2=1$，表示接收到的数据有奇偶错。

D_3 位：帧错（接收格式错）标志位。$D_3=1$，表示接收到的数据没有正确的停止位。

D_4 位：线路间断标志位。$D_4=1$，表示收到长时间 0 信号（即中止信号）。

以上 $D_1 \sim D_4$ 均为错误标志，只要其中有一位为 1，在中断允许的情况下，8250 内部将产生"接收数据错"中断，当 CPU 读取状态寄存器后，自动复位。

D_5 位：发送保持寄存器空闲标志位。$D_5=1$，表示数据已从发送保持寄存器转移到发送移位寄存器，发送保持寄存器空闲，CPU 可以写入新数据。当新数据送入发送保持寄存器后，D_5 为 0。

D_6 位：发送移位寄存器空闲标志位。$D_6=1$，表示一帧数据已发送完毕。当新的数据由发送保持寄存器移入发送移位寄存器时，该位为 0。

D_7 位：恒为 0。

D_0 位（接收缓冲器满）和 D_5 位（发送保持寄存器空闲）是串行接口最基本的标志位，它们决定了 CPU 能否对 8250 进行读写操作。只有当 $D_0=1$ 时，CPU 才能读数据；只有当 $D_5=1$ 或 $D_6=1$ 时，CPU 才能写数据。

以下是 CPU 查询通信线状态寄存器进行接收和发送数据的程序段：

```
SCAN:   MOV     DX,3FDH
        IN      AL,DX           ;读取通信线状态字
        TEST    AL,00011110B    ;检查有无错误标志
        JNZ     ERR             ;有错,转出错处理
        TEST    AL,01H          ;无错,检查接收数据是否准备好
        JNZ     RECEIVE         ;准备好,转接收程序
```

```
        TEST    AL,20H          ;未准备好,检查发送保持寄存器是否为空
        JNZ     TRAS            ;已空,转发送程序
        JMP     SCAN            ;不空,循环等待
ERR:    …
RECEIVE:…
TRAS:   …
```

4. 中断允许寄存器(3F9H/2F9H)

该寄存器的 $D_7 \sim D_4$ 位恒为 0。$D_3 \sim D_0$ 位表示 8250 的 4 级中断是否被允许。

$D_0 = 1$,允许接收到一帧数据后,内部提出"接收中断请求"。

$D_1 = 1$,允许发送保持寄存器空闲时,内部提出"发送中断请求"。

$D_2 = 1$,允许接收出错时,内部提出"接收数据错中断请求"。

$D_3 = 1$,允许 MODEM 状态改变时,内部提出"MODEM 中断请求"。

8250 的 4 级中断,以"接收数据错中断"优先级最高,其次是"接收中断""发送中断",最低优先级是"MODEM 中断"。

5. 中断识别寄存器(3FAH/2FAH)

由于 8250 只能向 CPU 发出一个中断请求信号,为了识别是 8250 内部哪一个中断源引起的中断,在进入中断服务子程序后,先读取中断识别寄存器的内容进行判断,然后再转入相应的处理程序。中断识别寄存器的 $D_7 \sim D_3$ 位恒为 0,D_0 位表示有无中断待处理,$D_0 = 1$,表示无中断待处理;$D_0 = 0$,表示有中断待处理。$D_2 \sim D_1$ 位表示 4 种中断源识别码,其代表的中断源如表 9.3 所示。

表 9.3 8250 的中断源

中断识别寄存器 $D_2\ D_1\ D_0$	优先级	中 断 类 型	中断复位控制
0 0 1	—	无中断	3F8H
1 1 0	↓	接收数据错	读通信线状态寄存器可复位
1 0 0		接收数据准备好	读接收缓冲寄存器可复位
0 1 0		发送保持寄存器空	写发送保持寄存器可复位
0 0 0		调制解调器状态改变	读 MODEM 状态寄存器可复位

6. MODEM 控制寄存器(3FCH/2FCH)

MODEM 控制寄存器是一个 8 位寄存器,$D_0 \sim D_3$ 位的状态直接控制相关引脚的输出电平。

$D_0 = 1$,使引脚 $\overline{DTR} = 0$,从而使 RS-232C 引脚 $\overline{DTR}$ 为 0。

$D_1 = 1$,使引脚 $\overline{RTS} = 0$,从而使 RS-232C 引脚 $\overline{RTS}$ 为 0。

$D_2 = 1$,使引脚 $\overline{OUT_1} = 0$,PC 系列机未使用。

$D_3 = 1$,使引脚 $\overline{OUT_2} = 0$,8250 能送出中断请求。

D_4 位通常置 0,设置 8250 工作在正常收、发方式;若 D_4 位置 1,则 8250 工作在内部自环方式,即发送移位寄存器的输出在芯片内部被回送到接收移位寄存器的输入。利用这个特点,可以编写程序测试 8250 的工作是否正常,而不需任何附加装置。该方法只能测试 CPU 与串行通信接口芯片之间及芯片编程设置的工作是否正常,即内环自检,不能测试接口中串行通信芯片以外的功能,如电平转换电路、接口线路连接等。

$D_7 \sim D_5$ 位恒为 0。

7. 除数寄存器(高 8 位 3F9H/2F9H,低 8 位 3F8H/2F8H)

除数寄存器为 16 位,由高 8 位寄存器和低 8 位寄存器组成。

8250 对 1.8432MHz 的时钟输入,采用分频的方法产生所要求的发送器时钟信号和接收器时钟信号,分频系数由程序员分两次写入除数寄存器的高 8 位和低 8 位,除数(即分频系数)的计算公式如下:

$$除数 = 1\ 843\ 200/(波特率 \times 16)$$

表 9.4 列出了获得 14 种波特率所设置的除数寄存器值。

表 9.4 波特率与分频系数(即除数)对照表

波特率/波特	除数高 8 位	除数低 8 位	波特率/波特	除数高 8 位	除数低 8 位
50	09H	00H	1800	00H	40H
75	06H	00H	2000	00H	3AH
110	04H	17H	2400	00H	30H
150	03H	00H	3600	00H	20H
300	01H	80H	4800	00H	18H
600	00H	C0H	7200	00H	10H
1200	00H	60H	9600	00H	0CH

除数寄存器的值必须在 8250 初始化时预置。因此,必须先把通信线控制寄存器的最高位(DLAB)置为 1,然后分两次将除数写入高 8 位除数寄存器和低 8 位除数寄存器。

8. 通信线控制寄存器(3FBH/2FBH)

该寄存器规定串行异步通信的数据格式,如图 9.9 所示。

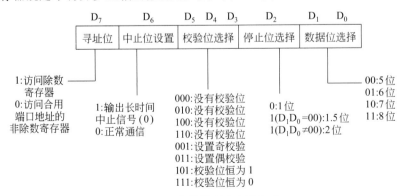

图 9.9 通信线控制寄存器格式

D_0 位和 D_1 位：规定一帧数据中数据位的位数。

D_2 位：规定一帧数据中停止位的位数。

D_3~D_5 位：规定一帧数据中奇偶校验方式。

D_6 位：$D_6=1$，8520 输出长时间中止信号。

D_7 位：寻址位（DLAB），$D_7=1$，访问除数寄存器。

8520 内部有 10 个可访问的 8 位寄存器，但 8520 只有 3 根用于端口选择的地址线（A_2、A_1、A_0），因此必然有某些寄存器合用一个端口地址。

8250 规定：高 8 位除数寄存器和中断允许寄存器合用一个口地址；低 8 位除数寄存器、发送保持寄存器和接收缓冲寄存器合用一个口地址。为了区别写入合用端口的数据，8520 又规定：通信线控制寄存器的 D_7 位为寻址位（DLAB），当 $D_7=1$ 时，送往合用端口的数据将写入除数寄存器；$D_7=0$ 时，送往合用端口的数据将写入非除数寄存器。

9. MODEM 状态寄存器（3FEH/2FEH）

该寄存器反映 8250 与通信设备（如 MODEM）之间联络信号的当前状态以及变化情况。在 8250 中，通信设备的状态并不直接影响通信操作，即 $\overline{CTS}$、$\overline{DSR}$ 信号的状态不能直接影响发送或接收电路，需要处理器通过 MODEM 状态寄存器读取相应信号状态控制收发。

D_7~D_4 记录了 4 个输入引脚的状态电平。

$D_7=1$ 表示输入引脚 $\overline{RLSD}=0$，MODEM 收到来自电话线的载波信号。

$D_6=1$ 表示输入引脚 $\overline{RI}=0$，MODEM 收到振铃信号。

$D_5=1$ 表示输入引脚 $\overline{DSR}=0$，MODEM 做好了发送准备，8250 准备接收数据。

$D_4=1$ 表示输入引脚 $\overline{CTS}=0$，MODEM 做好了接收准备，8250 可以发送数据。

D_3~D_0 记录了上一次读取该寄存器后，上述引脚是否发生过电平变化。

$D_3=1$ 表示输入引脚 $\overline{RLSD}$ 有电平变化。

$D_2=1$ 表示输入引脚 $\overline{RI}$ 有电平变化。

$D_1=1$ 表示输入引脚 $\overline{DSR}$ 有电平变化。

$D_0=1$ 表示输入引脚 $\overline{CTS}$ 有电平变化。

9.2.4 8250 的初始化编程

如果采用直接对端口操作的方式，8250 的初始化编程步骤如下。

(1) 设置寻址位：80H→通信线控制寄存器，使寻址位为 1。

(2) 将除数高 8 位/低 8 位→除数寄存器高 8 位/低 8 位，确定通信速率。

(3) 将 $D_7=0$ 的控制字写入通信线控制寄存器，规定一帧数据的格式。

(4) 设置中断允许控制字：若采用查询方式，置中断允许控制字为 0；若采用中断方式，置中断允许寄存器的相应位为 1。

(5) 设置 MODEM 控制寄存器。

中断方式：$D_3=1$，允许 8250 送出中断请求信号。

查询方式：$D_3=0$。

内环自检：$D_4=1$。

正常通信：$D_4=0$。

【例 9.1】 编写子程序，采用直接对端口操作的方式对 PC 系列机主串口进行初始化。要求：

(1) 通信速率=1200 波特，一帧数据包括 8 个数据位，1 个停止位，无校验；

(2) 采用查询方式，完成内环自检。

初始化子程序如下：

```
I8250   PROC
        MOV     DX,3FBH
        MOV     AL,80H
        OUT     DX,AL           ;设置寻址位
        MOV     DX,3F9H
        MOV     AL,0
        OUT     DX,AL
        MOV     DX,3F8H
        MOV     AL,60H
        OUT     DX,AL           ;设置分频系数
        MOV     DX,3FBH
        MOV     AL,03H
        OUT     DX,AL           ;定义一帧数据格式
        MOV     DX,3F9H
        MOV     AL,0
        OUT     DX,AL           ;设置中断允许寄存器
        MOV     DX,3FCH
        MOV     AL,10H
        OUT     DX,AL           ;设置 MODEM 控制寄存器
        RET
I8250   ENDP
```

9.3 串行通信程序设计

RS-232C 标准是串行通信中数据终端设备（Data Terminal Equipment，DTE）与数据通信设备（Data Communication Equipment，DCE）进行连接和数据通信的标准接口。微型计算机通过 RS-232C 接口连接调制解调器，可以实现通过电话线路的远距离通信；微型计算机之间也可以利用 RS-232C 接口直接连接进行短距离的通信，称为"零调制解调器"通信。采用直接连接两个微型计算机进行数据传输，不需要网卡，不需要调制解调器，也不用软磁盘做媒介，是通信和数据传输的一种简单易行的好方法。尤其是可以实现双机间软、硬件资源的共享，如共享硬盘、光驱和打印机等。但是需要注意的是，使用 RS-232C 接口标准的两台微型计算机间点到点通信，在硬件上要用

串行通信程序设计

连接线将两台微型计算机的串口连接起来,然后在通信软件或通信协议规则的支持下才能实现,即所使用的"零调制解调器"电缆需要对应接口引脚交叉连接。

9.3.1 串行通信的外部环境

微型计算机系统有两个串行口,即主串口 COM1(口地址为 3FXH)和辅串口 COM2(口地址为 2FXH),它们结构相同。早期的串口适配器组装在一块多功能卡上面(586 机串口适配器在主板上),多功能卡插在主板插槽中,通过总线与系统连接,用 25 芯或 9 芯连接器与另一台微型计算机进行串行通信。

微型计算机系统串行口的核心器件是 Ins 8250。串行通信的程序设计类型有单端自发自收(目的是测试串行口好坏)、点到点双机通信。从交换方式上讲,CPU 与 Ins 8250 之间可以用查询方式传送信息,也可用中断方式传送信息。从通信方式上讲,可以进行单工、半双工或全双工通信。从编程技巧上讲,可以对端口直接操作,也可以用 BIOS 通信软件完成数据发送和接收。而串行通信的外部环境就是串口连接器的外部连线方式。连线方式与串口的通信方式有关,和编程时使用的通信手段有关,如要考虑是直接对端口操作还是使用 BIOS 通信软件。

根据表 9.1 中 RS-232C 信号标准中连接器端子号的电气特征,图 9.10 以 25 芯连接器为例,画出了几种接线方式,均为两台微型计算机在进行短距离通信时端口直连的点—点全双工、点—点单工通信,其中图 9.10(b)、图 9.10(d)和图 9.10(f)为"有联络线"的方式接线。如果对端口直接操作发送和接收数据,程序中不需查询联络线,可以按"无联络线"方式接线,如图 9.10(a)、图 9.10(c)和图 9.10(e)所示。

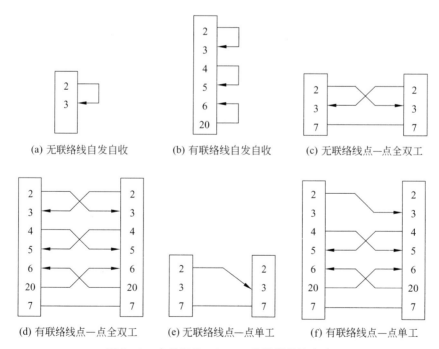

(a) 无联络线自发自收　　(b) 有联络线自发自收　　(c) 无联络线点—点全双工

(d) 有联络线点—点全双工　　(e) 无联络线点—点单工　　(f) 有联络线点—点单工

图 9.10　串行通信 RS-232C 连接器接线方式

9.3.2 BIOS 通信软件

从程序设计方式上讲,串行通信可以采用对端口直接操作,也可以采用 BIOS 通信软件进行数据发送和接收。微型计算机系统中,BIOS 通过 INT 14H 向用户提供了 4 个中断服务子程序:串口初始化、发送一帧数据、接收一帧数据和测试通信线状态。

1. 串口初始化

【INT 14H 0 号功能】 串口初始化。

入口参数:$AH=0$,串口初始化。$AL=$ 初始化参数。$DX=0$,对主串口初始化;$DX=1$,对辅串口初始化。

出口参数:$AH=$ 通信线状态寄存器内容,$AL=$ MODEM 状态寄存器内容。

1)初始化参数的数据格式

初始化参数是一个 8 位的数据,它分为 4 个域。

(1)$D_7D_6D_5$ 用来选择波特率。

$D_7D_6D_5=$ 000　001　010　011　100　101　110　111

波特率 $=$ 110　150　300　600　1200　2400　4800　9600

(2)D_4D_3 用来进行校验位选择。

$D_4D_3=$ 　×0　　01　　11

校验位选择:无校验　奇校验　偶校验

(3)D_2 选择停止位长度。

$D_2=$ 0　　$1(D_1D_0=00)$　　$1(D_1D_0\neq 00)$

停止位 $=1$ 位　　1.5 位　　　　2 位

(4)D_1D_0 选择数据位长度。

$D_1D_0=$ 00　　01　　10　　11

数据位 $=5$ 位　6 位　7 位　8 位

2)INT 14H 0 号功能的执行流程如下。

(1)截取 AL 的 $D_7\sim D_5$ 位查表,取出相应的波特率除数→除数寄存器。

(2)截取 AL 的 $D_4\sim D_0$→通信线控制寄存器。

(3)0→中断允许寄存器。

(4)取通信线状态寄存器内容→AH。

(5)取 MODEM 状态寄存器内容→AL。

(6)执行 IRET 返回。

3)调用注意事项

调用 INT 14H 0 号功能对串行口进行初始化,通信波特率有 8 种选择,奇偶校验有 3 种选择,因此 8250 初始化后,只能采用查询方式进行数据的发送和接收。如果 8250 需工作在中断方式,采用 INT 14H 0 号功能初始化后,还需对中断允许寄存器和 MODEM 控制寄存器写入相应的中断允许命令字。

2. 发送一帧数据

【INT 14H 1号功能】 发送一帧数据。

入口参数：AH=1,发送数据。AL=待发送的数据。DX=0;使用主串口;DX=1,使用辅串口。

出口参数：AH 的 D_7 位为 1，表示发送失败；AH 的 D_7 位为 0，表示发送成功。

INT 14H 1号功能执行流程如图 9.11 所示。当进行数据发送时,BIOS 使引脚 $\overline{RTS}$ 为 0, $\overline{DTR}$ 为 0,表示 8250 已经做好发送和接收准备,接着测试 $\overline{CTS}$ 和 $\overline{DSR}$。如果 $\overline{CTS}$ 和 $\overline{DSR}$ 都为 0,且发送保持寄存器空闲,则进行一帧数据的发送。如果在设定的时间里, $\overline{CTS}$ 和 $\overline{DSR}$ 不为 0,或者发送保持寄存器不空闲,则认为通信联络不畅或者是 8250 有故障,置 AH 的 D_7 位为 1,返回,数据发送失败。

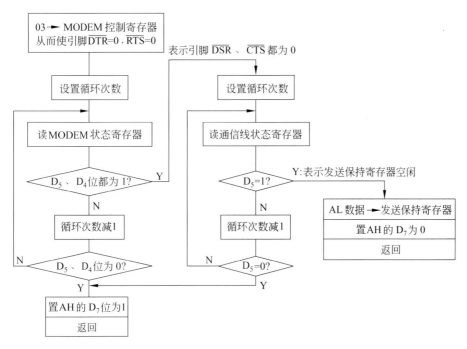

图 9.11 INT 14H 1号功能执行流程

3. 接收一帧数据

【INT 14H 2号功能】 接收一帧数据。

入口参数：AH=2,接收数据。DX=0,使用主串口;DX=1,使用辅串口。

出口参数：AH 的 D_7 位为 1,表示接收失败。AH 的 D_7 位为 0,表示接收成功。此时 AL 中为接收的数据,AH 的 $D_4 \sim D_1$ 位为接收数据的错误标志。

INT 14H 2号功能执行流程如图 9.12 所示,进行数据接收时,BIOS 使引脚 $\overline{DTR}$ 为 0,然后测试 $\overline{DSR}$。当 $\overline{DSR}$ 为 0,而且通信线状态寄存器表明一帧数据已经接收完毕, BIOS 才读取接收缓冲寄存器的内容送 AL。若在设定的时间里, $\overline{DSR}$ 不为 0,或者没有收到一帧数据,即认为通信联络不畅或者是 8250 有故障,设置 AH 的 D_7 位为 1,返回,数据接收失败。

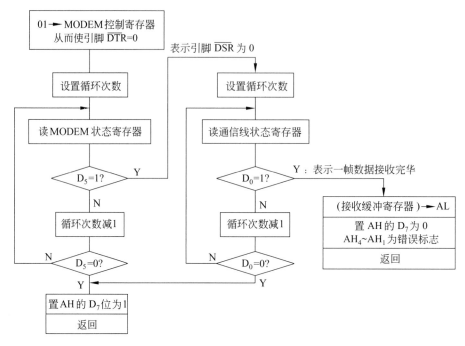

图 9.12 INT 14H 2 号功能执行流程

4. 测试通信线状态

【**INT 14H 3 号功能**】 测试通信线状态。

入口参数:AH=3,测试通信线状态。DX=0,使用主串口;DX=1,使用辅串口。
出口参数:AH=通信线状态寄存器内容。AL=MODEM 状态寄存器内容。
INT 14H 3 号功能的执行流程如下。
(1) 取通信线状态寄存器内容→AH。
(2) 取 MODEM 状态寄存器内容→AL。
(3) 返回。

BIOS 通信软件是一个全双工的通信软件,发送和接收之前都要使用联络线与对端进行联络,只有联络畅通,才允许发送或接收数据。要注意的是,当使用 BIOS 通信软件进行数据的发送和接收时,需具备相应的串行通信外部环境。

9.3.3 串行通信程序设计举例

利用微型计算机系统串行口设计串行通信程序的时候,应首先根据要求确定工作方式,完成 RS-232C 连接器的连接,构建正确的串行通信外部环境。

【**例 9.2**】 要求甲乙两台微型计算机之间通过 RS-232C 接口进行短距离的单工串行通信(不使用联络线),甲机作为发送端从主串口将一串字符逐个发送,乙机作为接收端在辅串口进行字符接收并显示在屏幕上,其中甲机发送字符串时以'ETX'字符(ASCII码:03H)作为输入结束标志字符。通信双方约定波特率为2400波特,数据位7位,停止位1位,奇校验,甲机发送采用查询方式,乙机接收采用中断方式。

【设计思路】

(1) 根据题目要求,甲乙两台微型计算机之间进行短距离的单工通信,因此采用直接访问8250端口寄存器的方式进行编程,程序运行前RS-232C连接器按图9.13接线,将甲机的主串口与乙机的辅串口进行点一点单工通信连接,不使用联络线。

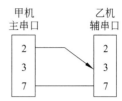

图 9.13 甲乙 RS-232C 连接器接线方式

(2) 一串字符经逐个发送,发送字符采用查询方式,接收字符采用中断方式。发送前,发送方要先读取主串口通信线状态寄存器,查询发送保持寄存器是否空,需要注意的是,为保证发送方最后一个字符发送完毕程序才能结束,需要在发送方程序中增加发送移位寄存器的状态测试;接收时,接收方辅串口一帧数据接收完,会自动引发CPU中断处理。

(3) 通信速率2400波特,分频系数为0030H,一帧字符有7个数据位,1个停止位,奇校验,数据帧格式字为0AH。

【程序框图】

本例的程序框图如图9.14和图9.15所示,其中图9.14为甲机主串口发送程序,图9.15(a)为乙机辅串口接收主程序流程框图,图9.15(b)为乙机辅串口接收中断服务子程序流程图。

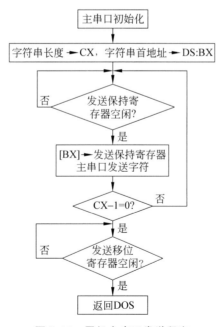

图 9.14 甲机主串口发送程序

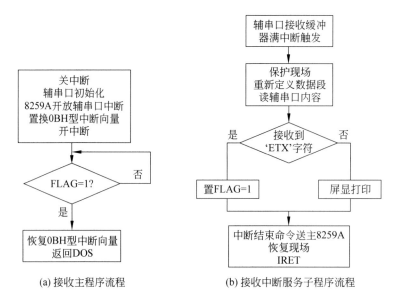

图 9.15 乙机中断方式接收流程

【程序清单 1】

```
                ;甲机发送程序
                ;FILENAME:EXA92_1.ASM
                .586
DATA    SEGMENT     USE16
BUF     DB          'Hello',03H
LENS    EQU         $-BUF
DATA    ENDS
CODE    SEGMENT     USE16
        ASSUME      CS:CODE, DS:DATA
BEG:    MOV         AX,DATA
        MOV         DS,AX
        CALL        I8250           ;主串口初始化
        LEA         BX,BUF
        MOV         CX,LENS
SCAN:   MOV         DX,3FDH
        IN          AL,DX
        TEST        AL,20H          ;发送保存寄存器是否为空
        JZ          SCAN
        MOV         DX,3F8H
        MOV         AL,[BX]         ;取字符
        OUT         DX,AL           ;送主串口数据寄存器
        INC         BX
        LOOP        SCAN
LAST:   MOV         DX,3FDH
```

```
                IN      AL,DX
                TEST    AL,40H          ;发送移位寄存器是否为空
                JZ      LAST            ;程序结束前确认最后一个字符发送完成
                MOV     AH,4CH
                INT     21H
I8250           PROC
                MOV     DX,3FBH
                MOV     AL,80H
                OUT     DX,AL           ;寻址位置1
                MOV     DX,3F9H
                MOV     AL,0
                OUT     DX,AL           ;写除数寄存器高8位
                MOV     DX,3F8H
                MOV     AL,30H
                OUT     DX,AL           ;写除数寄存器低8位
                MOV     DX,3FBH
                MOV     AL,0AH
                OUT     DX,AL           ;写数据帧格式
                MOV     DX,3F9H
                MOV     AL,0
                OUT     DX,AL           ;禁止8250内部中断
                MOV     DX,3FCH
                MOV     AL,0
                OUT     DX,AL           ;8250正常收、发方式,禁止中断
                RET
I8250           ENDP
CODE            ENDS
                END     BEG
```

【程序清单2】

```
                ;乙机接收程序
                ;FILENAME:EXA92_2.ASM
                .586
DATA            SEGMENT USE16
OLD0B           DD      ?
FLAG            DB      0
DATA            ENDS
CODE            SEGMENT USE16
                ASSUME  CS:CODE, DS:DATA
BEG:            MOV     AX, DATA
                MOV     DS, AX
                CLI                     ;关中断
                CALL    I8250           ;主串口初始化
                CALL    I8259           ;开放主8259A辅串口中断
```

```
                CALL    RD0B            ;读中断向量
                CALL    WR0B            ;写中断向量
                STI                     ;开中断
        SCANT:  CMP     FLAG,1          ;测试是否收到结束字符
                JNZ     SCANT
                CALL    RESET
                MOV     AH,4CH
                INT     21H
;----------------------------------------
        RECEIVE PROC
                PUSH    AX
                PUSH    DX
                PUSH    DS
                MOV     AX,DATA
                MOV     DS,AX
                MOV     DX,2F8H
                IN      AL,DX           ;读取接收缓冲区的内容
                AND     AL,7FH
                CMP     AL,03H          ;判断是否是'ETX'字符
                JZ      NEXT
                MOV     AH,2
                MOV     DL,AL
                INT     21H             ;显示接收到的字符
                JMP     EXIT
        NEXT:   MOV     FLAG,1
        EXIT:   MOV     AL,20H
                OUT     20H,AL
                POP     DS
                POP     DX
                POP     AX
                IRET
        RECEIVE ENDP
;----------------------------------------
        I8250   PROC
                MOV     DX,2FBH
                MOV     AL,80H
                OUT     DX,AL           ;寻址位置1
                MOV     DX,2F9H
                MOV     AL,0
                OUT     DX,AL           ;写除数寄存器高8位
                MOV     DX,2F8H
                MOV     AL,30H
                OUT     DX,AL           ;写除数寄存器低8位
                MOV     DX,2FBH
```

```
                MOV     AL, 0AH
                OUT     DX, AL              ;写数据帧格式
                MOV     DX, 2F9H
                MOV     AL, 01H
                OUT     DX, AL              ;允许 8250 内部提出接收中断
                MOV     DX, 2FCH
                MOV     AL, 08H
                OUT     DX, AL              ;8250 正常收、发并允许送出中断请求
                RET
I8250           ENDP
;----------------------------------------
I8259           PROC
                IN      AL, 21H
                AND     AL, 11110111B
                OUT     21H, AL             ;开放主 8259 中辅串口中断请求
                RET
I8259           ENDP
;----------------------------------------
RD0B            PROC
                MOV     AX, 350BH
                INT     21H
                MOV     WORD PTR OLD0B, BX
                MOV     WORD PTR OLD0B+2, ES
                RET
RD0B            ENDP
;----------------------------------------
WR0B            PROC
                PUSH    DS
                MOV     AX, CODE
                MOV     DS, AX
                MOV     DX, OFFSET RECEIVE
                MOV     AX, 250BH
                INT     21H
                POP     DS
                RET
WR0B            ENDP
;----------------------------------------
RESET           PROC
                IN      AL, 21H
                OR      AL, 00001000B
                OUT     21H, AL
                MOV     AX, 250BH
                MOV     DX, WORD PTR OLD0B
                MOV     DS, WORD PTR OLD0B+2
```

```
              INT      21H
              RET
RESET    ENDP
CODE     ENDS
              END      BEG
```

需要注意的是,程序运行中,为保证乙机可以正常接收到甲机发送的字符串,不丢失数据,需要先运行乙机上的接收程序,然后再运行甲机上的字符串发送程序。

9.4 本章小结

本章首先介绍了串行通信和并行通信的概念、串行数据传输方式、串行异步通信协议、通信速率的概念、串行通信接口 RS-232C 标准、RS-232 电平和 TTL 电平之间的转换等。然后对可编程串行接口芯片 8250 的内部结构、内部寄存器和编程进行了介绍。

重点掌握内容:串行异步通信是指一个字符用起始位和停止位来完成收、发同步,而串行同步通信是靠同步字符来完成收、发双方同步;串行数据传输方式有单工方式、半双工方式和全双工方式,3 种工作方式各有特点;一帧数据包括起始位、数据位、奇偶校验位和停止位 4 部分;要实现正常通信,收、发双方设置的帧数据格式和通信速率必须一致;RS-232 电平标准及常用的 RS-232C 信号;串行通信的外部环境;8250 的初始化程序以及串行通信程序设计。

习 题

1. 异步通信的特点是什么?
2. 同步通信的特点是什么?
3. 异步通信一个字符的格式是什么?
4. 设异步通信一个字符有 8 个数据位,无校验,一个停止位,如果波特率为 9600 波特,则每秒能传输多少个字符?
5. 单工、半双工、全双工通信方式的特点是什么?
6. 在 RS-232C 接口标准中,引脚 TXD、RXD、$\overline{RTS}$、$\overline{CTS}$、$\overline{DSR}$、$\overline{DTR}$ 的功能是什么?
7. 分别叙述 TTL 和 RS-232C 的电平标准,通常采用什么器件完成两者之间的电平转换?
8. 8250 芯片通信线控制寄存器中的寻址位有什么作用? 在初始化编程时,应如何设置?
9. 采用微型计算机系统进行串行通信时,对串口初始化编程有哪些方法? 具体的初始化编程步骤是什么?
10. 采用 8250 查询方式发送字符时,在什么情况下可以查询发送保持寄存器是否空闲？在什么情况下必须查询发送移位寄存器是否空闲？

11. 利用微型计算机系统串行口采用中断方式完成字符发送和接收，编程时应采取哪些措施？

12. 利用微型计算机系统串行口进行短距离全双工点—点通信时，应具备什么样的外部环境？

第 10 章 并行 I/O 接口

并行通信是同时将数据的所有位进行传输,传输速度比串行通信快。但是,因其硬件开销大,系统费用高,不适用于远距离数据传输。

一般并行接口应具有以下功能。

(1) 具有一个或多个 I/O 端口。

(2) 每个端口应具备与 CPU 及 I/O 设备进行联络控制的功能。

(3) CPU 与并行 I/O 接口可用无条件方式、查询方式或中断方式交换信息。

第 10 章 导语

第 10 章 课件

10.1 可编程并行 I/O 接口芯片 8255A

8255A 是微型计算机系统中应用最广的可编程并行接口芯片之一,具有 40 条引脚,使用单一+5V 电源,双列直插式封装。目前可使用集成度更高的芯片,如 16C552。

可编程并行 I/O 接口芯片 8255A

10.1.1 8255A 的内部结构及外部引脚

1. 8255A 内部结构

8255A 的内部结构如图 10.1 所示。

8255A 芯片内部有 3 个 8 位的输入输出端口,即 A 口、B 口和 C 口。从内部控制的角度来讲,可分为两组:A 组和 B 组。

1) 数据总线缓冲器

数据总线缓冲器是双向三态 8 位缓冲器,可以直接与系统数据总线相连,实现 CPU

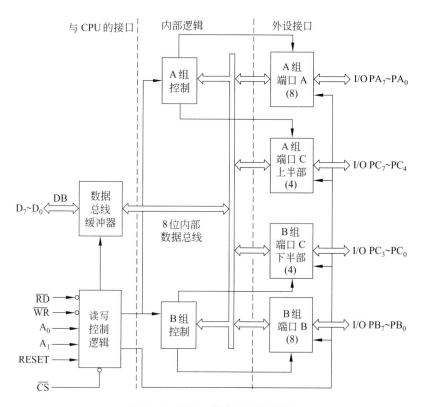

图 10.1 8255A 的内部结构框图

和 8255A 端口之间的信息交换。

2) 读写控制逻辑模块

地址线 A_1、A_0，片选信号 $\overline{CS}$ 和读写控制信号（$\overline{RD}$、$\overline{WR}$），完成内部端口选择和读写操作。

3) A 组和 B 组控制模块

A 组控制模块：管理 A 口（$PA_7 \sim PA_0$）及 C 口的高 4 位（$PC_7 \sim PC_4$）。

B 组控制模块：管理 B 口（$PB_7 \sim PB_0$）及 C 口的低 4 位（$PC_3 \sim PC_0$）。

4) I/O 端口

I/O 通道由 3 个 8 位的端口寄存器，即 A 口、B 口和 C 口组成，A 口、B 口和 C 口都可编程为输入输出，而且都有数据锁存功能。C 口可通过编程分为两个 4 位口，每一个 4 位口都可定义为输入口或输出口，用于传送数据。

2. 8255A 外部引脚

8255A 的外部引脚如图 10.2 所示。

$PA_7 \sim PA_0$：A 口的 I/O 数据线。

$PB_7 \sim PB_0$：B 口的 I/O 数据线。

$PC_7 \sim PC_0$：C 口的 I/O 数据线。

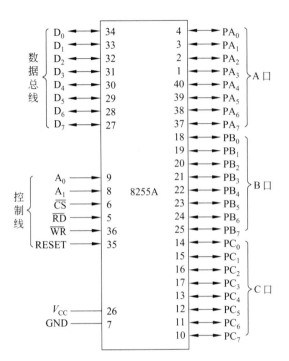

图 10.2　8255A 的外部引脚

$D_7 \sim D_0$：双向数据总线。与系统数据线相连，通过它 CPU 向 8255A 的端口写入控制字或数据；同时 CPU 还可以通过它从 8255A 端口读取数据。

$\overline{CS}$：片选信号。$\overline{CS}=0$，选中 8255A 芯片。

A_1、A_0：端口选择信号，选择端口数据寄存器和控制寄存器。

$\overline{RD}$：读信号，低电平有效。$\overline{RD}$ 有效，CPU 从 8255A 的端口读取数据。

$\overline{WR}$：写信号，低电平有效。$\overline{WR}$ 有效，CPU 向 8255A 端口写入控制字或数据。

RESET：复位信号，高电平有效。RESET 信号有效，所有内部寄存器被清零，同时，3 个数据端口被自动设为输入端口。

3. 8255A 端口编址与读写操作

A_1、A_0 是端口选择信号，当 $\overline{CS}$ 有效时，由 A_1、A_0 的组合选择 8255A 端口数据寄存器和控制寄存器。8255A 的端口编址如下。

$A_1 A_0=00$，选中 A 口数据寄存器。

$A_1 A_0=01$，选中 B 口数据寄存器。

$A_1 A_0=10$，选中 C 口数据寄存器。

$A_1 A_0=11$，选中 8255A 控制寄存器。

8255A 的端口编址与读写操作如表 10.1 所示。

表 10.1 8255A 的端口编址与读写操作

A_1	A_0	$\overline{RD}$	$\overline{WR}$	$\overline{CS}$	输入操作(读)
0	0	0	1	0	从 A 端口读取数据
0	1	0	1	0	从 B 端口读取数据
1	0	0	1	0	从 C 端口读取数据

A_1	A_0	$\overline{RD}$	$\overline{WR}$	$\overline{CS}$	输入操作(写)
0	0	1	0	0	向 A 端口写入数据
0	1	1	0	0	向 B 端口写入数据
1	0	1	0	0	向 C 端口写入数据
1	1	1	0	0	向控制端口写入命令字

10.1.2 8255A 控制字

8255A 的控制字有两个:方式选择控制字和 C 口按位置 0/置 1 控制字。两个控制字共用一个端口地址,用特征位 D_7 来区分。若 $D_7=1$,该控制字为方式选择控制字;若 $D_7=0$,该控制字为 C 口按位置 0/置 1 控制字。8255A 的控制字须写入控制寄存器。

1. 方式选择控制字

方式选择控制字格式如图 10.3 所示。

该控制字可以分别确定 A 口和 B 口的工作方式。C 口分成两部分,C 口的高 4 位 $PC_7 \sim PC_4$ 随 A 口,构成 A 组;C 口的低 4 位 $PC_3 \sim PC_0$ 随 B 口,构成 B 组。

对于 A 口和 B 口而言,在设定工作方式时应该以 8 位为一个整体进行,而 C 口高 4 位和低 4 位可以分别选择不同的输入输出方式。

2. C 口按位置 0/置 1 控制字

8255A 的 C 口按位置 0(复位)/置 1(置位)控制字用于设置 C 口某一位 $PC_i(i=0 \sim 7)$ 输出为低电平(复位)或高电平(置位),对各端口的工作方式没有影响。其控制功能有两个:一是用于对外设的控制,利用该功能,实现 C 口某一位输出一个开关量或一个脉冲,作为外设的启动或者停止信号;二是可用于设置方式 1 和方式 2 的中断允许,此时 C 口按位置 0(复位)/置 1(置位)控制字不影响其 C 口的对应引脚状态,只是起到设置相应中断允许标志(INTE)、开关 8255A 中断的作用。

C 口按位置 0/置 1 控制字的格式如图 10.4 所示。

C 口的按位置 0/置 1 控制字尽管是对 C 口进行操作,但该控制字必须写入控制口,而不是写入 C 口。

例如,若 A 口工作于方式 1 输入,用中断传送方式,控制寄存器口地址为 63H,则应当写入 C 口的按位置 0/置 1 控制字如下:

```
MOV AL, 00001001B
OUT 63H, AL
```

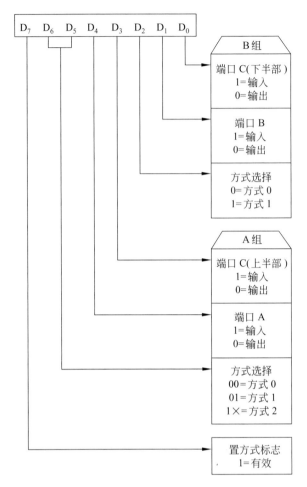

图 10.3　8255A 方式选择控制字

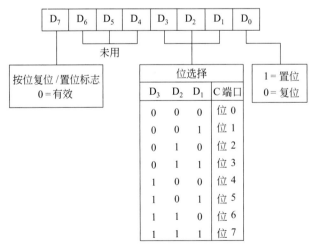

图 10.4　8255A C 口按位置 0/置 1 控制字

该控制字对 PC_4 的按位置 0/置 1 操作不会影响 PC_4 引脚的状态,只起到置位 $INTE_A$ 打开中断的作用。

10.1.3 8255A 的工作方式

8255A 有 3 种工作方式。

方式 0:基本型输入输出方式。

方式 1:选通型输入输出方式。

方式 2:双向数据传输方式。

A 口可以工作在方式 0、方式 1、方式 2;B 口可以工作在方式 0 和方式 1,不能工作在方式 2;C 口只能工作在方式 0,不能工作在方式 1 和方式 2。

当 A 口、B 口工作在方式 1 或 A 口工作在方式 2 时,C 口配合 A 口和 B 口工作,为这两个端口的输入输出提供联络信号。

1. 方式 0

1) 方式 0 的工作特点

方式 0 是基本型输入输出方式,即无条件输入输出方式。这时,端口和外设之间不需要联络信号。A 口、B 口和 C 口可由方式选择控制字规定为输入或输出。

2) 方式 0 的输入输出时序

(1) 方式 0 的输入时序。

图 10.5 为方式 0 的输入时序。

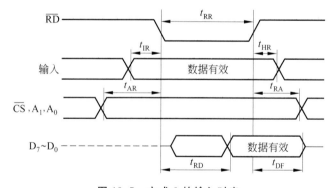

图 10.5 方式 0 的输入时序

8255A 工作在方式 0 输入时,CPU 在读取数据之前,端口数据必须准备好。

当 CPU 对端口执行一条输入指令时,$\overline{CS}$、A_1、A_0 有效,8255A 被选中,随后 $\overline{RD}$ 信号有效,读取端口数据,经 t_{RD} 时间延迟,端口数据被送到系统数据总线上,完成一次输入操作。为了防止读出的数据出错,$\overline{RD}$ 有效期间应保持地址信号有效,端口数据应保持到读信号结束后才能消失,读脉冲的宽度不小于 300ns。

(2) 方式 0 的输出时序。

图 10.6 为方式 0 的输出时序。

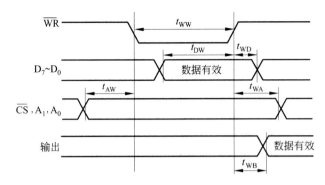

图 10.6　方式 0 的输出时序

8255A 方式 0 输出是 CPU 将数据通过数据总线传送到 8255A 的端口数据线上。在 CPU 执行输出指令之前，端口数据线必须是空闲的。当 CPU 对端口执行一条输出指令时，$\overline{CS}$、A_1、A_0 有效，待输出的数据在系统数据线上，当 $\overline{WR}$ 信号结束后，最长经过 t_{WB}，端口数据线上就会出现有效数据，$\overline{WR}$ 的宽度至少为 400ns，CPU 写入的数据在整个写操作期间要保持有效，当 $\overline{WR}$ 结束后，还需至少保持 $t_{WD}=30$ns。

2. 方式 1

1）方式 1 的工作特点

方式 1 为选通型输入输出方式。8255A 工作在方式 1 时，端口和外设之间必须有联络线，CPU 与 8255A 可以用查询方式或中断方式交换信息。

2）方式 1 的输入

当 8255A 的 A 口或 B 口工作在方式 1 输入时，对应的联络信号如图 10.7 所示。

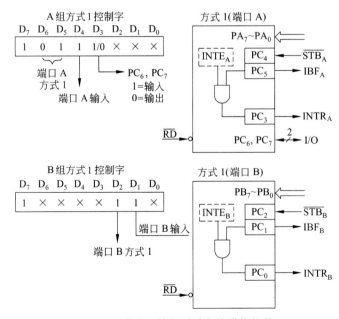

图 10.7　方式 1 输入时对应的联络信号

当 A 口工作在方式 1 输入时，$PA_7 \sim PA_0$ 为端口的输入数据线。PC_5 和 PC_4 为联络线，PC_4 自动定义为"输入"，称为 $\overline{STB}_A$；PC_5 自动定义为"输出"，称为 IBF_A；PC_3 自动定义为中断请求输出线，改称为 $INTR_A$。PC_5、PC_4、PC_3 不受方式选择命令字的控制，PC_7、PC_6 空闲。

当 B 口工作在方式 1 输入时，$PB_7 \sim PB_0$ 为端口的输入数据线。PC_2 和 PC_1 为联络线，PC_2 自动定义为"输入"，改称为 $\overline{STB}_B$；PC_1 自动定义为"输出"，改称为 IBF_B；PC_0 自动定义为中断请求输出线，改称为 $INTR_B$。PC_2、PC_1、PC_0 不受方式选择命令字的控制。

端口联络线的功能如下。

$\overline{STB}$：输入选通信号，低电平有效，由外设发往 8255A。$\overline{STB}$ 有效，外设数据写入相应端口的输入缓冲器中。

IBF：输入缓冲器满，高电平有效，由 8255A 发往外设。当 $\overline{STB}$ 变低，触发 IBF＝1，通知输入设备，8255A 已经收到数据，暂缓输入下一个数据。CPU 采用查询方式从 8255A 读取数据之前，应查询 IBF，只有当 IBF＝1 时，CPU 才能从 A 口或 B 口读取输入数据。当 CPU 读操作完成，恢复 IBF＝0，表示输入缓冲器空。

INTR：中断请求信号，高电平有效。在中断允许（$INTE_A$＝1 或 $INTE_B$＝1）的前提下，8255A 接收到一个端口数据后（IBF＝1），向 CPU 发出中断请求。

$INTE_A$：A 口中断允许寄存器，受 PC_4 的置 0/置 1 命令字控制，当 PC_4＝1 时，A 口允许中断。

$INTE_B$：B 口中断允许寄存器，受 PC_2 的置 0/置 1 命令字控制，当 PC_2＝1 时，B 口允许中断。

3）方式 1 的输入时序

方式 1 的输入时序如图 10.8 所示。

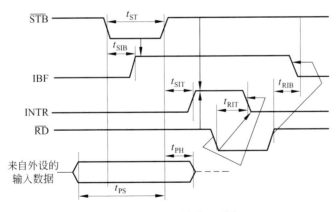

图 10.8　方式 1 的输入时序

方式 1 的输入过程是从外设输入数据并发出 $\overline{STB}$ 有效信号开始。8255A 要求选通脉冲 $\overline{STB}$ 的宽度 t_{ST} 大于 500ns。在 $\overline{STB}$ 下降沿后，经过约 t_{SIB} 时间，8255A 接收到数据，IBF 变为高电平，表示输入缓冲器满。当 $\overline{STB}$ 变为高电平后，如果中断允许（INTE＝1），$\overline{STB}$ 的上升沿经过 t_{SIT} 时间后 INTR 有效，向 CPU 发出中断申请。CPU 响应中断，用 IN 指令读取数据,产生$\overline{\text{RD}}$信号。$\overline{\text{RD}}$信号变低后经过t_{RIT}时间,INTR变为无效,撤销本次中断请求。$\overline{\text{RD}}$信号的上升沿经过t_{RIB}时间,IBF变为低电平,表示输入缓冲器为空,可用于通知外设向CPU传送数据,从而结束一次方式1的输入过程。

4)方式1的输出

当A口或B口工作于方式1的输出时,对应的联络信号如图10.9所示。

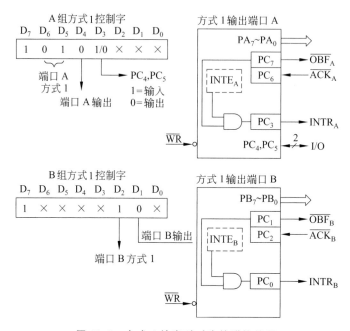

图10.9 方式1输出时对应的联络信号

当A口工作于方式1输出时,PC_7自动定义为输出线,改称为$\overline{\text{OBF}}_A$,PC_6自动定义为输入线,改称为$\overline{\text{ACK}}_A$。$\overline{\text{OBF}}_A$和$\overline{\text{ACK}}_A$为一对联络信号。

当B口工作于方式1输出时,PC_1自动定义为输出线,改称为$\overline{\text{OBF}}_B$,PC_2自动定义为输入线,改称为$\overline{\text{ACK}}_B$。$\overline{\text{OBF}}_B$和$\overline{\text{ACK}}_B$为一对联络信号。

端口联络线的功能如下。

$\overline{\text{OBF}}$:输出缓冲器满,低电平有效。$\overline{\text{OBF}}$为低电平,表示CPU已将输出数据写入指定的端口数据寄存器中,当CPU用查询方式向8255A输出数据时,应先查询$\overline{\text{OBF}}$,只有当$\overline{\text{OBF}}=1$时,CPU才能输出下一个数据。

$\overline{\text{ACK}}$:外设的应答信号,低电平有效。该信号是由已接收数据的外设对$\overline{\text{OBF}}$的应答信号。8255A规定:外设取走端口数据后,必须向$\overline{\text{ACK}}$端子发送脉宽大于300ns的负脉冲。该负脉冲使$\overline{\text{OBF}}=1$。

INTR:中断请求信号,高电平有效。在中断允许($\text{INTE}_A=1$或$\text{INTE}_B=1$)的前提下,当外设取走端口数据之后($\overline{\text{OBF}}=1$),向CPU发出中断请求。

INTE_A:受PC_6的置0/置1命令字控制,当$PC_6=1$时,A口允许中断。

INTE_B:受PC_2的置0/置1命令字控制,当$PC_2=1$时,B口允许中断。

5) 方式 1 的输出时序

方式 1 的输出时序如图 10.10 所示。

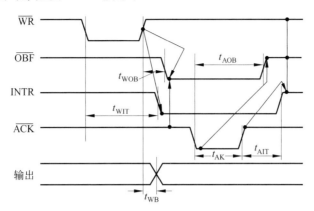

图 10.10 方式 1 的输出时序

CPU 采用中断方式和 8255A 交换信息时,输出过程是由 CPU 响应中断开始的。CPU 响应中断后,执行 OUT 指令输出数据,$\overline{WR}$ 信号有效,$\overline{WR}$ 信号的上升沿一方面使中断请求信号变为无效,表示 CPU 已响应中断;另一方面,使 $\overline{OBF}$ 信号有效,表示输出缓冲器满,通知外设取走数据。外设从端口取走数据后,发出 $\overline{ACK}$ 应答信号。$\overline{ACK}$ 信号有效后约 350ns,$\overline{OBF}$ 信号变为高电平,表示输出缓冲器空,$\overline{ACK}$ 信号的宽度应大于 300ns。$\overline{ACK}$ 信号无效后约 350ns,INTR 信号变为有效,向 CPU 发出中断申请,一个新的输出过程开始了。

3. 方式 2

1) 方式 2 的工作特点

方式 2 为双向数据传输方式,只有 A 口可工作在方式 2。

当 A 口工作在方式 2 时,A 口为输入输出双向口,$PA_7 \sim PA_0$ 为双向数据线,PC_4 和 PC_5 为一对输入联络线,PC_6 和 PC_7 为一对输出联络线,PC_3 为中断请求线。当 A 口工作在方式 2 时,B 口可以工作在方式 0 或方式 1。

2) 方式 2 工作时的联络信号

图 10.11 给出了 8255A 工作在方式 2 时的联络信号。

如图 10.11 所示,当 A 口工作在方式 2 时。PC_7 自动定义为输出线,改称为 $\overline{OBF}_A$;PC_6 自动定义为输入线,改称为 $\overline{ACK}_A$;PC_5 自动定义为输出线,改称为 IBF_A;PC_4 自动定义为输入线,改称为 $\overline{STB}_A$;PC3 自动定义为输出线,改称为 $INTR_A$。

各联络信号功能如下。

$INTR_A$:中断请求信号,高电平有效。

$\overline{STB}_A$:输入选通信号,低电平有效。$\overline{STB}_A$ 有效,外设输入的数据存入端口 A。

IBF_A:输入缓冲器满,高电平有效。IBF_A 有效,表示端口 A 已有数据,外设应暂缓输入新的数据。

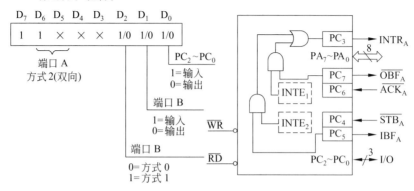

图 10.11 8255A 工作在方式 2 时的联络信号

$\overline{OBF_A}$：输出缓冲器满，低电平有效。$\overline{OBF_A}$ 有效，表示 CPU 已将数据写入 A 口，通知外设可以取走数据。

$\overline{ACK_A}$：外设的应答信号，低电平有效。$\overline{ACK_A}$ 有效，表示 A 口输出的数据已被外设取走。

$INTE_1$：A 口"输出中断允许"寄存器，受 PC_6 的置 0/置 1 命令字控制。

$INTE_2$：A 口"输入中断允许"寄存器，受 PC_4 的置 0/置 1 命令字控制。

3）方式 2 的工作时序

方式 2 的工作时序相当于方式 1 的输入时序和输出时序的组合，如图 10.12 所示。

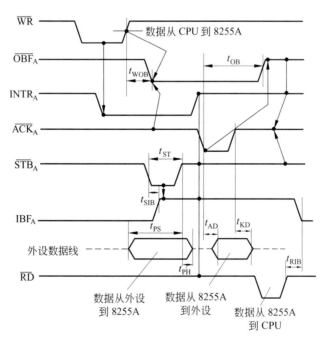

图 10.12 方式 2 的工作时序图

CPU 执行一条针对 A 口的输出指令引发输出过程。$\overline{WR}$ 信号使 INTR 信号变为无效，$\overline{WR}$ 的上升沿使 $\overline{OBF_A}$ 有效，表示输出缓冲器满，通知外设可将端口数据取走。外设取走数据后,向 8255A 发出应答信号 $\overline{ACK_A}$,$\overline{ACK_A}$ 的有效使 $\overline{OBF_A}$ 复位,可以继续输出数据。

选通信号 $\overline{STB_A}$ 引发输入过程,选通信号有效,将输入数据锁存到 A 口的输入锁存器中,IBF_A 变为高电平,表示输入缓冲器满。选通信号 $\overline{STB_A}$ 结束时,中断请求信号变为高电平。CPU 响应中断进行读操作,$\overline{RD}$ 信号有效,将数据从 A 口读到 CPU 中,$\overline{IBF_A}$ 和中断请求信号变为低电平,数据输入过程结束。

10.1.4 8255A 初始化编程

8255A 初始化编程分两步进行:首先把方式选择控制字写入控制口,确定所用端口的工作方式;如果端口选择为方式 1 或方式 2,还要进一步明确,CPU 和 8255A 之间是用查询方式还是用中断方式交换信息,并以此来组织 C 口置 0/置 1 控制字,写入 8255A 控制口,使相应的中断允许标志(INTE)置 0 或置 1,从而达到禁止或开放中断的目的。

完成初始化编程后,CPU 可以用 IN、OUT 指令通过 8255A 和外设交换信息。

【例 10.1】 设 8255A 的控制口地址为 21BH,编写 8255A 的初始化程序。要求 8255A 的 A 口工作在方式 0,数据输出;B 口工作在方式 1,数据输入;C 口的上半部分数据输出,下半部分数据输入;并允许 B 口使用中断方式与 CPU 交换信息。

初始化程序如下:

```
MOV    DX, 21BH
MOV    AL, 10000111B    ;A 口工作在方式 0,数据输出;B 口工作在方式 1,数据输入
OUT    DX, AL
MOV    AL, 00000101B    ;C 口按位置 0/置 1 控制字
OUT    DX, AL
```

【例 10.2】 设 8255A 端口地址为 80H～83H。8255A 的 3 个端口都工作在方式 0,端口 A 为输入,端口 B 为输出,端口 C 为输出。试对其进行初始化。

初始化程序如下:

```
MOV    AL, 90H         ;方式选择控制字 10010000B
OUT    83H, AL
```

写完控制字后,CPU 可以通过 IN/OUT 指令来与 8255A 传送数据:

```
IN     AL, 80H         ;读端口 A 的数据
OUT    81H, AL         ;AL 中数据写入端口 B
OUT    82H, AL         ;写入端口 C
```

10.2 8255A 应用

10.2.1 8255A 在微型计算机系统中的应用

PC/XT 微型计算机使用一片 8255A,端口 A、端口 B 和端口 C 的地址分别为 60H、

61H 和 62H,控制端口地址为 63H。其中端口 A 工作在基本型输入方式,作用是暂存键盘接口电路经串-并转换后的按键扫描码;端口 B 工作在基本型输出方式,其中 PB_7、PB_6 控制键盘接口电路,PB_1、PB_0 控制扬声器发声系统;端口 C 工作在基本型输入方式,用于存放"系统配置开关"的信息。

8255A 应用

在 80286 之后的微型计算机系统中,8255A 的功能被多功能芯片取代,为了保持兼容性,系统仍旧沿用 8255A 的端口地址,仍然可以使用 PB_1、PB_0 控制扬声器发声系统。

10.2.2 8255A 应用举例

8255A 为可编程芯片,工作时应首先对其进行初始化编程。完成了初始化编程之后,CPU 就可以用 IN、OUT 指令通过 8255A 和外设交换数据了。

1. 8255A 控制发光二极管

【例 10.3】 设系统机外扩了一片 8255A 以及相应的实验电路,如图 10.13 所示。预置开关 $K_3 \sim K_1$ 为一组状态,然后按下自动复位按钮 K 产生一个负脉冲信号输入 PC_2,控制对应发光二极管(LED)亮起,主机有按键时结束演示。其中开关与 LED 灯的对应关系如下。

$K_3K_2K_1=000$ 时,LED_0 亮;$K_3K_2K_1=001$ 时,LED_1 亮;$K_3K_2K_1=010$ 时,LED_2 亮;$K_3K_2K_1=011$ 时,LED_3 亮;$K_3K_2K_1=100$ 时,LED_4 亮;$K_3K_2K_1=101$ 时,LED_5 亮;$K_3K_2K_1=110$ 时,LED_6 亮;$K_3K_2K_1=111$ 时,LED_7 亮。

设 $K_3 \sim K_1$ 闭合为 0,断开为 1,此外扩 8255A 口端口地址为 210H~213H。

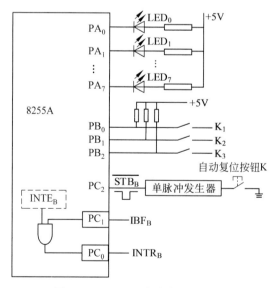

图 10.13 8255A 实验电路示意图

【设计思路】

(1) 8255A 工作方式分析。

根据图 10.13 电路图分析可知,当 PC_2(即 $\overline{STB_B}$)接收到负脉冲信号之后,$K_1 \sim K_3$ 的状态信息被读取到 8255A 的 B 口。CPU 通过读取 B 口信息,根据 $PB_0 \sim PB_2$ 的状态,输出相应数据到 A 口,使相应的 LED 灯亮。因此,8255A 的 A 口应工作在基本型输出方式,B 口应工作在选通型输入方式。

(2) CPU 与 8255A 交换信息的方式。

B 口工作在选通型输入方式,因此 CPU 可采用查询方式或中断方式与 8255A 交换信息。

① 查询方式。当 PC_2 收到负脉冲信号后,$K_1 \sim K_3$ 的状态信息被锁存入 B 口,此时 8255A 输入缓冲器满,标志线 IBF_B(即 PC_1)会被置 1。因此,在查询方式下,此时 CPU 可以查询 PC_1 为高电平还是低电平。当 PC1 为 1(高电平)时,可执行 B 口输入指令,再进行 A 口的输出,控制特定的 LED 灯点亮。

② 中断方式。CPU 采用中断方式和 8255A 交换信息时,此外扩 8255A 要使用系统用户中断。此时,需要将实验电路中 8255A 的 PC_0 连接到系统 ISA 总线 B_4 端子。同时要设置 B 口 $INTE_B$ 为 1(即令 $PC_2 = 1$);在正常工作后,当 PC_2 收到负脉冲信号之后,$K_1 \sim K_3$ 的状态信息被存入 B 口数据寄存器,8255A 使 PC_1 为 1,从而会引发 PC_0 为 1,并提出中断请求。随后在中断服务子程序中即可以读取 B 口信息,并随之输出到 A 口点亮或熄灭 LED 灯。

根据以上的分析,8255A 方式字应为 10000110B(86H),其中,在查询方式下,B 口禁止中断的命令字为 04H;在中断方式下,B 口允许中断的命令字为 05H。

【查询方式程序清单】

```
            ;FILENAME: EXA103_1.ASM
            .586
DATA        SEGMENT    USE16
MESG        DB         '8255A READY…',0DH,0AH,'$'
TAB         DB         11111110B
            DB         11111101B
            DB         11111011B
            DB         11110111B
            DB         11101111B
            DB         11011111B
            DB         10111111B
            DB         01111111B
DATA        ENDS
CODE        SEGMENT    USE16
            ASSUME     CS: CODE,DS: DATA
BEG:        MOV        AX,DATA
            MOV        DS,AX
            CALL       I8255A                    ;8255A 初始化
```

	MOV	AH,9	
	MOV	DX,OFFSET MESG	
	INT	21H	;给出操作提示
SCAN:	MOV	AH,1	
	INT	16H	;是否有输入
	JNZ	RETURN	;有
	MOV	DX,212H	
	IN	AL,DX	;读 8255A 的 C 口
	TEST	AL,1	;PC_1 是否为 1
	JZ	SCAN	;否
	MOV	DX,211H	
	IN	AL,DX	;读 8255A 的 B 口
	AND	AL,07H	
	MOV	BX,OFFSET TAB	
	MOV	AH,0	
	MOV	SI,AX	
	MOV	AL,[BX+SI]	
	MOV	DX,210H	
	OUT	DX,AL	;输出控制码到 A 口
	JMP	SCAN	
RETURN:	MOV	AH,4CH	
	INT	21H	;返回 DOS
I8255A	PROC		
	MOV	DX,213H	
	MOV	AL,86H	
	OUT	DX,AL	;写入工作方式字
	MOV	AL,04H	
	OUT	DX,AL	;令 $PC_2=0$ ($INTE_A=0$)
	MOV	DX,210H	
	MOV	AL,0FFH	
	OUT	DX,AL	;熄灭 LED 灯
	RET		
I8255A	ENDP		
CODE	ENDS		
	END	BEG	

【中断方式程序清单】

		;FILENAME: EXA103_2.ASM
		.586
DATA	SEGMENT	USE16
MESG	DB	'8255A READY…',0DH,0AH,'$'
TAB	DB	11111110B
	DB	11111101B
	DB	11111011B

```
              DB         11110111B
              DB         11101111B
              DB         11011111B
              DB         10111111B
              DB         01111111B
DATA          ENDS
CODE          SEGMENT USE16
              ASSUME     CS:CODE,DS:DATA
BEG:          MOV        AX,DATA
              MOV        DS,AX
              CLI
              CALL       I8255A              ;8255A 初始化
              CALL       WRITE0A             ;置换 0AH 型中断向量
              CALL       I8259               ;开放用户中断
              MOV        AH,9
              MOV        DX,OFFSET MESG
              INT        21H                 ;给出操作提示
              STI                            ;开中断
SCAN:         MOV        AH,1
              INT        16H                 ;是否有输入
              JZ         SCAN                ;无,转
              IN         AL,0A1H
              OR         AL,00000010B
              OUT        0A1H,AL             ;屏蔽用户中断
              MOV        AH,4CH
              INT        21H                 ;返回 DOS
SERVICE       PROC
              PUSH       AX
              PUSH       DS
              MOV        AX,DATA
              MOV        DS,AX
              MOV        DX,211H
              IN         AL,DX               ;读 8255A 的 B 口
              AND        AL,07H
              MOV        BX,OFFSET TAB
              MOV        AH,0
              MOV        SI,AX
              MOV        AL,[BX+SI]
              MOV        DX,210H
              OUT        DX,AL               ;表项送 8255A 的 A 口
              MOV        AL,20H              ;中断结束命令
              OUT        20H,AL              ;主 8259 中断结束
              POP        DS
              POP        AX
```

```
                IRET                        ;中断返回
    SERVICE     ENDP
    I8255A      PROC
                MOV     DX,213H
                MOV     AL,86H
                OUT     DX,AL               ;写入方式字
                MOV     AL,05H
                OUT     DX,AL               ;PC_2=1(INTE_B=1)
                MOV     DX,210H
                MOV     AL,0FFH
                OUT     DX,AL               ;熄灭 LED 灯
                RET
    I8255A      ENDP
    WRITE0A     PROC
                PUSH    DS
                MOV     AX,CODE
                MOV     DS,AX
                MOV     DX,OFFSET SERVICE
                MOV     AX,250AH
                INT     21H
                POP     DS
                RET
    WRITE0A     ENDP
    I8259       PROC
                IN      AL,21H
                AND     AL,11111011B
                OUT     21H,AL              ;开放从 8259 中断
                IN      AL,0A1H
                AND     AL,11111101B
                OUT     0A1H,AL             ;开放用户中断
                RET
    I8259       ENDP
    CODE        ENDS
                END     BEG
```

2. 8255A 与打印机接口

打印机一般采用 Centronics 并行接口标准（详见 10.3 节），其主要信号与传递时序如图 10.14 所示。主机和打印机通信时的联络信号主要是握手联络信号线 $\overline{\text{STROBE}}$、$\overline{\text{ACKNLG}}$ 和 1 根忙标志线 BUSY，打印字符的 ASCII 码通过 8 根并行数据线传送给打印机。

当主机要求打印机工作时，首先测试 BUSY 信号是否为低电平，若 BUSY 为低电平，表示打印机空闲，主机可向打印机输出数据。主机发送一个数据，并且产生 $\overline{\text{STROBE}}$ 选

图 10.14 Centronics 并行接口时序

通信号,打印机在 $\overline{\text{STROBE}}$ 下降沿读取数据。打印机接收到数据后,置 BUSY 为高电平,表示打印机不空,不再接收新的数据。打印机接收完数据,发出 $\overline{\text{ACKNLG}}$ 应答信号,通知主机当前数据已取走。在 $\overline{\text{ACKNLG}}$ 变低后 $5\mu s$,打印机置 BUSY 为低电平,再过 $5\mu s$,$\overline{\text{ACKNLG}}$ 变为高电平,允许 CPU 发送数据。

【例 10.4】 采用如图 10.15 所示的 8255A 方式 0 与打印机接口的电路,CPU 通过 8255A 利用查询方式向打印机输出一个字符串。假设 8255A 的端口地址为 80H~83H。

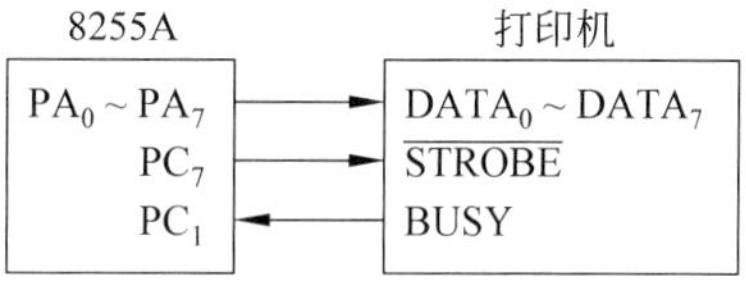

【思路分析】

根据图 10.15 所示的电路图,8255A 端口 A 为方式 0 输出打印数据,端口 C 的 PC_7 引脚产生负脉冲选通信号,PC_1 引脚连接打印机的忙信号,以查询

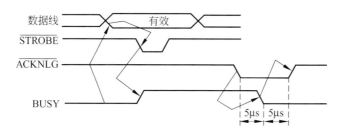

图 10.15 8255A 方式 0 与打印机接口

其工作状态。由于 BUSY 与 $\overline{\text{ACKNLG}}$ 信号的变化具有相关性,因此在实际应用中,可选择其一作为联络线,本例中选用 BUSY 信息用作联络信息。

同时结合图 10.14,在编程中需要先通过 PC_1 查询打印机 BUSY 的信号,然后对 PC_7 产生一个 $\overline{\text{STROBE}}$ 负脉冲进行打印机选通。

【程序清单】

```
            ;FILENAME: EXA104.ASM
            .586
DATA        SEGMENT    USE16
BUF         DB         'HELLO', 0AH, 0DH
LENS        EQU        $-BUF
DATA        ENDS
CODE        SEGMENT    USE16
ASSUME      CS:CODE, DS:DATA
BEG:        MOV        AX,DATA
            MOV        DS,AX
            CALL       I8255           ;8255A 初始化
            LEA        BX,BUF
            MOV        CX,LENS
SCAN:       IN         AL,82H          ;读取端口 C
            TEST       AL,02H          ;查询打印机的状态
            JNZ        SCAN            ;PC₁=1,打印机忙,则循环等待
```

```
                MOV     AL,[BX]
                OUT     80H,AL          ;PC₁=0,打印机不忙,则输出数据到 A 口
                MOV     AL, 0
                OUT     82H, AL         ;置 PC₇=0,即置$\overline{STROBE}$=0
                NOP
                NOP                     ;此处可根据实际情况增加延时,保证
                                        ;$\overline{STROBE}$的负脉冲具有一定宽度
                INC     AL, 80H
                OUT     82H, AL         ;置 PC₇=1,即置$\overline{STROBE}$=1
                INC     BX              ;产生负脉冲STROBE信号
                LOOP    SCAN
                MOV     AH,4CH
                INT     21H
I8255           PROC
                MOV     AL,81H          ;A 口方式 0 输出,C 口上部分方式 0 输出,下部
                                        ;分方式 0 输入
                OUT     83H,AL
                MOV     AL,80H          ;初始 PC₇ 为 1, 即$\overline{STROBE}$=1
                OUT     82H,AL
                RET
I8255           ENDP
CODE            ENDS
                END     BEG
```

10.3 打印机并行接口

PC 系列机打印设备主要有针式打印机、激光打印机和喷墨打印机等。针式打印机采用点阵式结构由打印头上的打印针通过色带在纸上打印小点,构成字符和图形;喷墨打印机是把墨粒子直接喷到打印纸上产生字符和图形;激光打印机利用激光感光技术打印出字符和图形。计算机通过输出控制代码,设置打印机工作在图形或字符打印模式。在字符打印模式下,凡送打印机打印的字符,需用 ASCII 码表示。

PC 系列微型计算机的打印机接口大多使用并行接口,即 Centronics 并行接口标准,但也可以使用其他类型接口,如使用 RS-232C 串行接口。目前随着 USB 总线技术的发展,很多计算机外设通过 USB 接口与主机连接。USB 接口是一种串行总线接口(见 6.4.3 节),通用性好、速度快、占用空间少,因此在微型计算机系统上得到广泛应用,特别是笔记本计算机,几乎完全使用 USB 接口代替了传统的并行接口和串行接口等。

本节介绍打印机并行接口。

10.3.1 打印机并行接口标准

打印机并行接口通常采用 Centronics 并行接口标准,共有 36 个引脚信号。

在系统连接时,打印机一端是 36 芯 D 型插座,主机一端是 25 芯 D 型插座,表 10.2 列出了主机和打印机之间接口信号的连线表。

表 10.2 主机和打印机之间接口信号的连线表

信　　号	PC 并行接口 25 芯 D 型插座引脚	信 号 方 向	打印机并行接口 36 芯 D 型插座引脚	功 能 说 明
$D_0 \sim D_7$	2~9	主机→打印机	2~9	数据线(低电平接收数据)
$\overline{\text{STROBE}}$	1	主机→打印机	1	数据选通脉冲
$\overline{\text{ACKNLG}}$	10	主机→打印机	10	打印机应答信号,表示已接收到数据
BUSY	11	主机→打印机	11	打印机忙,不能接收新的数据
PE	12	主机→打印机	12	缺纸
SLCT	13	主机→打印机	13	表示打印机能工作
$\overline{\text{AUTO FEEDXT}}$	14	主机→打印机	14	打印一行后,自动走纸
$\overline{\text{ERROR}}$	15	主机→打印机	32	无纸、脱机等出错指示
$\overline{\text{INIT}}$	16	主机→打印机	31	初始化打印机
$\overline{\text{SLCT IN}}$	17	主机→打印机	36	允许打印机工作
GND	18~25		19~30,33	地线

10.3.2 打印机适配器

PC 系列机的打印机适配器是一种专用的并行接口电路。具有多种形式,但基本功能都相同,均支持各种类型的打印机和主机连接。

PC 系列机一般可配置 3 个打印机适配器 LPT_1、LPT_2 和单显/打印机,每个打印机并行接口占用 3 个 I/O 端口地址,分别对应数据端口、控制端口和状态端口,其端口地址如表 10.3 所示。

表 10.3 打印机 I/O 端口地址分配

打印机接口	数据端口	状态端口	控制端口
LPT_1	378H	379H	37AH
LPT_2	278H	279H	27AH
单显/打印机	3BCH	3BDH	3BEH

1. 控制寄存器(37AH/27AH)

控制寄存器的功能包括初始化打印机接口、设置中断方式等,其格式如图 10.16 所示。

D_0: 当 CPU 向打印机发送数据时,用于控制产生数据选通信号。CPU 每输出一个打印字符,该位先置 1,然后再置 0,进行数据选通。

D_7	D_6	D_5	D_4	D_3	D_2	D_1	D_0
×	×	×	允许中断	联机	初始化	自动换行	数据选通

图 10.16 控制寄存器格式

$D_1=1$,表示控制打印机自动换行。

D_2:初始化打印机接口和初始化打印机。初始化打印机接口主要设置控制寄存器,包括设置中断方式、自动换行方式、联机等;初始化打印机在打印机加电时自动完成,也可通过将 D_2 先清 0,然后延迟 $50\mu s$,再将 D_2 置 1,这样,$\overline{\text{INIT}}$ 上产生一个 $50\mu s$ 的负脉冲,清除打印机缓冲区。

$D_3=1$,表示主机与打印机处于联机状态。

$D_4=1$,表示允许打印机适配器提出中断请求。即当 $\overline{\text{ACKNLG}}$ 为低电平时,打印机适配器向 8259A 发中断请求信号 IRQ_7。

$D_5 \sim D_7$,未用。

2. 状态寄存器(379H/279H)

状态寄存器提供打印机工作状态,供 CPU 读取。

状态寄存器格式如图 10.17 所示。$D_6 \sim D_3$ 位的状态电平来自 25 芯插座同名信号线,D_7 位是忙标志线的反相电平。

D_7	D_6	D_5	D_4	D_3	D_2	D_1	D_0
$\overline{\text{BUSY}}$	$\overline{\text{ACKNLG}}$	PE	SLCT	$\overline{\text{ERROR}}$	×	×	×
忙/闲	应答	缺纸	联机	错误标志			

图 10.17 状态寄存器格式

$D_0 \sim D_2$,未用。

$D_3=0$,表示打印机出错,包括脱机、缺纸及其他错误。

$D_4=1$,表示主机与打印机处于联机状态。

$D_5=1$,表示打印机缺纸。

$D_6=0$,表示打印机准备就绪,由打印机发 $\overline{\text{ACKNLG}}$ 信号,使 $D_6=0$。

$D_7=0$,表示打印机忙,不能接收主机发送的数据。

10.3.3 打印机接口编程

主机对打印机的控制可以通过对其适配器的编程来实现,也可通过 BIOS 或 DOS 功能调用来实现。在字符打印模式下,凡送打印机的字符,全部需用 ASCII 码表示。

1. 打印机适配器端口直接编程

对打印机适配器端口直接编程可实现查询方式或中断方式的字符打印。

1)查询方式

查询方式首先不断测试 BUSY 信号,如果 BUSY 信号为低电平,打印机空闲,则发送欲打印字符信息,同时发送选通信号$\overline{\text{STROBE}}$,将字符信息送入打印机数据缓冲区。

【例 10.5】 简易的查询方式打印程序。

通过系统并行口 1,打印一行字符'HELLO!'。并行口 1 的数据端口地址为 378H,状态端口地址为 37AH,状态端口地址为 379H。

【程序清单】

```
                ;FILENAME:10_3.ASM
                .586
DATA    SEGMENT
BUFFER  DB      'HELLO !',0DH,0AH
COUNT   EQU     $-BUFFER
DATA    ENDS
CODE    SEGMENT
        ASSUME  CS:CODE,DS:DATA
BEG:    MOV     AX,DATA
        MOV     DS,AX
        MOV     BX,OFFSET BUFFER
        MOV     CX,COUNT
CHECK:  MOV     DX,379H
        IN      AL,DX           ;状态字→AL
        AND     AL,80H
        JZ      CHECK           ;忙,转
        MOV     AL,[BX]
        MOV     DX,378H
        OUT     DX,AL           ;输出一个字符编码
        MOV     AL,00001101B
        MOV     DX,37AH
        OUT     DX,AL
        MOV     AL,00001100B
        OUT     DX,AL           ;发选通脉冲
        INC     BX
        LOOP    CHECK           ;循环计数
        MOV     AH,4CH
        INT     21H
CODE    ENDS
        END     BEG
```

2) 中断方式

中断方式打印程序的设计要点如下。

(1) 设置打印适配器中的控制寄存器,关键是令 $D_4=1$,允许打印机中断。

(2) 微型计算机系统并口 1 的中断类型为 0FH,程序要预先置换 0FH 型中断向量,把打印机中断服务子程序的入口地址写入 4×0FH~4×0FH+3 单元中,还要将主 8259 中断屏蔽寄存器 D_7 位置 0,开放打印机中断。

(3) 在做了这些准备工作之后,程序应主动地向打印机输出一个字符,该字符的作用是启动打印机中断(本例中使用回车字符)。打印机收到字符后,通过$\overline{ACKNLG}$联络线,向打印适配器回送一个负脉冲,适配器将其反向送往主 8259 IR_7,作为打印适配器的中断请求,CPU 响应中断后,转入打印机中断服务子程序,继续发出下一个字符。

【例 10.6】 用中断方式打印 4 行'HELLO'。

并行口 1 的数据端口地址为 378H,控制端口地址为 37AH,状态端口地址为 379H。

【程序清单】

```
              ;FILENAME:10_4.ASM
              .586
DISP   MACRO   VAR
       MOV     AH,9
       MOV     DX,OFFSET VAR
       INT     21H
       ENDM
PRINT  MACRO                           ;打印一个字符
       MOV     DX,378H
       MOV     AL,[BX]
       OUT     DX,AL                   ;输出一个字符编码
       MOV     DX,37AH
       MOV     AL,00011101B
       OUT     DX,AL
       MOV     AL,00011100B
       OUT     DX,AL                   ;发选通脉冲
       INC     BX                      ;地址加一
       ENDM
SCAN   MACRO                           ;测试打印机状态
       MOV     DX,379H
       IN      AL,DX                   ;状态字→AL
       TEST    AL,20H
       JNZ     ERR_1                   ;缺纸,转
       TEST    AL,10H
       JZ      ERR_2                   ;未联机,转
       TEST    AL,08H
       JZ      ERR_3                   ;打印机出错,转
       ENDM
DATA   SEGMENT
OLD0F  DD      ?
BUF    DB      0DH,4 DUP('HELLO !',0DH,0AH),0
MESG1  DB      'Paper is not ready ! $'
MESG2  DB      'Printer is not ready ! $'
MESG3  DB      'Printer error! $'
MESG4  DB      'End ! $'
```

```
DATA        ENDS
CODE        SEGMENT
            ASSUME    CS:CODE,DS:DATA
BEG:        MOV       AX,DATA
            MOV       DS,AX
            CALL      INIT                      ;打印初始化
            SCAN                                 ;测试打印机状态
            CLI
            CALL      READ0F                    ;转移 0FH 型中断向量
            CALL      WRITE0F                   ;写入打印机中断向量
            CALL      I8259                     ;开放打印机中断
            STI
            MOV       BX,OFFSET BUF
            PRINT                                ;启动打印机中断
CHECK:      CMP       BYTE PTR [BX],0
            JZ        SUCCESS                   ;打印结束,转
            SCAN                                 ;测试打印机状态
            JMP       CHECK
ERR_1:      DISP      MESG1                     ;显示"缺纸"
            JMP       EXIT
ERR_2:      DISP      MESG2                     ;显示"打印机未准备好"
            JMP       EXIT
ERR_3:      DISP      MESG3                     ;显示"打印机出错"
            JMP       EXIT
SUCCESS:    DISP      MESG4                     ;显示结束信息
            CALL      RESET                     ;恢复系统资源
EXIT:       MOV       AH,4CH
            INT       21H
;------------------------------------------------
SERVICE     PROC
            PUSH      AX                        ;保护现场
            PUSH      DX                        ;保护现场
            PRINT                                ;打印一个字符
            MOV       AL,20H                    ;中断结束命令
            OUT       20H,AL                    ;→主 8259
            POP       DX                        ;恢复现场
            POP       AX                        ;恢复现场
            IRET                                 ;中断返回
SERVICE     ENDP
;------------------------------------------------
INIT        PROC                                 ;打印初始化
            MOV       DX,37AH
            MOV       AL,00011000B              ;命令字($D_2=0$)
            OUT       DX,AL                     ;→控制寄存器
```

```
                MOV     AH,86H                  ;延时
                MOV     CX,0
                MOV     DX,50
                INT     15H                     ;50μm
                MOV     DX,37AH
                MOV     AL,00011100B            ;命令字(D₂=1)
                OUT     DX,AL                   ;→控制寄存器
                RET
INIT            ENDP
;------------------------------------------------
READ0F          PROC                            ;转移0FH型中断向量
                MOV     AX,350FH
                INT     21H
                MOV     WORD PTR OLD0F,BX
                MOV     WORD PTR OLD0F+2,ES
                RET
READ0F          ENDP
;------------------------------------------------
WRITE0F         PROC                            ;写入打印机中断向量
                PUSH    DS
                MOV     AX,CODE
                MOV     DS,AX
                MOV     DX,OFFSET SERVICE
                MOV     AX,250FH
                INT     21H
                POP     DS
                RET
WRITE0F         ENDP
;------------------------------------------------
I8259           PROC                            ;开放打印机中断
                IN      AL,21H
                AND     AL,01111111B
                OUT     21H,AL
                RET
I8259           ENDP
;------------------------------------------------
RESET           PROC                            ;恢复系统资源
                IN      AL,21H
                OR      AL,10000000B
                OUT     21H,AL                  ;屏蔽打印机中断
                MOV     DX,WORD PTR OLD0F
                MOV     DS,WORD PTR OLD0F+2
                MOV     AX,250FH
                INT     21H                     ;恢复0FH型中断向量
```

```
                RET
RESET   ENDP
CODE    ENDS
        END     BEG
```

2. BIOS 功能调用

在 BIOS 中提供了打印机管理程序,用户可使用 INT 17H 功能调用,完成字符打印。

【INT 17H 0 号功能】 打印一个字符。

入口参数:AL=打印字符的 ASCII 码。
　　　　　DX=打印机号(0~2)。

出口参数:AH=打印机状态。

【INT 17H 1 号功能】 初始化打印机。

入口参数:DX=打印机号(0~2)。

出口参数:AH=打印机状态。

【INT 17H 2 号功能】 读打印机状态。

入口参数:DX=打印机号(0~2)。

出口参数:AH=打印机状态。

注意:并口 1 的打印机号为 0,返回到 AH 的打印机状态寄存器格式如图 10.18 所示。

D_7	D_6	D_5	D_4	D_3	D_2	D_1	D_0
$\overline{BUSY}$	ACKNLG	PE	SLCT	ERROR	×	×	TIMEOUT
忙/闲	应答	缺纸	联机	错误标志			超时

图 10.18 状态寄存器格式(INT 17H,2 号功能出口参数)

$D_0=1$,表示打印机超时。当打印机处于忙状态超过 1s,表明打印机出现意外故障,CPU 测试到超时状态,可以从循环查询中退出。

D_1、D_2,未用。

$D_3=1$,表示打印机出错。该位功能和打印机适配器状态寄存器 D_3 位一致,但信号极性相反。

$D_4=1$,表示打印机与本机处于联机状态。该位功能和打印机适配器状态寄存器 D_4 位一致。

$D_5=1$,表示打印机缺纸。该位功能和打印机适配器状态寄存器 D_5 位一致。

$D_6=1$,表示打印机应答信号有效。该位功能和打印机适配器状态寄存器 D_6 位一致,但信号极性相反。

$D_7=1$,表示打印机空闲。该位功能和打印机适配器状态寄存器 D_7 位一致。

3. DOS 功能调用

用户可调用 INT 21H 的 5 号功能,完成字符打印功能。

【INT 21H 5 号功能】 打印一个字符。

入口参数：DL＝打印字符的 ASCII 码。

出口参数：无。

10.4 本章小结

本章首先介绍可编程并行输入输出接口芯片 8255A 的内部结构、外部引脚、3 种工作方式、控制字以及初始化编程与应用编程；接着讨论打印机并行接口标准和编程。

重点掌握内容：8255A 芯片内部有 3 个 8 位的输入输出端口，即 A 口、B 口和 C 口；8255A 的端口编址与读写操作；8255A 的控制字，即方式选择控制字和 C 口按位置 0/置 1 控制字；8255A 的 3 种工作方式，即方式 0——基本型输入输出方式、方式 1——选通型输入输出方式、方式 2——双向数据传输方式；各数据口的工作方式；方式 0 和方式 1 的工作过程；方式 1 对应的联络信号；8255A 的初始化和应用编程。

习 题

1. 并行接口芯片有什么特点？一般应用于什么场合？
2. 8255A 各端口有几种工作方式？
3. 8255A 的 3 个端口在使用时有何区别？
4. 8255A 工作在方式 1 和方式 2 时，哪些引脚是联络线？这些联络信号有效时代表什么物理意义？
5. 当 CPU 用查询方式和 8255A 交换信息时，应查询哪些信号？当 CPU 用中断方式和 8255A 交换信息时，利用哪些端子提中断请求？
6. 8255A 的方式选择控制字和 C 口按位置 0/置 1 控制字都是写入控制端口的，8255A 是怎样识别的？
7. 8255A 工作在方式 1 输入时，如果 CPU 用查询方式和 8255A 交换信息，为什么不查询 $\overline{STB}$ 信号？
8. 8255A 工作在方式 1 或者方式 2 时，设置中断允许，应采取什么措施？
9. 说明打印机 Centronics 并行接口时序。
10. 简述采用查询方式对打印机接口编程的工作过程。

第 11 章 可编程定时器/计数器

计算机系统中常常需要用到定时信号或对外部信号计数。例如，动态存储器的刷新定时、系统日时钟的计时以及发声系统的声源等。

一般定时操作可用软件和硬件两种方法实现。用软件方法实现定时，是通过执行延时程序来达到目的，这种方法不需要硬件设备，但是，CPU 执行延时程序将增加时间开销，降低了 CPU 的效率，而且往往不够精确。用硬件方法实现定时，一般采用定时器/计数器，可编程定时器/计数器具备定时和计数两个功能。

常用的可编程定时器/计数器有 8253 和 8254 等，8254 是 8253 的增强型，它具备 8253 的全部功能，工作频率更高。凡是应用 8253 的系统，均可用 8254 取代。在高档微型计算机系统中，定时器/计数器常由多功能芯片实现，但在性能上与 8253/8254 兼容。

第 11 章 导语

第 11 章 课件

11.1 8254 概述

11.1.1 8254 的内部结构

8254 内部有 3 个独立的 16 位计数器，每个计数器有 6 种工作方式，计数初值的数制可设定为二进制或 BCD 码，每个计数器允许的最高计数频率为 10MHz，有读出命令。

8254 的内部结构框图如图 11.1 所示，它由与 CPU 的接口、内部控制电路及 3 个计数器构成。

8254 概述

1. 数据总线缓冲器

数据总线缓冲器是一个三态、双向 8 位寄存器，用于将 8254 与系统总线 $D_7 \sim D_0$ 相

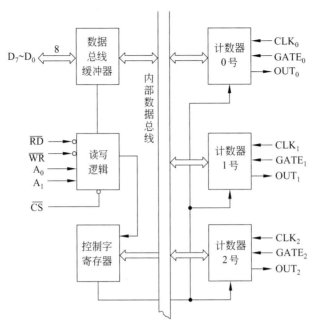

图 11.1　8254 的内部结构框图

连。数据总线缓冲器有 3 个基本功能：CPU 通过数据总线缓冲器向 8254 写入确定工作方式的命令字；向某一计数器写入计数初值；从某一计数器读取当前的计数值。

2. 读写逻辑

读写逻辑为 8254 内部的控制电路，当片选信号 $\overline{CS}=0$ 时，由 A_1、A_0 信号（通常接 CPU 地址线 A_1、A_0）选择内部寄存器，由读信号 $\overline{RD}$（通常接 CPU 的 $\overline{IOR}$）和写信号 $\overline{WR}$（通常接 CPU 的 $\overline{IOW}$）完成对选定寄存器的读写操作。

当片选信号 $\overline{CS}=1$ 时，数据总线缓冲器与系统数据总线脱开，呈高阻状态。

3. 控制字寄存器

初始化编程时，由 CPU 写入控制字，以决定计数器的工作方式，设置读出命令。此寄存器只能写入，不能读出。

4. 计数器

8254 有 3 个独立的计数器，每个计数器的结构完全相同，如图 11.2 所示。

每个计数器对外有 3 个引脚：$GATE_i$ 为门控信号输入端，CLK_i 为计数脉冲输入端，OUT_i 为输出信号端。

初始化编程时，程序员向计数初值寄存器写

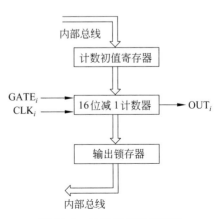

图 11.2　计数器结构示意图

入的计数初值(只要不写入新的初值,该值始终保持不变)将自动送入 16 位减 1 计数器。当 $\text{GATE}_i=1$ 时,每一个 CLK_i 信号的下降沿使减 1 计数器减 1,当计数值减到某个规定数值时(取决于设定的工作方式),OUT_i 端产生输出信号。在计数过程中,锁存器随减 1 计数器的变化而变化。

计数脉冲可以是有规律的时钟信号,用于定时;也可以是随机脉冲信号,用于计数。

计数初值 N 的计算公式为

$$N = f_{\text{CLK}_i}/f_{\text{OUT}_i}$$

5. 8254 端口地址

8254 内有 3 个计数器,有各自的计数初值寄存器,还有一个公用的控制字寄存器。对 8254 的操作,实际上是分别对这 4 个寄存器的读写操作。因此在选中芯片的同时,还必须选择其中的一个寄存器。在对 8254 芯片的地址译码时,往往使用地址线 A_1、A_0 选择 8254 芯片中的寄存器,其他高位地址线译码产生 $\overline{\text{CS}}$ 片选信号,选通 8254。

在 $\overline{\text{CS}}$ 等于 0 的前提下:

$A_1A_0=00$,选中 0#计数器;

$A_1A_0=01$,选中 1#计数器;

$A_1A_0=10$,选中 2#计数器;

$A_1A_0=11$,选中控制字寄存器。

11.1.2 8254 引脚功能

8254 的外部引脚如图 11.3 所示。

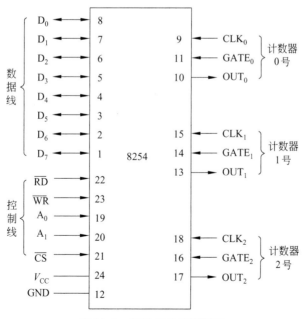

图 11.3 8254 的外部引脚图

8254 使用单一+5V 电源,有 24 个引脚,采用双列直插式封装。

$D_7 \sim D_0$ 为数据线,与 CPU 数据线相连。$\overline{CS}$ 为片选信号输入端。A_1、A_0 为内部寄存器选择信号,接 CPU 地址线 A_1、A_0。$\overline{RD}$、$\overline{WR}$ 接收来自 CPU 的输入、输出读写命令。$GATE_0 \sim GATE_2$、$CLK_0 \sim CLK_2$ 和 $OUT_0 \sim OUT_2$ 是 3 个计数器的外部引脚。

表 11.1 给出了 8254 内部寄存器的读写操作。

表 11.1 8254 内部寄存器的读写操作

$\overline{CS}$	$\overline{RD}$	$\overline{WR}$	A_1	A_0	操　　作
0	1	0	0	0	计数初值写入 0 号计数器
0	1	0	0	1	计数初值写入 1 号计数器
0	1	0	1	0	计数初值写入 2 号计数器
0	1	0	1	1	向控制字寄存器写控制字
0	0	1	0	0	读 0 号计数器的当前计数值
0	0	1	0	1	读 1 号计数器的当前计数值
0	0	1	1	0	读 2 号计数器的当前计数值
0	0	1	1	1	无操作
1	×	×	×	×	禁止
0	1	1	×	×	无操作

11.2 8254 的工作方式

8254 的 3 个计数器均有 6 种工作方式,其主要区别如下。

(1) 输出波形不同。
(2) 启动计数器的触发方式不同。
(3) 计数过程中门控信号 GATE 对计数操作的影响不同。
(4) 有的工作方式具备"初值自动重装"的功能。初值自动重装的功能是当计数值减到规定的数值后,计数初值将会自动地装入计数器重新进行计数。

8254 的工作方式

1. 方式 0——计数结束输出正跃变信号

8254 工作在方式 0 时,其工作波形如图 11.4 所示。

方式 0 工作的特点如下。

(1) 写入控制字后,OUT 端输出低电平,写入计数初值后,OUT 端保持低电平,计数器开始对 CLK 脉冲进行减 1 计数。当计数值减为 0 时,OUT 端输出变为高电平。此信号可用于向 CPU 发出中断请求。

方式 0 不具备"初值自动重装"的功能。

(2) 在计数过程中,如果改变计数初值,则

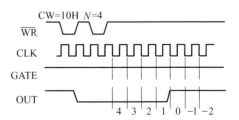

图 11.4 8254 工作在方式 0 时的波形图

在写入新的计数初值后,计数器将以新的值为计数初值,重新开始减 1 计数,如图 11.5 所示。

(3) GATE 为计数控制信号,当 GATE=1 时,允许计数;当 GATE=0 时,停止计数。其波形如图 11.6 所示。

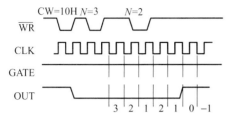 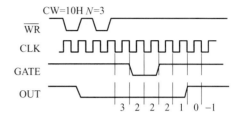

图 11.5　方式 0 计数过程中改变计数值　　　图 11.6　方式 0 时 GATE 信号的作用

2. 方式 1——单脉冲发生器

8254 工作在方式 1 时,其工作波形如图 11.7 所示。

方式 1 是由外部门控脉冲(硬件)启动计数,其特点如下。

(1) 写入控制字后,OUT 端输出高电平,写入计数初值后,OUT 端保持高电平,计数器由 GATE 的上升沿启动。GATE 启动之后,OUT 变为低电平,每来一个 CLK 脉冲,计数器减 1,当计数值减到 0 时,OUT 输出高电平,在 OUT 端输出一个负脉冲,负脉冲宽度为计数初值乘以 CLK 脉冲周期。

(2) 在计数器未减到 0 时,如果门控信号 GATE 又来一个正脉冲,计数初值将重新装入计数器,计数器从初始值开始重新做减 1 计数,如图 11.8 所示。

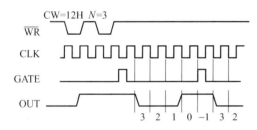 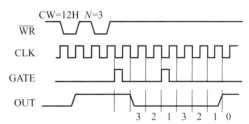

图 11.7　8254 工作在方式 1 时的波形图　　　图 11.8　方式 1 时 GATE 信号的作用

(3) 在计数过程中,程序员可装入新的计数初值,但计数过程不受影响。只有当 GATE 再次出现 0→1 的跃变后,计数器才能按新的计数初值作减 1 计数,如图 11.9 所示。

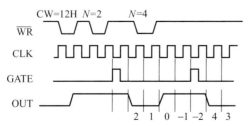

图 11.9　方式 1 在计数过程中改变计数值

3. 方式 2——分频器

8254 工作在方式 2 时，其工作波形如图 11.10 所示。

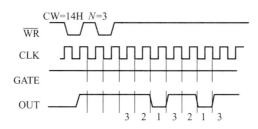

图 11.10　8254 工作在方式 2 时的波形图

方式 2 的特点是计数器有"初值自动重装"的功能，输出波形为周期脉冲。

其工作特点如下。

(1) 写入控制字后，OUT 输出为高电平，写入计数初值后，如果 GATE 为高电平，计数器开始减 1 计数，当计数值减到 1 时，OUT 输出低电平，经过一个 CLK 周期，又变为高电平，并且计数初值自动重装，计数器开始重新计数，周而复始。OUT 端输出是连续的负脉冲，负脉冲宽度为一个 CLK 周期。

(2) 如果在减 1 计数过程中，GATE 变低，则暂停计数，GATE 的上升沿使计数器恢复初值，并从初值开始减 1 计数，如图 11.11 所示。

(3) 在计数过程中，如果 GATE 为高电平，程序员写入新的计数初值，不会影响正在进行的减 1 计数过程，只有计数器减到 1 之后，计数器才装入新的计数初值，并且按新的计数初值开始计数，如图 11.12 所示。

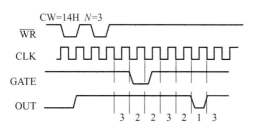

图 11.11　方式 2 时 GATE 信号的作用

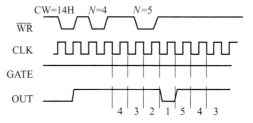

图 11.12　方式 2 在计数过程中改变计数值

4. 方式 3——方波发生器

方式 3 具有初值自动重装功能。

(1) 当计数初值为偶数时，每来一个 CLK 脉冲，计数值减 2，当计数值减到 0 时输出端改变极性，内部完成初值自动重装，继续计数。输出为 1∶1 的方波，正负脉冲的宽度均为 $N/2$ 个 CLK 周期，计数过程如 11.13 所示。

(2) 如果计数初值为奇数，计数过程如图 11.14 所示。

① 输出正脉冲宽度 $= T_{CLK}(N+1)/2$。

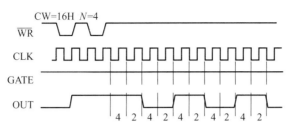

图 11.13　方式 3 计数值为偶数时的波形

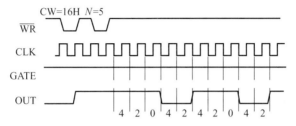

图 11.14　方式 3 计数值为奇数时的波形

② 输出负脉冲宽度 $=T_{CLK}(N-1)/2$。

③ 实验证明：实际装入的初值以及自动重装的初值，均为编程时写入的初值减 1。

④ 在输出正脉冲期间，每一个 T_{CLK} 使计数值减 2，当计数值减到 -2 时，输出端变成低电平，内部完成初值重装，重装的初值为编程时写入的初值减 1。

⑤ 在输出负脉冲期间，每一个 T_{CLK} 使计数值减 2，当计数值减到 0 时，输出端变成高电平，内部完成初值重装，重装的初值为编程时写入的初值减 1。

5. 方式 4——软件触发的单脉冲发生器

8254 工作在方式 4 时，其工作波形如图 11.15 所示。

（1）写入控制字后，OUT 输出高电平，若当前 GATE 为高电平，写入计数初值后，开始做减 1 计数，当计数值减到 0 时，OUT 变低，在 OUT 端输出一个宽度为一个 CLK 周期的负脉冲。

（2）当 GATE=1 时，允许计数，GATE=0 时，停止计数，如图 11.16 所示。

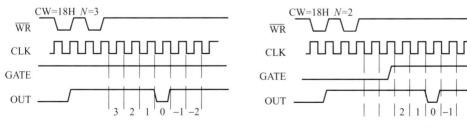

图 11.15　8254 工作在方式 4 时的波形图　　图 11.16　方式 4 时 GATE 信号的作用

（3）在计数过程中，如果改变计数值，则按新的计数值重新开始计数，如图 11.17 所示。

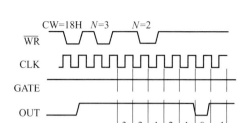

图 11.17 方式 4 在计数过程中改变计数值

6. 方式 5——硬件触发的单脉冲发生器

8254 工作在方式 5 时，其工作波形如图 11.18 所示。

(1) 写入控制字后，OUT 端输出高电平。写入计数初值后，只有在 GATE 端出现 0→1 跃变时，计数初值才能装入计数器，开始做减 1 计数，当计数值减为 0 时，OUT 端输出一个 CLK 周期的负脉冲。

(2) 在计数过程中，若 GATE 端再次出现 0→1 跃变，则计数初值重新装入计数器，做减 1 计数，如图 11.19 所示。

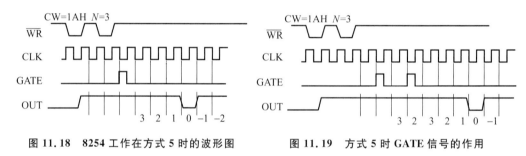

图 11.18　8254 工作在方式 5 时的波形图　　图 11.19　方式 5 时 GATE 信号的作用

(3) 在计数过程中，如果改变计数初值，不影响当前计数过程；若有 GATE 上升沿触发，则按新的计数初值重新开始计数，如图 11.20 所示。

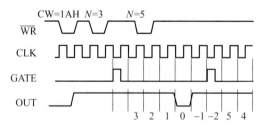

图 11.20　方式 5 在计数过程中改变计数值

方式 5 与方式 1 的区别：方式 5 输出的单脉冲(负)宽度为一个 CLK 周期，而方式 1 输出的单脉冲(负)宽度为 N 倍的 CLK 周期(N 为计数初值)。

【小结】 表 11.2 列出了 8254 的 6 种工作方式的比较。

表 11.2　8254 的 6 种工作方式比较（N 为计数初值）

比较项目		方式 0	方式 1	方式 2	方式 3	方式 4	方式 5
功能		计数结束输出正跃变信号	单脉冲发生器	频率发生器	方波发生器	单脉冲发生器	单脉冲发生器
启动方式		写入计数值（软件）启动	外部触发（硬件）启动	写入计数值（软件）启动	写入计数值（软件）启动	写入计数值（软件）启动	外部触发（硬件）启动
输出波形		写入计数值 N 后，经过 $N+1$ 个 CLK 输出为高	宽度为 N 个 CLK 周期的负脉冲	宽度为一个 CLK 周期的负脉冲	见备注①和②	宽度为一个 CLK 周期的负脉冲	宽度为一个 CLK 周期的负脉冲
初值重装		—	—	初值自动重装	初值自动重装	—	—
计数过程中改变计数初值		立即有效	外部触发后有效	计数到 1 后有效	外部触发有效；计数结束后有效	立即有效	外部触发后
门控信号 GATE 的作用	GATE=0	停止计数	—	停止计数	停止计数	停止计数	—
	上升沿	—	启动计数	启动计数	启动计数	—	启动计数
	GATE=1	允许计数	—	允许计数	允许计数	允许计数	—

备注：① N 为偶数时，正负脉宽均为 $N/2$ 个 CLK 周期。
② N 为奇数时，正脉宽为 $(N+1)/2$ 个 CLK 周期，负脉宽为 $(N-1)/2$ 个 CLK 周期。

11.3　8254 的控制字与编程方法

11.3.1　8254 的控制字/状态字

8254 的控制字有两个：一个用来设置计数器的工作方式，称为方式控制字；另一个用来设置读出命令，称为读出控制字。这两个控制字共用一个控制口地址，由标识位来区分。

8254 的控制字与编程方法

1. 方式控制字

方式控制字格式如图 11.21 所示。

图 11.21　方式控制字格式

(1) 计数器选择。

$D_7D_6=00$，表示选择 0 号计数器。
$D_7D_6=01$，表示选择 1 号计数器。
$D_7D_6=10$，表示选择 2 号计数器。

$D_7D_6=11$，读出控制字标志。

（2）读写方式选择。

$D_5D_4=00$，表示锁存计数器的当前计数值，以便读出检查。

$D_5D_4=01$，表示写入时，只写低 8 位计数值，高 8 位置 0；读出时，只能读出低 8 位计数值。

$D_5D_4=10$，表示写入时，只写高 8 位计数值，低 8 位置 0；读出时，只能读出高 8 位计数值。

$D_5D_4=11$，表示先读写低 8 位计数值，后读写高 8 位计数值。

（3）工作方式选择。

$D_3D_2D_1=000$，表示计数器工作在方式 0。

$D_3D_2D_1=001$，表示计数器工作在方式 1。

$D_3D_2D_1=\times 10$，表示计数器工作在方式 2。

$D_3D_2D_1=\times 11$，表示计数器工作在方式 3。

$D_3D_2D_1=100$，表示计数器工作在方式 4。

$D_3D_2D_1=101$，表示计数器工作在方式 5。

（4）数制选择。

当 $D_0=0$ 时，计数初值为二进制数，减 1 计数器按二进制规律减 1。初值范围是 0000H～FFFFH，其中 0000H 代表 65 536。

当 $D_0=1$ 时，计数初值为 BCD 码，减 1 计数器按十进制规律减 1。初值范围是 0000H～9999H，其中 0000H 代表十进制数 10 000。

2. 读出控制字

读出控制字的格式如图 11.22 所示。

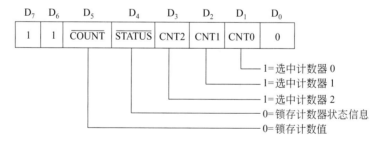

图 11.22 读出控制字的格式

读出控制字 D_7D_6 必须为 11，D_0 位必须为 0。$D_5=0$ 锁存计数值，以便 CPU 读取；$D_4=0$ 将状态信息锁存入状态寄存器；$D_3\sim D_1$ 为计数器选择，不论是锁存计数值还是锁存计数器状态信息，都不影响计数。读出命令能同时锁存几个计数器的计数值/状态信息，当 CPU 读取某一计数器的计数值/状态信息，该计数器自动解锁，但其他计数器不受影响。

3. 状态字

状态字格式如图 11.23 所示。

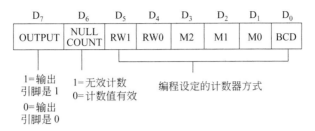

图 11.23 状态字格式

$D_5 \sim D_0$ 的意义与方式控制字对应位的意义相同，D_7 表示 OUT 引脚的输出状态，$D_7=1$，表示 OUT 引脚为高电平；$D_7=0$，表示 OUT 引脚为低电平。D_6 表示计数初值是否已装入减 1 计数器，$D_6=0$，表示已装入，可以读取计数器。

11.3.2 8254 初始化编程

8254 是可编程芯片，使用之前需要进行初始化编程。初始化编程分两步进行：首先，向控制字寄存器写入方式控制字，对使用的计数器规定其工作方式等；然后，向使用的计数器写入计数初值。

【例 11.1】 设 8254 端口地址为 40H~43H，要求 2 号计数器工作在方式 1，按 BCD 码计数，计数初值为十进制数 4000，试写出初始化程序段。

解： 根据题意，设定按 BCD 码计数，计数初值为十进制数 4000，所以计数初值为 4000H。由于计数初值低 8 位为 0，控制字可设定读写操作为只写高 8 位，低 8 位自动置 0，所以控制字为 A3H。

程序段如下：

```
MOV     AL,0A3H
OUT     43H,AL            ;写控制字
MOV     AL,40H
OUT     42H,AL            ;写初值为 4000
```

11.3.3 读取当前计数值

8254 任一计数器的计数值，可用输入指令读取。由于计数器为 16 位，因而要分两次读。

读操作有以下 3 种形式，当初始化编程规定的读写方式为先低 8 位后高 8 位时。

（1）使 GATE＝0，停止计数，然后对相应的计数器端口进行两次读操作，第一次读出的是低 8 位计数值，第二次读出的是高 8 位计数值。这种方法在微型计算机系统中无法实现。

(2) 在计数过程中,先向 8254 控制寄存器写入一个 D_7D_6＝计数器编号,$D_5D_4=00$ 的控制字,锁存相应计数器的当前计数值,然后再对相应的计数器端口进行两次读操作,依次读出计数值的低 8 位和高 8 位。

(3) 在计数过程中,向 8254 控制寄存器写入读出命令,分以下 3 种情况。

① 如果读出命令仅锁存相应计数器的状态信息,则对相应计数器端口进行一次读操作,即可读出状态信息。

② 如果读出命令仅锁存相应计数器的计数值,则对相应计数器端口进行两次读操作,依次读出计数值的低 8 位和高 8 位。

③ 如果读出命令同时锁存计数器的计数值和状态信息,则要对相应计数器端口执行三次读操作,第一次读出的是状态信息,第二次读出的是当前计数值的低 8 位,第三次读出的是当前计数值的高 8 位。

【例 11.2】 设 8254 端口地址为 40H～43H,试写出程序段,读取 2 号计数器的当前计数值。

程序段如下:

```
MOV    AL,80H           ;计数器 2 号的锁存命令
OUT    43H,AL           ;写入控制寄存器
IN     AL,42H           ;读低 8 位
MOV    CL,AL            ;存于 CL 中
IN     AL,42H           ;读高 8 位
MOV    CH,AL            ;存于 CH 中
```

11.4 8254 在微型计算机系统中的应用

在微型计算机系统中,8254 是 CPU 外围支持电路之一,提供动态存储器刷新定时、系统时钟中断及发声系统音调控制等功能。系统 8254 的初始化由 BIOS 在启动 DOS 时完成。

图 11.24 是 8254 在 IBM PC/AT 中的应用示意图。

表 11.3 给出了 8254 在 PC/AT 中的使用现状。

8254 在微型计算机系统中的的应用

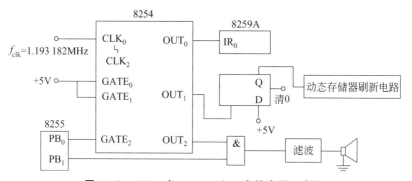

图 11.24 8254 在 IBM PC/AT 中的应用示意图

表 11.3 8254 在 PC/AT 中的使用现状

计数器	工作方式	计数方式	初值	控制字	T_{out}	f_{out}/Hz
0#	3	二进制	0	36H	55ms	
1#	2	二进制	12H	54H	15μs	66 827
2#	3	二进制	533H	B6H		约 900

微型计算机系统中 8254 的端口地址为 40H～43H，8255 B 口的端口地址为 61H。ROM-BIOS 中的 3 个计数器初始化程序段如下。

(1) 计数器 0 用于定时(约 55ms)中断：

```
MOV    AL,00110110B        ;方式3,二进制计数
OUT    43H,AL
MOV    AL,0                ;初值为0000H
OUT    40H,AL
OUT    40H,AL
```

(2) 计数器 1 用于动态存储器刷新定时(每隔 15μs 提出一次请求)：

```
MOV    AL,01010100B        ;方式2,只写低8位,二进制计数
OUT    43H,AL
MOV    AL,12H              ;初值为12H
OUT    41H,AL
```

(3) 计数器 2 用于产生约 900Hz 的方波送至扬声器：

```
MOV    AL,10110110B        ;方式3,二进制计数
OUT    43H,AL
MOV    AX,0533H            ;初值为533H
OUT    42H,AL              ;先写低8位
MOV    AL,AH
OUT    42H,AL              ;再写高8位
```

【例 11.3】 编制程序，使 PC 系列机 8254 的计数器产生 800Hz 的方波，经滤波后送至扬声器发声，当按键盘任意键时声音停止。

【问题分析】 从图 11.24 中可以看出，8254 的 2 号计数器控制扬声器发声系统。8254 初始化后，2 号计数器功能是方波发生器，工作在方式 3，二进制计数，初值写入顺序为先低 8 位后高 8 位，CLK_2 输入频率为 1.193 182MHz，计数初值为 533H，使得 OUT_2 输出方波约为 900Hz。根据题目要求，要产生 800Hz 的方波，可以通过改变 2 号计数器计数初值获得 800Hz 的方波输出，并经过滤波驱动扬声器。

解：(1) 扬声器发声控制。

PC 发声系统受到 8255 芯片 B 口 PB_0、PB_1 输出的控制。执行下面的 OPEN 子程序完成扬声器的打开，执行 CLOSE 子程序完成扬声器的关闭。

OPEN	PROC			CLOSE	PROC	
	PUSH	AX			PUSH	AX
	IN	AL,61H			IN	AL,61H
	OR	AL,00000011B			AND	AL,11111100B
	OUT	61H,AL			OUT	61H,AL
	POP	AX			POP	AX
	RET				RET	
OPEN	ENDP			CLOSE	ENDP	

（2）利用 8254 的 2 号计数器产生 800Hz 方波，经滤波后送至扬声器发声。

$$计数初值\ N = f_{\text{CLK}_2}/f_{\text{OUT}_2} = 1.193\ 182\text{MHz}/800\text{Hz}$$

【程序清单】

```
                ;FILENAME:EXA113.ASM
                .586
CODE    SEGMENT
        ASSUME  CS:CODE
BEG:    IN      AL,61H
        OR      AL,03H
        OUT     61H,AL          ;接通扬声器
        MOV     DX,12H
        MOV     AX,34DEH        ;1.193 182×10⁶=1234DEH
        MOV     CX,800
        DIV     CX              ;计数初值→AX
        OUT     42H,AL          ;先写低 8 位
        MOV     AL,AH
        OUT     42H,AL          ;再写高 8 位
SCAN:   MOV     AH,1
        INT     16H             ;等待按键
        JZ      SCAN
        IN      AL,61H
        AND     AL,0FCH
        OUT     61H,AL          ;关闭扬声器
        MOV     AH,4CH
        INT     21H
CODE    ENDS
        END     BEG
```

【例 11.4】 要求利用系统 8254 的 0 号计数器引发的日时钟中断，编程实现精确地每隔 1s 在 PC 上显示一行字符串，显示 10 行后结束。

【设计思路】 例 8.6 是利用系统 8254 的 0 号计数器每隔 55ms 引发的日时钟中断，在中断服务子程序中对中断进行计数，计满 18 次（18×55ms＝990ms），在 PC 屏幕上显示一行字符串。可以看到，这个定时时间并不是非常精确，那当定时周期不等于 55ms 的整数倍或者小于 55ms 时，需要对系统定时器重新初始化，使之提中断的时间等于用户程序定时操作的周期和 55ms 之间的最大公约数 X。具体措施如下：

① 重新对系统 8254 的 0 号计数器初始化，使之每隔 5ms 提一次中断。

```
I8254    PROC
         MOV    AL,00110110B        ;0号计数器,方式3,二进制计数
         OUT    43H,AL
         MOV    AX,5966             ;初值为5966
         OUT    40H,AL
         MOV    AL,AH
         OUT    40H,AL
         RET
I8254    ENDP
```

② 保存原来系统的 08H 中断向量到数据段 OLD08 双字单元。

③ 置换 08H 中断向量使其指向自己的中断服务子程序,即 SERVICE 服务子程序。

④ 每当系统 8254 的 0 号计数器提请 11 次(11×5ms=55ms)中断时,中断服务子程序的末尾调用 1 次系统原来的日时钟中断(08H)服务程序。原来系统 08H 中断需要完成的任务,包括往主 8259A 写中断结束命令字、返回断点等均在原来的中断服务子程序中完成。

```
         JMP    OLD08               ;转向原来的 08H 服务程序
```

⑤ 中断服务子程序每执行 200 次时(200×5ms=1000ms=1s),在其中显示 1 次字符串,在中断服务子程序返回之前需要向 8259A 送中断结束命令字。

在返回操作系统前恢复原来保存的 08H 中断向量。

⑥ 程序框图如图 11.25 所示。

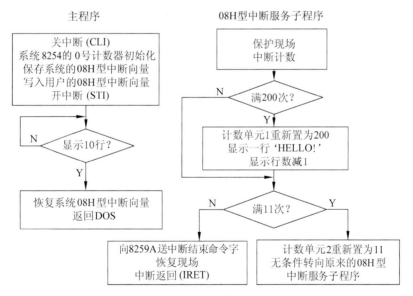

图 11.25　程序框图

【程序清单】

```
;FILENAME:EXA114.ASM
.486
```

```
DATA        SEGMENT  USE16
MESG        DB       'HELLO!',0DH,0AH,'$'
ICOUNT1     DB       200
ICOUNT2     DB       11
COUNT       DB       10
OLD08       DD       ?
DATA        ENDS
CODE        SEGMENT  USE16
ASSUME      CS:CODE,DS:DATA
BEG:        MOV      AX,DATA
            MOV      DS,AX
            CLI
            CALL     I8254           ;系统 8254 的 0 号计数器初始化
            CALL     READ08
            CALL     WRITE08         ;置换 08H 型中断向量指向自定义中断服务子程序
            STI                      ;开中断
SCAN:       CMP      COUNT,0
            JNZ      SCAN            ;是否已经显示 10 行,否,转
            CLI
            CALL     RESET           ;恢复系统 08H 型中断向量
            STI
            MOV      AH,4CH
            INT      21H             ;返回 DOS
SERVICE     PROC                     ;中断服务子程序
            PUSHA
            PUSH     DS
            DEC      ICOUNT1         ;计 200 次,200×5ms＝1s
            JNZ      NEXT
            MOV      ICOUNT1,200
            DEC      COUNT           ;显示行数减 1
            MOV      AH,9            ;显示字符串
            MOV      DX,OFFSET MESG
            INT      21H
NEXT:       DEC      ICOUNT2         ;计 11 次,11×5ms＝55ms
            JNZ      EXIT
            MOV      ICOUNT2,11
            POP      DS
            POPA
            JMP      OLD08           ;转向原来的 08H 型中断服务子程序
EXIT:       MOV      AL,20H
            OUT      20H,AL
            POP      DS
            POPA
            IRET
```

```
SERVICE    ENDP
READ08     PROC                              ;保存原来系统的 08H 型中断向量
           MOV       AX,3508H
           INT       21H
           MOV       WORD PTR OLD08,BX
           MOV       WORD PTR OLD08+2,ES
           RET
READ08     ENDP
WRITE08    PROC                              ;置换 08H 型中断向量指向自定义中断服务子程序
           PUSH      DS
           MOV       AX,CODE
           MOV       DS,AX
           MOV       DX,OFFSET SERVICE
           MOV       AX,2508H
           INT       21H
           POP       DS
           RET
WRITE08    ENDP
I8254      PROC
           MOV       AL,00110110B            ;0 号计数器,方式 3,二进制计数
           OUT       43H, AL
           MOV       AX, 5966                ;初值为 5966
           OUT       40H, AL
           MOV       AL, AH
           OUT       40H, AL
           RET
I8254      ENDP
RESET      PROC                              ;恢复系统 08H 型中断向量
           MOV       DX,WORD PTR OLD08       ;注意和下一条指令的顺序
           MOV       DS,WORD PTR OLD08+2
           MOV       AX,2508H
           INT       21H
           RET
RESET      ENDP
CODE       ENDS
           END       BEG
           END       BEG
```

【程序分析】

① 程序的执行过程如图 11.26 所示。

② RESET 子程序中,"MOV DX,WORD PTR OLD08"和"MOV DS, WORD PTR OLD08+2"两条指令先后顺序不可颠倒。

③ 本例中用户定义的中断服务子程序在中断服务子程序返回之前需要向 8259A 送中断结束命令字 20H。

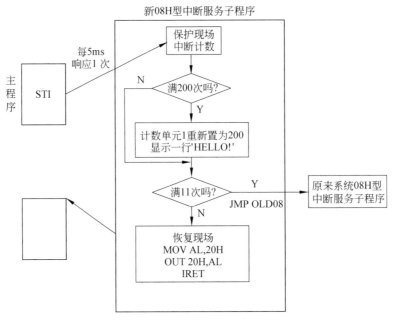

图 11.26 程序的执行过程

11.5 本章小结

本章介绍了可编程定时器/计数器 8254 芯片的结构、工作方式、编程，以及 8254 在微型计算机中的应用。重点掌握内容：8254 内部有 3 个独立的 16 位计数器，每个计数器有 6 种工作方式；每个计数器对外的 3 个引脚，即门控信号输入 GATE 端、计数脉冲输入 CLK 端、输出信号 OUT 端；8254 的 6 种工作方式；8254 的初始化编程；PC 系列机中的 8254 的 3 个计数器的作用。

习 题

1. 在微型计算机系统中常用的定时方法有哪几种？各有何特点？在微型计算机系统中最常用的定时方法是什么？

2. 定时器/计数器 8254 的定时与计数方式有什么区别？

3. 定时器/计数器各通道的 CLK、GATE 信号各有什么作用？

4. 定时器/计数器的 3 个通道在 PC 系列机中是如何应用的？

5. 计数初值 N 与计数脉冲输入信号频率 f_{CLK}、输出信号频率 f_{OUT} 之间的关系是什么？设 8254 时钟输入信号频率为 1.91MHz，为产生 25kHz 的方波输出信号，应向计数器装入的计数初值为多少？

6. 说明定时器/计数器 8254 的 GATE 信号在 6 种工作方式下的作用以及与时钟信

号 CLK 的关系。

7. 简述定时器/计数器 8254 的 6 种工作方式的特点。

8. 微型计算机系统定时器/计数器的一个通道定时周期最长是多少？要实现长时间定时，应采取什么措施？如果采用外扩 8254 定时器/计数器实现长时间定时，应采取哪些措施？

9. 对定时器/计数器 8254 进行初始化编程分哪几步进行？

10. 设定时器/计数器 8254 的端口地址为 200H～203H，试编写程序段，读出 2 号计数器的内容，并把读出的数据装入寄存器 AX。

第 12 章

数/模和模/数转换

数/模转换和模/数转换是微型计算机系统与外界环境进行交互的重要接口技术。本章在介绍前向通道和后向通道概念的基础上,对数/模转换接口和模/数转换接口加以讲述,并以经典的接口芯片 DAC0832 和 ADC0809 为例,介绍微型计算机系统中数/模转换接口和模/数转换接口的应用以及程序设计方法。

第 12 章 课件

12.1 前向通道和后向通道

使用微型计算机系统完成一个处理任务时经常需要与外界环境发生交互。例如,设计一个系统可以定时测量房间温度,并根据温度的数值高低调节风扇的旋转速度,从而能使房间的温度保持在一个预先设定的数值上。在这个系统中,需要与物理环境交互获取室内温度,同时还需要输出适当大小的电流对风扇转速进行控制。计算机系统的前向通道定义:系统获取外界对象状态的信号输入通道,如例子中测量房间温度获取温度数值。计算机系统的后向通道定义:系统对控制对象实现控制操作的输出通道,如例子中输出适当电流控制风扇的转速。前向通道和后向通道是微型计算机系统与外界环境交互的重要途径,将前向通道和后向通道结合可以实现闭环控制。模/数转换接口和数/模转换接口是用于前向通道和后向通道的重要技术。

12.1.1 前向通道中的模/数转换接口

前向通道的构成与被测量的外界对象和测量任务有密切关系。作为系统获取外界对象状态的输入通道,要求前向通道能够真实地反映被测量对象的状态,在实时性和精度上满足测量要求,同时能够将信号变换为计算机系统可以处理的数字信号。

外界对象的状态来自传感器电路。从量值角度,外界对象的状态一般分为两类:开关量和模拟量。开关量用一位二进制数值 0 或 1 来表示两种状态值。实际系统中的开关量一般是用 TTL 电平表示的开关状态。例如,键盘某个按键"打开"和"关闭"将在接口电路的某个输入引脚上对应产生+5V 的电平和 0V 的电平。对开关量的检测比较简单,只需要输入接口电路具有判断高低电平的功能即可,例如,实际应用中使用三态门电路设计无条件输入接口来读取开关量。

和开关量相比较,模拟量的获取要复杂一些。前向通道中使用传感器和模/数转换接口来获取被测对象的模拟量。模拟量是通过传感器对被测量对象检测后得到的连续信号,例如,温度、湿度和压力等。由于计算机系统只能读取离散的数字信号,所以必须在预设精度下,将模拟量经过采样-保持、量化-编码的方法转换为离散的数字信号量值,最后供计算机系统读取。其中,采样-保持通过前向通道中的采样保持电路完成,量化-编码通过前向通道中的模/数转换器(ADC)完成。信号的采样需要遵循奈奎斯特(Nyquist)采样定律。为减小孔径误差,在被测量对象为高频动态信号或需要高位数的采样精度时,需要在前向通道中仔细设计采样保持电路。此外,作为实现量化和编码的重要部件,需要根据测量精度的设定以及被测对象的信号频率合理选择模/数转换器。

12.1.2 后向通道中的数/模转换接口

后向通道的构成与被控制的外界对象以及控制任务有密切关系。作为系统对外界控制对象实现控制操作的输出通道,后向通道必须能够根据被控制对象的结构和特点正确地输出控制信号。例如,输出大小合适的电流控制风扇电动机的转速。

后向通道的控制信息来自于计算机系统输出的控制数据。控制数据是数字信号,对于可以通过开关量或离散数字量控制的外界对象,可以直接将数字信号通过后向通道传送给被控制对象。例如,经常作为信号显示用的发光二极管和发光数码管,可以直接将计算机系统通过控制软件产生的输出数值用"亮"或"灭"以及数码管数值显示出来。在实际系统的设计中,可以使用锁存器设计无条件输出接口输出开关量或离散数字量。对于需要用模拟量控制的对象,则需要在后向通道中将计算机系统产生的数字信号转换为相应的模拟控制信号,这一转换过程可以使用数/模转换器(DAC)完成。

此外,后向通道直接面向被控制对象,而计算机系统输出的数字控制信号或通过数/模转换器得到的模拟控制信号都是小功率信号。当使用数字信号控制大功率对象的通断时,需要在后向通道中增加大功率开关电路或光电耦合电路,例如,三极管电流放大电路、继电器、大功率场效应管等;当通过数/模转换器输出的模拟控制信号的功率不足以驱动被控制对象时,例如大功率电动机等,还需要在后向通道中增加线性功率驱动电路。在设计后向通道时,需要根据控制对象的特性,结合数/模转换器的数字输入特性(如可接收数据格式)及数/模转换器的模拟输出特性(如满码输出电流等),合理地选择数/模转换器。

12.2 数/模转换接口

12.2.1 数/模转换原理

数/模(D/A)转换的基本原理:数/模转换将输入的二进制数字信号转换为模拟信号,并以电流或电压的形式输出。可以将数/模转换器看作一种特殊的译码器,将数字输入 D 译码为模拟输出 A,原理如图 12.1 所示。

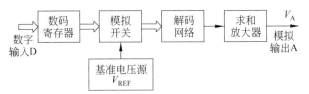

图 12.1 数/模转换器原理图

数/模转换器由数码寄存器、模拟开关、解码(或译码)网络、基准电压源和求和放大器构成。数字输入 D 存放到数码寄存器后,模拟开关将根据寄存器的位状态为 1 或为 0,将译码网络的相应部分连接基准电压源 V_{REF} 或连接地。解码网络对基准电压分压后,通过求和放大器输出一个与对应位成正比的电压,从而实现数字输入 D 到模拟输出 A 的转换。

输入 D 和输出 A 之间的关系有两种:线性关系和非线性关系。实际应用中多采用线性关系,此时输入数字量 D 和输出模拟量 A 之间满足:$V_A = V_{REF} \cdot D$。

在数/模转换器中,解码(或译码)网络有多种形式,如"有权电阻网络""T 型网络""权电流型网络"和"双极性输出网络"等。本节仅介绍使用"T 型网络"的 D/A 转换器的具体工作过程。

如图 12.2 所示,一个 8 位的 T 型解码网络由 T 型电阻网络、双向模拟电子开关以及求和元件(外接的运算放大器)构成。其中,V_{REF} 为基准参考电压,内阻视为 0Ω,求和元件的内阻也视为 0Ω,8 个模拟开关 $S_7 \sim S_0$ 分别受到输入的 8 位数字 D 的 8 个位 $D_7 \sim D_0$ 的控制,当 D 的某一位为 1 时,模拟开关将对应该位的电阻接到右侧的基准参考电压上;当 D 的某一位为 0 时,模拟开关将对应该位的电阻接到左侧的接地线上。

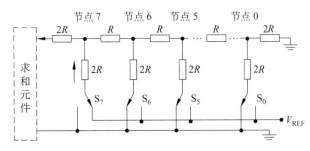

图 12.2 T 型解码网络 D/A 转换器

译码网络仅使用 R 和 2R 两种阻值的电阻,并且以 T 型的方式连接,所以也称为"T 型网络"。译码网络中相邻两个节点之间的电阻都为 R,节点 7 和求和元件,以及节点 0 和接地线之间的电阻为 2R。任意一个节点向左或向右看过去的等效电阻均为 2R。

可以采用叠加原理来分析最后输入求和元件的总电流:依次假设 $S_7 \sim S_0$ 中只有一个开关连接 V_{REF},其余开关都接地。这种情形对应于待转换的数字量 8 个二进制位中,只有一位为 1,其余的位均为 0。此时连接 V_{REF} 的支路电流总是 $I = V_{REF}/3R$,但各个支路电流向求和元件提供的总电流分量不同,权值越高的支路,其支路电流提供的总电流分量越大。

当 S_7 连接 V_{REF},其他开关都接地,S_7 支路电流提供的总电流分量为 $I/2$。

当 S_6 连接 V_{REF},其他开关都接地,S_6 支路电流提供的总电流分量为 $I/4$。

⋮

当 S_1 连接 V_{REF},其他开关都接地,S_1 支路电流提供的总电流分量为 $I/128$。

当 S_0 连接 V_{REF},其他开关都接地,S_0 支路电流提供的总电流分量为 $I/256$。

一共有 $2^8 = 256$ 种情形,把各种情形下的各支路产生的总电流分量叠加起来就可以得到 8 位数字量在 256 种组合情况下产生的总电流 I_i。

$$\begin{aligned} I_i &= (D_0/2^8 + D_1/2^7 + \cdots + D_6/2^2 + D_7/2^1)I \\ &= V_{REF}/3R \cdot 1/2^8 (D_0 2^0 + D_1 2^1 + \cdots + D_6 2^6 + D_7 2^7) \\ &= V_{REF}/3R \cdot 2^{-8} \sum_{i=0}^{7} D_i 2^i \\ &= V_{REF}/3R \cdot 2^{-8} \cdot N \end{aligned}$$

由于 T 型网络中 V_{REF} 和 $3R$ 均为固定值,则总电流 I_i 与输入的数字量 N 之间是线性关系,即通过解码网络得到了与输入数字量成比例关系的输出模拟量,实现了 D/A 转换的功能。

根据 T 型解码网络的规模不同,D/A 转换芯片可以分为 6 位、8 位、10 位、⋯、16 位的 D/A 转换器。内部具有数据锁存器的 D/A 转换器可以在 D/A 转换时间内为转换器提供稳定的信号,因此可以直接与计算机系统的数据总线连接,而没有内部数据锁存器的 D/A 转换器必须通过外接数据锁存器才能与数据总线连接。求和元件通常需要由外接的运算放大器实现。

12.2.2 DAC0832 简介

DAC0832 是常用的基于 T 型解码网络的 8 位 D/A 转换芯片,被广泛应用于微型计算机系统以及单片微型计算机系统,在后向通道作为数/模转换器接口使用。其采用的解码网络为 R-2R T 型电阻网络,转换精度为 8 位。芯片内自带两级输入数据锁存器,可以直接与计算机系统的数据总线相连。电流稳定时间为 1ms,采用单电源供电,功耗低,可以支持双缓冲、单缓冲或直通数据输入。输出的模拟量为电流,需要时可以在输出端加接运算放大器,将电流信号转换为单极性或多极性电压信号输出。

1. 引脚和内部结构

DAC0832 的引脚和内部结构如图 12.3 所示。

$DI_7 \sim DI_0$:8 位数据输入线,即数字量的输入端,待转换数据应保持 90ns 以上的时间。

$\overline{CS}$:输入寄存器选择信号,低电平有效。

$\overline{WR_1}$:写信号 1,输入寄存器写选通信号,低电平有效,信号宽度不小于 500ns。

$\overline{WR_2}$:写信号 2,DAC 寄存器写选通信号,低电平有效,信号宽度不小于 500ns。

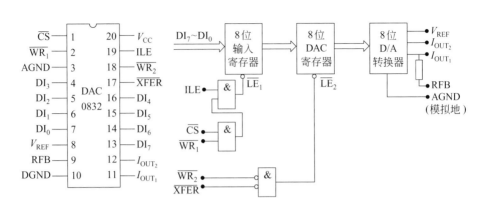

图 12.3　DAC0832 的引脚和内部结构

ILE：输入锁存允许信号，高电平有效，依据控制逻辑，片内输入寄存器的锁存信号 $\overline{LE_1}=(\overline{CS}+\overline{WR_1})\cdot ILE$。当 $\overline{LE_1}=1$ 时，输入寄存器的输出状态跟随数据输入线 $DI_7\sim DI_0$ 状态变化；当 $\overline{LE_1}=0$ 时，数据线输入的数据被锁存。

$\overline{XFER}$：数据传送控制信号，低电平有效，依据控制逻辑，片内 DAC 寄存器的锁存信号 $\overline{LE_2}=\overline{WR_2}+\overline{XFER}$。当 $\overline{LE_2}=1$ 时，DAC 寄存器的输出状态跟随输入寄存器的输出状态变化；当 $\overline{LE_2}=0$ 时，输入寄存器的输出状态被锁存，随后送往 D/A 转换器进行转换。

I_{OUT_1}：模拟电流输出端 1，当输入数据为全 1 时，输出电流最大；当输入数据为全 0 时，输出电流为 0。

I_{OUT_2}：模拟电流输出端 2，I_{OUT_1} 和 I_{OUT_2} 的和为常数。

RFB：内部反馈电阻引出端，外部的运算放大器输出端可以直接连接到 RFB 端。

V_{REF}：基准参考电压输入端，电压范围为 $-10V\sim +10V$。

V_{CC}：芯片工作电源，电压范围为 $+5V\sim +15V$。

AGND：模拟信号地。

DGND：数字信号地。

2. 工作方式

DAC0832 具有两级输入寄存器。根据引脚连线方式的不同，可以工作在 3 种方式：直通方式、单缓冲方式和双缓冲方式。

1）直通方式

采用直通方式时，DAC0832 片内的两级寄存器均为直通状态，对外部输入数据直接进行数/模转换。

将 ILE 连接 $+5V$，$\overline{CS}$、$\overline{WR_1}$、$\overline{WR_2}$ 和 $\overline{XFER}$ 都与数字信号地 DGND 相连时，DAC 工作在直通方式。一旦 $DI_7\sim DI_0$ 出现待转换的数字信号，其将被直接送往片内的 D/A 转换器转换为对应模拟信号输出。

直通方式电路连接简单，只要输入数据线上出现数据就可以立刻进行数/模转换输出，但由于片内的两级输入寄存器均为直通，从而输入数据线不能与计算机系统的数据线直接相连，因此这种方式在实际中较少被采用。

2) 单缓冲方式

采用单缓冲方式时，DAC0832 片内的两级寄存器只有一个处于直通状态，另一个则处于受控锁存状态，外部输入数据必须被一个寄存器锁存后才能进行数/模转换。

一般情况下将内部的 DAC 寄存器置于直通状态，此时需要将 $\overline{WR_2}$ 和 $\overline{XFER}$ 与数字信号地 DGND 相连。ILE 接 +5V，$\overline{WR_1}$ 与计算机系统的写信号线 $\overline{IOW}$ 相连，$\overline{CS}$ 与计算机系统的地址译码器输出端相连。$DI_7 \sim DI_0$ 与计算机系统的数据线相连。此时执行 I/O 端口的写指令则可以将 CPU 送来的数据进行数/模转换。

单缓冲方式使用到了片内的输入寄存器，因此输入数据线可以与计算机系统的数据线直接相连，通常应用于只有一路模拟量输出或几路模拟量不需要同时输出的场合。

3) 双缓冲方式

采用双缓冲方式时，DAC0832 片内的两级寄存器都会处于受控锁存状态，外部输入数据需要通过两个寄存器锁存后才能进行数/模转换。

将 ILE 固定连接 +5V，计算机系统的写信号线 $\overline{IOW}$ 与 $\overline{WR_1}$ 和 $\overline{WR_2}$ 复连，地址译码器的两个输出分别与 $\overline{CS}$ 和 $\overline{XFER}$ 相连。其中 $\overline{CS}$ 作为输入寄存器的选通信号，$\overline{XFER}$ 作为 DAC 寄存器的选通信号。

每个待转换的数据写入时分两次进行：第 1 次将待转换的数据写入输入寄存器，第 2 次对 DAC 寄存器进行"写"操作，这个写操作是"虚拟写入"，其作用仅为启动 DAC 寄存器的锁存功能，将第 1 次写入输入寄存器的数据锁存在 DAC 寄存器中并送往 D/A 转换器。

由于数据是分两次写入，因此可以在前一个数据进行 D/A 转换时写入下一个待转换的数据，从而提高了数/模转换器的工作效率。

3. 微型计算机系统中 DAC0832 的应用和程序设计

以单缓冲方式为例，DAC0832 在系统中提供了一个数据端口用于写入待转换数据，只需要执行一条 I/O 端口写指令，即可将数据写入 DAC0832 进行数/模转换，输出对应的模拟信号。

DAC0832 在微型计算机系统中应用范围很广，可以与前向通道的模/数转换器一起构成闭环控制系统完成对环境物理量的控制。此外，DAC0832 还可以用于实现可编程信号发生器，方便地产生方波、三角波和正弦波等常用信号，程序设计方法：根据需要产生的信号波形，计算出波形的幅值，通过 DAC0832 输出对应波形幅值的模拟量，通过插入延时程序可以设定信号波形的频率。

12.3 模/数转换接口

12.3.1 模/数转换原理

模/数(A/D)转换的基本原理：以一定的采样周期对连续变化的模拟量进行采样，得到瞬间的模拟信号，然后把采样值数字化，即用二进制数表示出来。由于将采样值数字化需要一段时间,因此需要使用采样保持电路将采样得到的瞬间模拟信号暂时保持一段时间,将采样保持的模拟信号进行离散化得到量化电平的过程称为量化,最后量化电平用二进制数表示出来的过程称为编码。因此模/数转换过程一般由 4 个步骤组成:采样、保持、量化和编码。

量化和编码由模/数转换器(ADC)进行,根据实现方法的不同可以分为两类:间接法和直接法。

间接法是将采样保持的模拟信号首先转换为积分时间,然后使用频率恒定的时钟脉冲计数的方法转换为脉冲数,最后再将脉冲数转换为二进制数字量。这种转换方法可以获得比较高的转换精度,但转换时间相对较长,一般用于精度要求高、对速度要求略低的场合,如测试仪表。典型的实现芯片为双积分式模/数转换器。

直接法是通过把采样保持的模拟信号和一套基准电压进行比较,从而转换为对应的二进制数字量。这种转换方法可以获得比较快的转换时间,并且也能保证一定的转换精度,一般用于对转换速度有要求的场合,如计算机控制系统等。典型的实现芯片为逐次逼近式模/数转换器。

逐次逼近式模/数转换器构造简单,并且调整起来比较方便,在计算机控制系统中的前向通道中实现模拟量采集大多采用这种模/数转换器。下面以 8 位逐次逼近式模/数转换器为例,简单介绍它的工作原理。

如图 12.4 所示,8 位逐次逼近式模/数转换器由 8 位 D/A 转换器、逐次逼近寄存器、缓冲寄存器、比较器以及控制电路构成。V_i 为外界输入的模拟信号电压,转换结束后从 $D_7 \sim D_0$ 输出得到的对应的二进制数值。

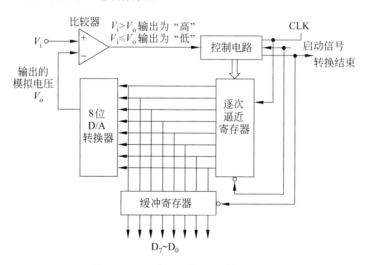

图 12.4 逐次逼近式 A/D 转换原理

首先向控制电路发出启动信号启动转换器,逐次逼近寄存器清 0,此时逐次逼近寄存器的值为 00000000,通过内部的 D/A 转换器输出电压 $V_o = 0V$,当启动信号结束后开始进行转换。

第一个 CLK 周期,控制电路使逐次逼近寄存器的最高位(D_7 位)为 1,此时逐次逼近寄存器的值为 10000000，通过内部的 D/A 转换器输出电压 V_o，如果 $V_i > V_o$，则比较器输出为"高"，控制电路将刚才的置 1 位保留下来。第二个 CLK 周期，控制电路使逐次逼近寄存器的次高位（D_6 位）为 1，此时逐次逼近寄存器的值为 11000000，再次比较 V_i 和 V_o，如果 $V_i \leqslant V_o$，则比较器输出为"低"，控制电路将刚才的置 1 位（D_6 位）清 0。接下来第三个 CLK 周期，控制电路使逐次逼近寄存器的 D_5 位为 1，此时逐次逼近寄存器的值为 10100000，再次比较 V_i 和 V_o，试探 D_5 位，上述过程重复进行，依次试探各位，直到 D_0 位结束。逐次逼近寄存器中的数值即为电压 V_i 对应的二进制数值，随后从缓冲寄存器输出该数值。

12.3.2 ADC0809 简介

ADC0809 是微型计算机系统接口电路中常用的 8 位模/数转换芯片，采用逐次逼近式模/数转换方式，可以完成 8 路模拟量到数字量的转换。芯片内部包含一个逐次逼近寄存器，并且设置了 8 路模拟开关以及对应的通道地址锁存和译码电路，转换后的数据通过三态门输出。ADC0809 内部没有时钟电路，时钟信号由外部引脚送入，典型的时钟频率为 640kHz，每一个通道的转换时间为 66～73 个时钟脉冲，约为 100μs。ADC0809 的最大不可调误差为 ±1LSB。

1. 引脚和内部结构

ADC0809 引脚和内部结构如图 12.5 所示。

主要引脚的功能如下。

CLK：外部时钟信号，最大为 640kHz。

$IN_0 \sim IN_7$：8 路模拟量输入。

ADDC、ADDB、ADDA：模拟量通道选择信号，ADDC，ADDB，ADDA＝000 时，选中 IN_0 上的模拟量进行转换；ADDC，ADDB，ADDA＝001 时，选中 IN_1 上的模拟量进行转换；直到 ADDC，ADDB，ADDA＝111 时，选中 IN_7 上的模拟量进行转换。

ALE：地址锁存允许信号，ALE 有效时锁存 ADDC、ADDB、ADDA 的通道选择信号。

START：A/D 转换启动信号，START 为高电平时将内部的逐次逼近寄存器清 0，由高电平→低电平时开始转换。在使用时通常将 START 和 ALE 短接，以便开始转换时同时锁存通道选择信号。START 和 ALE 的信号宽度要求为 100～200ns。

EOC：转换结束信号。当 EOC 由低电平→ 高电平表示转换结束，这个信号可以作为计算机系统中 CPU 查询或中断请求信号。

OE：输出允许信号。OE 有效时，转换完毕的数字量从 $D_7 \sim D_0$ 输出。

$D_7 \sim D_0$：输出数据线，可以直接与微型计算机系统的数据总线相连。

$V_{REF}(+)$，$V_{REF}(-)$：+5V 标准基准电压。

V_{CC}：+5V 工作电压。

GND：接地。

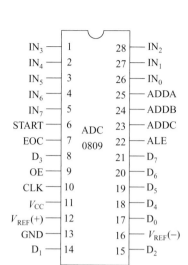

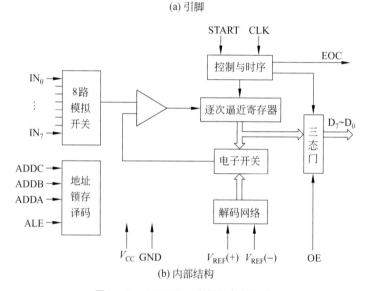

图 12.5 ADC0809 引脚和内部结构

2. 微型计算机系统中 ADC0809 的应用和程序设计

由于 ADC0809 有 8 路模拟信号输入通道,通过对 ADDC、ADDB 和 ADDA 的连线设计,可以固定选择某一路通道作为模拟信号输入端,也可以通过不同的端口地址选择相应的一路通道作为模拟信号输入端。

将微型计算机系统的地址译码输出和 $\overline{\text{IOW}}$ 或非后复连到 ADC0809 的 START 和 ALE 引脚,执行一条 I/O 端口写指令可以启动 ADC0809 开始模/数转换。

将微型计算机系统的地址译码输出和 $\overline{\text{IOR}}$ 或非后与 ADC0809 的 OE 引脚连接,执行一条 I/O 端口读指令可以读取由 ADC0809 转换模拟量得到的数字量数值。

需要注意的问题:ADC0809 从启动到完成转换需要一定的转换时间。在编写程序时,一种方法是在启动模/数转换后经过一段时间延迟(大于转换 A/D 时间)后再读取转换好的数据;另一种方法是利用 ADC0809 在转换完成后从 EOC 引脚输出的转换结束信号,这个信号可以作为 CPU 的查询或中断请求信号,使用查询方式或中断方式的接口访问方法设计相应程序。

12.4 本章小结

本章首先介绍计算机系统的前向通道和后向通道的概念;然后介绍数/模转换原理,典型芯片 DAC0832 的引脚、内部结构、工作方式以及在微型计算机系统中的应用和程序设计;最后介绍了模/数转换原理,典型芯片 ADC0809 的引脚、内部结构以及在微型计算机系统中的应用和程序设计。

习 题

1. 微型计算机系统的前向通道和后向通道的定义是什么?其中的模/数转换和数/模转换各自有什么作用?
2. 简述 DAC0832 双缓冲方式的工作原理。
3. 从 DAC0832 的 I_{OUT_1} 和 I_{OUT_2} 输出的是与输入数字量成正比关系的模拟电流,如果要得到模拟电压应该如何解决?
4. 简述逐次逼近式的 A/D 转换原理。
5. 如果 ISA 总线外扩一片 ADC0809,采集 8 路模拟量,通道选择信号 ADDA~ADDC 应该如何连接?为了启动转换和读取转换后的数字量,还需要设计哪些外围电路?

第 13 章 保护模式及编程

32 位处理器只有在保护模式下，才能真正发挥其最大作用。在保护模式下，存储器分段和分页管理机制，不仅为存储器共享和保护提供了硬件支持，而且为实现虚拟存储器提供了硬件支持；支持多任务，能够快速地进行任务切换和保护任务环境；提供 4 个特权级，并配合以完善的特权检查机制，既能实现资源共享，又能保证代码、数据的安全和保密及任务的隔离。保护模式是 32 位处理器的主要工作模式，Windows、Linux 等操作系统都工作在保护模式下。本章介绍保护模式相关内容及其相关的程序设计。

第 13 章 课件

13.1 保护模式下的存储管理

本书前面章节已经介绍过，32 位处理器有 3 个明确的存储地址空间，分别是虚拟空间（又称为逻辑空间、编程空间）、线性空间和物理空间（又称为主存空间、实际空间）。相应的地址称为虚拟地址（又称为逻辑地址）、线性地址和物理地址（又称为主存地址）。

保护模式下，程序员编程采用段选择子和段内偏移构成的二维虚拟地址来访问存储器，32 位处理器支持的虚拟地址空间可达 64TB。因此可认为有足够大的存储空间可供编程使用。

显然，只有在物理存储器中的代码和数据才能被 CPU 执行和访问，因此，虚拟地址空间必须映射到物理地址空间，二维的虚拟地址必须转换成一维的物理地址。大多数的 32 位处理器有 32 条地址线（Pentium Pro 有 36 条地址线），在保护模式下，可寻址访问的物理地址空间范围为 4GB（Pentium Pro 为 64GB）。

在多任务系统中，每一个任务有一个虚拟地址空间。为了避免多个并行任务的多个虚拟地址空间直接映射到同一个物理地址空间，采用线性地址空间隔离虚拟地址空间和物理地址空间。线性地址空间由一维的线性地址构成，线性地址是 32 位，线性地址空间可达 4GB。

在保护模式下，32 位处理器首先采用存储器分段管理机制，将虚拟地址转换为线性地址；然后提供可选的存储器分页管理机制，将线性地址转换为物理地址。

13.1.1 分段管理

程序员在编写程序时,会定义数据段、代码段等多个逻辑段,分段管理机制就是用于管理这些段,并将二维的虚拟地址转换成一维的线性地址。

1. 存储段描述符

分段管理后,系统必须知道每个段的段信息才能完善地管理各段。每个段的段信息包括段基址(Base Address)、段界限(Limit)和段属性(Attribute)3 部分。32 位处理器把每个段的段信息放入一个数据结构中,称为描述符。每个描述符长 8 字节。按描述符所描述的对象来划分,描述符可分为如下 3 类:存储段描述符、系统段描述符、门描述符,它们由描述符格式属性字节中的描述符类型位 DT 的值来区分。下面首先介绍存储段描述符,存储段描述符存放可由程序直接进行访问的代码及数据段。存储段描述符的格式如图 13.1 所示。

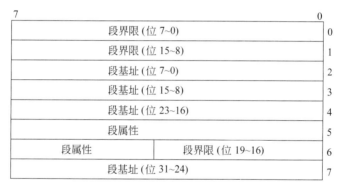

图 13.1 存储段描述符的格式

段基址规定段在线性地址空间中的开始地址。在保护模式下,段基址长度为 32 位。任何一个段,都可以从 32 位线性地址空间中的任一字节开始。而实模式下规定的段边界必须被 16 整除。

段界限规定段的大小。在保护模式下,段界限用 20 位表示,而且段界限可以是以字节为单位或以 4KB 为单位。段属性中的 G 位对此进行定义。若段界限以字节为单位,一个段的最大长度为 2^{20}B,即 1MB;而以 4KB 为单位,一个段的最大长度为 $2^{20} \times 2^{12}$B,即 4GB。

段属性规定段的主要特性。被存放在第 5 字节和第 6 字节的高四位。具体规定如图 13.2 所示。

(1) P:存在(Present)位。P=1 表示该描述符所描述的段在内存中;P=0 表示该描述符所描述的段未装入内存中,使用该描述符进行内存访问时会引起异常。

(2) DPL:描述符特权级(Descriptor Privilege Level),共 2 位。它规定了所描述段的特权级。DPL 用于特权检查,以决定对该段能否访问。

(3) DT:描述符类型位。DT=1 表示该段是存储段,该描述符为存储段描述符;

位7	位6	位5	位4	位3	位2	位1	位0
P	DPL		DT=1	TYPE			A

第5字节

位7	位6	位5	位4	位3	位2	位1	位0
G	D	0	AVL	段界限(位19~16)			

第6字节

图 13.2　存储段描述符的属性

DT=0 表示该描述符为系统段描述符和门描述符。

(4) TYPE：存储段的类型。各位的具体定义如表13.1所示。

表 13.1　存储段描述符属性中的 TYPE 定义

数据段(包括堆栈段)			说　明	代　码　段			说　明
E	ED	W		E	C	R	
0	0	0	只读,向高地址扩展	1	0	0	只执行,普通代码段
0	0	1	可读写,向高地址扩展	1	0	1	可执行/读,普通代码段
0	1	0	只读,向低地址扩展	1	1	0	只执行,一致代码段
0	1	1	可读写,向低地址扩展	1	1	1	可执行/读,一致代码段

(5) A：访问(Accessed)位。A=0 表示该段尚未被访问，A=1 表示该段已被访问。当把描述符的相应段选择子装入段寄存器时，处理器把该位置为1，表明该段已被访问。

(6) G：段界限粒度(Granularity)位。G=0 表示段界限以字节为单位；G=1 表示段界限以 4KB 为单位。

(7) D：在描述可执行段的描述符中，D=1 表示默认情况下指令使用 32 位地址及 32 位或 8 位操作数，这样的代码段也称为 32 位代码段；D=0 表示默认情况下指令使用 16 位地址及 16 位或 8 位操作数，这样的代码段也称为 16 位代码段。

(8) AVL：软件可利用位。保留给操作系统或应用程序使用。

2. 全局描述符表和局部描述符表

一个任务允许包含多个段，每个段用一个段描述符描述。为了便于组织管理，这些段描述符顺序存放在线性空间中的指定位置，组成一个段描述符表。在 32 位处理器中，有 3 种类型的描述符表：全局描述符表(Global Descriptor Table，GDT)、局部描述符表(Local Descriptor Table，LDT)和中断描述符表(Interrupt Descriptor Table，IDT)。在整个系统中，GDT 和 IDT 只有一个；而 LDT 每个任务可以有一个。这里先介绍 GDT 和 LDT。

1) 全局描述符表

GDT 含有每一个任务都可能或可以访问的段的描述符，通常包含操作系统所使用的代码段、数据段和堆栈段的描述符,也包含多种特殊数据段描述符,如各个 LDT 的描述符等。每个 GDT 最多含有 8192 个描述符。

注意:GDT 的第 0 个描述符总不被处理器访问,通常它置成全 0。

2) 局部描述符表

保护模式支持多任务,每个任务都有自己的 LDT,且每个任务最多只有一个 LDT。每个任务的 LDT 含有该任务自己的代码段、数据段和堆栈段的描述符。每个 LDT 最多含有 8192 个描述符。

3. 段选择子

在实模式下,逻辑地址是由 16 位段基址和 16 位段内偏移地址两部分组成。段基址存放在段寄存器中。而在保护模式下,虚拟地址(即逻辑地址)由 16 位段选择子和 32 位段内偏移地址两部分组成。与实模式相比,段寄存器中存放的不是段基址,而是段选择子。段选择子的格式如图 13.3 所示。

图 13.3 段选择子格式

Index:描述符索引。描述符索引是指描述符在描述符表中的顺序号。Index 是 13 位,因此每个描述符表(GDT 或 LDT)最多有 $2^{13}=8192$ 个描述符。由于每个描述符长 8 字节,根据段选择子的格式,屏蔽段选择子低 3 位后所得的值就是段选择子所指定的描述符在描述符表中的偏移。

TI:表指示(Table Indicator)位。TI=0 指示从 GDT 中读取描述符;TI=1 指示从 LDT 中读取描述符。

RPL:请求特权级(Requested Privilege Level),用于特权检查。

例如,假设某个段选择子的内容是 0024H,则根据段选择子的格式可知:Index=4,TI=1,RPL=0,所以它指定局部描述符表的第 4 个描述符,请求特权级为 0。

4. 虚拟空间的大小

每个任务除了可使用全系统各任务公用的全局描述符表外,还可使用任务自己的局部描述符表。因此,使用的整个虚拟空间分为相等的两部分:一部分空间的描述符在全局描述符表中,另一部分空间的描述符在局部描述符表中。由于全局描述符表和局部描述符表都可以包含多达 8192 个描述符,而每个描述符所描述的段的最大值可达 4GB,因此最大的虚拟地址空间可为 $4GB \times 8192 \times 2 = 64TB$。

5. 全局描述符表寄存器和局部描述符表寄存器

GDT 的存储位置由全局描述符表寄存器(GDTR)指向。GDTR 长 48 位,其中高 32 位为段基址,低 16 位为段界限。

例如,若 GDTR=0F002E0001FFH,则 GDT 的地址为 0F002E00,长度为 1FFH+

1=200H。GDT 中共有 200H/8=40 个段描述符。

与 GDTR 不同,局部描述符表寄存器(LDTR)并不直接指出 LDT 的存储位置。LDTR 由程序员可见的 16 位寄存器和程序员不可见的 64 位高速缓冲寄存器组成。

由 LDTR 确定 LDT 存储位置和界限的过程如图 13.4 所示。实际上,每个任务的 LDT 作为系统的一个特殊段,也由一个描述符描述。而这个 LDT 的描述符存放在 GDT 中。在初始化或任务切换过程中,把对应任务 LDT 的描述符的段选择子装入 LDTR 的 16 位寄存器,处理器根据装入 LDTR 可见部分的段选择子,从 GDT 中取出对应的描述符,并把 LDT 的段基址、段界限和段属性等信息保存到 LDTR 的程序员不可见的高速缓冲寄存器中。随后,对 LDT 的访问就可根据保存在高速缓冲寄存器中的有关信息进行。

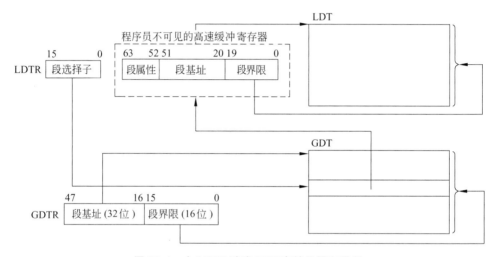

图 13.4　由 LDTR 确定 LDT 存储位置和界限

6. 虚拟地址到线性地址的转换

下面给出从虚拟地址转换到线性地址的过程,如图 13.5 所示。

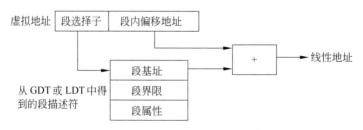

图 13.5　从虚拟地址转换到线性地址

(1) 当操作系统把一个程序加载到内存时,会把对应的段选择子装入相应的段寄存器里;当一条指令去访问虚拟空间某个地址时,系统首先会判断该地址属于哪个段,然后从相应的段寄存器中找到该段对应的段选择子,先根据该段选择子的 RPL 字段,进行特权检查,以判断该指令能否访问该地址;如果可以,再根据段选择子的 TI 字段,以判断该段选择子是访问全局描述符表,还是局部描述符表。

(2) 如果该段选择子是访问全局描述符表,那么先从 GDTR 中得到全局描述符表的段基址;然后再用段选择子的描述符索引 Index 字段作为索引,得到相应的描述符,从而得到相应段的段基址;这时再加上指令中的 32 位段内偏移地址就可以得到所对应的线性地址了。

(3) 如果该段选择子是访问局部描述符表,那么首先仍然从 GDTR 中得到全局描述符表的段基址,然后再用 LDTR 作为索引在全局描述符表中找到局部描述符表所在段的描述符,从而得到局部描述符表的段基址、段界限和段属性(参见图 13.4);这时再利用段选择子描述符索引 Index 字段作为索引,在局部描述符表中得到相应段的段基址;这时再加上指令中的 32 位段内偏移地址,就可得到对应的线性地址了。

值得注意的是,从 80286 开始每个段寄存器都配有一个高速缓冲寄存器,称为段描述符高速缓冲寄存器或描述符投影寄存器,对程序员而言它是不可见的。每当把一个段选择子装入某个段寄存器时,处理器自动从描述符表中取出相应的描述符,把描述符中的信息保存到对应的高速缓冲寄存器中。此后对该段访问时,处理器都使用对应高速缓冲寄存器中的描述符信息,而不用再从描述符表中取描述符。从而提高了速度,改善了处理器性能。

13.1.2 分页管理

分页管理机制实现线性地址到物理地址的转换。分页管理机制是可选的,如果不启用分页管理机制,那么线性地址就是物理地址。

在保护模式下,控制寄存器 CR0 中的最高位 PG 位,控制分页管理机制是否生效。如果 PG=1,启动分页管理,把线性地址转换为物理地址;如果 PG=0,分页机制无效,线性地址就直接作为物理地址。分页管理只有在保护模式下才可以实现,即只有在 CR_0 的 PE=1 的前提下,才能够使 PG=1。

1. 线性地址到物理地址的映射

分页管理机制将线性空间和物理空间分别划分为大小相同的块,每块称为页。在大多数 32 位处理器中,页的大小固定为 4KB,页的边界是 4KB 的倍数。因此,4GB 的地址空间被划分为 1M 个页,页的开始地址具有×××××000H 的形式。为此,将线性空间页开始地址的高 20 位×××××H 称为虚页号,物理空间页开始地址的高 20 位×××××H 称为实页号。虽然 32 位处理器在保护模式下,可寻址访问的物理空间和线性空间都可达 4GB,但在实际情况下,物理存储器的容量要远小于 4GB 物理地址空间。因此,物理空间的实页号只能在实际存在的物理存储器的地址范围内选取。

由此可见,在把 32 位线性地址转换成 32 位物理地址的过程中,要解决的是线性空间的虚页号到物理空间实页号的映射,也就是线性地址高 20 位到物理地址高 20 位的转换。而映射过程中低 12 位页内偏移地址保持不变,也就是说,线性地址的低 12 位就是物理地址的低 12 位。

2. 页目录表、页表和页表项

线性空间的虚页号到物理空间的实页号之间的映射用映射表来描述。由于4GB的地址空间划分为1M个页,因此,如果用一张映射表来描述这种映射,那么该表就要有1M个表项,若每个表项占用4B,那么该表就要占用4MB。为避免占用如此巨大的存储器资源,所以大多数32位处理器把映射表分为两级:页目录表和页表。

(1) 第一级称为页目录表,存储在一个4KB的物理页中。页目录表共有1K个表项,可以指定1K个页表。这些页表可以分散存放在任意的物理页中,而不需要连续存放。页目录表中每一个表项包含对应第二级页表所在物理空间页的实页号。

(2) 第二级称为页表,每张页表也安排在一个4KB的物理页中。每张页表都有1K个表项,可以指定1K个物理空间页,这些物理空间页也可任意地分散在物理地址空间中。每个表项包含对应物理空间页的实页号。需要注意的是,存储页目录表和页表的基地址是4K的整数倍。

采用上述映射表结构,存储全部二级页表需要4MB,此外还需要4KB用于存储页目录表。这样的两级映射表比单一的整张映射表多占用4KB。实际上,不需要在内存中存储完整的两级映射表,对于线性地址空间中不存在的或未使用的部分不需要分配页表。除必须给页目录表分配物理页外,仅当在需要时,才给页表分配物理页,因此页映射表的大小对应于实际使用的线性地址空间大小。因为任何一个运行程序使用的线性地址空间远小于4GB,所以用于分配给页表的物理页也远小于4MB。

页目录表和页表中的每一个表项都为4字节长,都采用如图13.6所示的格式。

31　　　　　　　　　　　　12	11 10 9	8	7	6	5	4	3	2	1	0
物理实页号(20位)	AVL	0	0	D	A	0	0	U/S	R/W	P

图 13.6　页目录表和页表的表格格式

物理实页号:包含物理空间页的页号,也就是物理地址的高20位。

AVL:由软件使用。

D:写入(Dirty)位。D=1表示对该页进行过写操作;D=0表示对该页还没有进行过写操作。它只用于页表的表项。

A:访问标志(Accessed)位。如果对某页表或页访问过,CPU置A位为1。

U/S 和 R/W:用于对页进行保护。

P:存在(Present)位。P=1表示表项有效,页表或页存在于物理内存中;P=0表示表项无效,有效页表或页不在物理内存中。

3. 线性地址到物理地址的转换

图13.7说明了分页管理机制通过页目录表和页表实现32位线性地址到32位物理地址的转换过程。

(1) 从控制寄存器CR3中得到页目录表所在物理页的页号。

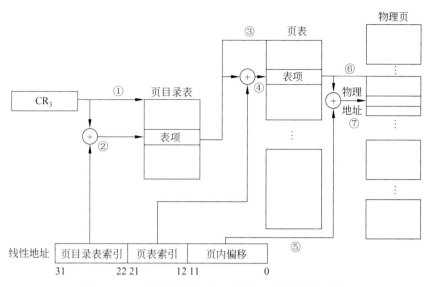

图 13.7　32 位线性地址到 32 位物理地址的转换过程

（2）将线性地址的最高 10 位(即 22～31 位)作为页目录表的索引,在页目录表找到对应表项,该表项的高 20 位给出了第二级页表所在物理页的实页号。

（3）然后将线性地址的中间 10 位(即 12～21 位)作为所指定页表的索引,在页表中找到对应表项,该表项的高 20 位给出了物理页的实页号。

（4）最后将物理页的实页号再作为高 20 位,把线性地址的低 12 位不加改变地作为 32 位物理地址的低 12 位,便得到 32 位线性地址对应的 32 位物理地址。

为了避免在每次存储器访问时都要访问内存中的页表,提高访问内存的速度,处理器的硬件把最近使用的线性-物理地址转换函数存储在处理器内部的页转换高速缓存中。在访问存储器页表之前总是先查阅高速缓存,仅当必需的转换不在高速缓存中时,才访问存储器中的两级页表。页转换高速缓存也称为页转换查找缓存,记为 TLB。

13.1.3　虚拟存储器

虚拟存储器是一项硬件和软件结合的技术。存储管理部件把物理存储器(主存)和辅存储器(磁盘)看作是一个整体,即虚拟存储器。虚拟存储器存储容量可达 64TB,程序员可在此地址范围内编程,编写程序的大小可超过实际配置的物理存储器存储容量。在程序运行的任何时刻,只把虚拟地址空间的一小部分映射到主存,其余部分则存储在磁盘上。当程序所访问的页(段)不在物理存储器时,操作系统再把那一部分从磁盘调入主存。

32 位处理器的分段、分页存储管理机制从硬件上很好地支持了虚拟存储器的实现。

（1）存储段描述符和页目录表、页表的表项中都设置了存在位 P。当 P＝1 时,表示存储段描述符指定的段或表项指定的页存在于物理存储器中;当 P＝0,表示存储段描述符指定的段或表项指定的页不在物理存储器中。如果程序访问不存在的段(页),会引起异常,这样操作系统可把该不存在的段(页)从磁盘读入,把 P 位置为 1,然后使引起异常的程序恢复运行。

(2) 存储段描述符和页目录表、页表的表项中都设置了访问位 A。A＝1 表示相应段或物理页在最近一段时间被访问过。通过周期性地检测及清除 A 位,操作系统就可确定哪些(段)页在最近一段时间未被访问过。当物理存储器资源紧缺时,这些最近未被访问的(段)页很可能就被选择出来,将它们从物理存储器转换到磁盘上去。

13.1.4 存储保护

为了支持多任务,从 80286 开始,处理器就具备了保护机制。

1. 不同任务之间的保护和共享

通过把每个任务放置在不同的虚拟地址空间的方法,来实现任务与任务的隔离,达到应用程序之间保护的目的。每个任务都有自己的局部描述符表,随着任务的切换,系统当前的局部描述符表也随之切换,使各个任务私有的各个段与其他任务相隔离。每个任务还有自己的页目录表和页表,这样即使多个任务中的代码位于相同的线性地址,通过各自的页表,也会把这些相同的线性地址映射到不同的物理地址。从而使各任务空间得以隔离,实现任务间的保护。

在系统中只有一个全局描述符表,它含有每一个任务都可能或可以访问的段的描述符。在任务切换时,全局描述符表并不切换。由于每个任务都是访问同一个全局描述符表,因此可通过全局描述符表使各任务都需要使用的段能够被共享。

分页机制也对共享提供了支持。每一个任务可使用自己的页映射表独立地实现线性地址到物理地址的转换。但是,如果使每一个任务所用的页映射表具有部分相同的映射,那么也就可以实现部分页的共享。

2. 同一任务内的段级保护

在一个任务内,定义有 4 种执行特权级,用于限制对任务中的段进行访问。特权级用 PL 表示,分别为特权 0、1、2、3 级。0 级的特权级最高,1 级次之,3 级的特权级最低。在段级保护中使用了 3 种形式的特权管理,当前特权级(CPL)、描述符特权级(DPL)和请求特权级(RPL)。

当前特权级:在任何时候,一个任务总是在 4 个特权级之一下运行,当前运行程序的特权级称为当前特权级。CPL 存放在 CS 寄存器的 RPL 字段内,每当一个代码段选择子装入 CS 寄存器中时,处理器自动地把 CPL 存放到 CS 的 RPL 字段。

描述符特权级:描述符特权级是由段描述符中的 DPL 确定。它规定了访问该描述符所描述段的任务的最低级别。只有当 CPL 级别等于或高于 DPL 时,当前任务才能访问该段。

请求特权级:段选择子特权级是由段寄存器中段选择子的 RPL 确定。使用段选择子的 RPL 字段,将改变特权级的测试规则。在这种情况下,与所访问段的特权级比较的特权级不是 CPL,而是 CPL 与 RPL 中级别低的特权级。

通常把操作系统的核心部分放在 0 级，操作系统的其余部分放在 1 级，而应用程序放在 3 级，留下的 2 级供中间软件使用。使得在 0 级的操作系统核心有权访问任务中的所有存储段；而在 3 级的应用程序只能访问程序本身的也是在 3 级的存储段，不能访问同级的其他应用程序的数据段。

位于某特权级的程序，只允许访问同一级别或低级别的数据；而位于某特权级的程序只允许转移到同一任务内同一级别或更高级别的程序代码（在任务间转移允许转移到任何特权级）。这些保护措施使得保护模式下的操作系统能够安全稳定地运行。

3. 同一任务内的页级保护

分页机制只区分两种特权级。特权级 0、1 和 2 统称为系统特权级，特权级 3 称为用户特权级。页目录表和页表的表项中的保护属性位 R/W 和 U/S 就是用于对页进行保护。

R/W：读写属性位，指示该表项所指定的页是否可读写或执行。若 R/W=1，对表项所指定的页可进行读写或执行；若 R/W=0，对表项所指定的页可读或执行，但不能对该指定的页写入。但是，R/W 位对页的写保护只在处理器处于用户特权级时发挥作用；当处理器处于系统特权级时，R/W 位被忽略，即总可以读写或执行。

U/S：用户/系统属性位，指示该表项所指定的页是否是用户级页。若 U/S=1，表项所指定的页是用户级页，可由任何特权级下执行的程序访问；如果 U/S=0，表项所指定的页是系统级页，只能由系统特权级下执行的程序访问。表 13.2 列出了上述属性位 R/W 和 U/S 所确定的页级保护下，用户级程序和系统级程序分别具有的对用户级页和系统级页进行操作的权限。

表 13.2　U/S 和 R/W 的保护作用

U/S	R/W	用户级访问权限	系统级访问权限
0	0	无	读写/执行
0	1	无	读写/执行
1	0	读/执行	读写/执行
1	1	读写/执行	读写/执行

页目录表表项中的保护属性位 R/W 和 U/S，对由该表项指定页表的全部 1K 个页起到保护作用。所以当页目录表表项中 U/S 和 R/W 与页表表项中 U/S 和 R/W 不一致，按两者共同允许的功能执行。和分页机制是在分段机制之后起作用一样，页级保护也在段级保护之后起作用。先测试有关的段级保护，如果启用分页机制，那么在检查通过后，再测试页级保护。如果两者功能不一致时，也按两者共同允许的功能执行。如段的类型为读写，而页规定为只允许读/执行，那么不允许写；如果段的类型为只读/执行，那么不论页保护如何，也不允许写。

13.1.5　Windows 下的内存管理和内存寻址

Windows 操作系统工作在保护模式。保护模式是利用分段、分页内存管理机制实现虚拟存储器技术,它在硬盘上建立一个大小为实际内存两倍左右的交换文件用作虚拟内存。实际上 Windows 主要是依赖页式内存管理来调度内存,因为操作系统将每个应用程序的整个 4GB 线性地址空间都作为一个段来处理,这个段总是在内存中(段描述符的 P 位等于 1)。通过页式内存管理,这个段的 4GB,即应用程序并没有全部装入实际内存,只需在页表中建立映射关系,到了真正被访问时,再将硬盘上的文件调入实际物理内存。

从物理地址空间来看,系统中所有在运行的应用程序都存放在同一个物理地址空间中,而从线性地址空间来看,Windows 操作系统为每一个应用程序建立一个 4GB 的线性空间。因为 Windows 是一个分时的多任务操作系统,CPU 时间被分成一个个的时间片,分配给当前不同应用程序使用。在一个应用程序的时间片内,此时的线性空间中只包含该应用程序的数据段和代码段,操作系统使用的代码和数据(如全局描述符表、局部描述符表与页表等)以及一些共享代码和数据等,而与该应用程序无关的代码和数据(如其他应用程序的代码和数据)就不能存在于此时的 4GB 线性空间中。Windows 操作系统通过切换页表的内容,可把相同的线性地址映射到不同的物理地址。这样,便实现了应用程序之间线性地址空间相互隔离的目的。

在实模式下,CPU 对内存采用分段管理,段的大小是 64KB,需要设置段寄存器来指明要访问哪一个段;而在 Windows 系统中,每个应用程序的整个 4GB 线性地址空间都作为一个段。代码段和数据段/堆栈段的空间是统一的,都是 00000000H～FFFFFFFFH。在这个 4GB 的地址空间中,一部分用来存放程序,一部分作为数据区,一部分作为堆栈,另外还有一部分被系统使用。这些部分的地址区域是不重合的。

Windows 操作系统不仅已经预先为要运行的用户应用程序的代码段、数据段和堆栈段设置好描述符,规定这些段的段基址都为 0,段界限都为 FFFFFFFFH,而且程序开始执行时,CS、DS、ES、SS 里存放的段选择子已经指向正确的描述符,程序员不需要给这些段寄存器赋值。在整个程序运行期间,程序员也不应该修改这些段寄存器的值。因为在 Windows 系统中,为了保证系统的安全性,是不允许用户对描述符表和页表等进行写操作的。所以,在编写 Win32 应用程序时,不需要创建段描述符,也不需要创建段描述符表,与实模式的汇编相比,Win32 汇编对内存数据的访问更加方便。

13.2　保护模式下的程序调用和转移

本书在第 3 章指令系统中,已经对实模式下的转移和调用指令 JMP、CALL 及 RET 做了介绍。保护模式下的调用和转移可分为两大类。

(1) 同一任务内的调用和转移。

(2) 任务间的调用和转移(任务切换)。

同一任务内的调用和转移又可分为段内调用和转移、段间调用和转移。段内调用和转移的过程与实模式下相似,仅仅是改变指令指针 EIP 的内容,而不涉及特权级变换和任务切换。因此本节对保护模式下任务内的段间调用和转移以及任务切换进行介绍。

首先给出几个相关的基本概念。为了方便,这里将转移和调用统称为转移。

13.2.1 系统段描述符、门描述符和任务状态段

保护模式支持多任务,每个任务都有自己的局部描述符表。另外每个任务还有一个任务状态段(Task State Segment,TSS),用于保存任务的有关信息。LDT 和 TSS 作为系统的一个特殊段,由系统段描述符描述,描述符存放在 GDT 中。

1. 系统段描述符

系统段描述符的格式及属性如图 13.8 所示。

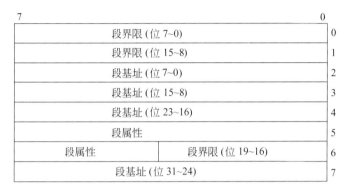

(a) 系统段描述符的格式

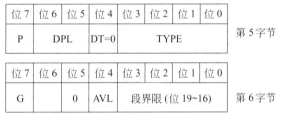

(b) 系统段描述符的属性

图 13.8 系统段描述符的格式及属性

可以看出,系统段描述符的格式与图 13.1 存储段描述符的格式相似,区分的标志是属性字节中的描述符类型位 DT 的值。DT=1 表示存储段,DT=0 表示系统段。系统段描述符中的段基址和段界限字段与存储段描述符中的意义完全相同;属性中的 G 位、AVL 位、P 位和 DPL 字段的作用也完全相同。存储段描述符属性中的 D 位在系统段描述符中不使用。系统段描述符的类型字段 TYPE 编码及表示的类型如表 13.3 所示,其含义与存储段描述符的类型完全不同。

从表 13.3 可见,只有类型编码为 0001、0010、0011、1001 和 1011 的描述符才是真正的系统段描述符,它们用于描述系统段和任务状态段,其他类型的描述符是门描述符。

表 13.3　系统段描述符属性中的 TYPE 定义

TYPE	说　明	TYPE	说　明
0000	未定义	1000	未定义
0001	可用 286TSS	1001	可用 386TSS
0010	LDT	1010	未定义
0011	忙的 286TSS	1011	忙的 386TSS
0100	286 调用门	1100	386 调用门
0101	任务门	1101	未定义
0110	286 中断门	1110	386 中断门
0111	286 陷阱门	1111	386 陷阱门

2. 门描述符

门描述符的格式及属性如图 13.9 所示，其中 P、DPL、DT、TYPE 的定义和系统段描述符相同，双字计数（Dword Count）字段是要传递到被调用过程的双字参数的数量。其他字节主要用于存放一个 48 位的全指针（16 位的选择子和 32 位的偏移地址）。

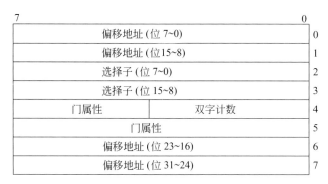

图 13.9　门描述符的格式及属性

门描述符并不描述某种内存段，而是描述控制转移的入口点。这种描述符好比一个通向另一代码段的门。通过这种门，可实现任务内特权级的变换和任务间的切换。门描述符又可分为调用门、任务门、中断门和陷阱门。调用门描述某个子程序的入口，通过调用门可实现任务内从低特权级变换到高特权级；任务门指示任务，通过任务门可实现任务间切换；中断门和陷阱门描述中断/异常处理程序的入口点。双字计数字段只对调用门有效,而对中断门、陷阱门和任务门而言无意义。

3. 任务状态段

任务状态段是保存一个任务重要信息的特殊段。任务状态段描述符属于系统段描述符,格式见图13.8(a)。当前任务的任务状态段可由任务状态段寄存器TR寻址。和局部描述符表寄存器LDTR相同,任务状态段寄存器TR也有程序员可见和不可见两部分。任务状态段寄存器TR的可见部分含有当前任务状态段描述符的段选择子,TR的不可见的高速缓冲寄存器部分含有当前任务状态段的段基址和段界限等信息。

TSS在任务切换过程中起着重要作用,通过它实现任务的挂起和恢复。任务切换是指,挂起当前正在执行的任务,恢复或启动另一任务的执行。当任务被挂起时,当前处理器中各寄存器的值被自动保存到TR所指定的TSS中;当任务恢复时,把保存在TSS中的各寄存器的值送到处理器的各寄存器中,使任务继续运行。

TSS的基本格式如图13.10所示。

从图13.10中可见,TSS的基本格式由104字节组成。这104字节的基本格式是不可改变的,但在此之外还可定义若干附加信息。基本的104字节可分为链接字段、内层堆栈指针区域、地址映射寄存器区域、寄存器保存区域和其他字段等区域。

1) 链接字段

链接字段安排在TSS内偏移0开始的双字中,其高16位未用。低16位保存前一被挂起任务的TSS描述符的选择子。如果当前的任务由段间调用指令CALL或中断/异常而激活,那么链接字段保存被挂起任务的TSS的选择子,并且标志寄存器(EFLAGS)中的NT位被置1,使链接字段有效。在返回时,由于NT标志位为1,中断返回指令IRET沿链接字段恢复到链上的前一个任务。

2) 内层堆栈指针区域

为了有效地实现保护,同一个任务在不同的特权级下,使用不同的堆栈。当从某一特权级A变换到另一特权级B时,任务使用的堆栈也同时从A级堆栈变换到B级堆栈。

TSS的内层堆栈指针区域中有3个堆栈指针,它们都是48位的全指针(16位的选择子SS和32位的偏移地址ESP),分别指向0级、1级和2级堆栈的栈顶。当发生向高特权级转移时,把该特权级堆栈指针装入SS及ESP寄存器以变换到高特权级堆栈。并将低特权级堆栈的指针进栈,保存在高特权级堆栈中。没有指向3级堆栈的指针,因为3级是最低特权级,所以任何一个向高特权级的转移都不可能转移到3级。

3) 地址映射寄存器区域

为了实现任务间的保护,每个任务都有自己的局部描述符表和页目录表,而LDT由LDTR确定,页目录表起始物理地址由控制寄存器CR3确定。所以,随着任务的切换,处理器自动从要执行任务的TSS中取出LDTR和CR3这两个字段,分别装入寄存器CR3和LDTR。这样就改变了虚拟地址空间到物理地址空间的映射。但是,在任务切换时,处理器并不自动把换出任务的寄存器CR3和LDTR的内容保存到TSS中的地址映射寄存器区域,这需要由程序完成。

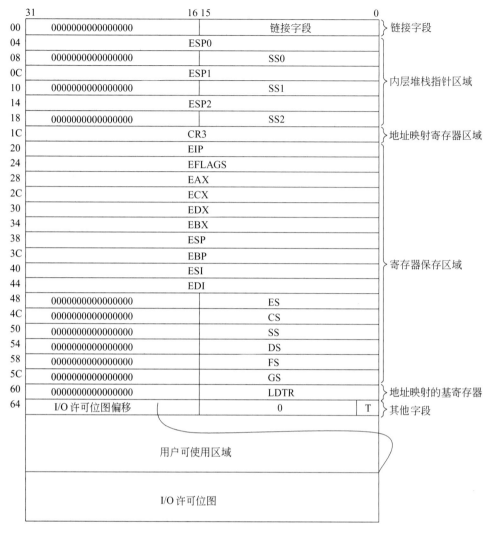

图 13.10　TSS 的基本格式

4）寄存器保存区域

寄存器保存区域用于保存通用寄存器、段寄存器、指令指针和标志寄存器。当 TSS 对应的任务正在执行时，保存区域是未定义的；在当前任务被切换出时，这些寄存器的当前值就保存在该区域。当下次切换回原任务时，再从保存区域恢复出这些寄存器的值，从而使处理器恢复成该任务换出前的状态，最终使任务能够恢复执行。

5）其他字段

为了实现输入输出保护，要使用 I/O 许可位图。任务使用的 I/O 许可位图也存放在 TSS 中，作为 TSS 的扩展部分。在 TSS 内偏移 66H 处的字用于存放 I/O 许可位图在 TSS 内的偏移（从 TSS 开头开始计算）。关于 I/O 许可位图的作用，在 13.3 节中将会详细介绍。TSS 中的 T 位为调试陷阱位。在发生任务切换时，如果进入任务的 T 位为 1，在任务切换完成之后，新任务的第一条指令执行之前产生调试陷阱。

13.2.2 任务内的段间转移

1. 任务内无特权级变换的转移

与实模式下相似,JMP 和 CALL 也可分为段间直接转移和段间间接转移两类。如果指令 JMP 和 CALL 在指令中直接含有目标地址指针,那么就是段间直接转移。指令格式如"JMP XX：YY""CALL XX：YY"。其中 XX 是 16 位代码段选择子,YY 是偏移地址。在 32 位代码段中,偏移地址用 32 位表示;在 16 位代码段中,偏移地址只使用 16 位表示。

处理器在执行段间直接转移指令时,首先通过段选择子从全局描述符表或局部描述符表中取得目标代码段描述符,装载到 CS 高速缓冲寄存器;然后将段选择子装入 CS 段寄存器,偏移地址装入指令指针寄存器 EIP,CPL 存入 CS 内选择子的 RPL 字段;如果是执行 CALL 指令,还需将返回地址指针压栈,从而完成向目标代码段的转移。上述步骤只是对转移过程的简单说明。

在将目标代码段描述符内的有关内容装载到 CS 高速缓冲寄存器时,处理器要进行如下特权级检测：对于普通代码段,要求 CPL 级别等于 DPL,RPL 级别高于或等于 DPL。

由此可见,在直接转移的情况下,如果目标代码段是普通代码段,只能转移到特权级相同的代码段。因此利用段间直接转移指令 JMP 或调用指令 CALL 可进行任务内无特权级变换的转移。在通常情况下,RET 指令与 CALL 指令对应。在利用 CALL 指令以任务内无特权级切换的方式转移到某个子程序后,在子程序内可利用 RET 指令以任务内无特权级切换的方式返回主程序。

2. 任务内特权级变换的转移

利用段间直接转移指令 JMP 或调用指令 CALL 只能进行任务内无特权级变换的转移。而在实际应用中,位于低特权级的应用程序往往需要调用高特权级的操作系统程序来完成一些功能,如打开、关闭、读写文件、申请一块物理内存等。这种使控制权从较低的特权级转移到高特权级,即发生了任务内特权级变化的转移需要利用间接转移的方法来实现。

如果指令 JMP 和 CALL 在指令中含有指向包含目标地址指针的门描述符或 TSS 描述符的指针,那么就是段间间接转移,指令格式如"JMP XX：YY""CALL XX：YY"。其中 XX 不再是 16 位代码段选择子,而是一个门选择子;偏移地址 YY 没有使用。

在同一任务内,实现特权级从低到高变换的方法是利用 CALL 指令,通过调用门进行转移;实现特权级从高到低变换的方法是利用 RET 指令。

注意：JMP 指令只能实现无特权级变换的转移,不能实现任务内不同特权级的变换。

CALL 指令使用调用门的转移过程如图 13.11 所示。①根据指令中的调用门选择子,从描述符表得到一个调用门描述符;②再根据门选择符中的 16 位选择子来读取目标代码段描述符,目标代码段描述符给出了被调用段的段基址;③使用门描述符中的偏移地址代替CALL指令中偏移地址来控制目标代码段的入口点。上述步骤只是对转移过程的简单说明。

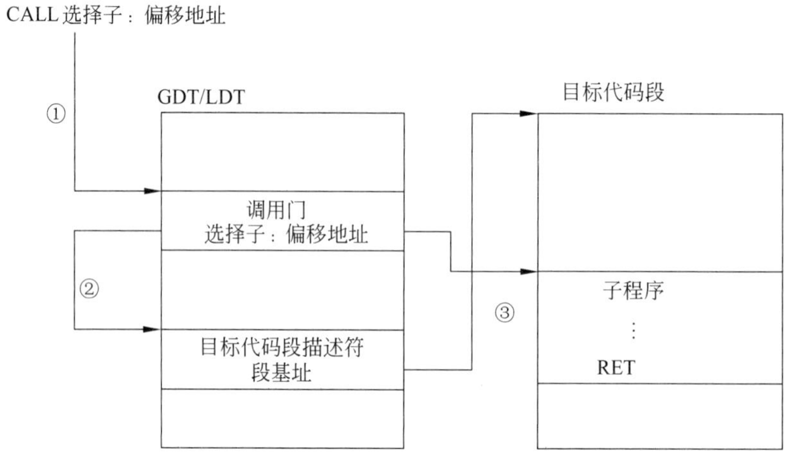

图 13.11　CALL 指令使用调用门的转移过程

在使用调用门进行段间转移时,CPU也要进行特权级检测,检查当前任务特权级CPL、门选择子请求特权级RPL,门描述符的特权级为DPL_GATE,目标代码段描述符特权级DPL。只有当以下几个条件都满足时,才允许使用调用门。

(1) CPL级别高于或等于DPL_GATE。

(2) RPL级别高于或等于DPL_GATE。

(3) CPL级别低于或等于DPL。

对于普通代码段,当CPL=DPL时,仍发生无特权级变换的转移;当CPL低于DPL时,就发生向高特权级变换的转移,将调用门中的选择子和偏移地址装入CS和指令指针EIP中,并使CPL等于DPL,同时切换到高特权级堆栈。由此可见,使用段间调用指令CALL,通过调用门可以实现从低特权级程序调用进入高特权级程序;通过调用门也可实现无特权级变换的转移。需要注意的是,JMP指令和CALL指令都不能实现向低特权级的转移,否则会引起异常。

在使用CALL指令通过调用门向高特权级转移时,不仅特权级发生变换,而且也切换到高特权级的堆栈段。根据变换后的特权级,使用TSS中相应的堆栈指针对SS及ESP寄存器进行初始化,建立起一个空栈。然后处理器先将低特权级堆栈的指针SS及ESP寄存器的值压入高特权级堆栈,再将CALL指令需要传递的参数压入堆栈,压入参数的数量由调用门中的DCOUNT字段给出。最后,调用的返回地址CS和EIP将被压入堆栈,以便在调用结束时返回。

在使用RET指令返回时,首先把低特权级的CS和EIP弹出堆栈,然后调整ESP指针跳过传递的参数,最后把低特权级的SS和ESP弹出堆栈,以恢复低特权级堆栈。当然上述过程也需要进行一系列的安全检查。

13.2.3　任务间的转移

利用段间转移指令 JMP 或者段间调用指令 CALL，通过任务门或直接通过任务状态段，可以进行任务间的转移，即任务切换。此外，在中断/异常或者执行 IRET 指令时也可能发生任务切换。因为 RET 指令的目标地址只能使用代码段描述符，所以，不能通过 RET 指令实现任务切换。

1. 直接通过 TSS 实现任务切换

当段间转移指令"JMP XX:YY"或段间调用指令"CALL XX:YY"中的选择子指向一个可用 TSS 描述符时，正常情况下就发生从当前任务到由该可用 TSS 对应任务（目标任务）的直接切换。目标任务的入口点由目标任务 TSS 内的 CS 和 EIP 字段所规定的指针确定。

2. 间接通过任务门实现任务切换

当段间转移指令"JMP XX:YY"或段间调用指令"CALL XX:YY"中的选择子指向一个任务门时，正常情况下就发生任务切换，即从当前任务切换到由任务门内的选择子所指示的 TSS 描述符对应的任务（目标任务）。

用 JMP/CALL 指令进行直接/间接任务转换时，要对 TSS/任务门进行保护，即只有相同级别或特权级更高的程序可访问它。如果通过 TSS/任务门特权级检查，就可进入目的任务的任一特权级。

根据目标任务 TSS 描述符进行任务切换的主要过程如下。

（1）把 CPU 各寄存器的值保存到当前任务的 TSS。

（2）把指向目标任务 TSS 的选择子装入 TR 寄存器中。同时把对应 TSS 的描述符装入 TR 的高速缓冲寄存器中。此后，当前任务改称为原任务，目标任务改称为当前任务。

（3）根据保存在当前任务（目标任务）TSS 中的内容，恢复各寄存器的值，包括 CR3 寄存器的值。

（4）进行链接处理。如果需要链接，那么将指向原任务 TSS 的选择子写入当前任务 TSS 的链接字段，把当前任务 TSS 描述符类型改为"忙"，并将 EFLAGS 中的 NT 位置 1，表示是嵌套任务。由 JMP 指令引起的任务切换不实施链接/解链处理；由 CALL 指令、中断、IRET 指令引起的任务切换要实施链接/解链处理。

（5）把 TSS 中的 CS 选择子的 RPL 作为当前任务特权级设置为 CPL。任务切换可以在一个任务的任何特权级发生，并且可以切换到另一任务的任何特权级。

（6）装载 LDTR、CS、SS 和各数据段寄存器及其高速缓冲寄存器。堆栈段使用的是 TSS 中的 SS 和 SP 字段的值，而不是使用高特权级栈保存区中的指针，即使发生了向高特权级的变换。这与任务内的通过调用门的转移不同。

一个任务有忙和可用两种状态，由 TSS 描述符中的类型 TYPE 标示。如果一个任务是当前正在执行的任务或是被 TSS 中链接字段挂起并链接的任务，则该任务状态为

"忙"。否则就是一个可用任务。CALL、JMP 和中断都必须转移到一个可用任务。JMP 引起任务切换时,不实施链接,不导致任务的嵌套。在段间调用指令 CALL 引起任务切换时,实施链接,在切换过程中把目标任务置为"忙",原任务仍保持"忙";EFLAGS 中的 NT 位被置为 1,表示任务是嵌套任务。

13.3 保护模式下的中断和异常

8086/8088 将中断分为内部中断和外部中断。内部中断又可分为 CPU 中断(如 0 型除法出错中断)和软件中断(如 INT 21H)。外部中断是由 CPU 以外的器件发出的中断请求信号而引发的中断,又可称为硬件中断。为了支持多任务和虚拟存储器等功能,80386 及以后的处理器在保护模式下,将外部中断(硬件中断)称为"中断",而把内部中断称为"异常"。CPU 最多处理 256 种中断或异常,每种中断或异常都分配了一个 0~255 的中断号(又称中断类型码)。

13.3.1 中断和异常的分类

在保护模式下,中断仍然与实模式下相同,可分为可屏蔽中断和非屏蔽中断。非屏蔽中断所对应的中断号固定为 2,可屏蔽中断所对应的中断号由系统 8259 芯片提供。

异常是 80386 在执行指令期间检测到不正常的或非法的条件所引起的。软件中断指令 INT n 也归类于异常。异常发生后,处理器就像响应中断那样处理异常,即根据中断号,转向相应的中断处理程序。

根据引起异常的程序是否可被恢复和恢复点不同,异常可分类为故障(Fault)、陷阱(Trap)和中止(Abort)。对应的异常处理程序分别称为故障处理程序、陷阱处理程序和中止处理程序。

(1) 故障是在引起异常的指令之前,把异常情况通知给系统的一种异常。故障是可排除的。当控制转移到故障处理程序时,保存指向引起故障指令的 CS 及 EIP 值。这样,在故障处理程序把故障排除后,执行 IRET 返回到引起故障的程序继续执行时,刚才引起故障的指令可重新得到执行。这种重新执行,不需要操作系统软件的额外参与。

故障的发现可能在指令开始执行之前,也可能在指令执行期间。如果在指令执行期间检测到故障,那么中止故障指令,并把指令的操作数恢复为指令开始执行之前的值。这可保证故障指令的重新执行得到正确的结果。例如,在一条指令的执行期间,如果发现段不存在,那么停止该指令的执行,并通知系统产生段故障,对应的段故障处理程序可通过加载该段的方法来排除故障,之后,原指令就可成功执行,至少不再发生段不存在的故障。

(2) 陷阱是在引起异常的指令之后,把异常情况通知给系统的一种异常。当控制转移到异常处理程序时,保存指向引起陷阱指令的下一条要执行的指令的断点 CS 及 EIP 的值。在转入陷阱处理程序时,引起陷阱的指令应正常完成,如软件中断指令、单步异常是陷阱异常的例子。

(3) 中止是在系统出现严重情况时,通知系统的一种异常。引起中止的指令是无法确定的。产生中止时,正执行的程序不能被恢复执行,系统可能要重新启动操作系统才能恢复正常运行状态。硬件故障或系统表中出现非法值或不一致的值是中止的例子。

13.3.2 中断和异常的类型

CPU 能识别多种不同类别的中断和异常并赋予对应的中断号,如表 13.4 所示。某些异常还以出错代码的形式提供一些信息传递给异常处理程序,出错代码列中的"无"表示没有出错代码,"有"表示有出错代码。

表 13.4 中断和异常一览表

中断号	中断和异常名称	中断和异常类型	出错代码	相 关 指 令
0	除法出错	故障	无	DIV/IDIV
1	调试异常	故障/陷阱	无	任何指令
2	NMI	中断	无	
3	单字节 INT3	陷阱	无	INT 3
4	溢出	陷阱	无	INT 0
5	边界检查	故障	无	BOUNT
6	非法操作码	故障	无	非法指令编码或操作数
7	设备不可用	故障	无	浮点指令或 WAIT
8	双重故障	中止	有	任何指令
9	协处理器段越界	中止	无	访问存储器的浮点指令
0AH	无效 TSS 异常	故障	有	JMP、CALL、IRET 或中断
0BH	段不存在	故障	有	装载段寄存器的指令
0CH	堆栈段异常	故障	有	装载 SS 段的指令
0DH	通用保护异常	故障	有	任何特权指令、任何访问存储器的指令
0EH	页异常	故障	有	任何访问存储器的指令
10H	协处理器出错	故障	无	浮点指令或 WAIT
11H~0FFH	软件中断	陷阱	无	INT n
	硬件中断	中断		

由表 13.4 可见,保护模式下某些异常的中断号分配与实模式下的可屏蔽中断号发生了冲突。实模式下的中断号的分配基于 PC 系统的 8086/8088 CPU,表 13.4 中的中断号的分配是 80386 所规定的。因此在保护模式下必须重新设置 8259A 中断控制器,将可

屏蔽硬件中断的中断号设置在 20H～FFH，以避免异常相冲突。例如，将实时时钟中断号设置为 38H，将键盘中断号设置为 31H。

13.3.3 中断和异常的处理过程

在实模式下，CPU 响应中断后，根据中断号从中断向量表中取得相应的中断向量（即中断服务子程序的入口地址），从而去执行中断服务子程序。而在保护模式下，CPU 是根据中断号从中断描述表（IDT）中取得相应的门描述符，从而获得中断或异常处理程序的入口地址。

1. 中断描述符表

与 GDT 相同，整个系统只有一个 IDT。由于 CPU 最多处理 256 种中断或异常，所以 IDT 最大长度是 2KB。IDTR 指示 IDT 在内存中的位置。和 GDTR 一样，IDTR 也是 48 位的寄存器，其中高 32 位为基址，低 16 位为界限。

IDT 所含的描述符只能是中断门、陷阱门和任务门。也就是说，在保护模式下，CPU 只有通过中断门、陷阱门或任务门才能转移到对应的中断或异常处理程序。由于门描述符长 8 字节，因此中断或异常产生时，CPU 以中断号乘 8 从 IDT 中取得对应的门描述符，分解出选择子、偏移量和描述符属性类型，并进行有关检查。最后，根据门描述符类型是中断门、陷阱门还是任务门，分情况转入中断或异常处理程序。

2. 通过中断门或陷阱门的中断/异常处理过程

如果中断号指示的门描述符是 386 中断门或 386 陷阱门，那么控制转移到当前任务的一个处理程序，并且可以变换特权级。与其他调用门的 CALL 指令一样，从中断门和陷阱门中获取指向处理程序的 48 位全指针。其中 32 位偏移地址送给 EIP，16 位选择子是对应处理程序代码段的选择子，它被送给 CS 寄存器，并根据选择子中的 TI 位是 0 或 1，从 GDT 或 LDT 中取得代码段描述符；这时，代码段描述符中的基地址确定了处理程序的段基址，EIP 确定了处理程序的入口地址，CPU 转向执行处理程序。整个过程如图 13.12 所示。

在上述的中断/异常处理过程中，CPU 会进行一系列的保护检测，如中断门或陷阱门中的选择子必须指向描述一个可执行代码段的描述符。如果选择子为空，就引起通用保护故障，出错码是 0。另外还需注意以下几点。

（1）中断或异常可以转移到同一特权级或高特权级处理程序。处理程序代码段的描述符中的类型及 DPL 字段，决定了这种同一任务内的转移是否要发生特权级变换。因此，在使用中断门时，中断处理程序通常必须被安排在特权级 0。

（2）和实模式下相同，CPU 在转向执行处理程序之前，首先要将标志寄存器和断点（EFLAGS、CS、EIP）压栈，以便中断返回。但这里每一次压栈操作是一个双字，CS 被扩展成 32 位。另外，若有异常，还把出错码压入堆栈。

（3）将 EFLAGS 中的 NT 位 0，表示处理程序在利用中断返回指令 IRET 返回时，返回到同一任务而不是一个嵌套任务。

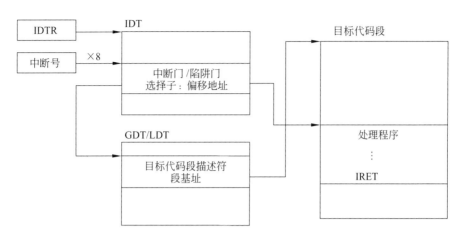

图 13.12 通过中断门或陷阱门的中断/异常处理过程

（4）通过中断门转移和通过陷阱门转移之间的差别只是对 IF 标志的处理。对于中断门，在转移过程中把 IF 位置为 0，使得在处理程序执行期间屏蔽掉 INTR 中断（当然，在中断处理程序中可以人为设置 IF 标志打开中断，使得在处理程序执行期间允许响应可屏蔽中断）；对于陷阱门，在转移过程中保持 IF 位不变，即如果 IF 位原来是 1，那么通过陷阱门转移到处理程序之后仍允许 INTR 中断。因此，中断门适宜于处理中断，而陷阱门适宜于处理异常。

3. 通过任务门的中断/异常处理过程

如果中断号指示的门描述符是任务门描述符，那么控制转移到一个作为独立的任务方式出现的处理程序。任务门中的选择子是指向描述对应处理程序任务的 TSS 段的选择子，即该选择子指向一个可用的 286TSS 或 386TSS。通过任务门的中断/异常处理过程与通过任务门的任务间转移很相似，可参考 13.2.3 节。主要的区别是，对于提供出错码的异常处理，通过任务门的中断/异常处理在完成任务切换之后，把出错码压入新任务的堆栈中。

通过任务门的转移，在进入中断或异常处理程序时，EFLAGS 中的 NT 位被置为 1，表示是嵌套任务，则 IRET 指令返回时，沿 TSS 中的链接字段返回到最后一个被挂起的任务。因为通过任务门的中断/异常处理是任务切换，因此可以从任何特权级切换到目标任务的任何特权级。

13.3.4 中断和异常处理后的返回

中断返回指令 IRET 用于从中断或异常处理程序的返回。该指令的执行根据 EFLAGS 中的 NT 位是否为 1 分为两种情形。

（1）NT 位为 0，表示当前任务内的返回。这种情况在由通过中断门或陷阱门转入处理程序返回时出现。CPU 从堆栈顶弹出返回指针 EIP 及 CS，然后弹出 EFLAGS 的值。弹出的 CS 选择子的 RPL 字段，确定返回后的特权级。如需要特权级改变，从高特权级堆栈中弹出低特权级堆栈的指针 ESP 及 SS 的值。

（2）NT 位为 1，表示是嵌套任务的返回。因为由通过任务门转入处理程序时，NT 位已被置 1。当前 TSS 中的链接字段保存有前一任务的 TSS 的选择子，取出该选择子进行任务切换就完成了返回。

中断返回指令 IRET 不仅能够用于由中断/异常引起的嵌套任务的返回，而且也适用于由段间调用指令 CALL 通过任务门引起的嵌套任务的返回，因为在执行通过任务门进行任务切换的段间调用指令 CALL 时，标志寄存器中的 NT 位被置为 1，表示任务嵌套。而 RET 指令是不能实现任务间的切换返回的。

13.3.5　Windows 下的中断和异常

工作在保护模式下的处理器设置了 4 个特权级，从高到低分别为特权级 0、1、2、3 级。Windows 操作系统只使用了其中的两个级别，操作系统内核及各种设备驱动程序运行在最高级（0 级），应用程序运行在最低级（3 级）。由于保护模式要求中断和异常处理子程序的特权级比被中断的程序高或相等，因此通常把中断和异常处理子程序放在系统代码中，运行在特权级 0。这样，为了系统的安全，运行在特权级 3 的应用程序是不能像工作在实模式下一样，自己来编写中断服务子程序，也不能通过修改中断描述符表来调用系统提供的中断服务子程序。

在 Windows 操作系统中，使用 Windows 提供的应用程序编程接口（Application Programming Interface，API）来代替中断服务子程序提供的系统功能，所以在 Win32 汇编中，INT n 指令失去了存在的意义，在源代码中是看不到 INT n 指令的。Windows 的 API 函数能够被应用程序直接调用，并且它比 DOS 下的中断功能调用具有更丰富的功能。

13.4　保护模式下的输入输出保护

在实模式下，用户程序可以使用 I/O 指令直接对端口进行读写。但保护模式支持多任务，因此为了避免输入输出冲突，CPU 采用 I/O 特权级和 I/O 许可位图的方法来对输入输出进行保护。

1. I/O 特权级

CPU 标志寄存器中，有两位是输入输出特权级（I/O Privilege Level，IOPL）（参见 3.3 节）。只有当 CPL 级别高于或等于 IOPL 时，CPU 可以执行所有与 I/O 相关的指令和访问 I/O 端口。与 I/O 相关的指令除了 I/O 指令，还包括 CLI 关中断指令和 STI 关中断指令。由于这些指令与 I/O 有关，并且只有在满足所列条件时才可以执行，所以把它们称为 I/O 敏感指令。

注意：这些 I/O 敏感指令在实模式下总是可执行的。

当 CPL 级别低于 IOPL 时，执行 CLI 和 STI 指令将引起通用保护异常，而 I/O 指令是否能够被执行要根据访问的 I/O 地址及 I/O 许可位图情况而定,如果条件不满足而执行,那么将引起出错码为 0 的通用保护异常。

由于每个任务使用各自的 EFLAGS 值和拥有自己的 TSS,所以每个任务可以有不同的 IOPL,并且可以定义不同的 I/O 许可位图。

2. I/O 许可位图

由于 IOPL 对所有 I/O 端口地址的访问做了限制,会使得在特权级 3 执行的应用程序要么可访问所有 I/O 端口,要么不可访问所有 I/O 端口,显然有时不能满足实际需要。因此,在 IOPL 的基础上又采用了 I/O 许可位图。I/O 许可位图规定了 I/O 空间中的哪些地址可以由在任何特权级执行的程序访问。

I/O 许可位图在 TSS 中,由二进制位串组成。位串中的每一位依次对应一个 I/O 地址,位串的第 0 位对应 I/O 地址 0,位串的第 n 位对应 I/O 地址 n。如果位串中的第 m 位为 0,那么对应的 I/O 地址 m 可以由在任何特权级执行的程序访问;如果位串中的第 m 位为 1,那么对应的 I/O 地址 m 只能由特权级别和 IOPL 相等或更高的程序访问,否则将引起通用保护异常。需注意的是,CLI 和 STI 指令的执行和 I/O 许可位图无关。

一条 I/O 指令最多可对 4 个 I/O 端口地址进行访问。因此当一条 I/O 指令涉及多个 I/O 地址,而且又需要根据 I/O 位图决定是否可访问该 I/O 地址时,只有这多个 I/O 地址所对应的 I/O 许可位图中的位都为 0 时,该 I/O 指令才能被正常执行,如果对应位中任一位为 1,就会引起通用保护异常。

当前任务使用的 I/O 许可位图存储在当前任务的 TSS 中低端的 64KB 内。TSS 内偏移 66H 的字确定 I/O 许可位图的开始偏移。I/O 许可位图总以字节为单位存储,所以位串所含的位数总被认为是 8 的倍数。由于 80386 支持的 I/O 地址空间大小是 64KB,所以构成 I/O 许可位图的二进制位串最大长度是 64K 个位,即位图的有效部分最大为 8KB。一个任务实际需要使用的 I/O 许可位图大小通常要远小于这个数目。

3. I/O 许可访问的过程

保护模式下处理器在执行 I/O 指令时进行许可访问的具体过程如下。

(1) 若 CPL 高于 IOPL,则直接转步骤(8)。
(2) 取得 I/O 位图开始偏移。
(3) 计算 I/O 地址对应位所在字节在 I/O 许可位图内的偏移。
(4) 计算位偏移以形成屏蔽码值,即计算 I/O 地址对应位在字节中的第几位。
(5) 把字节偏移加上位图开始偏移,再加 1,所得值与 TSS 界限比较,若越界,则产生出错码为 0 的通用保护故障。
(6) 若不越界,则从位图中读对应字节及下一字节。
(7) 把读出的两字节与屏蔽码进行与运算,若结果不为 0 表示检查未通过,则产生出错码为 0 的通用保护故障。
(8) 进行 I/O 访问。

由上述 I/O 许可检查的过程可见,当进行许可位检查时,CPU 总是从 I/O 许可位图中读取两字节。目的是为了尽快地执行 I/O 许可检查。一方面,常常要读取 I/O 许可位图的两字节,因为即使只要检查两个位,也可能需要读取两字节。另一方面,最多检查连续的 4 位,即最多也只需读取两字节。这也是在判别是否越界时再加 1 的原因。因此,为了避免在读取 I/O 许可位图的最高字节时产生越界,必须在 I/O 许可位图的最后添加一个全 1 的字节,即 0FFH。此全 1 的字节应添加在最后一个位图字节之后,TSS 界限范围之前,即让添加的全 1 字节在 TSS 界限之内。

4. Windows 下的 I/O 保护

应用程序运行在特权级 3,如果 CPU 标志寄存器中的 IOPL 设置为 0、1、2,应用程序在读写某个 I/O 端口时,CPU 会检查当前任务的 TSS 中的 I/O 许可位图的对应位,来决定是否对这个 I/O 端口进行读写。如果读写某个 I/O 端口且 I/O 许可位图的对应位为 1,就会引起异常,由操作系统进行异常处理;如果 CPU 标志寄存器中的 IOPL 设置为 3,应用程序就能够访问任何的 I/O 端口而不取决于 I/O 许可位图。通常,应用程序执行时,对端口是不能直接进行访问的,也不能使用 STI、CLI 中断允许和禁止指令。除非是编写工作在特权级 0 的设备驱动程序。

13.5 操作系统类指令

本节介绍的这些指令,通常只在操作系统代码中使用,所以称为操作系统类指令。这些指令可分为 3 种:实模式和任何特权级下可执行的指令、实模式和特权级 0 下可执行的指令和仅在保护模式下执行的指令。

13.5.1 实模式和任何特权级下可执行的指令

1. 存储全局描述符表寄存器指令

格式:

SGDT　FWORD PTR 目标操作数

说明:目标操作数是 48 位的存储器操作数。该指令的功能是把全局描述符表寄存器的内容存储到目标操作数。GDTR 中的 16 位界限存入目标操作数的低字,GDTR 中的 32 位基地址存入目标操作数的高双字。该指令对标志没有影响。

2. 存储中断描述符表寄存器指令

格式:

SIDT　FWORD PTR 目标操作数

说明:目标操作数是 48 位的存储器操作数。该指令的功能是把中断描述符表寄存器的内容存储到目标操作数。IDTR 中的 16 位界限存入目标操作数的低字,IDTR 中的

32 位基地址存入目标操作数的高双字。该指令对标志没有影响。

13.5.2　实模式和在特权级 0 下可执行的指令

下列指令涉及设置关键的寄存器，所以只能在实模式和保护模式的特权级 0 下执行。为了从初始时的实模式转入保护模式，必须做基本的准备工作。例如，设置全局描述符表寄存器等，因此这些指令也允许在实模式下执行。

在保护模式下，如果 CPL 不为 0，执行这些指令将引起错误码为 0 的通用保护故障。在虚拟 8086 方式下，因为其 CPL 为 3，所以执行这些指令也将会引起出错码为 0 的通用保护故障。

1. 装载全局描述符表寄存器指令

格式：

LGDT　FWORD PTR 源操作数

说明：源操作数是 48 位的内存操作数。该指令的功能是把源操作数装入全局描述符表寄存器中。操作数的低字是以字节为单位的段界限，高双字是段基址。该指令对标志没有影响。

2. 装载中断描述符表寄存器指令

格式：

LIDT　FWORD PTR 源操作数

说明：源操作数是 48 位的内存操作数。该指令的功能是把存储器中的源操作数装入中断描述符表寄存器中。操作数的低字是以字节为单位的段界限，高双字是段基址。该指令对标志没有影响。

3. 控制寄存器数据传送指令

格式：

MOV　目标操作数,源操作数

说明：控制寄存器数据传送指令实现 CPU 的控制寄存器和 32 位通用寄存器之间的数据传送。所以，目标操作数和源操作数可以是 80386 使用的 3 个控制寄存器和任一 32 位通用寄存器，但不能同时是控制寄存器。该指令对标志没有影响。

4. 清任务切换标志指令

格式：

CLTS

说明：每当任务切换时，控制寄存器 CR0 的任务切换标志 TS 被自动置 1。CLTS 指令的功能是将 TS 标志清 0。

13.5.3 仅在保护模式下执行的指令

下面的指令只能在保护模式下执行,如果在实模式下执行这些指令,将引起非法操作码故障(中断号为 6)。

1. 装载局部描述符表寄存器指令

格式:

LLDT   源操作数

说明:源操作数可以是 16 位通用寄存器操作数或内存操作数。该指令的功能是把源操作数中的内容作为指示局部描述符表的选择子装入 LDTR。该指令不影响标志。

源操作数给定的选择子应该指向 GDT 中的类型为 LDT 的描述符。若 CPL 不为 0,那么执行该指令将产生出错码为 0 的通用保护故障。若被装载的选择子不指向 GDT 中的描述符,或者描述符类型不是 LDT 描述符,那么产生通用保护故障,错误码由该选择子构成。

2. 存储局部描述符表寄存器指令

格式:

SLDT   源操作数

说明:源操作数可以是 16 位通用寄存器操作数或内存操作数。该指令的功能是把局部描述符表寄存器的内容存储到源操作数,也即把指向当前任务 LDT 的选择子存储到源操作数中。该指令不影响标志。

3. 装载任务寄存器指令

格式:

LTR   源操作数

说明:源操作数可以是 16 位通用寄存器操作数或内存操作数。该指令的功能是将源操作数作为指向 TSS 描述符的选择子装载到任务寄存器 TR。源操作数表示的选择子不能为空,必须索引位于 GDT 中的描述符,并且描述符类型必须是可用 TSS,该加载的 TSS 被处理器自动标为"忙"。该指令对标志没有影响。若 CPL 不为 0,那么执行该指令将产生错误码为 0 的通用保护故障。若被加载的选择子不指向 GDT 中的可用 TSS 描述符,那么产生通用保护故障,错误码由该选择子构成。

4. 存储任务寄存器指令

格式:

STR 源操作数

说明：源操作数可以是16位通用寄存器操作数或内存操作数。该指令的功能是把 TR 所含的指向当前任务的 TSS 描述符的选择子存储到源操作数。该指令不影响标志。

13.6 保护模式下的程序设计

本节给出的保护模式程序实例，可在80386及以上处理器和DOS的软硬件环境下运行。采用的汇编工具为 MASM 6.11，MASM 汇编和链接命令行用法与 DOS 汇编相同，详见4.2.3节。在运行这些实例时，不要安装使用扩展内存的驱动程序，以避免发生冲突。

13.6.1 实模式与保护模式切换

加电、复位之后，CPU 自动工作在实模式下，因此在保护模式下的程序设计重要的一个工作就是从实模式进入保护模式。本节通过一个实例来介绍如何实现实模式与保护模式的切换，也说明了保护模式编程的基本方法。

【例13.1】将数据缓冲区 BUF 单元开始存放的字符串，传送到地址为110000H 开始的内存单元，并在屏幕上显示该字符串。

【设计思路】

(1) 因为在实模式下不能访问100000H 以上的内存区域，只有在保护模式下才能访问到该指定区域，因此程序必须实现实模式与保护模式的切换。

(2) 为了能反映出32位代码段和16位代码段的切换，本例要求在32位代码段中实现数据的传送，在16位代码段中完成数据的屏幕显示。

(3) 由于 DOS 是一个实模式下运行的操作系统，当程序切换到保护模式后，DOS 功能调用 INT 21H 时不再有效。因此在保护模式下的屏幕显示用的是直接写屏的方法。

(4) 为了节省篇幅，把有关结构类型的定义、宏指令的定义和符号常量的定义等语句集合在一个文件 SCD.INC 中，以便为本章每个例子程序使用。

程序的具体实现步骤如下。

① 做切换到保护模式的准备。

② 切换到保护模式的一个32位代码段，把位于常规内存缓冲区中的数据传送到指定高端内存缓冲区。

③ 再变换到保护模式下的一个16位代码段，将缓冲区中的字符串直接填入显示缓冲区显示。

④ 切换回实模式。

【程序清单】

[被包含文件 SCD.INC]
;名称：SCD.INC

```
;功能:符号常量等的定义
.586P
;------------------------------------------------------------
;打开 A$_{20}$ 地址线
;------------------------------------------------------------
ENABLEA20       MACRO
                PUSH        AX
                IN          AL,92H
                OR          AL,00000010B
                OUT         92H,AL
                POP         AX
                ENDM
;------------------------------------------------------------
;关闭 A$_{20}$ 地址线
;------------------------------------------------------------
DISABLEA20      MACRO
                PUSH        AX
                IN          AL,92H
                AND         AL,11111101B
                OUT         92H,AL
                POP         AX
                ENDM
;------------------------------------------------------------
;16 位偏移的段间直接转移指令的宏定义(在 16 位代码段中使用)
;------------------------------------------------------------
JUMP16          MACRO       SELECTOR,OFFSET
                DB          0EAH                    ;操作码
                DW          OFFSET                  ;16 位偏移量
                DW          SELECTOR                ;段值或段选择子
                ENDM
;------------------------------------------------------------
;32 位偏移的段间直接转移指令的宏定义(在 32 位代码段中使用)
;------------------------------------------------------------
COMMENT <JUMP32>
JUMP32          MACRO       SELECTOR,OFFSET
                DB          0EAH                    ;操作码
                DD          OFFSET
                DW          SELECTOR                ;段值或段选择子
                ENDM
<JUMP32>
;------------------------------------------------------------
JUMP32          MACRO       SELECTOR,OFFSET
                DB          0EAH                    ;操作码
                DW          OFFSET
```

```
                DW          0
                DW          SELECTOR                ;段值或段选择子
                ENDM
;------------------------------------------------------------
;16位偏移的段间调用指令的宏定义(在16位代码段中使用)
;------------------------------------------------------------
CALL16          MACRO       SELECTOR,OFFSET
                DB          9AH                     ;操作码
                DW          OFFSET                  ;16位偏移量
                DW          SELECTOR                ;段值或段选择子
                ENDM
;------------------------------------------------------------
;32位偏移的段间调用指令的宏定义(在32位代码段中使用)
;------------------------------------------------------------
COMMENT <CALL32>
CALL32          MACRO       SELECTOR,OFFSET
                DB          9AH                     ;操作码
                DD          OFFSET
                DW          SELECTOR                ;段值或段选择子
                ENDM
<CALL32>
;------------------------------------------------------------
CALL32          MACRO       SELECTOR,OFFSET
                DB          9AH                     ;操作码
                DW          OFFSET
                DW          0
                DW          SELECTOR                ;段值或段选择子
                ENDM
;------------------------------------------------------------
;存储段和系统段描述符结构类型定义
;------------------------------------------------------------
DESC            STRUC
LIMITL          DW          0                       ;段界限($BIT_0 \sim BIT_{15}$)
BASEL           DW          0                       ;段基址($BIT_0 \sim BIT_{15}$)
BASEM           DB          0                       ;段基址($BIT_{16} \sim BIT_{23}$)
ATTRIBUTES      DB          0                       ;段属性
LIMITH          DB          0                       ;段界限($BIT_{16} \sim BIT_{19}$)(含段属性的高4位)
BASEH           DB          0                       ;段基址($BIT_{24} \sim BIT_{31}$)
DESC            ENDS
;------------------------------------------------------------
;门描述符结构类型定义
;------------------------------------------------------------
GATE            STRUC
OFFSETL         DW          0                       ;32位偏移地址的低16位
```

SELECTOR	DW	0	;选择子
DCOUNT	DB	0	;双字计数
GTYPE	DB	0	;类型
OFFSETH	DW	0	;32位偏移地址的高16位
GATE	ENDS		

;--
;伪描述符结构类型定义(用于装入全局或中断描述符表寄存器)
;--

PDESC	STRUC		
LIMIT	DW	0	;16位界限
BASE	DD	0	;32位基址
PDESC	ENDS		

;--
;任务状态段结构类型定义
;--

TSS	STRUC		
TRLINK	DW	0	;链接字段
	DW	0	;不使用,置为0
TRESP0	DD	0	;0级堆栈指针
TRSS0	DW	0	;0级堆栈段寄存器
	DW	0	;不使用,置为0
TRESP1	DD	0	;1级堆栈指针
TRSS1	DW	0	;1级堆栈段寄存器
	DW	0	;不使用,置为0
TRESP2	DD	0	;2级堆栈指针
TRSS2	DW	0	;2级堆栈段寄存器
	DW	0	;不使用,置为0
TRCR3	DD	0	;CR3
TREIP	DD	0	;EIP
TREFLAG	DD	0	;EFLAGS
TREAX	DD	0	;EAX
TRECX	DD	0	;ECX
TREDX	DD	0	;EDX
TREBX	DD	0	;EBX
TRESP	DD	0	;ESP
TREBP	DD	0	;EBP
TRESI	DD	0	;ESI
TREDI	DD	0	;EDI
TRES	DW	0	;ES
	DW	0	;不使用,置为0
TRCS	DW	0	;CS
	DW	0	;不使用,置为0
TRSS	DW	0	;SS
	DW	0	;不使用,置为0

```
TRDS            DW              0                       ;DS
                DW              0                       ;不使用,置为 0
TRFS            DW              0                       ;FS
                DW              0                       ;不使用,置为 0
TRGS            DW              0                       ;GS
                DW              0                       ;不使用,置为 0
TRLDTR          DW              0                       ;LDTR
                DW              0                       ;不使用,置为 0
TRTRIP          DW              0                       ;调试陷阱标志(只用位 0)
TRIOMAP         DW              $+2                     ;指向 I/O 许可位图区的段内偏移
TSS             ENDS
;--------------------------------------------------------------------------------
;存储段描述符类型值说明
;--------------------------------------------------------------------------------
ATDR            =               90H                     ;存在的只读数据段类型值
ATDW            =               92H                     ;存在的可读写数据段属性值
ATDWA           =               93H                     ;存在的已访问可读写数据段类型值
ATCE            =               98H                     ;存在的只执行代码段属性值
ATCER           =               9AH                     ;存在的可执行/读代码段属性值
ATCCO           =               9CH                     ;存在的只执行一致代码段属性值
ATCCOR          =               9EH                     ;存在的可执行/读一致代码段属性值
;--------------------------------------------------------------------------------
;系统段描述符类型值说明
;--------------------------------------------------------------------------------
ATLDT           =               82H                     ;局部描述符表段类型值
ATTASKGATE      =               85H                     ;任务门类型值
AT386TSS        =               89H                     ;可用 386 任务状态段类型值
AT386CGATE      =               8CH                     ;386 调用门类型值
AT386IGATE      =               8EH                     ;386 中断门类型值
AT386TGATE      =               8FH                     ;386 陷阱门类型值
;--------------------------------------------------------------------------------
;DPL 值说明
;--------------------------------------------------------------------------------
DPL0            =               00H                     ;DPL=0
DPL1            =               20H                     ;DPL=1
DPL2            =               40H                     ;DPL=2
DPL3            =               60H                     ;DPL=3
;--------------------------------------------------------------------------------
;RPL 值说明
;--------------------------------------------------------------------------------
RPL0            =               00H                     ;RPL=0
RPL1            =               01H                     ;RPL=1
RPL2            =               02H                     ;RPL=2
RPL3            =               03H                     ;RPL=3
```

```
;----------------------------------------------------------------
;IOPL 值说明
;----------------------------------------------------------------
        IOPL0       =       0000H                   ;IOPL=0
        IOPL1       =       1000H                   ;IOPL=1
        IOPL2       =       2000H                   ;IOPL=2
        IOPL3       =       3000H                   ;IOPL=3
;----------------------------------------------------------------
;其他常量值说明
;----------------------------------------------------------------
        D32         =       40H                     ;32 位代码段标志
        GL          =       80H                     ;段界限以 4KB 为单位标志
        TIL         =       04H                     ;TI=1(局部描述符表标志)
;----------------------------------------------------------------
;功能:演示实模式与保护模式切换
;FILENAME:131.ASM
        INCLUDE     SCD.INC
;----------------------------------------------------------------
        DSEG        SEGMENT USE16                   ;16 位数据段
;----------------------------------------------------------------
        GDT         LABEL   BYTE                    ;全局描述符表
        DUMMY       DESC    <>                      ;空描述符
        NORMAL      DESC    <0FFFFH,,,ATDW,,>       ;规范段描述符
        CODE32      DESC    <0FFFFH,,,ATCE,D32,>    ;32 位代码段描述符
        CODE16      DESC    <0FFFFH,,,ATCE,,>       ;16 位代码段描述符
        DATAD       DESC    <BUFLEN-1,0,11H,ATDW,,> ;源数据段描述符
        DATAS       DESC    <BUFLEN-1,,,ATDR,,>     ;目标数据段描述符
        DATAX       DESC    <3999,8000H,0BH,ATDW,,> ;显示存储区数据段描述符
;----------------------------------------------------------------
        GDTLEN      =       $-GDT                   ;全局描述符表长度
        VGDTR       PDESC   <GDTLEN-1,>             ;伪描述符
;----------------------------------------------------------------
        NORMAL_SEL  =       NORMAL-GDT              ;规范段描述符选择子
        CODE32_SEL  =       CODE32-GDT              ;32 位代码段选择子
        CODE16_SEL  =       CODE16-GDT              ;16 位代码段选择子
        DATAS_SEL   =       DATAS-GDT               ;源数据段选择子
        DATAD_SEL   =       DATAD-GDT               ;目标数据段选择子
        DATAX_SEL   =       DATAX-GDT               ;显示存储区数据段选择子
;----------------------------------------------------------------
        BUFFER      DB      'WELCOME TO PROTECT WORLD !'        ;源缓冲区
        BUFLEN      EQU     $-BUFFER                ;源缓冲区字节长度
;----------------------------------------------------------------
        DSEG        ENDS                            ;数据段定义结束
;----------------------------------------------------------------
```

```
CSEG1           SEGMENT   USE16 'REAL'                ;16 位代码段
                ASSUME    CS:CSEG1,DS:DSEG
START           PROC
                MOV       AX,DSEG
                MOV       DS,AX
                ;准备要加载到 GDTR 的伪描述符
                MOV       BX,16
                MUL       BX
                ADD       AX,OFFSET GDT               ;计算并设置基地址
                ADC       DX,0                        ;界限已在定义时设置好
                MOV       WORD PTR VGDTR.BASE,AX
                MOV       WORD PTR VGDTR.BASE+2,DX
                ;设置 32 位代码段描述符
                MOV       AX,CSEG2
                MUL       BX
                MOV       WORD PTR CODE32.BASEL,AX
                MOV       BYTE PTR CODE32.BASEM,DL
                MOV       BYTE PTR CODE32.BASEH,DH
                ;设置 16 位代码段描述符
                MOV       AX,CSEG3
                MUL       BX
                MOV       WORD PTR CODE16.BASEL,AX    ;代码段开始偏移为 0
                MOV       BYTE PTR CODE16.BASEM,DL    ;代码段界限已在定义时设置好
                MOV       BYTE PTR CODE16.BASEH,DH
                ;设置源数据段描述符
                MOV       AX,DS
                MUL       BX                          ;计算并设置源数据段基址
                ADD       AX,OFFSET BUFFER
                ADC       DX,0
                MOV       WORD PTR DATAS.BASEL,AX
                MOV       BYTE PTR DATAS.BASEM,DL
                MOV       BYTE PTR DATAS.BASEH,DH
                ;加载 GDTR
                LGDT      FWORD PTR VGDTR
                CLI                                   ;关中断
                ENABLEA20                             ;打开地址线 $A_{20}$
                ;切换到保护模式
                MOV       EAX,CR0
                OR        AL,1
                MOV       CR0,EAX
                ;清指令预取队列,并真正进入保护模式
                JUMP16    CODE32_SEL,<HIGH OFFSET SPM32>
TOREAL:         ;现在又回到实模式
                MOV       AX,DSEG
```

```
                MOV         DS,AX
                DISABLEA20                              ;关闭地址线 A20
                STI
                MOV         AH,4CH
                INT         21H
START           ENDP
CSEG1           ENDS                                    ;代码段定义结束
;----------------------------------------------------------------
CSEG2           SEGMENT     USE32 'PM32'                ;32 位代码段
                ASSUME      CS:CSEG2
SPM32           PROC
                MOV         AX,DATAS_SEL                ;装载源数据段选择子
                MOV         DS,AX
                MOV         AX,DATAD_SEL                ;装载目的数据段选择子
                MOV         ES,AX
                XOR         ESI,ESI
                XOR         EDI,EDI
                MOV         ECX,BUFLEN
                CLD
                REP         MOVSB                       ;数据传送
                ;变换到 16 位代码段
                JUMP32      CODE16_SEL,<OFFSET SPM16>
SPM32           ENDP
C32LEN          =           $
CSEG2           ENDS
;----------------------------------------------------------------
CSEG3           SEGMENT     USE16 'PM16'
                ASSUME      CS:CSEG3
SPM16           PROC
                MOV         AX,DATAD_SEL                ;设置指针和计数器
                MOV         DS,AX
                MOV         AX,DATAX_SEL
                MOV         ES,AX
                XOR         SI,SI
                XOR         DI,DI
                MOV         AH,7                        ;显示属性为黑底白字
                MOV         CX,BUFLEN
AGAIN:          LODSB
                STOSW                                   ;将显示字符直接写屏
                LOOP        AGAIN
                MOV         AX,NORMAL_SEL               ;将 NORMAL 段选择子装入 DS 和 ES
                MOV         DS,AX
                MOV         ES,AX
                MOV         EAX,CR0
```

```
            AND     AL,11111110B
            MOV     CR0,EAX
            JMP     FAR PTR TOREAL      ;切换到实模式
SPM16       ENDP
CSEG3       ENDS
            END     START
```

【程序分析】

(1) 程序一开始使用带 P 的方式选择伪指令.586P,表示程序中可以用特权级指令,如 MOV CR0,EAX。

(2) 切换到保护模式的准备工作。

在从实模式切换到保护模式之前,必须做一些准备工作。最基本的准备工作是建立合适的全局描述符表,并使用 GDTR 指向该 GDT。因为在切换到保护模式时,至少要把代码段的选择子装载到 CS,所以 GDT 中至少含有代码段的描述符。

从本实例源程序可见,全局描述符表有 7 个描述符。第 1 个是空描述符;第 2 个是规范段描述符;第 3 个和第 4 个分别为 32 位代码段描述符和 16 位代码段描述符;第 5~7 个分别是源数据段描述符、目标数据段描述符和显示存储区数据段描述符。本实例各描述符中的段界限是在定义时设置的,并且除伪描述符 VGDTR 中的界限按 GDT 的实际长度设置外,各使用的存储段描述符的界限大都规定为 0FFFFH。另外,描述符中的段属性也根据所描述段的类型被预置。

由于在切换到保护模式后就要引用 GDT,所以在切换到保护模式前必须装载 GDTR。实例中使用如下指令装载 GDTR:

LGDT FWORD PTR VGDTR

该指令的功能是把存储器中的伪描述符 VGDTR 装入 GDTR 中。伪描述符 VGDTR 的结构如前所述结构类型 PDESC 所示,低字是以字节为单位的全局描述符表段的界限,高双字为描述符表段的线性基地址(本实例不启用分页机制,所以线性地址等同于物理地址)。

(3) 由实模式切换到保护模式。

在做好准备后,从实模式切换到保护模式。原则上只要把控制寄存器 CR0 中的 PE 位置 1 即可。本实例采用如下 3 条指令设置 PE 位:

```
MOV     EAX,CR0
OR      EAX,1
MOV     CR0,EAX
```

执行上面的 3 条指令后,处理器转入保护模式,但 CS 中的内容还是实模式下代码段的段值,而不是保护模式下代码段的选择子,所以在取指令之前要把代码段的选择子装入 CS。为此,紧接着这 3 条指令,安排一条如下的段间转移指令:

JUMP16 CODE32_SEL,<HIGH OFFSET SPM32>

这条段间转移指令在实模式下被预取并在保护模式下被执行。该指令必须用 high 运算符取得 32 位代码段的 16 位入口偏移。利用这条段间转移指令可把保护模式下代码段的选择子装入 CS，同时也刷新指令预取队列。从此真正进入保护模式。

（4）打开和关闭地址线 A_{20}。

PC 及其兼容机的第 21 根地址线（A_{20}）较特殊，计算机系统中一般安排一个"门"控制该地址线是否有效。为了访问地址在 1M 以上的存储单元，应先打开控制地址线 A_{20} 的"门"。这种设置与实模式下只使用最低端的 1MB 存储空间有关，与处理器是否工作在实模式或保护模式无关，即使在关闭地址线 A_{20} 时，也可进入保护模式。如何打开和关闭地址线 A_{20} 与计算机系统的具体设置有关。在本例中定义了两个宏，打开地址线 A_{20} 的宏 EnableA20 和关闭地址线 A_{20} 的宏 DisableA20，此两个宏指令在一般的 PC 兼容机上都是可行的。

（5）由保护模式切换到实模式。

在 80386 上，从保护模式切换到实模式的过程类似于从实模式切换到保护模式。原则上只要把控制寄存器 CR0 中的 PE 位清 0 即可。实际上，在此之后也要安排一条段间转移指令，一方面清指令预取队列，另一方面把实模式下代码段的段值送 CS。这条段间转移指令在保护模式下被预取并在实模式下被执行。

（6）32 位代码段与 16 位代码段之间的切换。

在保护模式下，通过如下直接段间转移指令从 32 位代码段切换到 16 位代码段：

JUMP32 CODE16_SEL,<OFFSET SPM16>

从该宏指令的定义可知，该转移指令含 48 位指针，其高 16 位是 16 位代码段的选择子，低 32 位是 16 位代码段的入口偏移。该指令在 32 位方式下预取并执行。由于在 32 位方式下执行，所以要使用 48 位指针。

（7）保护模式下的数据传送。

在 32 位代码段中，默认的操作数大小是 32 位，默认的存储单元地址大小是 32 位。由于串操作指令使用的指针寄存器是 ESI 和 EDI，LOOP 指令使用的计数器是 ECX，所以，在代码段 CSEG2 中，为了使用串操作指令，对 ESI 和 EDI 等寄存器赋初值。

（8）从本实例的 GDT 中可见，两个数据段的界限都是根据实际大小而设置的。从源程序代码段 CSEG3 可见，在切换到实模式之前，必须把一个指向规范段的描述符 NORMAL 的选择子装载到 DS 和 ES。在 13.1.1 节分段管理中已介绍过，这是因为每个段寄存器都配有段描述符高速缓冲寄存器。在实模式下，每个段也对应一个段高速缓冲寄存器，每个段的 32 位段界限都固定为 0FFFFH，段属性的许多位也是固定的，工作在特权级 0。因此，在准备结束保护模式回到实模式之前，要通过加载一个合适的描述符段选择子到有关段寄存器，使得对应段描述符高速缓冲寄存器中含有合适的段界限和段属性。本实例 GDT 中的描述符 NORMAL 就是这样一个描述符，在返回实模式之前把对应选择子 NORMAL_SEL 加载到 DS 和 ES 就是此目的。16 位代码段描述符中的内容已符合实模式的需要。需要注意的是，不能从 32 位代码段返回实模式，这是因为无法实现从 32 位代码段返回时，高速缓冲寄存器 CS 中的属性符合实模式的要求（实模式不能改变段属性）。

(9) 本实例做了大量的简化处理。通常,由实模式切换到保护模式的准备工作还应包含建立中断描述符表。但本实例没有建立中断描述符表。为此,要求整个过程在关中断的情况下进行;要求不使用软中断指令;假设不发生任何异常,否则会导致系统崩溃。

本实例未使用局部描述符表,所以在进入保护模式后没有设置 LDTR。为此,在保护模式下使用的段选择子都指定 GDT 中的描述符。

本实例各 DPL 和各选择子的 RPL 均为 0,在保护模式下运行时的 CPL 也是 0。

13.6.2 保护模式下中断和异常程序设计

在保护模式下,CPU 把外部中断(硬件中断)称为"中断",而把内部中断称为"异常"。CPU 是根据中断号从 IDT 中取得相应的门描述符,从而获得中断或异常处理程序的入口地址。本节通过一个实例,来介绍保护模式下中断和异常程序设计。

【例 13.2】 利用日时钟中断实现在屏幕的左上角每秒显示一行字符串'WELCOME TO PROTECT WORLD! ',显示 10 次后程序结束。

【设计思路】 日时钟中断的工作原理参考 9.7 节。为了在保护模式下响应中断和处理异常,程序中必须有 IDT。IDT 含有 256 个门描述符。8 号安排的是一个通向日时钟中断处理程序的中断门。为了说明陷阱异常的处理,0FEH 号安排的是通向显示处理程序的陷阱门,其他均安排成通向其他中断或异常处理程序的陷阱门。GDT 中除了含有常见的几个描述符外,还含有描述时钟中断处理程序所使用的代码段描述符和数据段描述符,以及描述显示程序所使用的代码段和数据段描述符。

【程序清单】

```
;功能:演示中断处理的实现
;FILENAME:132.ASM
INCLUDE SCD.INC
OPTION NOSCOPED
;------------------------------------------------------------------
GDTSEG          SEGMENT  PARA USE16        ;全局描述符表数据段(16 位)
;------------------------------------------------------------------
                ;全局描述符表 GDT
GDT             LABEL    BYTE
DUMMY           DESC     <>                         ;空描述符
NORMAL          DESC     <0FFFFH,,,ATDW,,>          ;规范段描述符
VIDEOBUF        DESC     <0FFFFH,8000H,0BH,ATDW,,>  ;显示存储区段描述符
;------------------------------------------------------------------
EFFGDT          LABEL    BYTE
                ;演示代码段描述符
DEMOCODE        DESC     <0FFFFH,DEMOCODESEG,,ATCE,,>
                ;演示数据段描述符
DEMODATA        DESC     <DEMODATALEN-1,DEMODATASEG,,ATDW,,>
                ;演示堆栈段描述符
```

```
    DEMOSTACK         DESC      <DEMOSTACKLEN-1,DEMOSTACKSEG,,ATDWA,,>
                                ;0FEH 号中断处理程序(显示程序)代码段描述符
    ECHOCODE          DESC      <ECHOCODELEN-1,ECHOCODESEG,,ATCE,,>
                                ;0FEH 号中断处理程序(显示程序)数据段描述符
    ECHODATA          DESC      <ECHODATALEN-1,ECHODATASEG,,ATDW,,>
                                ;8 号中断处理程序代码段描述符
    TICODE            DESC      <TICODELEN-1,TICODESEG,,ATCE,,>
                                ;8 号中断处理程序数据段描述符
    TIDATA            DESC      <TIDATALEN-1,TIDATASEG,,ATDW,,>
                                ;其他中断或异常处理程序代码段描述符
    OTHER             DESC      <OTHERCODELEN-1,OTHERCODESEG,,ATCE,,>
;-------------------------------------------------------------------------
    GDTLEN            =         $-GDT                  ;全局描述符表长度
    GDNUM             =         ($-EFFGDT)/(SIZE DESC) ;需特殊处理的描述符数
;
    NORMAL_SEL        =         NORMAL-GDT             ;规范段描述符选择子
    VIDEO_SEL         =         VIDEOBUF-GDT           ;视频缓冲区段描述符选择子
;-------------------------------------------------------------------------
    DEMOCODE_SEL      =         DEMOCODE-GDT           ;演示代码段的选择子
    DEMODATA_SEL      =         DEMODATA-GDT           ;演示数据段的选择子
    DEMOSTACK_SEL     =         DEMOSTACK-GDT          ;演示堆栈段的选择子
    ECHOCODE_SEL      =         ECHOCODE-GDT           ;0FEH 号中断程序代码段选择子
    ECHODATA_SEL      =         ECHODATA-GDT           ;0FEH 号中断程序数据段选择子
    TICODE_SEL        =         TICODE-GDT             ;8 号中断程序代码段选择子
    TIDATA_SEL        =         TIDATA-GDT             ;8 号中断程序数据段选择子
    OTHER_SEL         =         OTHER-GDT              ;其他中断或异常代码段选择子
;-------------------------------------------------------------------------
    GDTSEG            ENDS                             ;全局描述符表段定义结束
;-------------------------------------------------------------------------
    IDTSEG            SEGMENT   PARA USE16             ;中断描述符表数据段(16 位)
;-------------------------------------------------------------------------
    IDT               LABEL     BYTE                   ;中断描述符表
                      ;0~7 的 8 个陷阱门描述符
                      REPT      8
                      GATE      <OTHERBEGIN,OTHER_SEL,,AT386TGATE,>
                      ENDM
                      ;对应 8 号(时钟)中断处理程序的门描述符
                      GATE      <TIBEGIN,TICODE_SEL,,AT386IGATE,>
                      ;从 9~0FDH 的 245 个陷阱门描述符
                      REPT      245
                      GATE      <OTHERBEGIN,OTHER_SEL,,AT386TGATE,>
                      ENDM
                      ;对应 0FEH 号中断处理程序的陷阱门描述符
                      GATE      <ECHOBEGIN,ECHOCODE_SEL,,AT386TGATE,>
```

```
                            ;对应 0FFH 号中断处理程序的陷阱门描述符
                    GATE        <OTHERBEGIN,OTHER_SEL,,AT386TGATE,>
;------------------------------------------------------------------------
IDTLEN              =           $-IDT
;
IDTSEG              ENDS                            ;中断描述符表段定义结束
;------------------------------------------------------------------------
;其他中断或异常处理程序的代码段
;------------------------------------------------------------------------
OTHERCODESEG        SEGMENT     PARA USE16
                    ASSUME      CS:OTHERCODESEG
;------------------------------------------------------------------------
OTHERBEGIN          PROC        FAR
                    MOV         AX,VIDEO_SEL
                    MOV         ES,AX
                    MOV         AH,17H              ;在屏幕左上角显示蓝底白字
                    MOV         AL,'!'              ;符号"!"
                    MOV         WORD PTR ES:[0],AX
                    JMP         $                   ;无限循环
OTHERBEGIN          ENDP
;------------------------------------------------------------------------
OTHERCODELEN        =           $
OTHERCODESEG        ENDS
;------------------------------------------------------------------------
;8 号中断处理程序的数据段
;
TIDATASEG           SEGMENT     PARA USE16
COUNT               DB          18                  ;中断计数初值
TIDATALEN           =           $
TIDATASEG           ENDS
;------------------------------------------------------------------------
;8 号中断处理程序的代码段
;------------------------------------------------------------------------
TICODESEG           SEGMENT     PARA USE16
                    ASSUME      CS:TICODESEG,DS:TIDATASEG
;------------------------------------------------------------------------
TIBEGIN             PROC        FAR
                    PUSH        EAX                 ;保护现场
                    PUSH        DS
                    PUSH        FS
                    PUSH        GS
                    MOV         AX,TIDATA_SEL       ;置中断处理程序数据段
                    MOV         DS,AX
                    MOV         AX,ECHODATA_SEL     ;置显示过程数据段
```

```
                        MOV     FS,AX
                        MOV     AX,DEMODATA_SEL     ;置演示程序数据段
                        MOV     GS,AX
                        CMP     COUNT,0
                        JNZ     TI2                 ;计数非 0 表示未到 1s
                        MOV     COUNT,18            ;每秒约 18 次
                        INT     0FEH                ;调用 0FEH 号中断处理程序显示
                        CMP     BYTE PTR FS:MESS,10 ;是否已显示 10 行字符串
                        JNZ     TI1
                        MOV     BYTE PTR GS:FLAG,1  ;已显示 10 行字符串时置标记
TI1:                    INC     BYTE PTR FS:MESS    ;调整显示下一行
TI2:                    DEC     COUNT               ;调整计数
                        POP     GS                  ;恢复现场
                        POP     FS
                        POP     DS
                        MOV     AL,20H              ;通知中断控制器中断处理结束
                        OUT     20H,AL
                        POP     EAX
                        IRETD                       ;中断返回
TIBEGIN                 ENDP
;------------------------------------------------------------
TICODELEN               =       $
TICODESEG               ENDS
;------------------------------------------------------------
;0FEH 号中断处理程序数据段
;
ECHODATASEG     SEGMENT PARA USE16
MESS            DB      0
MESG            DB      'WELCOME TO PROTECT WORLD !'
MESGLEN         EQU     $-MESG
ECHODATALEN     =       $
ECHODATASEG     ENDS
;------------------------------------------------------------
;0FEH 号中断处理程序(显示程序)的代码段
;
ECHOCODESEG     SEGMENT PARA USE16
                ASSUME  CS:ECHOCODESEG,DS:ECHODATASEG
;------------------------------------------------------------
ECHOBEGIN       PROC    FAR
                PUSH    AX                  ;保护现场
                PUSH    SI
                PUSH    DI
                PUSH    DS
                PUSH    ES
```

```
                    MOV         AX,ECHODATA_SEL     ;置显示过程数据段
                    MOV         DS,AX
                    MOV         AX,VIDEO_SEL        ;置显示存储区数据段
                    MOV         ES,AX
                    MOV         SI,OFFSET MESG      ;置指针和计数器
                    XOR         DI,DI
                    MOV         AL,80*2
                    MUL         MESS
                    ADD         DI,AX               ;每次显示在屏幕的下一行
                    MOV         AH,4EH
                    MOV         CX,MESGLEN
AGAIN:              LODSB
                    STOSW                           ;显示字符串
                    LOOP        AGAIN
                    POP         ES
                    POP         DS
                    POP         DI
                    POP         SI
                    POP         AX
                    IRETD
ECHOBEGIN           ENDP
;-------------------------------------------------------------------
ECHOCODELEN         =           $
ECHOCODESEG         ENDS
;-------------------------------------------------------------------
;演示任务的堆栈段
;-------------------------------------------------------------------
DEMOSTACKSEG        SEGMENT     PARA USE16
DEMOSTACKLEN        =           1024
                    DB          DEMOSTACKLEN DUP(0)
DEMOSTACKSEG        ENDS
;-------------------------------------------------------------------
;演示任务的数据段
;-------------------------------------------------------------------
DEMODATASEG         SEGMENT     PARA USE16
FLAG                DB          0
DEMODATALEN         =           $
DEMODATASEG         ENDS
;-------------------------------------------------------------------
;演示任务的代码段
;-------------------------------------------------------------------
DEMOCODESEG         SEGMENT     PARA USE16
                    ASSUME      CS:DEMOCODESEG,DS:DEMODATASEG
;-------------------------------------------------------------------
```

```
            DEMOBEGIN       PROC        FAR
                            MOV         AX,DEMOSTACK_SEL     ;置堆栈
                            MOV         SS,AX
                            MOV         SP,DEMOSTACKLEN      ;置数据段
                            MOV         AX,DEMODATA_SEL
                            MOV         DS,AX
                            MOV         ES,AX
                            MOV         FS,AX
                            MOV         GS,AX
                            MOV         AL,11111110B         ;置中断屏蔽字
                            OUT         21H,AL               ;打开日时钟中断
                            STI                              ;开中断
            DEMOCONTI:      CMP         BYTE PTR FLAG,0      ;判结束标志
                            JZ          DEMOCONTI            ;直到不为0
                            CLI                              ;关中断
                            ;准备回实模式
            TODOS:          MOV         AX,NORMAL_SEL        ;恢复实模式段描述符高速缓存
                            MOV         DS,AX
                            MOV         ES,AX
                            MOV         FS,AX
                            MOV         GS,AX
                            MOV         SS,AX
                            MOV         EAX,CR0              ;准备返回实模式
                            AND         AL,11111110B
                            MOV         CR0,EAX
                            JUMP16      <SEG REAL>,<OFFSET REAL>
            DEMOBEGIN       ENDP
;-----------------------------------------------------------------------------
            DEMOCODELEN     =           $
            DEMOCODESEG     ENDS
;=============================================================================
            RDATASEG        SEGMENT     PARA USE16           ;实模式数据段
            VGDTR           PDESC       <GDTLEN-1,>          ;GDT 伪描述符
            VIDTR           PDESC       <IDTLEN-1,>          ;IDT 伪描述符
            NORVIDTR        PDESC       <3FFH,>              ;用于保存原 IDTR 值
            SPVAR           DW          ?                    ;用于保存实模式下的 SP
            SSVAR           DW          ?                    ;用于保存实模式下的 SS
            IMASKREGV       DB          ?                    ;用于保存原中断屏蔽寄存器值
            RDATASEG        ENDS
;-----------------------------------------------------------------------------
            RCODESEG        SEGMENT     PARA USE16           ;实模式代码段
                            ASSUME      CS:RCODESEG,DS:RDATASEG
;-----------------------------------------------------------------------------
            START           PROC
```

```
              MOV      AX,RDATASEG
              MOV      DS,AX
              CLD
              CALL     INITGDT              ;初始化全局描述符表
              CALL     INITIDT              ;初始化中断描述符表
              MOV      SSVAR,SS             ;保存堆栈指针
              MOV      SPVAR,SP
              SIDT     FWORD PTR NORVIDTR   ;保存 IDTR
              IN       AL,21H
              MOV      BYTE PTR IMASKREGV,AL
              LGDT     FWORD PTR VGDTR      ;装载 GDTR
              CLI                           ;关中断
              LIDT     FWORD PTR VIDTR      ;装载 IDTR
              MOV      EAX,CR0
              OR       AL,1
              MOV      CR0,EAX
              JUMP16   <DEMOCODE_SEL>,<OFFSET DEMOBEGIN>
                                            ;转演示任务
REAL:         MOV      AX,RDATASEG
              MOV      DS,AX
              LSS      SP,DWORD PTR SPVAR   ;又回到实模式
              LIDT     FWORD PTR NORVIDTR
              MOV      AL,IMASKREGV
              OUT      21H,AL
              STI
              MOV      AX,4C00H
              INT      21H
START         ENDP
;------------------------------------------------------------------------
INITGDT       PROC
              PUSH     DS
              MOV      AX,GDTSEG
              MOV      DS,AX
              MOV      CX,GDNUM
              MOV      SI,OFFSET EFFGDT
INITG:        MOV      AX,[SI+DESC.BASEL]
              MOVZX    EAX,AX
              SHL      EAX,4
              SHLD     EDX,EAX,16
              MOV      WORD PTR [SI+DESC.BASEL],AX
              MOV      BYTE PTR [SI+DESC.BASEM],DL
              MOV      BYTE PTR [SI+DESC.BASEH],DH
              ADD      SI,SIZE DESC
              LOOP     INITG
```

```
                POP         DS
                MOV         BX,16
                MOV         AX,GDTSEG
                MUL         BX
                MOV         WORD PTR VGDTR.BASE,AX
                MOV         WORD PTR VGDTR.BASE+2,DX
                RET
INITGDT         ENDP
;----------------------------------------------------------------------------
INITIDT         PROC
                MOV         BX,16
                MOV         AX,IDTSEG
                MUL         BX
                MOV         WORD PTR VIDTR.BASE,AX
                MOV         WORD PTR VIDTR.BASE+2,DX
                RET
INITIDT         ENDP
;----------------------------------------------------------------------------
RCODESEG        ENDS
                END         START
```

【程序分析】

(1) 实模式下初始化 GDT 和 IDT。

GDT 和 IDT 中的描述符的界限和属性值在定义时预置。为了方便,定义时把各段的段值存放在相应描述符的段基址低 16 位字段中。由于实例中各段在实模式下定义,所以把段值乘 16 就是对应的段基址。

(2) 时钟中断仍使用 8H 号中断向量。

实例使用了日时钟作为外部中断源,没有通过重新设置中断控制器的方法改变对应的中断向量。所以,时钟中断使用的 8H 号中断号就与双重故障异常使用的中断号发生冲突。但实例仅是演示程序,所以只要保证不发生双重故障异常,就可避免冲突,从而不会影响演示。程序中设置中断屏蔽寄存器,仅开放时钟中断。所以,在开中断状态下,只可能发生时钟中断,而不会发生其他外部中断。

(3) 时钟中断处理程序的设计。

由于通过中断门转时钟中断处理程序,所以在控制转移时不发生任务切换。但外部中断随时可能发生,因此中断处理程序必须采取保护现场等措施。作为演示程序,该中断处理程序对日时钟中断进行计数,满 18 次后,就认为已满 1s,这时调用 INT 0FEH 用于显示字符串信息。

(4) 利用一个软中断(陷阱处理)程序实现显示。

为了演示陷阱及其处理,把显示过程安排成陷阱处理程序。上述时钟中断处理程序通过软中断指令 INT 调用该显示程序。在控制转移时,也没有任务切换。该陷阱处理程序相当于一个"软中断"处理程序,类似实模式下的 BIOS 中断 INT 10H。

(5) 对其他中断或异常的响应。

为了简单,除了 8H 号和 0FEH 号外,IDT 中其他的门均通向一个处理程序。该处理程序用于处理其他中断或异常。处理过程也极其简单,在屏幕左上角显示蓝底白字的符号"!",然后进入无限循环。

(6) 没有特权级变换。

为了简单,实例涉及的中断处理程序和异常处理程序都保持特权级 0。所以,控制转移时不发生特权级变换。因此,没有使用其他堆栈。

(7) 装载和保存 IDTR。

使 IDT 发挥作用之前,还要装载 IDTR;但为了回到实模式后,恢复原来的 IDTR 的内容,所以先保存 IDTR 的内容。

(8) 标号全局化。

由于高级 MASM 汇编中,标号的作用域在子程序范围,因此必须使用 OPTION NOSCOPED 使标号全局化。

13.6.3 输入输出保护及任务切换

保护模式支持多任务,采用 I/O 特权级和 I/O 许可位图的方法来对输入输出进行保护。本节通过一个实例,来介绍保护模式下对端口进行读写的程序设计及任务切换。

【例 13.3】 通过任务门调用输入输出测试任务,在测试任务中使 PC 系列机的 8254 计数器产生固定频率的方波,使扬声器发声。

【设计思路】 8254 芯片的工作原理参考第 11 章。本例使用段间调用指令 CALL 通过任务门调用输入输出测试任务,在测试任务中演示 I/O 许可位图对端口读写指令的作用。

具体步骤如下。

(1) 在实模式下做必要准备后,切换到保护模式。

(2) 进入保护模式的临时代码段后,把演示任务的 TSS 描述符装入 TR,并设置演示任务的堆栈。

(3) 进入演示代码段,演示代码段的特权级是 0。

(4) 通过任务门调用测试任务,使扬声器发声。

(5) 从演示代码转临时代码,准备返回实模式。

(6) 返回实模式,并进行结束处理。

【程序清单】

```
;功能:演示 I/O 保护及任务切换
;FILENAME:133.ASM
    INCLUDE SCD.INC
    OPTION NOSCOPED
;------------------------------------------------------------
GDTSEG          SEGMENT   PARA USE16        ;全局描述符表段(16 位)
GDT             LABEL     BYTE
```

```
                        ;空描述符
        DUMMY           DESC            <>
                        ;规范段描述符及选择子
        NORMAL          DESC            <0FFFFH,,,ATDW,,>
        NORMAL_SEL      =               NORMAL-GDT
                        ;视频缓冲区段描述符(DPL=3)及选择子(任何特权级可写)
;-------------------------------------------------------------------------------
        EFFGDT          LABEL           BYTE
                        ;演示任务 TSS 描述符及选择子
        DEMOTSS         DESC            <DEMOTSSLEN-1,DEMOTSSSEG,,AT386TSS,,>
        DEMOTSS_SEL     =               DEMOTSS-GDT
                        ;演示任务堆栈段描述符及选择子
        DEMOSTACK       DESC            < DEMOSTACKLEN-1, DEMOSTACKSEG,, ATDW,
D32,>
        DEMOSTACK_SEL   =               DEMOSTACK-GDT
                        ;演示代码段描述符及选择子
        DEMOCODE        DESC            <0FFFFH,DEMOCODESEG,,ATCE,D32,>
        DEMOCODE_SEL    =               DEMOCODE-GDT
                        ;属于演示任务的临时代码段描述符及选择子
        TEMPCODE        DESC            <0FFFFH,TEMPCODESEG,,ATCE,,>
        TEMPCODE_SEL    =               TEMPCODE-GDT
                        ;指向测试任务 TSS 的存储段描述符及选择子
        TOTESTTSS       DESC            <TESTTSSLEN-1,TESTTSSSEG,,ATDW,,>
        TOTESTTSS_SEL   =               TOTESTTSS-GDT
                        ;测试任务 TSS 描述符及选择子
        TESTTSS         DESC            <TESTTSSLEN-1,TESTTSSSEG,,AT386TSS,,>
        TESTTSS_SEL     =               TESTTSS-GDT
                        ;测试任务堆栈段描述符(DPL=1)及选择子
        TESTSTACK       DESC            <TESTSTACKLEN-1,TESTSTACKSEG,,ATDW+DPL1,
D32,>
        TESTSTACK_SEL   =               TESTSTACK-GDT+RPL1
                        ;测试任务代码段描述符(DPL=1)及选择子
        TESTCODE        DESC            <0FFFFH,TESTCODESEG,,ATCE+DPL1,D32,>
        TESTCODE_SEL    =               TESTCODE-GDT+RPL1
        GDNUM           =               ($-EFFGDT)/(SIZE DESC)   ;需处理基地址的描述符个数
;-------------------------------------------------------------------------------
                        ;指向测试任务的任务门
        TESTTASK        GATE            <,TESTTSS_SEL,,ATTASKGATE,>
        TEST_SEL        =               TESTTASK-GDT
;-------------------------------------------------------------------------------
        GDTLEN          =               $-GDT                    ;全局描述符表长度
        GDTSEG          ENDS                                     ;全局描述符表段定义结束
;-------------------------------------------------------------------
        ;测试任务的 TSS
```

```
TESTTSSSEG      SEGMENT   PARA USE16
TESTTASKSS      TSS       <>                      ;TSS 的固定格式部分
IOMAP           LABEL     BYTE                    ;I/O 许可位图
                DB        8 DUP(0FFH)             ;端口 00H~3FH
                DB        11110000B               ;端口 40H~47H
                DB        3 DUP(0FFH)             ;端口 48H~5FH
                DB        11111101B               ;端口 60H~67H
                DB        0FFH                    ;I/O 许可位图结束标志
TESTTSSLEN      =         $
TESTTSSSEG      ENDS
;------------------------------------------------------------------
;测试任务的堆栈段
TESTSTACKSEG    SEGMENT   PARA USE32
TESTSTACKLEN    =         1024
                DB        TESTSTACKLEN DUP(0)
TESTSTACKSEG    ENDS
;------------------------------------------------------------------
;测试任务的代码段
TESTCODESEG     SEGMENT   PARA USE32
                ASSUME    CS:TESTCODESEG
TESTBEGIN       PROC      FAR
                MOV       AL,0B6H                 ;使扬声器发出一长声
                OUT       43H,AL
                MOV       AL,2
                OUT       42H,AL
                MOV       AL,34H
                OUT       42H,AL
                IN        AL,61H
                MOV       AH,AL
                OR        AL,3
                OUT       61H,AL
                MOV       ECX,1234567H
                LOOP      $
                MOV       AL,AH
                OUT       61H,AL
                IRETD
                JMP       TESTBEGIN
TESTBEGIN       ENDP
;------------------------------------------------------------------
TESTCODELEN     =         $
TESTCODESEG     ENDS
;------------------------------------------------------------------
;演示任务的 TSS
DEMOTSSSEG      SEGMENT   PARA USE16
```

```
DEMOTASKSS        TSS          <>
                  DB           0FFH                      ;I/O许可位图结束字节
DEMOTSSLEN        =            $
DEMOTSSSEG        ENDS
;------------------------------------------------------------
;演示任务的堆栈段
DEMOSTACKSEG      SEGMENT      PARA USE32
DEMOSTACKLEN      =            1024
                  DB           DEMOSTACKLEN DUP(0)
DEMOSTACKSEG      ENDS
;------------------------------------------------------------
;演示任务的代码段
DEMOCODESEG       SEGMENT      PARA USE32
                  ASSUME       CS:DEMOCODESEG
;------------------------------------------------------------
DEMOBEGIN         PROC         FAR
                  MOV          AX,TOTESTTSS_SEL
                  MOV          DS,AX
                  MOV          EBX,OFFSET TESTTASKSS
                  ;把测试任务的入口点、堆栈指针和标志值(含IOPL)填入测试任务TSS
                  MOV          WORD PTR [EBX+TSS.TRSS],TESTSTACK_SEL
                  MOV          DWORD PTR [EBX+TSS.TRESP],TESTSTACKLEN
                  MOV          WORD PTR [EBX+TSS.TRCS],TESTCODE_SEL
                  MOV          DWORD PTR [EBX+TSS.TREIP],OFFSET TESTBEGIN
                  MOV          DWORD PTR [EBX+TSS.TREFLAG],IOPL0
                  ;通过任务门调用测试任务
                  CALL32       TEST_SEL,0
                  JUMP32       TEMPCODE_SEL,<OFFSET TODOS>
DEMOBEGIN         ENDP
;------------------------------------------------------------
DEMOCODELEN       =            $
DEMOCODESEG       ENDS
;------------------------------------------------------------
TEMPCODESEG       SEGMENT PARA USE16              ;演示任务的临时代码段
                  ASSUME       CS:TEMPCODESEG
;------------------------------------------------------------
VIRTUAL           PROC         FAR
                  ;置数据段寄存器为空
                  MOV          AX,0
                  MOV          DS,AX
                  MOV          ES,AX
                  MOV          FS,AX
                  MOV          GS,AX
                  ;置堆栈指针
```

```
                MOV     AX,DEMOSTACK_SEL
                MOV     SS,AX
                MOV     ESP,DEMOSTACKLEN
                ;置任务寄存器
                MOV     AX,DEMOTSS_SEL
                LTR     AX
                ;转演示代码段
                JUMP16  <DEMOCODE_SEL>,<HIGH OFFSET DEMOBEGIN>
TODOS:          CLTS
                MOV     AX,NORMAL_SEL
                MOV     DS,AX
                MOV     ES,AX
                MOV     FS,AX
                MOV     GS,AX
                MOV     SS,AX
                MOV     EAX,CR0
                AND     AL,11111110B
                MOV     CR0,EAX
                JUMP16  <SEG REAL>,<OFFSET REAL>
VIRTUAL         ENDP
;----------------------------------------------------------------
TEMPCODESEG     ENDS
;================================================================
RDATASEG        SEGMENT PARA USE16          ;实模式数据段
VGDTR           PDESC   <GDTLEN-1,>         ;GDT 伪描述符
SPVAR           DW      ?                   ;用于保存实模式下的 SP
SSVAR           DW      ?                   ;用于保存实模式下的 SS
RDATASEG        ENDS
;----------------------------------------------------------------
RCODESEG        SEGMENT PARA USE16          ;实模式代码段
                ASSUME  CS:RCODESEG,DS:RDATASEG
;----------------------------------------------------------------
START           PROC
                MOV     AX,RDATASEG
                MOV     DS,AX
                CLD
                CALL    INITGDT             ;初始化全局描述符表
                LGDT    FWORD PTR VGDTR     ;装载 GDTR
                MOV     SSVAR,SS            ;保存堆栈指针
                MOV     SPVAR,SP
                MOV     EAX,CR0
                OR      AL,1
                CLI
                MOV     CR0,EAX
```

```
                        JUMP16      <TEMPCODE_SEL>,<OFFSET VIRTUAL>
        REAL:           MOV         AX,RDATASEG
                        MOV         DS,AX
                        LSS         SP,DWORD PTR SPVAR      ;又回到实模式
                        STI
                        MOV         AX,4C00H
                        INT         21H
        START           ENDP
;------------------------------------------------------------------------------------------------
        INITGDT         PROC
                        PUSH        DS
                        MOV         AX,GDTSEG
                        MOV         DS,AX
                        MOV         CX,GDNUM
                        MOV         SI,OFFSET EFFGDT
        INITG:          MOV         AX,[SI+DESC.BASEL]
                        MOVZX       EAX,AX
                        SHL         EAX,4
                        SHLD        EDX,EAX,16
                        MOV         WORD PTR [SI+DESC.BASEL],AX
                        MOV         BYTE PTR [SI+DESC.BASEM],DL
                        MOV         BYTE PTR [SI+DESC.BASEH],DH
                        ADD         SI,SIZE DESC
                        LOOP        INITG
                        POP         DS
                        MOV         BX,16
                        MOV         AX,GDTSEG
                        MUL         BX
                        MOV         WORD PTR VGDTR.BASE,AX
                        MOV         WORD PTR VGDTR.BASE+2,DX
                        RET
        INITGDT         ENDP
        RCODESEG        ENDS
                        END         START
```

【程序分析】

（1）从演示任务切换到测试任务。

在从实模式切换到保护模式后，就认为进入了演示任务，但 TR 并没有指向演示任务的 TSS。在从演示任务切换到测试任务时，要把演示任务的现场保存到演示任务的 TSS，这就要求 TR 指向演示任务的 TSS。所以，首先使用 LTR 指令把指向演示任务 TSS 描述符的选择子装入 TR。演示任务采用段间调用 CALL，通过任务门 TESTTASK 切换到测试任务。

（2）从测试任务切换到演示任务。

演示任务通过 IRET 指令切换到测试任务。测试任务的链接字段保存着演示任务

的 TSS 中的选择子，取出该选择子，进行任务切换就从测试任务返回到演示任务。

（3）在测试任务中，由于 I/O 许可位图允许对端口 40H～43H 和 61H 进行读写，因此测试任务能够顺利进行，扬声器发声。如果违反 I/O 许可位图或 I/O 敏感指令将会引起通用保护异常。

13.7 本章小结

本章介绍保护模式的主要内容及其相关的程序设计。首先介绍保护模式下的存储管理：保护模式下，32 位处理器首先采用存储器分段管理机制，将虚拟地址转换为线性地址；然后提供可选的存储器分页管理机制，将线性地址转换为物理地址；接着对保护模式下任务内的段间调用和转移以及任务切换、中断和异常的分类、处理过程和返回进行讨论；在介绍完常用的操作系统类指令后，给出保护模式下的程序设计方法。

习 题

1. 在保护模式下，处理器如何定义一个段？逻辑地址是如何转换成物理地址的？
2. 在保护模式下，处理器的 4 个特权级是如何划分的？哪级最高？哪级最低？
3. 简述全局描述符表、局部描述符表和中断描述符表的作用。在整个系统中，全局描述符表、局部描述符表和中断描述符表各有几个？
4. 段描述符高速缓冲寄存器有什么作用？
5. 任务状态段的作用是什么？
6. 在保护模式下，控制转移有哪些情况？如何实现特权级变换？
7. 简述任务切换过程。
8. 在保护模式下，处理器的中断和异常有哪些？异常又可分为哪 3 类？
9. 在保护模式下，处理器是如何转入中断或异常处理程序的？
10. 在保护模式下，处理器如何实现输入输出保护？
11. 编写一个程序，实现以十六进制的形式显示从内存地址 110000H 开始的 256 个单元的内容。
12. 编写一个保护模式中断程序，实现每隔 1s 使喇叭发出三声音响。

参 考 文 献

[1] 钱晓捷. 汇编语言程序设计教程[M]. 5版. 北京:电子工业出版社,2018.
[2] 吴宁,等. 微型计算机原理与接口技术[M]. 4版. 北京:清华大学出版社,2016.
[3] 张荣标,等. 微型计算机原理与接口技术[M]. 3版. 北京:机械工业出版社,2018.
[4] IRVINE K. 汇编语言:基于x86处理器[M]. 贺莲,等译. 7版. 北京:机械工业出版社,2016.
[5] 罗云彬. Windows环境下32位汇编语言程序设计[M]. 北京:电子工业出版社,2002.
[6] 严义,等. Win32汇编语言程序设计教程[M]. 北京:机械工业出版社,2004.
[7] 吴中平. Windows汇编语言程序设计[M]. 北京:清华大学出版社,2004.
[8] 罗省贤,等. 汇编语言程序设计教程[M]. 北京:电子工业出版社,2004.
[9] 徐建民,等. 汇编语言程序设计[M]. 北京:电子工业出版社,2005.
[10] 谭毓安,张雪兰. Windows汇编语言程序设计教程[M]. 北京:电子工业出版社,2005.
[11] 沈美明,温冬婵. IBM-PC汇编语言程序设计[M]. 北京:清华大学出版社,2000.
[12] 周明德. 微型计算机系统原理及应用[M]. 北京:清华大学出版社,2000.
[13] TRIEBEL W A. 80x86/Pentium处理器硬件、软件及接口技术教程[M]. 王克义,等译. 北京:清华大学出版社,1998.
[14] BREY B B. Intel系列微处理器结构、编程和接口技术大全——80x86、Pentium和Pentium Pro[M]. 陈谊,等译. 北京:机械工业出版社,1998.
[15] 孙德文. 微型计算机技术(修订版)[M]. 北京:高等教育出版社,2005.
[16] 戴梅萼,史嘉权. 微型计算机技术及应用[M]. 3版. 北京:清华大学出版社,2003.
[17] 潘新民. 微型计算机硬件技术教程——原理、汇编、接口及体系结构[M]. 北京:机械工业出版社,2004.
[18] 钱晓捷. 新版汇编语言程序设计[M]. 北京:清华大学出版社,2006.
[19] 刘乐善,周功业,杨柳. 32位微型计算机接口技术及应用[M]. 武汉:华中科技大学出版社,2006.
[20] 刘乐善,李畅,刘学清. 微型计算机接口技术及应用[M]. 武汉:华中科技大学出版社,2006.
[21] 潘名莲,王传丹,庞晓凤. 微型计算机原理及应用[M]. 3版. 北京:电子工业出版社,2013.
[22] 钱晓捷,王义琴,范喆,等. 微机原理与接口技术:基于IA-32处理器和32位汇编语言[M]. 5版. 北京:机械工业出版社,2014.
[23] 黄玉清,刘双虎,杨胜波. 微机原理与接口技术[M]. 北京:电子工业出版社,2011.
[24] 杨全胜,胡友彬,王晓蔚,等. 现代微机原理与接口技术[M]. 3版. 北京:电子工业出版社,2012.
[25] 古辉,刘均,雷艳静. 微型计算机接口技术[M]. 2版. 北京:科学出版社,2011.
[26] 韩雁,等. 现代微机原理与接口技术[M]. 北京:电子工业出版社,2010.
[27] 王少锋,姜河,钦明皖,等. Java2程序设计[M]. 北京:清华大学出版社,2000.
[28] 王爽. 汇编语言[M]. 2版. 北京:清华大学出版社,2008.
[29] 许姜南. 数字逻辑电路[M]. 2版. 南京:东南大学出版社,1994.
[30] 何立民. MCS-51系列单片机应用系统设计——系统配置与接口技术[M]. 北京:北京航空航天大学出版社,1990.
[31] 徐维祥,刘旭敏. 单片微型机原理及应用[M]. 大连:大连理工大学出版社,1996.

图书资源支持

感谢您一直以来对清华版图书的支持和爱护。为了配合本书的使用,本书提供配套的资源,有需求的读者请扫描下方的"书圈"微信公众号二维码,在图书专区下载,也可以拨打电话或发送电子邮件咨询。

如果您在使用本书的过程中遇到了什么问题,或者有相关图书出版计划,也请您发邮件告诉我们,以便我们更好地为您服务。

我们的联系方式:

地　　址:北京市海淀区双清路学研大厦 A 座 714

邮　　编:100084

电　　话:010-83470236　010-83470237

客服邮箱:2301891038@qq.com

QQ:2301891038(请写明您的单位和姓名)

资源下载: 关注公众号"书圈"下载配套资源。

资源下载、样书申请

书 圈

图书案例

清华计算机学堂

观看课程直播